城镇污水系统建设
创新理念与实践

王阿华 著

中国建筑工业出版社

图书在版编目（CIP）数据

城镇污水系统建设创新理念与实践 ／ 王阿华著. —
北京：中国建筑工业出版社，2020.12
　　ISBN 978-7-112-25470-5

　　Ⅰ．①城… Ⅱ．①王… Ⅲ．①城市污水处理－研究
Ⅳ．①X703

中国版本图书馆CIP数据核字(2020)第181317号

责任编辑：徐明怡
责任校对：赵　菲

城镇污水系统建设创新理念与实践
王阿华　著

*

中国建筑工业出版社出版、发行（北京海淀三里河路9号）
各地新华书店、建筑书店经销
北京光大印艺文化发展有限公司制版
河北鹏润印刷有限公司印刷

*

开本：880毫米×1230毫米　1/16　印张：23½　字数：569千字
2020年12月第一版　2020年12月第一次印刷
定价：80.00元
ISBN 978-7-112-25470-5
　　　（36458）

本书编委会

主　编：王阿华

副主编：夏文林

编　委：吴　昊　顾　颉　任　云　何伶俊　朱　亮　杨　兵

"城市基础设施与空间发展研究"
丛书编委会

前　言

　　水资源短缺、水环境污染和生态环境破坏等因素制约了人类社会和经济的可持续发展，严重威胁人类的健康生活。

　　人类在水污染综合治理，特别是污水处理技术方面，进行了大量的技术研究、工艺开发和工程实践，出现了较传统做法、处理技术和处理工艺更加有效的新理念、新措施、新技术和新工艺。它们以高效的除污染效能稳定达到了符合日益严格的污水处理厂尾水排放标准的出水水质，为保护人类赖以生存的水环境和水资源起到重要的作用。

　　最近，国家和地方对于污水处理系统的提质增效工作给予了重点关注，不少地方要求拿出三年内、五年内污水收集处理系统提质增效实施方案，并有效组织实施和效果考核，切实解决城镇污水处理系统管网存在的结构性缺陷、功能性缺陷、雨污水混接现象、河水倒灌现象，以及城镇污水处理厂进水浓度偏低等问题。

　　此外，由于淡水资源的急剧短缺，特别在我国华北地区，有效促进了城镇污水处理厂尾水再生利用工作，带动了污水高级回用技术的发展，如先进的生物处理工艺、高级氧化、活性炭吸附和膜分离等工艺相结合的、能够生产符合优质出水要求的污水回用技术。

　　在水污染治理技术的研究、开发和实践过程中，在治理的思路和观念上也有所提高和创新，尤其是在水污染治理的战略思维方面，出现了"革命性"的转变。

　　随着我国社会经济的高质量发展和城市化水平的不断提高，国内生活污水和工业污水的排放量日益增多，污水处理厂污泥产量和工业污泥产量亦随之增加。污泥含水率很高，成分复杂多变，其中除了含有大量的有机物和丰富的氮、磷等营养物质，还存在各种细菌、病毒和寄生生物等有毒有害成分；同时由于来源不同，污泥中还可能浓缩着汞、铬、铅和镉等重金属化合物以及难降解的有毒化合物等。若这些污泥得不到妥善处理，就会对生态环境造成破坏，并损害人类健康。

然而，我国城市污水处理厂污泥处理起步较晚，与发达国家相比，我国的污泥处理处置和资源化利用技术还有一定的差距。因此，我国在污水处理事业不断取得进步的同时，将面临巨大的污泥处理处置压力。对污泥进行因地制宜的处理处置与资源化利用技术是贯彻落实环境保护基本国策并推动战略性新兴产业的重要组成部分，是实现可持续发展的重要途径。

因此，本书也较多地介绍了污水生态处理与利用技术，污泥的减量化、资源化、无害化的处理、利用和处置技术。在介绍国外先进技术和经验的同时，也介绍了国内和我们自己的研发成果和工程实践经验。

我国正面临经济高质量发展期，在水资源保护和水环境提升方面都遇到巨大的挑战。我们水污染治理界的同行，应当在水污染治理和水环境提升方面有所作为，有所发明和创造，在学习和借鉴他人经验的同时，研究开发符合我国国情和具有我国文化特色的新技术、新工艺，创出具有我国国情和特色的新观念和新理论。

本书在编著中非常注重内容的适用性和前瞻性，对相关技术进行进一步阐述，具有一定程度的参考借鉴价值，可供从事污水处理系统规划、污水收集、污水处理、污泥处理及资源化工程的设计人员、科研人员和管理人员参考，也可供高等学校环境工程、给水排水及相关专业师生参阅。

本书的主旨是向读者介绍近年来国内外水污染治理的新技术、新工艺以及与此有关的新观念、新思路。在介绍这些新技术和新工艺的同时，特别指出了其各自的适用范围和局限性，以便把引进、消化和改进、创新结合起来因地制宜地应用。

本书编著具体分工如下：第1～6章由王阿华编写，第7章由顾颉（7.1、7.3、7.6、7.7、7.8）、吴昊和杨兵（7.2、7.4、7.5）、朱亮（7.9）编写，附录由任云、何伶俊、王阿华等编写；此外，本书编写过程中参考和引用了一些科研、设计、教学和生产工作同行撰写的著作、论文、教材和学术会议文集等，在此对所有作者表示衷心感谢。

本书是"城市基础设施与空间发展研究"丛书的第一本著作，南京市市政设计研究院有限责任公司还将根据我院更多的城市基础设施与空间发展研究成果组织编写一系列著作，为美好城市的建设提供我们的参考解决方案或创新理念。

本书能够问世，感谢公司夏文林院长和许多同行的诸多支持和帮助:收集和整理有关资料、扫描、打印、排版、反复修改等。他们为本书的不断改进、完善以及最后完成做出了重要的贡献。

我们还要衷心感谢南京市市政设计研究院有限责任公司院庆工作组的大力支持,他们提供了足够的出版基金才使本书得以顺利出版。

本书涉及水污染治理和水环境提升的新技术、新工艺、新观念较多,由于我们的知识有限,领会和下笔可能有失误或不妥之处,深望读者不吝指教。如蒙赐教,请联系:wangahua@sohu.com 王阿华。

编者
于南京
2020 年 8 月

目　录

前言

第1章

城镇污水处理系统

1.1 总体要求与主要任务

1.1.1 总体要求

1. 城镇污水处理系统污水收集、污水输送、污水处理有效性要求

城镇污水处理系统是社会文明发展的重要载体，对于改善城市居民的生活环境和生活质量起到决定性作用。

鉴于目前国内城镇污水处理厂的建设规模愈来愈大，污水收集管网的长度也愈来愈长，但城镇污水处理厂的进水浓度却偏低，有些城市污水处理厂的进水浓度远远偏离正常值，河道的水环境愈来愈差，因此，城镇黑臭水体治理和城市水环境提升均要求相关主管部门和行业人员高质量建设城镇污水处理系统。

城镇污水处理系统应尽快推进"厂－网－河"一体化建设，建管并举，提质增效，消除城镇污水管网敷设空白区，消除污水直排口，改变雨水、污水混接现状，杜绝雨水、河水、地下水进入污水收集系统，及时检测并修复污水收集管道结构性缺陷，研究解决污水收集处理系统功能性缺陷，实现系统服务范围内产生的所有污水有效收集和处理，达到"全覆盖、全收集、全处理"要求，充分发挥城镇污水收集处理系统的作用，将所有需要处理的污染物有效输送至污水处理厂处理，达标后排放或利用，提高污染物削减量，减轻收纳水体的污染负荷，改善水环境质量。

城镇污水处理系统的规划设计和建设，应与城镇海绵城市建设中径流污染控制目标和要求接轨，将受污染的雨水径流，即截流的受到污染的雨水输送和处理纳入其中。与城镇水环境治理综合规划相结合，以影响城镇水环境规划功能目标达成的主要问题为导向，制定科学合理的工程和非工程措施，落实责任主体，建立规章制度，强化执行和管理队伍能力建设，保障必要的财政预算。

因此，城镇污水处理系统总体要求是，城镇行政区域内污水管网全覆盖、污水全收集、全处理，达标后排放或资源化利用。

2．城镇污水处理系统源头污染物控制要求

对江苏省太湖流域城镇污水处理厂的调研发现，排入城镇污水处理厂的工业废水是影响出水达标的关键因素。特别是 2015 年国家"水十条"颁布以来，污水处理厂的尾水标准进一步提高，稳定达标的难度愈来愈大。

如，重金属、有毒有害有机物、硝化抑制物及含氮杂环化合物（不可氨化有机氮）的工业废水直接影响微生物的生存；豆制品废水 COD 高，NH_3-N 高；屠宰废水 COD 高，SS、油脂、NH_3-N 浓度高；垃圾渗滤液 COD 高，氮比例过高。如果不限制工业废水的接入，势必会加重污水处理厂进水碳氮比的严重失调。

调研还表明，化粪池对 COD 的去除率为 20% ~ 30%，因此，当进水碳源不受影响时，可以考虑设置化粪池，在削减污染负荷的同时，节约工程投资。考虑到化粪池对氮、磷的去除效果不明显，在污水处理厂进水碳源不足时，应分析化粪池设置可能带来的不利影响。

食品工业中酿造废水、食品加工废水和糖业废水的碳氮比（C/N）很高，可生化性较好。因此，当污水处理厂服务范围内有上述废水且进水碳源不足时，可以考虑放宽接入标准。

由于合流制污水收集系统的流量、组分、浓度随季节的变化而波动较大，在雨季，地面积累的大量污染物与旱季沉积在管道底部的物质一起进入城镇污水处理厂，从而使进水污染物浓度较高。

南京某污水处理厂曾因污水收集系统中工艺企业偷排进入几百 m^3 的化工废水而进入瘫痪状态；无锡某污水处理厂也因进水中含有不可降解的 COD，而导致污水处理厂尾水很难稳定达到江苏省太湖地区地方标准要求；高密某污水处理厂也因污水收集系统中含有大量的印染废水，而导致工艺流程非常长，采用多级污水处理强化、高级氧化等措施，方能达到尾水排放标准。

综上所述，源头污染物如果得不到有效控制，城镇污水处理厂难以稳定运行，甚至会瘫痪。

3．城镇污水处理厂尾水消毒要求

未经消毒灭菌的城镇污水处理厂出水中含有大量的病原微生物，这些病原微生物随出水排入自然水体后，在适宜的环境条件下可存活很长时间，存活的病原体可通过直接接触、飞沫或气溶胶等途径传播给人畜而产生健康风险。

因此，2000 年 6 月，建设部、国家环保总局和科技部联合发布了《城市污水处理及污染防治技术政策》，规定："为保证公共卫生安全，防止传染性疾病传播，城市污水处理设施应设置消毒设施。"

2002 年 12 月发布的《城镇污水处理厂污染物排放标准》GB 18918—2002 首次将病原微生物指标粪大肠菌群数列为出水基本控制指标之一，要求污水处理过程中必须进行消毒处理。

2020 年 1 月 24 日，中央电视台宣布新冠病毒（2019-nCoV）传播污染时，国家及水行业专家更是重视城镇污水处理厂尾水消毒工作，要求所有城镇污水处理厂必须严格消毒，而且集中病区的医院污水需单独处理和消毒，不能进入城镇污水处理系统。

4．城镇污水处理系统智慧化运维要求

1）能力要求

有条件的城镇污水处理系统，应建立大数据中心，或和城市智慧平台合作，实现数据融合和数据透明，降低管理成本和运行成本，提前预警，降低风险，提高工作效率和运行管理质量，深度剖析运营管理问题，提高管理水平，通过数据进行智慧决策以及业务优化，提高从业人员技能和综合素质，获得行业内优秀的专家资源和技术支持。

智慧化运维系统建设应该投资合理，具备应用有效的大数据感知能力；建成后的智慧化运维系统应维护方便，具备服务功能强的大数据网络能力；软件依赖性要弱，具备平台稳定可靠的大数据支撑能力；流程应简单，具备决策准确的大数据应用能力等。

2）内容要求

（1）城镇污水处理系统智慧化运维应该做到：通过数据抓取和远程控制，实现从末端监控向精细化过程管理转变，信息透明化；通过感知仪表实现环境监测，包括污染源监控和水环境控制。

（2）智慧化运维应包括设备管理、趋势分析和报表管理。通过报表、历史趋势、设备管理实现资产和生产管理，达到精细化管理和信息透明化目的。

（3）智慧化运维应包括安全管理、故障诊断。通过实时短信报警、移动小秘书每日播报、设备智能预警等手段，实现智能预报警效果。

（4）智慧化运维同时应具备能耗分析和节能服务功能。通过能耗监测与节能管理，优化运行，达到能耗监测、单耗分析，节能空间分析，促进节能降耗目的的效果。

（5）智慧化运维最重要也是最核心的内容应包括工艺仿真、自学习、专家决策。通过远程院士、资深专家技术支持，提供智能检索、智能诊断、工艺参数优化手段，实现专家决策支持效果；通过工艺仿真和自学习优化，达到过程控制效果。

（6）智慧化运维还可以包括远程监控、绩效考核。通过移动智能巡检（包括巡检跟踪、实时上传），达到绩效考核目的的效果；可以实现远程视频监控，采用移动 APP，将污水收集系统和污水处理厂"装进"手机，享受移动互联的便捷，随时随地远程监控。

除了上述要求外，城镇污水处理系统智慧化运维还应该包括员工培训、维保服务、化验管理等内容。

3）应用要求

污水处理工艺智慧管理通过高级水质数据信号有效性检查，提供过程控制的水质实时数据，利用仿真数学模型，实时计算最优过程设定值，满足以下三个方面的要求：

（1）通过系统调度进行削峰处理，增加抗冲击负荷的能力；通过调整污水处理厂运行模式，达到尾水稳定达标的要求。

（2）根据尾水达标要求，精确控制曝气系统，用最少的曝气量，实现处理效果，达到节能目的；根据尾水 TN 出水指标要求，精确控制碳源投加系统，用最省的碳源投加量、最省的除磷混凝药剂，达到节省药耗目的；通过污泥减量，节省污泥处理处置费用等。

（3）采用独立设计，无须对现有自控系统做大幅度修改；可以简单地与现有自控系统互为备份，提高污水处理厂控制保障性。

5．积极推广城镇污水热能资源化利用

在目前全球面临能源危机和环境污染日趋严重的形势下，由于城镇污水中赋存的能源潜力巨大，而且其开发过程不会产生污染，因此，回收和利用城镇污水中的热能，不仅有助于加深人们对于城镇污水资源化的全面认识，使城镇废热作为新的能源得以循环利用，从而大大提高城镇的能源利用率，降低城镇对化石燃料的依赖，而且对控制大气污染、保护全球环境、建设节能型的城镇有重大的现实意义。

有效地回收和利用城镇污水热能，是使城镇污水资源化的一种先进技术，具有明显的节能效果、经济效果和环保效果。它对提高人民生活质量、促进经济发展、推动社会进步也有重要的应用价值。

1）城镇污水热能利用具有明显的节能效果。采用城镇污水热能利用系统，可以代替一部分高位能源（如煤、石油、电能等）的使用，从而使城镇能源消耗的抑制、分散化和合理配置得以实现，提高了城镇能源的有效利用率，显示出明显的节能效果（据测算，与以往其他系统相比大约可节能 34%）。

2）城镇污水热能利用具有明显的经济效果。采用城镇污水热能利用系统，可以将热源设备按区域加以设置，从而减轻初始投资的负担；同时，采用城镇污水热能利用系统，由于不用锅炉房和空气冷却塔等设施和设备，可以将污水热能直接供给热需要地域，在节省空间、减少设备及其占地面积的同时，相应降低了设备投资和区域管网的费用，从而大幅降低系统的运行费用（据测算，与以往其他系统相比大约可降低运行费用 30%）。

3）城镇污水热能利用具有明显的环保效果。采用城镇污水热能利用系统，可以减少煤炭等能源的利用，从而相应地降低了 CO_2、NO_x、SO_x 及粉尘等污染物的发生量（据测算，与以往其他系统相比可削减 20%～30%），在夏季用污水热能作为制冷能源，不用直接加热空气，可减轻形成城镇高温的热岛现象，这就说明利用城镇污水热能可以减轻大气污染；同时，采用城镇污水热能利用系统，由于需对城镇污水进行回收和净化，从而减轻了城镇污水对水源水质和生态环境等的污染。因此，有效利用城镇污水热能，对减轻大气污染和保护环境具有重大的积极作用。

1.1.2　主要任务

1．城镇污水处理系统构成

城镇污水处理系统由污水收集管网、中途提升泵站、污水处理厂、尾水排放系统组成。

对于缺水地区或当地有再生水回收利用要求的地区，城镇污水处理系统还应该包括污水处理厂尾水再生利用处理、再生水送水泵站及供水系统。如北京地区基本上每一座新建污水处理厂均需要尾水再生利用，故北京新建污水处理厂又称为"再生水厂"。

对于排放水体有更高要求时，城镇污水处理系统还可能包括污水处理厂尾水人工湿地水质提升稳定系统，如，由于洋湖湿地出水口的下游是饮用水水源地，湖南省长沙市洋湖湿地工程将先导污水处理厂一级 A 排放标准尾水经过洋湖湿地提升到地表水水源地水质标准；湖北省黄石市慈湖湿地工程将城市污水处理厂一级 A 排放标准尾水经过慈湖湿地处理后达到地表准 Ⅳ 类水质标准。

2．主要规划设计任务

1）科学确定城镇污水收集处理系统规模和污水处理厂进水水质指标

（1）对于建设规模和污水处理厂进水水质，一定要进行充分论证，而不是简单地套用设计规范标准或上级规划文件。

（2）对于规模论证时的用水指标的论证更为重要。一定要根据实际用水现状进行统计分析，结合范围内城镇规划发展要求，科学确定用水指标。经济开发区或工业园区水量预测，一定要根据用地性质和工业不同类别取用调查研究后的用水指标。

（3）对于污水处理厂进水水质的论证也很重要。对于扩建项目一定要分析现状进水水质情况，并判定评价进水水质的实际情况，并结合城镇管网提质增效措施，科学确定进水水质指标。对于新建项目一定要理解规划内容、用地性质以及可能发生的变化，参考类似城镇污水处理厂的经验，以及城镇管网建设情况，科学确定进水水质。

2）优化确定城镇污水处理系统布局方案

城镇污水处理系统布局不能停留在传统的布局形式，而是要与城镇发展新的理念和相对政策要求充分结合。要和城镇海绵城市建设规划相结合，要与城镇排水防涝规划相结合，要与城镇非常规水源开发利用或再生水利用规划相结合，要与城镇污泥处理处置规划相结合，要与城镇水环境综合整治规划相结合，要与城镇空间开发利用规划相结合等。

3）精心规划设计和建设污水收集系统

包括污水管渠和附属构筑物（检查井、跌水井、水封井、截流井、倒虹管、污水调蓄池等）、中途提升泵站系统的设计、建设。

因地制宜选择排水体制，不应盲目选择不切实际的分流制；尽量选择优质管材，防止造成结构性缺陷；确保管网系统建设质量，保护城镇水环境。

4）科学选择污水处理厂厂址和"水泥气"工艺路线

包括污水处理厂厂址选择、污水处理工艺确定、污泥处理工艺确定、消毒工艺确定、除臭工艺确定、再生水处理工艺确定、人工湿地工艺确定。

污水处理厂厂址选择应符合城镇总体规划和城镇空间开发利用规划，并有利于再生水利用和其他资源化利用；污水处理工艺确定和消毒工艺确定应确保污水处理厂尾水稳定达标，满足水环境要求，或满足再生水水质要求；污泥处理工艺确定应结合污泥处置工艺要求进行科学选择，优先考虑污泥资源化利用的可能性；除臭工艺确定应满足项目环境影响评价结论中提出的要求；再生水处理工艺确定应确保用户使用安全要求；人工湿地工艺确定应满足水质提升和水质稳定的基本要求。

5）精心设计污水处理厂系统

包括总体平面布置、预处理构筑物设计、生化处理构筑物设计、深度处理构筑物设计、尾水排放系统设计、再生水利用系统设计、污泥处理处置设计、人工湿地设计、除臭通风设计、消毒设计、安全设计、消防设计、电气与通信设计、检测与控制设计、智慧水务设计、生态景观设计、投资效益分析等。

（1）总体平面布置，应力求工艺流程顺畅，方便运行管理。生活区、生产区不要相互影响，特别是臭气污染和噪声污染问题的处理；厂区环境优美，建筑风格与周边环境协调，符合当地规划部门要求；体现先进理念，节能减排、海绵城市建设、生态绿色、资源化利用等。

（2）预处理构筑物设计，真正起到为生化处理保驾护航的作用。设置必要的预处理构筑物，如合理设置初沉池，必要时设置水解酸化池，合理设置调节池。

（3）生化处理构筑物设计，是污水处理厂处理工艺的核心。根据进出水水质要求，充分论证污水处理工艺流程，选择合理的设计参数，根据总图布置要求选择合适的池型；活性污泥法工艺还要设计曝气系统；膜法工艺还要设计填料系统。

（4）深度处理构筑物设计，是污水处理厂处理工艺的最后把关。根据进出水水质要求，充分论证污水处理工艺流程，选择合理的设计参数，根据总图布置要求选择合适的池型；进水中含有难降解物质时，还要设计高级氧化系统；提标改造项目，若生化段难以确保生化指标达标时，还要考虑设计生化指标强化处理系统，如反硝化滤池、深床滤池等。

（5）尾水排放系统设计，包括排放管道或排放沟渠、排放口等。若排放水体为外河，不同季节水位变化较大，还要设计洪水季节强行机排系统。

（6）再生水利用系统设计，包括再生水处理、再生水输送泵站、再生水输送管网等。根据进出水水质要求，充分论证污水处理工艺流程，选择合理的设计参数，根据总图布置要求选择合适的池型；特别要关注用户使用安全要求，根据要求，合理选择消毒工艺。

（7）污泥处理处置设计，包括污泥浓缩、污泥脱水、污泥消化、污泥干化、污泥焚烧、污泥堆肥、污泥填埋、污泥资源化利用等。根据城镇污泥处理处置规划要求，充分论证污泥处理处置工艺流程，选择合理的设计参数，根据总图布置要求选择合适的池型和装置；污泥焚烧工艺还要考虑除尘系统、脱硫系统等；污泥堆肥工艺还要考虑除臭系统；污泥消化工艺还要考虑沼气系统。

（8）污水处理厂尾水增加人工湿地设计，是锦上添花的措施，有利于进入排放水体的环境保护和水资源保护。人工湿地是一种效仿自然的工程措施，在系统布置、填料选择、植物配置等方面，一定要与项目所在地的自然状况、当地材料、本土植物相适宜。

（9）除臭通风设计，是项目环境影响评价的要求。根据环境影响评价结论要求和国家大气污染防治要求，充分论证除臭工艺流程，选择合理的设计参数，根据总图布置要求选择合适的处理装置；特别关注臭气收集处理过程中的防腐要求。

（10）消毒设计，是污水处理系统必不可少的环节。根据出水水质要求，充分论证消毒工艺流程，选择合理的设计参数，根据总图布置要求选择合适的处理设施；根据污水处理厂的厂址和形式，科学选择消毒方式，特别关注消毒设施的安全性要求。

（11）安全设计，包括防爆设计、防雷设计、防中毒设计、防落水设计等。地下污水处理厂还要考虑防淹设计和防湿设计等。根据不同需要，采取合适的措施。

（12）消防设计，包括生产辅助建筑物、综合办公场所、食堂浴室、配套环保教育基地、科研试验场所等。地下污水处理厂还要考虑所有地下构筑物消防设计，特别是消防通道的合理布置和消防设施的配备。

（13）电气与通信设计，包括污水处理厂污水处理变配电设计、污泥处理变配电设计、除臭处理变配电设计、提升系统变配电设计、辅助生产车间变配电设计、综合办公场所、食堂浴室供配电设计等电气设计和通信设计。

（14）检测与控制设计，包括检测仪表配备设计、精确曝气系统设计、精确加药系统设计、PLC 子站及中央控制室设计等。

（15）智慧水务设计，包括数据采集设计、数据传输设计和数据应用设计等。

（16）生态景观设计，包括排水防涝设计、海绵城市建设理念落实设计、厂区环境设计、景观生态设计等。

（17）投资效益分析，包括参与各类工艺方案的技术经济比较分析、投资估算分析、投资概算分析、投资预算分析、财务分析、成本分析、投资回报可行性分析、国民经济效益分析等。

1.1.3　城镇污水处理系统提质增效基本原则

1．问题导向，补齐短板

聚焦污水管网空白区、污水直排、雨污水管网错混接、污水处理厂进水浓度低等突出问题和薄弱环节，以系统提升污水收集处理效能为重点，突出污水源头收集和污染源头控制，推进管网高质量建设，强化排查检测整治修复，加快补齐管网设施短板，全面推动污水处理提质增效。

2．近远结合，标本兼治

深入摸清现状，结合国家、省有关要求，立足当前，谋划长远，科学制定近远期工作目标；坚持工程建设与日常管理两手齐抓，强化政策配套和机制创新，做到科学整治、规范建设、长效管理、标本兼治。

3．系统推进，科学实施

污水处理提质增效与工业污染、面源污染治理同步实施，与老旧小区整治和海绵城市建设、排水防涝能力提升等工作协调推进；树立全过程管理理念，加强新技术、新材料、新工艺运用，以"污水处理提质增效达标区""污水处理提质增效达标城市"建设为抓手，试点进行，稳步推进，最终实现"污水不入河，外水不进管，进厂高浓度，减排高效能"。

污水处理提质增效达标区是城镇污水处理提质增效精准行动的基本单元，是体现提质增效工作成效的重要载体。污水处理提质增效达标区的划分工作系统性强、涉及面广、技术要求高，达标区划分应在当地政府的统一领导下，由城镇排水与污水处理行业主管部门牵头，组织相关部门和辖区、街道相关负责人，自行或委托专业技术单位进行划分。达标区划分应在城镇建成区范围内，基于各污水处理系统服务范围、管网布局、河道水系分布、道路路网以及行政区划等基础信息，开展提质增效达标区划分工作。达标区的划分结果要充分征求各级行业主管部门和相关责任主体单位意见，明确各达标区建设的责任主体和建设时序，并通过专家审核后，报当地政府。达标区的划分原则如下：

1）全覆盖原则

划分后的达标区应覆盖全部现状建成区范围，为达到提高污水处理厂进水浓度的目标，对于服务范围超出现状建成区的污水处理系统，达标区划分可视情适度拓展至建成区外相关区域。

2）系统性原则

以每个污水处理厂服务范围为基础，根据市政污水主干管网走向、污水提升泵站服务范围、河道及路网等情况，并综合考虑行政区划因素，合理划分达标区。单个达标区面积以不小于 $2\,km^2$ 为宜，各地可根据实际情况自行确定。

3）责任清原则

划分后的达标区要有明确的工作推进责任主体，要有科学可达的工作目标，要有利于落实提质增效工作措施和开展长效管理，要便于以关键节点水质水量进行考核评估。

根据达标区划分成果，应有序组织达标区建设，明确各方职责，建立落实条块结合、"市

（县）－街道－社区"互动协调的工作推进机制。城镇排水与污水处理行业主管部门要加强技术指导和统筹管理，区级、街道和社区要认真履行属地责任，要细化达标区建设任务，合理安排建设时序。在制定年度计划时，要遵循"急用先行"的原则，突出问题导向，优先安排实施问题严重的达标区建设，特别是存在污水直排口或污水收集管网覆盖空白区的达标区；要确保"做一片、成一片"，接入同一污水泵站或城市污水处理厂的达标区应尽可能同步推进；宜选取具有代表性的污水处理提质增效达标区示范建设，通过先行先试积累经验，为全面推进污水处理提质增效达标区建设奠定工作基础。

4. 政府主导，合力推进

强化各城镇或区政府主体责任，明确部门职责分工，强化属地负责制，建立健全条块结合、以块为主、部门协同、上下联动的工作机制，动员社会各方力量共同参与。精心组织、有序实施，最大限度减少对城市正常运行和群众日常生活的干扰，妥善防范处置潜在风险与矛盾。

1.1.4 着力提升污水收集处理系统建设水平

1. 提升城镇污水处理综合能力

评估现有污水处理和污泥处理处置设施能力与运行效能，统筹优化处理设施布局，适度超前建设污水处理处置设施，推进污水处理厂之间的互联互通建设。

对于进水 COD_{Cr} 浓度低于 260 mg/L 或 BOD_5 浓度低于 100 mg/L 的城镇污水处理厂，要制定并实施"一厂一策"系统整治方案，明确进水浓度目标和整治措施。

城镇污水处理厂实现进水（TN、TP、COD_{Cr}、NH_3-N）指标在线监测，完善出水在线监测指标监控，提高污水 BOD_5 指标的检测能力，实时上报和共享污水处理厂进出水水质数据。

加快统筹建设污水处理厂污泥综合利用或永久性处理处置设施，同步建设管网清疏污泥综合利用或处理设施，建立污泥转运和处理处置全过程可追溯的监管体系。

建立完善"统一规划、统一建设、统一运行、统一监管"的城乡污水处理"四统一"体制机制，加快污水收集管网建设。全面加强城乡生活污水设施日常运行监管，确保各类生活污水治理设施正常运行和达标排放。

定期组织开展排水行业技术和业务等培训工作，全面提升排水行业队伍素质。进一步提高尾水安全性，因地制宜建成不低于污水处理厂总规模三分之一的尾水生态净化湿地，作为城乡河道生态景观等补充水源。

2. 提升新建污水管网质量管控水平

高标准实施管网工程建设，规范招标投标管理，提高工程勘察设计质量，严把材料和施工质量关，落实建设单位和勘察、设计、监理、施工五方主体责任，建立质量终身责任追究制度和诚信体系，加强失信惩戒，加强管材市场监管，严厉打击假冒伪劣管材产品。

优先采用承插式橡胶圈接口钢筋混凝土管、球墨铸铁管和实壁 PE 管等管材，使用混凝土现浇或成品检查井，逐步改造淘汰现有的砖砌检查井。

对政府投资项目，应纳入政府公共资源交易平台组织招标投标，鼓励政府采取集中采购方式或建立合格供应商名录方式严把管材质量关，加大进场管材质量抽检力度。

加强检查井、管道接口、管道基础、沟槽回填、严密性检查等关键节点的施工管控，推行采用闭路电视检测、电子潜望镜检测、气密性检测等管道检测技术，强化管网工程验收，建设资料及时归档。

3．提升污水管网检测修复和养护管理水平

全面排查检测雨污水管网功能性和结构性状况，查清错接、混接和渗漏等问题。根据管网排查检测结果，有计划分片区组织实施管网改造与修复，严格把控管道非开挖修复的材料和施工质量关。建立 5 ～ 10 年为一个管网排查周期的长效机制和费用保障机制。

保障管网养护经费，实现专业化养护、规范化作业、全过程监管。提高雨污水管网机械化养护水平，要将居民小区、村庄内部管网纳入日常养护范围，鼓励以购买服务的方式，委托专业单位对居民小区、村庄内部管网进行维护管理。企事业单位管网养护由单位自行负责，养护频次每年不少于一次，加强企事业单位内部管网养护的监管。

加强污水泵站（泵井）运行管理，泵站等关键节点增设水质、水量的监测，探索污水分区计量，建成泵站（泵井）信息化管理系统，积极推行污水泵站无人值守、污水管网低水位运行和厂网一体化运行维护，探索同一污水处理厂服务片区管网由一个单位实施专业化养护的机制。

建立雨水、污水管网 GIS 系统，实施动态更新完善，实现管网信息化、账册化管理，运用大数据物联网、云计算等技术，逐步提升智慧化管理水平。

加强市政排水口规划设计与河湖防洪、水资源供给等规划设计的衔接，合理控制河湖水体水位，充分考虑市政排水口与河湖控制水位相衔接，防止河湖水倒灌进入市政排水系统。

1.1.5　城镇排水系统疫情风险防控要求

加强排水系统源头管控，将病毒灭杀在源头，减轻后续环节管控风险。针对病毒重点排放污染源，强化污染源头消毒处理；针对分散潜在感染人群隔离场所的排放粪便，采取临时强化消毒处理措施；加强建筑和居民小区排水过程的病毒传播风险防控。

保障污水收集管网和城镇污水处理厂安全稳定运行，强化日常监管防范系统运行故障。加强小区和医院等污水的消毒过程管理，避免过量消毒，导致污水处理系统运行出现问题；加强排水系统全流程、各单元可能接触到的污水、栅渣及栅渣废液、沉砂池的排砂、污泥脱水机房、污泥堆放等生产区域场所规范消毒，切断病毒传播途径；加强排水系统工作人员安全防护，日常工作和业务操作过程应进行严格消毒防护。

强化对排水系统消毒单元的保障和科学管理，保障特殊场所消毒。严格管理，禁止非工作人员、无防护措施的工作人员等接近排水泵站密闭空间；严禁排水系统工作人员直接接触污水和污泥，必须严格进行安全防护；加强排水系统风险点的安全警示，并采取必要的隔离保护措施。

重视宣传风险防控意识，严格管理市民行为，加强从业人员安全防护。应加强排水系统开放构筑物通风；应完善泵站、污泥间等臭气处理系统，确保产生的臭气经抽吸及多级处理后高空安全排放；排水系统工作人员必须严格防护，佩戴手套、面罩或护目镜和防护服，避免开启井盖，接触污水和直接吸入管道逸散气体。

排水系统运行过程中避免出现"管网溢流和污水处理厂超越排放污水"事件发生；若不可抗拒条件导致"管网溢流或超越排放污水"事件发生，在溢流控制构筑物内，应采取必要的消毒措施，设立警示标志，在溢流下游区域，禁止无关人员进入活动。

1.2 城镇污水处理系统建设现状

1.2.1 "厂-网-河"一体化统筹

改革开放以来，我国的城市建设日新月异，随之，很多城市、乡镇污水收集管网也相继建设了几十千米、几千千米甚至几万千米，截至 2018 年 6 月底，我国建成城市污水处理厂已有 5222 座，处理能力已经达到 2.8 亿 m^3/d，但不少城镇排水系统得不到正常的建设和养护，造成了城市水环境质量不容乐观，城市污水处理厂的进水浓度明显偏低。

1）污水收集系统不完善，污水处理厂负荷率不高，河道污染。

一方面，由于资金问题、建设主体不同、实施难度较大等原因，污水收集系统不能做到与污水处理厂同步设计和建设，造成污水处理厂建成后，实际处理水量远小于设计规模；另一方面，由于城中村存在，污水收集管网敷设困难，且拆迁力度不够，还有不少污水收集管网空白区域，污水还是就近入河，造成附近水体水环境污染和恶化。

目前，与城镇污水处理厂建设相比，我国为城镇污水处理厂配套的排水管网建设往往滞后，导致建成的污水处理厂接收和处理的污水流量低于设计处理流量。有调查证明，在建成的工业废水处理设施中，正常运行的占总数的三分之一，运行不正常的占三分之一，不运行的占三分之一，建成投入运行的城镇污水处理厂约有四分之一设计处理能力闲置，有较多的污水处理厂没有满负荷运行，一些处理厂运行负荷不到设计负荷的 50%。

2）污水收集系统存在大量结构性缺陷和功能性缺陷，溢流污染，河水倒灌，河水地下水入渗，污水处理厂进水浓度偏低。

城市排水管网系统雨污混接、破损、脱落、淤积、堵塞等结构性缺陷和功能性缺陷严重，造成污水管网不能有效收集污水。老城区由于合流制排水体制的存在，以及截流设施的方案不合理设计，合流截流制管道雨天溢流污染严重，水体环境质量难以保障。

由于居民小区或企业事业单位的合流制与城市道路市政污水管网的分流制同时存在，造成了收集系统雨污混流，污水处理厂进水浓度波动很大。

而且，对城镇的分流制和合流制排水体制存在一些错误的认识和实践，普遍采用"狭义的分流制"，把雨、污分流错误地认为是"清、污分流"。而实际上这跟现实有天壤之别，我国至今没有一座城镇实现了真正的分流制排水系统，城镇的雨水管道普遍存在错接、混接现象。

此外，一些城镇住宅中北阳台改造成厨房，南阳台上放有洗衣机，造成厨房污水和洗衣污水等直接接入住宅雨水竖管中，从而进入雨水系统；若户外没有有效截流进入污水收集系统，则会进入雨水排放系统污染水体。

若截流式合流制溢流排口常年在河道水位以下，造成河水倒灌到污水收集系统，从而造成污水处理厂进水浓度偏低；外水入渗、工地降水进入污水收集系统，也会造成污水处理厂进水浓度偏低；由于污水收集管网系统材质选择不合适，如选择了质量不过关的塑料管材和砖砌检查井，建成后不久就被破坏，大量地下水进入收集系统，也会造成污水处理厂进水浓度偏低。

统计数据表明，我国污水处理水量逐年增加，2017 年全国污水处理量是 2007 年的 3.2 倍，但由于城镇污水处理厂进水浓度降低，2017 年 COD 削减量仅为 2007 年的 2.7 倍。

城市污水处理厂的进水浓度明显偏低，BOD₅进水浓度有一半以上的污水处理厂低于 100 mg/L，有的污水处理厂进水浓度甚至低于 30 mg/L。

3）城中村和"小散乱"排水户的存在、垃圾中转站与公共厕所的不规范污水接管行为、污水收集系统不正常高水位运行，导致城镇部分水体黑臭。

"黑臭在水里，根源在岸上"，城中村没有污水收集管网或没有完善的污水收集系统，洗车店、理发店、农贸市场、小餐饮店、洗浴店等"小散乱"排水户的存在，导致污水直排或进入雨水收集排放系统；垃圾中转站、公共厕所的不规范污水接管行为，也造成污水没有收集处理；截流式合流制排水系统的截流倍数偏低，加之系统长期高水位运行，造成溢流污染严重；分流制排水系统雨污混接严重，造成旱天污水直排和雨天受污染径流排入水体，很多城市水体逢雨必黑，黑臭河道反复治理。

4）城镇雨水径流污染控制方式不当，影响污水处理厂的能力匹配和水体环境改善效果。

雨水管道所收集和排放的雨水地表径流并不洁净，尤其是初期雨水的地表径流污染较重，有的相当于生活污水的污染程度，导致多数城镇的雨水管道大多成为第二条下水道。

如果城市雨水径流污染没有得到有效控制，加之在没有完善的污水收集系统的情况下，采取调蓄池的办法储存径流污染雨水，达不到预期效果，而且还浪费建设资金；城镇污水系统在设计的时候也没有考虑到这部分水量，从而造成大量截流或调蓄收集的受污染雨水，最终无法输送到污水处理厂处理达标后排放，而是在厂前或污水提升过程中溢流排放，造成水体环境污染。

5）污水收集系统的划分、污水处理厂的建设，未能做到与城镇河道水体生态基流的补充相协调。

如果厂址选择没有考虑到河道生态补水的需要或再生水利用的需求，将污水处理厂建设在离河道生态补水要求的地方很远，远距离输送再生水补充到河道当中，能耗很高，且给寻找输送管道通道增加很大的难度。由于河道生态补水的需要，需考虑污水收集系统的水质是否满足河道生态基流补水水质要求。若污水收集系统中含有对河道生态系统影响的特征因子，可以考虑将这部分污水单独处理，达标后排放或其他利用。

1.2.2　收集系统最后"百米现象"

城镇污水收集系统重视市政主管网的设计与建设，居民小区、单位庭院、"小散乱"排水户涉及的支管网和接户管未给予足够考虑，污水无法进入或无序进入污水收集系统；特别是在乡镇污水系统建设中更容易出现这样的问题。

1）很多城市污水主管道为分流制管道，但是在居民小区、单位庭院内还存在不少合流制管网，造成污水市政主管网能力不够，溢流到雨水系统而转入水体，造成水体环境污染。

2）也有不少城市在居民小区、单位庭院或局部范围内进行雨污分流改造，但是主管道没有及时改造，造成雨水、污水一起又进入污水合流系统，雨天溢流到水体，污染河道。

3）在很多城市的城乡接合部，还有不少城中村存在，河边公共厕所、垃圾堆积地的存在，往往污水收集系统缺乏，甚至连合流制管道都未敷设，而是直接将污水、雨水通过明沟或暗渠排入附近水体；有的将厕所和垃圾设施设置在河道附近，便于污水排放。

鉴于这种情况，很多地方领导或主管部门认为，通过拆迁一次性解决。但往往因为拆迁难度大，拆迁资金没有到位而搁置，长久处于不能解决问题的状态。

有的地方采取了合流制系统敷设一些管网，但就会在雨季到来时合流污水溢流至附近水体，造成水环境恶化。

4）几乎每一个城市或乡镇都会不同程度存在洗车店、理发店、农贸市场、小餐饮店、洗浴店等"小散乱"排水户。但由于这些"小散乱"排水户都是在城镇发展过程中逐渐形成的，排水主管部门难以全面掌握情况和及时监管，导致污水直排或进入雨水收集排放系统。

5）由于乡镇污水处理系统建设相对滞后，且乡镇室内卫生设施可能不是很完善，改造很难，往往很多地方先行建设了市政主管网，支管网无人过问，或在项目立项以及可行性研究时就没有考虑到，造成建设资金没有办法落实，建设主体不明确，最后百米成为空白，从而影响污水系统效能发挥。

1.2.3　污水处理厂尾水再生利用

在缺水地区，再生水利用已经提上议事日程，而且应用情况较好。比如，北京市新建城市污水处理厂均称为再生水厂，要求出水水质必须达到京标 A 或京标 B（即再生水标准），节约水资源。但在我国南方地区，即使是水质型缺水城市，也不是很重视再生水利用。究其原因有：

1）原有已建污水处理系统布局未考虑到再生水利用，即使目前国内污水处理厂尾水排放标准还是较高的，可以作为再生水加以利用。但因污水处理厂附近没有用户，若要回用，可能会远距离输送才能到达再生水用户，故没有实施再生水回用。如南京某污水处理厂厂址选择在远离城市核心区和再生水利用区域的长江岛屿上，若要考虑污水处理厂尾水再生利用，则需将再生水通过长江夹江底部敷设管道回送和远距离输送至再生水用户，投资非常高，实施难度也较大。

2）很多地方没有做再生水利用规划，或没有找到合适的再生水用户，再建设一套再生水输送管网，通道上有困难，或因影响交通使居民生活不便，因此，高代价处理的污水处理厂高标准排放尾水未得到更好的利用。在我国南方城市很少有城市认真编制城市再生水利用规划，即使为了申报国家生态文明城市需要，也只是勉强满足回用水指标要求，没有实质性、可操作性的具体措施和方案。

3）有不少南方城市或不缺水城市主管部门对再生水利用认识不足，不用干净的自来水，而要用有污染的再生水，不放心，主观上不愿意使用再生水，怕不卫生影响身体健康。如南京某大学城污水处理厂在工程设计和大学城建设时均考虑了中水回用工程措施，但在后期运行中并没有开展具体实质性工作。后来，由于该大学城黑臭水体治理工作的推进，利用污水处理厂的尾水补充了河道生态基流。

4）城镇污水处理率偏低，城镇污水处理厂进水中含有工业废水比例较高，也是影响我国污水综合回用全面开展的直接原因。污水必须经过处理后才能进行综合利用，而低污水处理率使得可直接进行深度处理达到回用目的的污水量较少，也很难发挥城镇污水作为稳定的城市第二水源的作用。城镇污水处理厂进水中含有工业废水比例较高，污水处理厂尾水水质难以满足再生水用户对水质的要求，否则会投入更高代价进行处理和应用，技术经济指标不合理。

5）目前，我国工作重点仍然是污水治理，而污水综合利用工程的建设投资要比污水处理工程大，所以，我国许多地方很难给予污水回用足够的重视和经济支持。因此，尽快提高城镇污水处理率，编制科学合理、实用操作性强的再生水利用规划，加速经济建设步伐，是我国污水处理厂尾水再生回用全面推广的前提。

1.2.4　污水处理系统应急调度措施

1. 污水处理系统之间的互联互通

城镇污水系统建设于不同年代，其建设标准、管材使用、施工技术、管理手段、运行水平都会不一样，在污水系统运行中会出现各种各样的问题。一旦问题产生，鉴于污水会影响环境，影响居民生活质量，故在污水处理系统维修和管理中难免需要考虑污水调度措施安排。若污水处理系统未考虑到系统维修时污水去向的问题，就会造成一旦管道维修，污水就近入河，造成水体污染，影响环境。

在我国有部分城市（如江苏省苏南地区的经济发达城市）已经考虑建设不同污水处理系统之间的互联互通措施，用泵站将其中一个污水处理系统的污水调到相邻的污水处理系统，保证在系统维护或维修时不至于因污水输送不了，或污水处理能力承受不了，而进入水体，影响城市水环境质量。

但我国绝大多数城市还没有这样去做，一方面，是认识不足，在做规划方案时就没有考虑，加之城市建设速度快，造成再想解决已经没有通道可走；另一方面，资金问题也是很现实的现象，当然实际操作上也有很多难处，不易实施。

2. 面源污染负荷的增加

我国早期的《室外排水设计规范》GB50014—2006并没有考虑满足城市水体环境要求的初雨污染水量，只是考虑了一部分截流管道，因此，我国污水处理系统的能力不能满足面源污染有效控制水量的增加，也未考虑初期污染雨水的收集和处理，原有系统不能满足输送和处理能力，造成系统无法正常运转。

在没有考虑城市河道消除黑臭要求，或没有城市水体水环境提升要求时，未考虑面源污染的处理，也没有截流初期污染雨水的考虑，一旦需要考虑时，原有系统的能力难以满足，也属正常。

随着国家对海绵城市建设的理念加强，在黑臭水体基本消除的基础上，城市水环境进一步提升需求，示范城市不断推进，地表径流污染的控制得到了一定的重视。但由于建设资金和老城区建设条件的限制，面源污染问题不易解决。

有一些城市建设了一部分初雨调蓄池，使用情况不是很理想；广州和武汉等城市还考虑了深隧储存设施。但由于没有管理经验，没有科学的理论指导，没有经过详细实用的数学模型计算，没有配套的智慧管理手段，实际运行管理中出现了一些问题，需要行业内专家、主管部门进一步研究总结提高，制定规划、设计、建设、运行维护、后期评价体系等标准。

1.2.5　污水热能利用

1. 污水热能利用优势

因为居民生活过程中会有热量输入，所以，污水排放出口温度较自来水温度高出 2 ~ 17℃。相关资料表明，污水余温所含热量较多，占城市废热排放总量的 15% ~ 40%。

城市污水四季温差变化不大，流量稳定，具有冬暖夏凉的特点，可以成为居家、楼宇空调的冷热交换源，并以日趋成熟的水源热泵技术予以实现，不仅可以在市政污水处理厂实现集中交换，亦可以居家分散方式交换提取。

鉴于从污水余温热能中提取的热量属于低品位能源（40～70℃），可以被直接利用，且热量有效输送半径为 3～5 km。所以，污水源热泵技术可以在污水处理厂内或周边用户中加以利用，或直接在居家水平原位利用。

事实上，污水源热泵能效比（COP）为 3.5～4.6，比空气源热泵（COP=2.8～3.4）和地源热泵（COP=3.3～3.8）都高，交换同量热量时，污水源热泵较其他两种热源方式更加省电。

2．国外污水热能利用

利用热泵回收低位能源的理论基础源于 19 世纪早期，20 世纪 20～30 年代，热泵取得了较快的发展。70 年代以来，世界各国对热泵研究工作十分重视。目前，仅在北美和欧洲便有超过 3.3 亿 m^3/d 的污水用于供热和热水加热，可节省 15 亿 GW/d 的天然气消耗量；世界范围内现有至少 500 个污水源热泵应用案例，热功率为 10～20000 kW。欧洲、北美及日本在污水源热泵技术方面走在世界前列。

污水处理厂尾水比原污水具有更高的潜热值，通过水源热泵系统提取热能也相对容易。污水处理后，在出水口利用热能对冬季污水处理运行没有任何性能影响。污水热能在污水处理厂内用于供热、制冷显然热量利用空间十分有限，而向污水处理厂周边辐射则是欧洲国家对污水热能利用的主要方向。

早在 20 世纪七八十年代，瑞士和瑞典已经建成超过 50 个污水处理厂余温热能利用工程，不仅满足厂内利用，还兼顾周边民宅供热、制冷需要。为此，瑞士设计了电子多步热泵功率控制系统和低温区域管网输送系统，成为当时的领先技术。瑞典首都斯德哥尔摩 40% 采用水源热泵技术供热的建筑物中有 10% 的热源来自污水处理厂出水。

自 1987 年开始，日本东京市政府污水处理局进行污水余温热能利用。初期建设热能利用项目主要服务于污水处理厂内建筑物空调使用，在政府支持下，后来逐步形成较为成熟的商业化服务体系。截至 2018 年，日本建成污水余温利用工程项目共计 43 个，其中，利用污水处理厂尾水热能向厂外范围提供服务的有 5 个。

采用热泵技术回收家庭生活污水（淋浴水、洗涤机和洗衣机排水等）余热的设施实例也很多。据分析，对于十人居住的住宅，采用热泵技术回收家庭生活污水余热，可减少的能量达 50%，对于多于十人的住宅则达 60%。

目前，国外利用热泵回收城镇污水热能取得显著进展，他们不仅将其利用于采暖空调，而且在工业、农业和商业等领域也广泛地加以应用。一些国家通过有效地回收与利用城镇污水热能，取得了显著的经济效益、环境效益和社会效益。

3．我国污水热能利用

城镇污水热能回收与利用是将赋存于处理或原生污水中的热量回收后并加以有效利用的一项新技术，以利用热泵回收低位能源为理论基础。近年来，随着热泵技术的日趋成熟和快速发展，我国城镇污水热能回收与利用在实际工作中推广和应用有了可靠的技术保证。

由于对有效回收与利用城镇污水热能的节能性、经济性和环保性认识不足，我国热泵技术的研究和应用还比较落后。国外研制的性能先进的热泵价格比较高，同时回收与利用城镇污水热能对设备和管道等的性能要求又比较高，因此，目前城镇污水热能回收与利用的研究在我国尚处刚刚起步阶段，应用实例极少，几乎属空白领域。

目前，我国生产力发展水平与发达国家相比还有一定的差距，能源利用率比较低，能源浪费比较大。同时，这也说明我国的节能潜力比较大，范围也比较广。随着人们对利用热泵回收城镇污水热能所具有的节能减排意义的深入了解，该项研究工作在我国将会得到进一步开展。

对类似污水热能这种人类尚未利用的能源，虽然其价高且利用技术较为复杂，大规模应用受到一定限制，但是，随着人类社会的不断发展，廉价能源（化石燃料、核燃料等）毕竟数量有限，而且从保护全球环境的观点出发，人类在能源利用方面也将进入一个多样化的时代。

从这种意义上说，回收和利用污水热能，城镇污水资源综合利用是 21 世纪很有发展前途的工作。特别是利用污水冬暖夏凉的特点而开发的集中空调系统，比一般方式可节约能源30%，节约运行管理费20%，且不需补给水等，既有明显的经济效益，又有较大的社会效益和环境效益。随着今后热泵技术的不断发展，回收和利用污水中热能的效率也必将会进一步提高，由此产生的经济效益和社会效益将更加明显。

我国各大中城镇污水排热量占总排热量的 10%～16%，污水水温在 5～35℃，污水量比较稳定，这对于有着辽阔的采暖、空调和热水供应区域的我国来说，通过有效利用城镇污水热能来节省高位能源的消费，将会产生明显的社会效益、环境效益与经济效益。

我国部分城市已开始利用污水余温热能供热、制冷工程，虽属于起步阶段，但发展速度较快，有关污水源热泵系统设计的研究较多；通过污水处理厂出水实现厂内集中供热、制冷的案例已屡见不鲜。

北京市排水集团在高碑店污水处理厂开发了一套污水源热泵试验工程（900 m² 建筑供热），然后在北小河污水处理厂安装一套供 6000 m² 建筑供暖与供冷的污水源热泵。目前在秦皇岛、哈尔滨、大庆、石家庄、北京、天津等地均有污水源热泵系统在运行。

多年的运行实践也充分表明：由于污水相对于清水而言，它具有一些特殊性，这对污水源热泵空调系统的设计与运行带来一些新的影响，使污水源热泵空调系统具有许多独特的特点。

因此，应该在充分借鉴和汲取国外先进经验和成果的基础上，结合国情，因地制宜，积极开展城镇污水热能回收与利用的研究与应用工作。应树立超前理念，设立专门组织机构，统一规划，统一管理，使城镇污水热能回收与利用实现可持续发展。

在技术上，应不断研制和开发低成本、高效率的污水热泵和经济节能、耐腐蚀的传热散热设备；在规划上，应合理规划城镇污水排放系统，在充分分析和把握城镇污水的污水量、污水温度和有关设施的配置基础上，建立一套调控系统，能够既满足城镇污水正常排放，又能同时回收利用污水热能需要，使城镇污水热能回收与利用系统处于最佳的运行状态；在管理上，应实现城镇污水热能利用与达标处理后正常排放的统一、科学的管理，并合理地征收必要的费用，使城镇污水热能回收与利用系统成为城镇污水资源化的一项理想的先进技术。

4．污水的特殊性对污水源热泵的影响

城镇污水通常由生活污水和工业废水组成，它的成分极其复杂。生活污水是城市居民日常生活中产生的污水，常含有较高的有机物（如淀粉、蛋白质、油质等）、大量柔性纤维状杂物与发丝、柔性漂浮物和微尺度悬浮物等。一般而言，污水中的大小尺度的悬浮物和溶解化合物等污物的含量达到 1% 以上。

工业废水是各工厂企业生产工艺过程中产生的废水,由于生产企业(如药厂、化工厂、印染厂、啤酒厂等)的种类不同,其生产过程产生的废水水质也各不相同。一般而言,工业废水中含有金属及无机化合物、油类、有机污染物等成分,同时工业废水的 pH 值偏离 7,具有一定的酸碱度。正因为污水的这些特殊问题常使污水源热泵出现下列问题:

1)污水流经管道和设备(换热设备、水泵等)时,在换热表面上易发生结垢、微生物贴附生长形成生物膜、污水中油贴附在换热面上形成油膜,漂浮物和悬浮固形物等堵塞管道和设备的入口。其最终的结果是,出现污水的流动阻塞和由于热阻的增加而恶化传热过程。

2)污水常引起管道和设备的腐蚀问题,尤其是污水中的硫化氢易使管道和设备腐蚀生锈。

3)由于污水流动阻塞,换热设备流动阻力不断增加,引起污水量的不断减少,同时传热热阻的不断增加,又引起了传热系数的不断减小,因此,相对于其他水源热泵,污水源热泵运行稳定性较差,其供热量随运行时间的延长而衰减。

4)由于污水的流动阻塞和换热量的衰减,污水源热泵的运行管理和维修工作量大。如,为了改善污水源热泵运行特性,换热面需要每日 3 ~ 6 次的水力冲洗,运行经验表明,高压反冲洗周期为一个月,周期末对污水换热器进行高压反冲洗。

5)由于设备结垢,机组耗功增加。冷凝温度每升高 1℃,耗电量就会增加 3.2%。当冷凝器结水垢 1.5 mm 时,冷凝温度每升高 2.8℃,耗电量就会增加 9.7%。

5. 污水源热泵应用

污水水质的优劣是污水源热泵供暖系统成功与否的关键。因此,要了解和掌握污水水质,应对污水做水质分析,以判断污水是否可作为低温热源。

处理后污水中的悬浮物、油脂类、硫化氢等只有原生污水的十分之一乃至几十分之一。因此,国外一些污水源热泵常选用城市污水处理厂处理后的污水或城市中水设备制备的中水为其热源与热汇。

因此,为了提高系统的经济性,常在远离城市市区的污水处理厂附近建立大型污水源热泵站。所谓的热泵站,是指将大型热泵机组(单机容量在几 MW 到 30 MW)集中布置在同一机房内,制备热水,通过城市管网向用户供热的热力站。

20 世纪 80 年代初,在瑞典、挪威等北欧国家建造的一些以污水为低温热源的大型热泵站相继投入运行。瑞典早期的以城市污水和工业废水为低温热源的大型热泵站见表 1-1。

瑞典早期的以城市污水和工业废水为低温热源的大型热泵站(MW)　　　　表 1-1

地点	伊索喔	哥德堡	索尔纳	斯德哥尔摩	厄勒布鲁	乌穆奥	耶夫勒	奥斯特桑德	恩歇尔茨维克	博尔隆格	塞德维肯	阿拉乌	卡尔斯塔德
容量	80	140	120	100	40	34	14	10	14	12	12	10.5	28
低温热源	城市污水	城市污水	城市污水	城市污水	城市污水	城市污水	城市污水	城市污水	工业废水	工业废水	工业废水	工业废水	工业废水

目前，瑞典斯德哥尔摩有 40% 的建筑物采用热泵技术供热，其中 10% 是利用污水处理厂的出水。

1.2.6　污水处理系统智能化监控

城市污水处理厂站通常分布在城市的不同位置，独立运营，大多数城市还没有统一的集中统筹管控平台；独立运营中缺乏数据分析对比、人力及生产资源形成浪费、运营成本高，无法达到最优工况；部分发达城市正在和华为、腾讯等大数据科技公司合作，准备开发智慧水务管控平台，但到目前为止还没有成熟的应用成果。绝大多数城市号称在应用智慧水务管控平台，实际上只能做到部分数据的采集。

大多数城镇污水处理厂站检测分析仪表依赖于国外品牌、国产化程度低、投入成本高，自控方法单一、水平低，不能满足污水处理的动态或滞后工况，不能满足远程集中监控平台对基础数据获取的需求。

限于国内实际情况，大多数城镇缺乏污水处理厂站"智能化、透明化"建设及管控的核心理念，厂站人力、能耗、药耗等运营成本高，缺乏控制手段和降耗措施，不能达到最优成本控制，可持续能力差；缺乏远程数据传输的技术手段，数据信息收集采用原始人工报送方式，运营人员劳动强度大，准确率低，数据统计费时费力，致使数据分析应用不到位，运营偏差的快速反应及预测能力差。

顶层设计不足，认识水平有限。规划不到位，缺乏战略性、整体性和前瞻性；重硬件轻软件，信息孤岛，业务不够协调；应急响应决策支持不够科学；业务服务融合度不高，主动性低。以上是国内中小型污水处理系统的普遍现状。

数据的开放和数据的安全使用没有统筹和考虑好。建成系统稳定性不够，部门之间大数据开放性不够，数据传输、管理、应用过程中的安全性问题存在，应用流域开拓的系统弹性不够。

行业壁垒、行政壁垒观念难以改变；缺乏统一标准；缺乏计量准确、节能型产品和灵敏、适应能力强的传感器，以及安全迅速的决策系统；缺乏顶层设计、应急预案、应急决策、信息整合、资源共享机制；流域管理理念需要加强。

1.2.7　污水处理系统尾水消毒

目前，我国城镇污水处理厂尾水采用的消毒方式主要有紫外线消毒、二氧化氯消毒、次氯酸钠消毒和臭氧消毒等，单一应用或组合联用。

1. 紫外线消毒

紫外线消毒系统相对简单，在 21 世纪初期，城镇污水处理厂消毒技术主要采用紫外线消毒方式。

紫外线消毒是利用紫外线对微生物的核酸产生光化学危害，从而产生消毒作用，但紫外线没有持续消毒作用，存在光复活现象。后来由于其他消毒技术的发展，加之紫外线消毒存在消毒杀菌用灯管容易被污染，影响消毒效果，目前采用较少。

2. 二氧化氯消毒

二氧化氯消毒是继紫外线消毒技术应用以来又一种被认可的污水处理厂尾水消毒方式，可以现场制作，通常应用在中小型污水处理厂消毒。

二氧化氯消毒是利用其强氧化性来破坏微生物的酶系统，从而导致反应产物的分解破坏，使细菌死亡。相对于次氯酸钠消毒，二氧化氯消毒在抑制消毒副产物三卤甲烷形成以及降低总有机卤的生成等方面具有一定的优越性，但二氧化氯制备成本较高，而且现场制作有一定的安全性问题，故目前二氧化氯消毒方式应用有减少的趋势。

3．次氯酸钠消毒

鉴于次氯酸钠制备较为简单，而且原材料没有安全问题，故最近几年来，次氯酸钠消毒技术的应用较为广泛。次氯酸钠为中性小分子，次氯酸钠消毒是中性小分子极易扩散到带着负电的细菌表面，穿透细菌细胞壁，氧化并破坏细菌的酶系统，达到消毒目的。

次氯酸钠消毒过程中会产生余氯，余氯依然具有持续消毒能力，能有效抑制残余细菌的复活和繁殖，但余氯对水生生物和鱼类也会造成一定的毒性影响，不同鱼类对氯的敏感性也不一样，一般在 $0.001 \sim 0.1 \, \text{mg/L}$。

4．臭氧消毒

随着城镇污水处理厂尾水排放标准进一步提高，高级氧化技术被应用在污水处理厂深度处理工序中，故采用臭氧高级氧化技术既有消毒功能，又有高级氧化分解难降解有机物的作用。鉴于上述原因，臭氧消毒技术应用在不断发展。

臭氧消毒的机理是，利用其强氧化性来破坏微生物的细胞膜结构继而达到灭菌的效果。臭氧在水中半衰期大约为 $30 \, \text{min}$，由于其消毒持久性相对较差，一般需和氯消毒配合使用。

1.2.8　实际污水处理设施运行管理水平

当前，与发达国家相比，我国城镇污水和工业废水处理技术的研发差距已大大缩小，甚至在某些污水处理技术研发和应用方面超出国外，比如，新概念污水处理厂构思和实践已经超出国外，已经在生产线应用中，只是很多问题还需要在使用中完善和改进。再如，我国污水处理厂的尾水排放标准不断提高，有些水体敏感地区要求污水处理厂尾水排放标准达到地表水Ⅲ标准（因污水处理厂尾水排放河道下游为城市集中供水水源地，故湖南省长沙市某污水处理厂尾水要求达到此标准，为此，在污水处理厂后安排了具有污水处理能力的湿地公园措施）。

但从实际污水处理设施运行管理水平看，部分大型和中小型污水处理系统仍然处于非常粗放的运行管理状态，与发达国家相比，仍有较大差距，主要表现在以下方面：

1）城镇污水处理厂的水量负荷和水质负荷都是动态变化的，目前，只能根据不同季节调整运行参数，不能根据负荷调整运行设施，大多数情况下，水力停留时间（hydraulic retention time，HRT）偏长。

2）由于没有智慧水务的管理平台，没有适用的污水处理构筑物处理过程的水质预测分析模型，没有可靠的自动运行控制措施，只能根据预设的 DO 指标或氧化还原电位（oxidation-reduction potential，ORP）指标进行监控和粗放式调整，故不能通过对工艺流程中重要参数的实时监控，优化调整污水处理设施运行，处理能耗费用高。

3）鉴于我国污泥处理处置问题没有可行的政策和实用的技术，污泥的出路成为很多污水处理厂的难题，为了减少污泥外出压力，不合适地采用减少排泥次数，即可减少污泥处置负担，导致不按时足量排泥，从而泥龄（sludge retention time，SRT）偏高，严重的还会造成污水处理厂 TP 指标难以达标。

4）由于没有可靠的控制手段，同时也没有根据 DO 的不同会影响处理效果的水质模型，故不敢贸然调整 DO，担心造成污水处理厂尾水不能达标，故为了确保尾水达标，往往会采用偏于保守的办法进行污水处理厂的运行。即不控制 DO，而是将不同的工序采用偏于保守的 DO 控制值，比如，好氧段会将 DO 控制在 2 mg/L 或以上，有的污水处理厂会将其控制在 5 ~ 6 mg/L，DO 偏高；若缺氧段没有有效控制 DO，且没有跟踪监测 DO，则会因缺氧段 DO 偏高，为了保证 TN 达标而造成碳源过多投加，增加运行成本。

5）特别是早期建设的污水处理厂，基本没有考虑精确曝气系统。对运行能耗影响最大的曝气系统缺乏高效控制策略和方法，自动控制系统往往停留在监视和简单的开关量控制。对于已经建设了精确曝气系统的污水处理厂，若没有与污水处理厂的出水水质联动，没有合适的污水处理过程水质预测模型分析联动，节省的能耗也会非常有限。

今后，随着实时监控参数技术越来越成熟可行，城镇污水处理设施的精细化、低碳化运行管理问题必将提到议事日程，这将会推动我国城镇污水处理水平进入新的发展阶段。

1.3　高质量系统建设与创新实践

1.3.1　科学编制污水处理系统专项规划

只有做好城镇污水处理系统专项规划，才能保障污水收集系统建成后真正发挥作用。

1. 充分调查研究，科学合理确定规划目标

现状调查研究往往是专项规划编制的短板，因为现状调查研究工作耗费的人力、财力较多，时间花费也很长，一方面，没有时间去做，另一方面，不是太愿意去做。可以想象，如果没有通过现状深入调查和研究，不可能发现存在的真正问题，则制定的目标缺少可信度。

城镇污水处理系统规划中污水收集系统问题梳理和现状评估是非常重要的工作基础。如果没有对现状管网进行排查，就没有办法知道需要解决的问题是什么，也不可能做到城镇污水系统全覆盖、污水全收集、全处理。管道的结构性破损在哪里？管道的功能性问题又是什么？雨水与污水混接处有多少？在哪里？晴天河道排水口还有污水出流，为什么？污水处理厂的进水浓度正常吗？污水处理厂的处理能力够吗？污水处理厂尾水排放标准与再生水利用规划相符吗？污水处理厂尾水执行标准与排放水体环境容量相矛盾吗？如果不清楚上述问题，规划出来的污水收集系统又有什么用。它能够指导工程建设和管理吗？

目标的确定，一方面，要针对发现的问题，根据城市总体规划的要求，结合当地经济条件，科学确定规划目标；片面追求城镇污水集中处理率的时代已经过去，用含有大量非污水的外来水作为统计数据反映污水集中处理率是错误的。简单采用管网建设密度和管网长度也是不科学的。如果管网密度很大，长度很长，但最后 100 m 处于建设空白区，污水直排、混接错接不清楚、结构性缺陷、功能性缺陷大量存在等，管网建设密度再高和管网长度再长，污水收集系统也是不健康的；应以规划建设结果或效果为导向，例如采用水环境质量提升标准，用污水处理厂进水浓度提升标准，用有效去除污染物质的量作为规划目标。

另一方面，还要结合当地城市发展具体要求。比如，某城镇有城市水环境规划要求或排水达标区建设要求，应重点以问题为导向，安排近期建设任务时优先考虑；再如，某城镇污水收集系统相对完善，且污水处理厂进水浓度也在正常范围，当城镇需要进一步提升城市水环境质量，规划中应重点考虑面源污染控制措施和工程安排，以及配套管理保障措施。

2. 规划的技术路线要符合国家政策，规划的内容要系统完整，规划任务应针对性好、可操作性强

很多专项规划是由有规划资质但没有规划能力的单位完成的，会出现不掌握或不熟悉国家和地方政策要求，凭课本知识和有限设计经验进行专项规划的编制工作，成果很难达到要求，从而影响规划成果的可操作性和指导性。如，有一个小型规划设计院做某市污水处理系统提质增效实施方案编制工作，成果通篇都是概念性内容，没有做好充分的现状调查分析，没有正确的技术路线做指导，而且，多次与设计负责人沟通，要求修改，也没有办法修改到位，因为专业能力受限根本不懂如何进行城镇污水处理系统提质增效的工作重点；还有一个景观设计单位做污水处理厂尾水人工湿地项目规划，成果通篇都是园林景观内容，只有很少水处理、水生态方面的内容，而且没有水质模型计算，目标可达性很难判定。

规划的技术路线要符合国家及地方政策要求，鉴于目前污水处理系统主要问题在管网，因此，规划内容应重点关注管网的现状分析研究，要有排口的调查分析，要有清晰明确的管网建设或修复的要求，要有"厂－网－河"一体化的统筹分析，要有管网的优化布局内容要求；要紧紧围绕国家关于城镇污水处理系统提质增效要求，做到城镇污水处理系统"全覆盖、全收集、全处理"，消除污水收集空白区，消除污水直排口，基本消除黑臭水体等；管网系统的规划要努力达到一个健康的污水收集系统，而不是结构性、功能性问题仍然存在，雨水污水混接现象未得到有效控制、污水收集空白区没有消灭的状态。

污水处理系统的布局要与城市再生水利用规划、城市水环境规划、城市污泥处理处置规划、城市海绵城市建设规划、城市综合管廊规划等相衔接，污水处理厂不一定放在城市最下游，城市排水体制也不一定全部采用雨污分流制，污水处理厂尾水不一定直接排放水体，污泥处置不一定是填埋，尾水、污泥资源化利用已经成为趋势。

污水处理系统规划除了上述基本要求外，一方面，还要考虑面源污染控制所需的污水收集与处理能力要求，与海绵城市建设理念结合，进行源头污染控制；另一方面，还要充分考虑雨污分流未能彻底消除而带来的雨污合流污水的输送与处理，必要时，建设调蓄池和深邃工程；更要考虑管道维修状况下污水收集系统的正常运行，且污水不入水体造成环境污染，建立不同污水处理系统之间的互联互通工程措施和应急预案。

规划的内容必须完整，首先，应该是现状调查分析和评估，并做污水处理系统项目规划编制或规划修编的必要性论证分析；应该明确规划指导思想，并根据现状问题，结合指导思想，科学确定规划目标；通过技术经济比较研究，确定规划任务，列出规划建设内容和投资估算，特别是近期建设计划安排；进行规划目标的可达性分析和提供规划实施保障有效措施。规划文件包括文本、说明书及图册。

做到现状存在的问题分析到位，规划指导思想明确，确定的规划目标具体、科学、合理，规划任务有针对性、指导性、可操作性，特别要确定近期规划任务和规划保障措施，甚至还要

进行规划可达性分析。

1.3.2　研究并编制城镇溢流污染控制规划

鉴于合流制污水系统溢流污染（combined sewer overflows，CSO）控制的复杂性，从 20 世纪 60 年代至今，美国仍在开展大量相关工作。即便日本国土面积小，合流制区域总体面积比例相对更低，也经历了近 40 年的时间，通过大量投资和系统性的重要工程建设，才比较有效地控制了合流制溢流污染。因此，应该充分认识合流制溢流控制的艰巨性。

合流制溢流控制势必面临对城市空间、建设投资、城市正常秩序以及城市居民日常生活的复杂影响。美国、日本、德国在其溢流控制发展过程中，也都曾经历国家与城市政府、各职能部门之间对溢流控制的广泛讨论和意见反复。上述国家都对合流制系统问题开展了大量专项的系统性研究，并通过多职能部门、多利益相关方的广泛深度研讨，就普遍达成的共识以政策法规、专项规划、规范标准等多种途径予以落实，逐步构建较为完善的控制体系。我国有必要尽早开展专项研究和政策引导。

城镇溢流污染应以污染物负荷削减为整体控制目标，合流制污水系统溢流污染控制均围绕削减合流制系统外排污染负荷作为基本目标和总体原则。对于城市发展水平高和自然条件好的城镇，可以提出比较具体的合流制系统外排污染负荷的控制要求；对于城市条件差、管理水平不是很高的城镇，可以提出基于控制措施要求，并要求各城镇在合流制污水系统溢流污染长期控制规划中根据具体的水环境保护要求与可实现的溢流控制水平等，综合提出近远期控制目标。

对于有合流制排水系统的城市，可以选择保留原有的合流制系统，并对溢流污染进行控制，对局部"合改分"改造条件相对较好的区域，结合城市更新改造进行局部分流，并需与其他措施进行统筹考虑。对于经济条件好的少数合流制区域，可以采用城市大规模重建或合流制区域较小等原因，在对改造投资、污染负荷削减情况等系统评估后，选择全面推行"雨污分流"，但通常也需要经历较长的实施周期，改造后需要对雨水径流污染进行单独控制。

由于合流制溢流控制的工程建设系统性强、实施条件复杂、涉及巨额投资，需要对中长期的各方面影响进行系统评估与预期成效的综合分析才能做出决断。因此，基于各城市的具体条件，编制合流制溢流控制的长期规划，并持续跟踪评估其实施效果，不断补充新的技术方法，适时更新和调整合流制溢流控制的技术策略。

合流制溢流控制的具体方案和技术措施选择，各城市需结合实际条件因地制宜制定系统策略。不同地区由于气候条件、空间条件、基础设施建设与管理情况等方面的差异，会造成对合流制溢流控制技术策略选择上的差异。对于分布总体较为稀疏的城市，城市中心城区建设密度较高，外围郊区空间较大，合流制区域多位于城市密集的中心城区，而污水处理厂通常位于郊区，可以通过大截流与提高末端集中处理能力的方式对合流制溢流污染进行控制；对于城市密度与人口密度较高的城市，可以采用分散调蓄设施的应用，也可以加强对溢流排放处理技术的研发与应用，具体需要根据城市综合条件制定系统策略。

溢流污染控制基本要求：合规、合理的运维管理策略；最大程度利用管网系统的能力；评估和提升预处理能力；最大限度地截流至污水处理厂处理；严禁旱季溢流；控制合流制污水系统溢流污染中的悬浮物和颗粒物；合流制污水系统溢流污染问题的现场探查与监测；污染的预防；合流制污水系统溢流污染重点影响区域的划定。

建议国家层面发布合流制污水系统溢流污染控制政策，成为国家合流制污水系统溢流污染控制的一项重要纲领性法规文件。以此作为各地申请合流制污水系统溢流污染排放许可的基本技术要求。

1.3.3 污水收集系统的有效性是城镇污水处理系统提质增效的核心

污水处理系统的规划、设计、建设应该遵守"全覆盖、全收集、全处理"原则，同时要满足城市总体规划和城市排水专项规划的要求，特别是其中"厂－网－河"一体化统筹的要求、海绵城市建设理念的体现要求、城市水环境规划要求、城市空间充分利用规划要求、城市资源有效利用要求、节能减排要求、城市生态环境要求、流域水资源安全要求等。

城市排水系统应在不同区域充分论证污水收集的可操作性和有效性，因地制宜地科学选择排水体制，不应一概而论地选择分流制。事实证明，在老城区或管理不规范、实施不到位的地区很难做到真正意义上的雨污分流，在很多地方执行分流制后水体环境并没有得到有效改善。在德国、日本，也有不少城市中仍存在合流制管网，且数量不少，但需要很多有效措施配套建设，满足城市水环境质量要求。

污水收集系统应做到与污水处理厂同步规划、设计和建设，特别应关注城镇体系中"城中村"的污水收集、"小散乱"排水户的污水收集（农贸市场、洗车店、理发店、洗浴店、小餐饮、夜排档、小诊所等）、垃圾中转站和公共厕所的污水收集；确保污水处理厂建成后实际处理水量与设计规模匹配，充分发挥城镇污水处理厂效能和改善城镇水体水环境。

农贸市场应实现雨污分流，严禁沿街小农贸市场污水排入雨水管道，强化农贸市场排水动态管理，对按要求完成整治的排水户发放排水许可证，建立农贸市场排水管理制度并有效实施；洗车场应按要求设置沉淀池等预处理设施，并做好日常管理维护，确保设施通畅和运行有效，强化洗车场排水动态管理，对按要求完成整治的排水户发放排水许可证，建立洗车场排水管理制度并有效实施；小餐饮、夜排档集中点应按要求设置隔油池预处理，并做好日常维护管理，确保设施通畅和运行有效，严禁沿街小餐饮、夜排档餐饮废水排入雨水管道，强化小餐饮、夜排档排水动态管理，对按要求完成整治的排水户发放排水许可证，建立小餐饮、夜排档排水管理制度并有效实施。

污水收集系统不仅应重视市政主管网的设计与建设，而且还要重视居民小区、单位庭院内支管网和接户管一步到位；解决雨污水管网和检查井错混接；摸清每栋楼宇雨污水去向，列出问题清单，明确任务清单，推进实施管网修复改造和建设；老旧小区阳台污水采取雨污分流改造或截流措施，实施阳台污水收集处理；排放生活污水的一楼或地下车库，通过雨污分流改造等方式实现污水纳管处理。

当污水处理系统范围内有面源污染而影响城市水环境质量时，面源污染必须得到有效控制，除了源头采取海绵城市理念相关控制措施外，污水处理系统的能力还应考虑面源污染水量的增加，确保系统的正常运转。如果已建污水处理厂没有能力接收面源污染增加水量，可以考虑城镇污水处理厂扩建，或在当地自然资源部门统一安排下合适位置单独建设初雨处理设施。

随着国家城市排水工程提质增效工作的推进，分流制与合流制排水系统雨天溢流污染客观存在，而且已成为影响城市水体水环境的主要因素之一，通过合理设置调蓄池或深隧储存设施，降低合流制排水系统溢流频次和溢流量，可以经济有效地控制初雨和合流污水的污染。同时针对建成区用地紧张的现状，调蓄池或深隧储存设施选址可结合城市的景观绿化，采用全地下式布置，布置于公园、河道等空间下，集约化利用土地资源。

规划、设计、建设中必须注意调蓄池或深隧储存设施的建设前提，如果城镇排水管网处于低效状态，结构性缺陷、功能性缺陷、雨污混接、外水入渗、河水倒灌等问题没有得到有效解决，不宜建设调蓄池或深隧储存设施。

1.3.4　尾水再生利用和应急调度管理是城镇污水处理系统规划的重要组成部分

1. 尾水再生利用

无论是南方城市，还是北方城市，都有再生水利用的需求。由于黑臭水体的治理，控源截污的彻底落实，在旱季河道没有水流，水体基流没有保障，水体系统很难维持，故这样的城市河道需要调水引水，或利用污水处理厂尾水补水，如韩国首尔清溪川的生态补水途径之一就是上游污水处理厂尾水补充。

北方城市、缺水城市对于工业冷却水需要、非饮用水需求将更加迫切。新加坡城市污水处理厂尾水可以处理到饮用水标准，陕西省西安市西石桥污水处理厂尾水经过混凝沉淀过滤送至附近化工企业作为冷却用水，规模达到 5 万 m^3/d。

城镇污水处理系统布局应充分考虑再生水利用要求，科学合理布局污水处理系统，避免造成再生水远距离输送，给再生水输送管网建设带来通道的问题难以解决，工程投资较高，增加再生水利用成本等问题；有再生水利用要求的城镇污水处理厂应尽量靠近再生水应用地点。

2. 污水处理系统应急调度

随着国家对水环境的重视，即使污水处理系统维修时也不允许污水入河，所以，污水处理系统出现问题需要维修时，必须考虑污水有合适的去向或进行必要的储存。

因此，新建污水处理系统应充分考虑系统维修时污水去向问题，建立污水收集系统互联互通的格局，或建设污水储存池；已建污水处理系统也应该研究制定整改措施，及早具有抗风险能力。

一旦某污水处理系统中管道维修，污水可以通过提升泵站提升到其他相邻的污水收集系统，或储存到附件污水储存池中，待管道维修结束后，再行接回原污水收集系统，避免污水就近入河，造成水体污染，影响环境；江苏省苏南经济发达城市（苏州、无锡、常州等）已经做到相邻污水处理系统相互调度功能需要。

总之，城市污水处理系统规划、咨询、设计所采用的技术方案应充分贯彻"成熟可靠、安全先进、节能高效、绿色环保"的技术理念，注重项目的冗余设计和抗风险能力，并与现有污水输送系统共同构建互联互通输水网络系统，提高污水输送外排的安全性和调度灵活性。

1.3.5　在城镇雨污分流工作的基础上，应足够重视和关注降雨污染带来的环境问题

1. 选择有效的降雨污染处理措施

不管合流制还是分流制排水系统，降雨污染控制都是无法回避的现实需求。

我国分流制的城市同样普遍存在小区和管网沿线错接混接现象，导致污水管道溢流至雨水管道系统造成污染物下河而污染水体；"小散乱"排水户污水接入市政雨水篦或雨水检查井，从而进入雨水系统，导致雨水管道成为城镇"第二个污水通道"，不是接入污水系统而是进入雨水系统，造成管道污染沉积，雨天冲刷污染进入水体。

与居民生活污水连续排放不同，降雨并非连续发生的事件。如采取生物处理技术进行降雨污染处理，不仅需要在降雨来临前进行生物培养，还需要考虑降雨后的生物污泥处理处置问题。

片面追求降雨污染控制设施的高排放标准，要求使用生物处理技术对降雨污染进行净化，在技术、经济等方面都存在不合理之处。降雨属于短期行为，需要的是反应周期短、见效速度快、水量负荷大、抗冲击能力强的处理设施。实际上，欧美等发达国家也通常选用以 SS、COD 和 TP，尤其是可沉淀颗粒物为主要去除对象，停留时间相对较短的化学混凝沉淀、加砂沉淀、介质过滤等物化处理技术装置，并通过相对较大的设施规模，快速高效削减降雨溢流污染总量，降低降雨污染对受纳水体的影响。

2．源头控制降雨径流污染

在欧美等发达国家，低影响开发（low impact development，LID）措施、初雨调蓄池等作为降雨污染控制方面的临时储存设施，发挥了重要作用。

但我国的合流制排水口溢流水、分流制污水管道冒溢水和雨水管道沉积物冲洗水都存在比较严重的沉积底泥冲刷污染问题，泥砂和有机物含量过高的水进入调蓄池，对调蓄池的恶臭控制和雨后冲洗维护提出更高要求。

另外，如何为调蓄池配套高标准污水处理设施，确保雨水处理达标排放也是重大的技术难题。

在调蓄池前设置快速净化设施，有效去除其中的颗粒物，在此基础上，适当延长调蓄池的排空周期要求，并通过下游污水处理厂的冗余能力对调蓄池污水进行处理达标排放，是调蓄池在我国稳定运行的最合理、可行的方案。

但国内多数城镇污水处理厂并不具备这种冗余能力，南方降雨频繁地区多数也不具备延长调蓄池排空时间的条件。因此，除了可采用处理设施对已排入管道中的雨水进行净化外，实际工作中也可考虑充分发挥海绵设施的"渗、蓄"功能，通过海绵设施将雨水截流在城市土壤中，以减少排入管道的雨水量，降低合流制管道溢流量和错接混接造成的分流制污水管道冒溢量，实现降雨污染总量削减。

1.3.6　影响城镇污水处理厂正常运行的工业废水应限期清退出系统

工业企业自建污水预处理设施，将工业废水在厂内进行预处理至满足下水道纳管标准后排入下水道，是我国城镇排水工程建设的传统做法，在城镇污水处理厂污染物排放标准相对较低、污水处理后直接排放的时期得到广泛应用，对全面实现污染总量减排起到重要作用。

但是厂内预处理达到排入下水道标准的工业废水中通常含有大量不可生物降解的溶解性有机物，尤其是有机氮磷。一级 A 尤其是准Ⅳ、准Ⅲ类排放标准中的 COD、BOD_5、TP 等指标的限值已经与生活污水中不可生物降解溶解性有机物和有机磷的量基本相当，如果再叠加工业废水中不可生物降解的溶解性有机物和有机磷的影响，常规污水处理工艺很难稳定达标。

实际工程中,不仅需要考虑增设水解酸化工序、反硝化滤池、深床滤池、投加碳源、投加填料、增加回流量、延长停留时间、增加曝气强度等生物处理措施,甚至需要增设臭氧、芬顿(Fenton)等高级氧化工艺单元,或活性炭、活性焦等物理吸附工艺单元,增加工程投资和运行成本的同时,还存在随时超标的风险。

工业废水达到城市下水道标准后排入城镇污水处理厂处理,并非经济有效的减排措施。工业废水通过工业企业自建设施处理达标,实际上是高浓度污染物的去除过程,去除单位污染物所需的能耗物耗并不高。但工业废水排入城镇污水处理厂并被城镇污水稀释后,就演变成大水量、低浓度污染物的去除过程,不仅面临着处理水量的成倍增加,还涉及低浓度物质去除所需的能耗物耗的成倍增加。也就是说,与工业企业自建设施达标排放相比,工业废水排入城镇污水处理厂处理会面临更大的社会成本。

工业废水达到排入城市下水道相关标准一般也采用生物处理技术,因此,将排入城市下水道的 COD 控制标准由 500 mg/L 降低到 300 mg/L 甚至更低水平,所去除的仍然以可生物降解有机物为主,最终排入城镇污水处理厂的不可生物降解有机物总量并没有实质性降低。因此,降低工业废水排入城市下水道标准的做法,通常难以彻底解决难生物降解有机物引起的城镇污水处理厂难达标的问题。

工业废水排入不仅影响城镇污水处理厂稳定运行达标,而且还影响城镇污水处理厂尾水再生水和污泥资源化的安全利用。

加强化工、印染、电镀等行业废水治理,抓好工业园区(集聚区)废水集中处理工作。加快推进工业废水与生活污水分质处理,工业园区逐步配套建设独立工业废水处理设施,加快推进工业企业进园区,已建有独立工业废水处理设施的工业园区,区内企业生活污水鼓励接入工业废水设施统一集中处理。远离市政管网的工业企业应建设独立设施处理工业废水和生活污水。

工业园区(集聚区)和工业企业应实现雨污分流,严禁工业废水排入雨水管道;强化工业废水接入市政污水管网排水管理,经评估认定不能接入城市污水处理厂的,要限期退出,可继续接入的,须经预处理达标后方可接入,企业应当依法取得排污许可和排水许可。加强对纳管企业的水质监测,督促企业在污水排放口与城镇污水主管连接处设置检查井、闸门,安装水质在线监测系统和流量控制设施。出水在线监测数据应与城镇污水处理厂实时共享,控制阀门的控制权应交由排水管理部门及其指定的污水处理厂。

对食品加工、酿造、酒精、果汁饮料等含优质碳源、生化性较好的废水,经评估备案并与污水处理厂签订代处理协议后可直接接入城镇污水处理厂处理。严厉打击偷排乱排行为,对污水未经处理直接排放或不达标排放的相关企业严格执法。

1.3.7　污水处理厂尾水热能宜加以利用

1. 污水处理厂尾水利用

在污水处理末端即污水处理厂尾水回收热能,即使在冬季也不会降低进水温度而影响生物处理效果,而且污水经集中处理后在污水处理厂集中交换热能,较分散式便于集中管理运行,且水质较好,不会产生堵塞、结垢甚至腐蚀问题,有利于换热器长期正常工作。但是,在污水处理厂集中回收热能应平衡分析交换出的热量消纳问题,通常需要在厂内和厂周边住宅或工业企业同时考虑空调热量交换，才能有效解决热量消纳问题。

从污水处理剩余污泥终极处理、处置角度，交换热量用于污泥热干化后焚烧则是一种不错的选择。此外，在城镇污水处理厂周边农田建设大棚／温室，接收污水处理交换热能也是一种潜在、稳定的选择。

2. 城镇原生污水利用

城镇污水收集干渠（污水收集干管）通常经过整个城区，如果直接利用城镇污水干渠中的原生污水作为污水源热泵的低温热源，这样可以靠近需热用户，节省热量输送的能耗，从而提高其系统的经济性，但是应注意以下问题：

1）为了满足应用热泵系统防堵塞与防腐蚀要求，污水取水设施中应设置适当的水处理装置。

2）城镇原生污水余热利用工艺不应对后续污水处理工艺产生影响。若原生污水水温降低过大，将会影响污水处理设施的正常运行。

3）为了保障系统的正常运行，污水泵的扬程必须经过水力计算，计算中要考虑污水性质，选择合理的水力摩阻系数；或采取技术措施和管道摩阻较小的管材，适当减少污水流动水头损失。通常，同样的流速、管径条件下，污水流动水头损失为清水的 2 ～ 4 倍。

4）污水换热器传热系数 K 值会随着时间的推移发生衰减的变化。K 值可以采用下列公式进行计算：

$$K = 668.97 + \frac{586.43}{1 + \left(\dfrac{t}{56.38}\right)^{0.84}} \tag{1-1}$$

式中： t——新换热器投入运行后的累积运行时间或旧换热器全面清洗后的累积运行时间（h）。

在前 100 h，污水换热器传热系数 K 值衰减迅速；随着时间的推移，当 K 值衰减到 1400 w／（$m^2 \cdot °C$）时，下降速度逐渐趋于平缓；800 h 连续运行后，K 值衰减为 700 W／（$m^2 \cdot °C$）。

5）鉴于污水水质的特殊性及结垢问题，在污水源热泵系统中，建议使用淋激式换热器（在热泵工况时作蒸发器用）。

1981 年 6 月，瑞典在塞勒建成了第一个利用净化后城市污水作热源的热泵站，供热量为 3200 kW，其使用的蒸发器为一水平管束，经处理过的城市污水淋于管束上（即淋激式蒸发器）。

奥斯陆建成了利用原生污水作热源的热泵站，每台热泵设置一台淋激板式蒸发器，每台淋激板式蒸发器设计负荷为 1500 kW，有 80 个板组，每个板组为 4 m^2，这些板组分两层叠置。污水由泵输送，经粗孔喷嘴均匀淋在板式蒸发器上，使水呈膜状流动，污水的流程为 4 m，其淋水量为 100 kg／s（360 t／h），被冷却后的污水再返回城市污水干渠中。

3. 污水源热泵形式

污水源热泵形式较多，根据热泵是否直接从污水中获取热量，可分为直接式和间接式两种。

所谓的间接式污水源热泵，是指热泵低位热源环路与污水热量抽取环路之间设有中间换热器，或通过水－污水浸没式换热器，热泵低位热源环路在污水池中直接吸取污水中的热量。

直接式污水源热泵是指城市污水可以直接通过热泵或热泵的蒸发器直接设置在污水池中，通过制冷剂汽化吸取污水中的热量。

两者相比，各具有以下特点：

1）相对于直接式污水源热泵，间接式污水源热泵运行条件较好，一般而言，热泵没有堵塞、腐蚀、繁殖微生物的可能性；但是，中间水－污水换热器应具有防堵塞、防腐蚀、防繁殖微生物等功能。

2）相对于直接式污水源热泵，间接式污水源热泵系统复杂且设备（换热器、水泵等）多，因此在供热能力相同的情况下，间接式系统的造价要高于直接式。

3）在同样的污水温度条件下，直接式污水源热泵要比间接式污水源热泵节能 7% 左右。

选择污水源热泵时，应针对污水水质的特点，设计和优化污水源热泵的污水／制冷剂换热器的构造，其换热器应具有防堵塞、防腐蚀、防繁殖微生物等功能。通常可以采用水平管（或板式）淋水式、浸没式换热器或污水干管组合式换热器等形式。

4. 防堵塞与防腐蚀的技术措施

防堵塞与防腐蚀问题是污水源热泵空调系统设计、安装和运行的主要问题。防堵塞与防腐蚀功能好坏，是污水源热泵空调系统成功与否的关键。通常采用的技术措施归纳为：

1）由于城镇污水处理厂尾水和再生水水质相对较好，在可能的条件下，宜选用城镇污水处理厂尾水或再生水作污水源热泵的热源和热汇，这样的系统类似于一般的水源热泵系统。如瑞典中部，距斯德哥尔摩西 100 km 的城镇塞勒，有一个 1981 年投入运行的净化后的污水源热泵站。运行表明，净化后的污水几乎不会引起由电镀碳钢制成的蒸发器腐蚀问题，也没有因污水而使蒸发器积垢的问题。

2）宜选用便于清污的淋激式蒸发器和浸没式蒸发器。污水／水换热器宜采用浸没式换热器。运行经验表明，淋激式蒸发器布水器的出口容易被污水的较大微粒堵塞，故对布水器要做精心设计。

3）在原生污水源热泵系统中，应采取防堵塞的技术措施。通常有：

（1）在污水进入换热器之前，系统中应设有能自动工作的筛滤器，去除污水中的浮游性物质，如污水中的毛发、纸片等纤维质。目前常用自动筛滤器、转动滚筒式筛滤器等。

（2）在系统中的换热管内，设置自动清洗装置。去除因溶解于污水中的各种污染物而沉积在管道内壁的污垢。目前常用胶球型自动清洗装置、钢刷型自动清洗装置等。

（3）设有加热清洁系统。用外部热源制备热水来加热换热管，去除换热管内壁污物，其效果十分有效。

4）在污水源热泵空调系统中，易造成腐蚀的设备主要是换热设备。目前，污水源热泵空调系统中的换热管有铜质材质传热管、钛质传热管、镀铝管材传热管和铝塑管传热管等。对原生污水源热泵，宜选用钛质传热管和铝塑管传热管。

但应注意：

（1）与其他材质相比，钛质传热管价格高昂。

（2）铜质对污水中的酸、碱、氨、汞等的抗腐蚀能力相对较弱。

（3）表面电镀铜合金的钢制换热管不适用于污水源热泵系统。

（4）采用金属表面喷涂、刷防腐涂料的防腐方法，在工艺上很难做到将涂料均匀地覆盖在换热器内壁上。

5）加强日常运行的维护保养工作，每日清水冲洗管内，防堵塞、防腐蚀。否则，污水堵塞使得污水量急剧减少。

1.3.8 污水处理系统运维宜稳步推进智能化管理手段

1. 智能化

智能化是指基于新一代信息通信技术与人工智能、大数据技术的深度融合，实现系统的自感知、自学习、自决策、自执行和自适应的功能。其特征表现为：系统自我管理，数字化+AI技术应用。

基于物联网的分布式城镇污水处理厂的智能化、透明化集中管控研究的技术核心是"数据"，包括数据的检测感知、获取、收集、传输、存储、统计、分析、挖掘、应用等。按照物联网关键技术，智能化集中监控系统技术构架划分为感知层（分布式厂站仪表及PLC/DCS、数据库）、网络层（数据传输通道和介质）和应用层（远程集中大数据应用管控平台）。

1) 感知层。包括：厂站的各种感知检测分析仪表、传感器、MCC电信号、PLC/DCS控制系统、SCADA、视频监控、厂级数据库等，统一组成污水处理厂的神经感知末梢，是物联网构架的基础感知传感器层，是数据获取的基础关键环节。

2) 网络层。利用互联网及通信、数据传输技术，构建物联网远程监控系统的网络数据传输体系，将各场站感知层的检测数据、运行参数及视频数据等传送至远程集中监控平台，搭建统一的总部监控平台，以实现大数据管理与应用。

3) 应用层。在感知层和网络层的基础上，建立基于服务器的远程物联网大数据监控平台，基于Web的信息管理模式，实现数据收集、管理、存储、显示、查询、融合、挖掘、分析、对比、应用等。平台通过工艺组态动态反映各厂站运行状态、异常偏差报警并快速反馈纠正，实现指标监控并及时反馈到APP终端。通过分类对比并分析挖掘各类数据的逻辑关系，指导生产运营和管理，降低备件库存及运营成本，实现统一的调度分析、运营决策、远程专家诊断等功能。

2. 智慧水务

1) 智慧水务定义

(1) 自动化，指机器设备、系统或过程（生产、管理过程）在没有人或较少人的直接参与下，按照人的要求，经过自动检测、信息处理、分析判断、操纵控制，实现预期目标的过程。其特征表现为：系统管物，时序数据，数据自动获取。

(2) 信息化，指基于业务的流程梳理、数据标准化，通过信息技术手段加以固化，实现业务流程执行的高效性和一致性。其特点是记录关键节点的事件数据。其特征表现为：系统管人，流程+数据+ICT，事件数据，人工输入数据。

(3) 数字化，指将传统信息化和自动化系统有效集成在一起，实现数据流动与共享，提高决策的科学性、准确性和高效性。其特点是成熟的数据感知能力、数据采集能力、数据计算能力和数据分析能力。其特征表现为：系统管人和物，流程+数据+ICT，时序数据为主，数据自动获取和数据分析。

(4) 智能化，指基于新一代信息通信技术与人工智能、大数据技术的深度融合，实现系统的自感知、自学习、自决策、自执行和自适应的功能。其特征表现为：系统自我管理，数字化+AI技术。

综上所述，自动化、信息化、数字化、智能化都不是智慧水务。智慧水务是指，通过新一代信息技术与水务业务的深度融合，充分挖掘数据价值，通过水务业务系统的控制智能化、数据资源化、管理精准化、决策智慧化，保障水务设施安全运行，实现水务业务更高效的运营、更科学的管理和更优质的服务。

2）目前智慧水务工作重点

（1）构建水务行业先进控制模型

水务行业相关模型包括预测控制模型、模糊控制模型、智能加药模型、智能曝气模型等。工业控制软件包括实时操作系统、嵌入式组态软件等。

（2）推进水务行业智能装备应用

传统装备智能化包括智能水泵、智能风机、智能阀门、智能加药、智能排泥等；先进技术关键装备包括水务机器人、巡检无人机、自动巡检机器人、自动加药机器人、虚拟现实装备等。

（3）构建智慧水务数据行业标准体系

基础共性及关键技术的规范与标准，包括总则、术语、元数据定义、技术路线、智能加药系统标准、智能曝气系统标准、智能运行模式调整系统标准等；水务行业数据管理方法论，水务数字化最佳实现标准体系。

（4）推动水务行业信息基础设施建设

水务工业互联网基础设施，包括 5G、软件定义网络、云计算等；水务大数据基础设施；高性能信息技术基础设施，包括高性能计算、大容量储存等。

（5）推动水务行业信息安全体系建设

工业硬件安全平台，包括基于 OPC-UA 的安全操作平台等；水务软件安全技术，包括可信计算、通信协议健壮性分析等；工业互联网安全监测平台。

3）未来智慧水务主要工作

（1）开发智慧水务核心支撑软件

设计与工艺仿真软件，如计算机辅助类软件、基于数据驱动的三维设计建模软件、数值分析与可视化仿真软件；业务管理软件，如智慧水厂、智慧管网、供应链管理、综合管理等业务软件；数据管理软件，如实时数据智能处理系统、数据挖掘分析平台、基于大数据的智能管理服务平台；解决方案，如水务行业智能管理与决策集成化管理平台、跨企业集成化协同水务运营平台。

（2）构建多维度多目标的复杂水务模型

水力模型、水质模型；区域"厂－网－河"一体化调度模型；拓扑模型、客户画像。

（3）构建企业级或城市级水务大脑

海量数据处理和复杂应用场景的高效算法；可视化的仿真工具，以便更好理解业务模型，并能及时发现问题修正模型；数字孪生，实现水厂、管网等的物理模型与数字模型实时互通；知识图谱，构筑水务大脑的知识库。

4）发展路径和方法

（1）智慧基础期

运营流程开始运用智慧水务相关技术；探索新型智慧水务管理和运营模式；逐步提升行业

的智慧水务技术水平。

（2）发展机遇期

规划顶层设计，巩固数据基础设施；构建标准体系，试点先行；实现水务行业能力的全面提升。

（3）系统建成期

行业全面承接已实现的智慧水务管理模式，并基于已取得的效益开始普遍建设；技术应用不断深化，业务模式持续优化。

（4）深度革新期

实现基于数据的业务驱动模式；实现更充分的数据挖掘分析和辅助决策；智慧水务的模式效益凸显，实现政府、企业管理模式升级。

5）技术支撑

（1）水务设施高精度定位技术

北斗卫星导航系统，提供水务设施高精度定位与导航；安全、自主可控。

（2）水务数据无线通信技术

5G/6G，提供大带宽、低延时、多连接的无线网络；NB-IoT、LoRa、SigFox，实现水务数据的低功耗广域传输。

（3）水务智能装备技术

工业机器人与无人机，提供可编程、拟人化、多用途的无人智能设备；虚拟现实增强现实，辅助设备的远程维修及控制。

（4）水务信息化基础设施技术

量子计算，极大地提高海量数据搜索与智能分析的速度；长寿命存储，用于恶劣环境下的数据在线存储以及数据的备份或归档；机器学习，支持实现工业大脑、无人水厂；对象储存，低成本、高可靠的储存。

（5）水务数据处理计算技术

云计算，支撑智慧水务各系统的健康运行；大数据，为水务数据资产化、实现管理精准化、决策智慧化提供数据处理的基础与能力；边缘计算，满足实时业务、应用智能等方面的计算需求。

（6）智慧水务安全技术

可信计算，基于可信根，构建从 TPM 到应用的信任链，保护数据不被篡改；OAuth 认证，为第三方软件提供安全的认证。

第**2**章

污水收集系统

2.1 建设标准与要求

2.1.1 管道与附属构筑物

1. 设计原则

城镇污水收集系统应符合城镇总体规划、城镇排水专项规划、水环境专项规划、再生水利用规划、海绵城市建设规划、排水防涝专项规划、污水系统提质增效实施方案、黑臭水体治理实施方案、水污染防治行动计划和城镇建设实际现状，包括城镇近期已经实施的排水管网排查和评估报告，统一布置，分期建设；应根据城镇地形地貌、地质条件、施工方法以及施工企业的施工水平，合理选择管道材质和相应的管道基础做法；对于城镇地形地貌、地质条件不是很好的区域，慎用塑料管材、玻璃钢管材等质量不稳定管道；施工工艺和管道基础必须满足国家及地方相应标准要求，而且必须进行管道闭水试验，闭水试验通过后方可交付给运行维护单位，并投入使用，慎用拉管施工工艺。

污水管道的流量计算必须考虑管道上游客水流量，特别关注上游为合流制管道时雨水季节的流量，防止雨季合流污水溢流至雨水系统；污水管道口径应按远期规划的最高日时设计流量设计，按现状水量复核，并考虑城镇远景发展的需要。

设计污水管道下游的承接管道必须满足污水输送功能性能力，若不能满足设计污水管道的输入流量，需要研究设计管道污水流量的去向，并要求城镇主管部门共同研究和调整原有污水收集系统；

为了便于维护管理，污水管道宜沿城镇道路敷设，并与道路中心线平行，宜设在快车道以外。不应或少在沿河敷设污水收集管道。

新建城镇市政污水系统检查井应采用混凝土现浇施工方式或其他防渗功能满足要求的成品检查井，禁止使用砖砌施工方式；对于已经采用的砖砌检查井，应根据城镇建设情况逐步淘汰。

检查井应设有防坠落措施，井盖应牢固结实安全，且不影响汽车通行要求。

2. 管道设计

管道材质、基础、接口应根据水质、水温、冰冻情况、口径、管内外所受压力、土质、地下水位、地下水侵蚀性、施工条件及对养护工具的适应性等因素进行选择与设计。

管道基础应根据管道材质、接口形式和地质条件确定，对地基松软或不均匀沉降地段，管道基础应采用加固措施。

当矩形钢筋混凝土箱涵敷设在软土地基或不均匀地层上时，宜采用钢带橡胶止水圈结合上下企口式接口形式。

重力流污水管道应按非满流计算，其最大设计充满度应满足：口径 200 ~ 300 mm，最大设计充满度 0.55；口径 350 ~ 450 mm，最大设计充满度 0.65；口径 500 ~ 900 mm，最大设计充满度 0.70；口径 ≥ 1000 mm，最大设计充满度 0.75。

污水管道、合流管道最小口径与相应最小设计坡度：污水管最小口径 300 mm，塑料管最小设计坡度 0.002，其他管最小设计坡度 0.003。

与检查井连接的污水管道应有防止不均匀沉降造成管道与检查井脱节的措施。

3. 管道施工

污水管道、合流污水管道和附属构筑物应保证其严密性，应进行闭水试验，防止污水外渗和地下水入渗。

管道的施工方法，应根据管道所处土层性质、管径、地下水位、附近地下和地上建筑物等因素，经技术经济比较，确定采用开槽、顶管或盾构施工等。

玻璃钢管道、各种塑料管道的基础、胸腔及顶部覆土（填砂）应均匀和夯实，且避免各类不规则硬块或尖锐物品，防止管道外壁承受局部压强，造成管道结构性破坏。

对于管道施工影响交通和附近居民生活的地段，可以采用顶管施工方法，但必须做好管道之间的连接，防止管道接口渗漏。

检查井宜采用成品井，污水和合流污水检查井应进行闭水试验；检查井与管道接口处，应采取防止不均匀沉降的措施，检查井与塑料管道应采用柔性连接。

对于管网排查中发现的易于处理的问题，应做到即查即改，避免重复投资。施工的组织、时序的安排、施工的方法和施工的成效应按照"做一片，成一片"的工作原则，保障施工完成的片区管网发挥作用。

4. 管道养护

污水管道、合流污水管道和附属构筑物应保证其排水通畅，污水收集功能满足要求，严格按照国家及地方维护管理要求，做到及时疏通和养护，防止因没有及时管养，造成过水断面不足，影响功能发挥。

为了防止雨水管道养护不够或养护时机不科学，造成雨天雨水管沉积污染物带进河道，影响水环境，城镇主管部门应根据国家及地方排水系统管养规定要求，及时清理管道沉积物。

5. 管网排查、评估及修复

污水收集系统属于地下工程，没有办法通过人为观察及时发现问题，如雨污混接问题、管道结构性缺陷与功能性缺陷问题、外水入渗问题。

为科学建设城镇污水收集系统，提质增效，保障污水收集系统健康有效，污水处理厂进水浓度正常，环境效益明显，做到城镇污水处理系统污水全覆盖、全收集，必须定期（一般 5 ~ 10 年为一个周期）进行管网排查和评估，并及时修复。对于问题已经产生区域，应立即采取排查修复措施，保障系统正常运行。

6．雨水调蓄池

雨水调蓄池应设置清洗、排气和除臭等附属设施和检修通道。

用于控制径流污染的雨水调蓄池出水应接入污水管网，当下游污水处理系统不能满足雨水调蓄池放空要求时，应设置雨水调蓄池出水处理装置。

1）合流制排水系统

用于合流制排水系统的径流污染控制时，雨水调蓄池的有效容积可按下式计算：

$$V=3600 t_i (n-n_0) Q_{dr} \beta \tag{2-1}$$

式中：V——调蓄池有效容积（m^3）；

t_i——调蓄池进水时间（h），宜采用 0.5～1 h，当合流制排水系统雨天溢流污水水质在单次降雨事件中无明显初期效应时，宜取上限，反之可取下限；

n——调蓄池建成运行后的截流倍数，由要求的污染负荷目标削减率、当地截流倍数和截流量占降雨量比例之间的关系求得；

n_0——系统原截流倍数；

Q_{dr}——截流井以前的旱季污水量（m^3/s）；

β——安全系数，可取 1.1～1.5。

2）分流制排水系统

用于分流制排水系统的径流污染控制时，雨水调蓄池的有效容积可按下式计算：

$$V=10 DF\Psi\beta \tag{2-2}$$

式中：V——调蓄池有效容积（m^3）；

D——调蓄量（mm），按降雨量计，可取 4～8 mm；

F——汇水面积（hm^2）；

Ψ——径流系数；

β——安全系数，可取 1.1～1.5。

3）放空时间

雨水调蓄池的放空时间可按下式计算：

$$t_0= \frac{V}{(3600 Q'\eta)} \tag{2-3}$$

式中：t_0——放空时间（h）；

V——调蓄池有效容积（m^3）；

Q'——下游排水管道或设施的受纳能力（m^3/s）；

η——排放效率，一般可取 0.3～0.9。

2.1.2　泵站

位于居民区和重要地段的污水泵站、合流污水泵站应设置除臭装置；自然通风条件差的地下式水泵间应设机械送排风综合系统。

泵站应采用正向进水，应考虑改善水泵吸水管的水力条件，减少滞流或涡流。

为了便于了解泵站服务范围内污水收集管网工作状况，为污水收集管网排查范围、排查类别确定做好准备，宜在泵站前池中设置水质监测装置。有条件的地方可以在泵站建设区域智慧监控平台，实现区域内智慧化管理，提升建管效率和水平。

2.1.3 排水管网疫情防控期间运行管理

疫情防控期间应保证排水管网的安全运行，排水管道运维单位应加强巡视、检查和维护，避免管网故障发生；加强市政道路管网的安全巡视，保持化粪池井盖、窨井盖、检修井盖的完好和封闭，及时补齐遗失的井盖；检查井内可安装吊网等防坠落装备。

疫情期间，应确保市政管网系统的管道畅通，特别是居住小区、定点救治点、集中隔离区和医疗机构周边的管道，应保持通畅，做到不冒溢，出现冒溢及时发现、及时排除。

疫情期间，污水管网保持相对较低的平稳水位运行，减少运行调度过程的水量波动；应密切观察管网水量和液位变化，提前预判并及时调整运行参数，确保系统稳定。

疫情期间，在疫源地或疫情严重区域存在高病毒传播风险情况下，合流制管网、雨污混接严重区域管网的溢流污水原则上需消毒后排放。溢流水经过提升后排出的，可利用提升泵站前池作为消毒接触池；溢流水直排的，可在溢流口上游管道的检查井处投加消毒剂。严格避免管网溢流口过度消毒，避免对受纳水体产生高次生风险。

雨污分流完好的区域管网应保证雨水管网畅通，雨水排放口不需要采取消毒措施。

加强对排水管网余氯含量的监测，关注排水管网次生风险及对污水处理厂运行产生的影响。

疫源地或疫情严重区域暂停常规管道清疏、管道修复、化粪池／检查井清掏等需要长期接触污水和公共场所的外业作业工作，避免作业人员感染。疫情期间，应尽量减少或停止下水道养护操作和施工作业。

高淤积或堵塞管段，应提前预警巡查；合流管段或雨污混接严重管段在雨季前应及时疏浚污水管网，疏浚过程宜采用机械设备方法，建议采用负压密闭系统装备完成所需疏通工作，并做好相应的安全防护措施。

对封闭散发臭气的化粪池或检查井、管网臭味逸散点等可能存在气溶胶暴露风险点，需及时采取封堵等防控措施，并应设置行人绕行标志。

疫情期间，运行管理机构也应加强降雨期间的合流制溢流口管控，适当设立隔离区域，避免公众的直接接触；疫情严重区域建议公众尽量避免降雨期间及雨后前往城市河湖周边休闲娱乐，尤其应禁止可能导致全身密切接触的活动类型。

2.1.4 中途提升泵站疫情防控期间运行管理

疫情期间，管网沿线的中途提升泵站应进行封闭管理。运行人员以值班室远程控制为主，尽量减少进入泵站生产区的频次。确需进入时，应注意与存在污水飞溅或接触的区域保持安全距离，降低污水、污泥接触风险。

污水中途提升泵站应优化泵组控制，均衡水泵运行时间，减少水泵频繁启动频次，并避免单台水泵频繁启动。条件允许情况下，尽量执行低管网液位的泵组调控策略。

对污水中途提升泵站等的液位监测仪器仪表，应定期进行校准核定，及时掌握监测仪器仪表运行情况，确保远程监控畅通有效，并及时指导运行过程。

管网泵站可充分利用视频监控、自动控制、远程监测等技术手段进行运行监管，适当减少巡视次数，提前预警设备故障。

泵站自动控制系统应设置运行故障报警功能，预先配备易耗品配件，保证低巡检频次下的稳定控制与运行。

对于正常运行排水管网泵站、不存在病毒传播高风险泵站等，一般不需要对提升输送污水进行消毒，避免管网污水中途提升泵站过度消毒。有条件时，在可能存在接触或吸入气溶胶风险的泵房区域，增设紫外线等消毒设备，对上述区域定期进行消毒处理。

建有臭气处理系统的污水中途提升泵站，其封闭空间应确保产生的臭气经抽吸及多级处理后高空安全排放；未建除臭系统的污水中途提升泵站，应开放空间，加强通风，避免工作人员接近封闭空间。

应做好污水中途提升泵站栅渣的日常清理和作业人员安全防护。

尽量使用不漏水的容器收集栅渣，避免造成周边区域污染；应及时清理栅渣，避免长期堆积滋生蚊蝇；栅渣清理前，应进行喷雾消毒，降低作业人员接触风险。栅渣清理后，应对堆放点、工具和相关设备进行水冲清洗，再使用含氯消毒剂进行喷雾消毒；有条件时，应在提升泵站格栅或栅渣输送设备上增设喷雾消毒装置；应使用密闭运输车辆将提升泵站栅渣运送到符合规定的场所予以处置。

中途提升泵站操作及保洁人员应穿戴防护用品，做好自身防护后方可进入中途提升泵站生产区；每次在生产区的停留时间应不超过 30 min，离开生产区前，应使用清水和药皂彻底清洗双手及面部，对鞋底和鞋面进行喷雾消毒，降低接触风险；保洁人员或可能接触栅渣的工作人员应在完成工作后更换鞋子，并对更换的鞋子做彻底消毒。

污水中途提升泵站、管网巡检维护车间等所有可能接触污水、污泥的生产区域，在清扫完毕后，应使用有效氯浓度为 1000 ～ 2000 mg/L 的含氯消毒剂溶液进行喷洒消毒；中途提升泵站生产区每天全面喷雾消毒频次应不少于 4 次，确保生产区域环境卫生。

污水中途提升泵站、管网巡检维护车间等生产区，其更衣室也应使用有效氯浓度为 1000 ～ 2000 mg/L 的含氯消毒剂溶液进行消毒，每天上班前消毒一次。

2.1.5　疫情防控期间管网运行事故应急处理

应根据疫情、物资供应和储备、场地条件及气象条件等情况，因地制宜进行应急处理。当排水管网发生运行故障或事故时，需要进行应急处理前应向相关管理部门报备，应急处理措施应符合相关法律法规要求。排水管渠与泵站运维单位，应制定不同等级传染病疫情期间运行维护作业的专项预案；针对不同事故场景的应急抢险工作应做好应急设备准备，对发生严重冒溢、确实需进行应急排水设施清疏的，在做好必要的防控措施前提下，及时安排应急抢修队伍进行维护和清疏。

排水管渠各类作业，应以机械、水力为主，非特殊情况下不再组织下井作业。如确需组织的，需在防护设备达到要求的情况下，方可作业。

疫情发生区域内发生排水管网事故的场所，在进行操作作业前，应视现场条件进行多次喷洒或采用浸泡消毒剂等措施对设施、检查井、管道的内壁进行消杀。

下井作业人员应严格执行《城镇排水管道维护安全技术规程》CJJ 6—2009及其他有关规定，满足下井作业防护标准的供压缩空气的隔离式防护面具可用于防疫需求。作业人员应使用含酒精的免洗洗手液、酒精棉或消毒湿巾进行手部消毒，施工过程中如发现防护用具破损，或泥水飞溅到皮肤表面，应立即停止作业并进行消毒处理。作业完成后需对防护装备现场进行规范消毒处理。

应急抢险或施工作业完成后，应使用1000～2000 mg/L的含氯消毒剂对作业车辆、用具和周边可能存在污水污染的区域进行彻底的喷雾消毒，有条件时，应在喷雾消毒前用清水冲洗，冲洗水应直接排入污水井或污水管道，不得留在地面。

对于应急事故处理期间所产生、清出的管道污泥，应及时喷洒消毒剂进行消毒处理，清理出来的固体废弃物必须及时用密闭运输车辆运送到符合相关规定的处置场所，进行妥善处置。

对于应急作业人员使用的一次性个人防护用具和作业期间产生的各种废弃物，应使用密闭运输车辆运送到符合规定的场所，予以最终处置，严禁直接丢弃在周边垃圾桶内。

2.1.6　疫情防控期间管网运行管理过程产生固体废弃物处理

疫情期间化粪池污泥、栅渣和臭气处理过程吸附饱和的活性炭等固体废弃物，需喷洒消毒剂进行消毒。消毒后，应进行妥善处理和处置，用密闭运输车辆运送到合乎相关规定的场所，予以最终处置。

管网清通过程中，需对沉积物在管网原位进行预消毒。清除后，储存池容器内，需采取搅拌措施，并进行强化消毒，以利于污泥加药消毒。可使用氯消毒剂、石灰等消毒。在条件允许情况下，化粪池或管道内沉积物可优先采用加热处理或碱处理消毒方法。

管道沉积物脱水处理须密封进行，尽可能采用离心脱水装置，并对气体进行抽吸消毒处理，脱水后的管道沉积物应密闭封装、运输。

2.2　面临的困境与挑战

2.2.1　现状管网错接混接现象较为严重

目前，城镇排水系统混接中的重灾区，包括市政管网与河网混接，市政雨水与污水系统混接，"小散乱"排水户污水接入雨水系统或河道水体，居民小区、单位庭院雨污混接。

1. 管网与河网混接

管网与河网混接主要指排水管网和河网之间的混接，大多是因合流制排水系统沿河截流工程设计不当，引起合流制系统排水管网和河网的混接，其结果是在雨季，当河水水位上涨时倒灌进入截流系统，致使上游的截流污水输送不畅而溢流入河，同时大量河水进入截流系统，造成污水处理厂进水浓度偏低。

2. 雨水与污水系统混接

雨水与污水系统之间的混接主要是由于目前许多地区合流制和分流制排水系统并存，部分系统之间仍存在将合流管道和分流制雨水管道相连的现象；还有不少城市的合流制排水系统和分流制排水系统合用一根污水干管,分流制位于合流制的上游,在雨季,当下游污水泵站由于后续污水系统流量限制或其他原因不能按设计水位运行时,污水截流管可能处于满管流状态,下游顶托造成上游泵站输送来的旱季污水从截流管进入截流井,进而溢流至雨水系统,实质上造成不同排水系统间的混接。

3．"小散乱"排水户污水接入雨水系统或河道水体

因城市建设发展不平衡,很多地方破墙新开门面房,经营小本生意,通常有小餐饮、洗发店、洗车店、洗浴店等小散户,污水排放没有地方去,直接就近接入附近雨水箅子或雨水井内,从而进入雨水系统,排入水体,污染环境。

特别是沿河餐饮店的污水很多情况是直接排入水体。如果行业主管部门没有有效措施将污水接入市政污水收集系统,仅在排水户附近或门前埋设市政管道,往往餐饮业主不会主动投入资金和人力将污水接入市政管道,可能采取更为方便的做法,将污水排入水体,污染河道。

4．居民小区、单位庭院雨污混接

居民小区、单位庭院的雨污混接是城镇雨水与污水混接的重灾区,因为市政管网系统的责任主体还是相当明确的,也开始开展大量的管网普查摸底的工作,而居民小区、单位庭院的底数更难摸清。

如上海中心城区某区 8 个分流制排水系统,共查出 583 个混接点,混接水量 13825.14 m^3/d,个数占比 46.91%,水量占比 82.21%,而小区混接中,又以阳台污水的混接最为严重。

苏州某小区雨污水管道检测区域 255 处,共发现问题点 4700 个,其中变形 481 个,破裂 698 个,错口 400 个,渗漏 252 个,脱节 1570 个,接口材料脱落 191 个,起伏 95 个,树根 55 个,异物穿入 76 个,支管暗接 75 个,障碍物 111 个,雨污混接 485 个,雨污互通 13 个,井室渗漏 198 个。

2.2.2　现状管网结构性缺陷、功能性缺陷大量存在

为深入推进城市生态文明建设,进一步提升城市水环境质量,江苏省某市启动了全市排水管网普查工作,彻查雨污水混接、错接、漏接及污水直排入河等问题,以进一步提高污水的收集率、处理率和达标率。

截至 2017 年,已完成中心城区 90 km^2 雨污水管网普查,实现管网探测 2310 km、管道功能检测 904 km,查出 18228 个混接点,41387 个缺陷管段。该市对市政道路和小区均进行了缺陷检测发现,市政道路上 20051 段管道中有 7529 段存在缺陷,占比 38%;小区内 133681 段管道中有 30075 段存在缺陷,占比 23%。

结构性缺陷问题主要是施工单位能力不强、施工质量不高、管材选择不当、外来荷载不正常干扰造成的后果。功能性缺陷问题主要是施工验收不规范、闭水试验没有认真完成、后期维护管养不到位、出现问题未及时解决等情况造成的结果。

结构性缺陷、功能性缺陷问题不仅出现在管道上,而且还出现在检查井上,堵塞、破损、脱节、错位等问题较多。针对现状,为了城镇污水处理系统真实有效开展提质增效工作,江苏省住房和城乡建设厅组织南京市政院编制了城镇排水管网排查与评估技术导则,用于指导江苏省各地进行污水处理系统提质增效工作,起到了非常好的作用。

2.2.3　现状沿河截流式合流管道的溢流口问题较多

为深入推进城镇污水收集处理，在老城区无法实施雨污分流的情况下，沿河采用截流式合流制管道，取一定的截流倍数，过去采用 1 ~ 2，目前大多采用 2 ~ 5。理想状态下，旱季污水会被截流到污水收集系统，送往污水处理厂；雨季，当截流管道输水能力小于雨污合流水量时，污水和一定量的雨水混合后被送往污水处理厂，另一部分雨污混合水会通过截流井溢流至污水溢流口，排入附近水体。

但是事实并非如此，而是由于溢流口的高程与河道水位的高程没有做好衔接，造成旱季时河水倒灌至截流系统，从而随着污水收集系统进入污水处理厂，不仅污水处理厂的水量很大，而且进水浓度偏低。还有一种情况是，旱季河道水位低于截流井的堰顶标高，只是雨季河道水位上涨后河水倒灌进入污水收集系统，也会造成上述后果。

2.2.4　城中村的污水收集是污水管网系统的短板

目前，我国每一座城市几乎都有城中村存在，北京和上海也不例外。城中村的污水收集现状包括以下几种情况：

1）没有人过问，也没有任何污水收集系统，只是设置了一些不完善的公共厕所，污水经过简易化粪池处理后排入附近水体，等待城市拆迁改造，一并加以解决，造成城镇污水处理系统的污水收集空白区。

2）污水雨水同沟排入附近河沟，在河沟末端拦截后，接入附近市政管网，旱季污水可以全部进入市政系统，雨天就会溢流至城市主要水系，不仅影响城中村居民的生活环境，而且会影响城市主要水体的环境。

2.2.5　分流制与合流制排水体制并存，河水经过雨水排放口倒灌进入污水收集系统

分流制与合流制管道并存，说明雨水系统与污水系统在部分区域是相通的。

如果雨水排放口的高程与河道水位的高程没有做好衔接，造成旱季时河水倒灌至雨水系统，因局部区域相通，河水就会通过雨水系统进入污水系统，从而随着污水收集系统进入污水处理厂，不仅污水处理厂的水量很大，而且进水浓度偏低。

还有一种情况是，旱季河道水位低于雨水排放口底标高，只是雨季河道水位上涨后河水倒灌进入雨水系统，通过局部区域连通，从而进入污水收集系统，也会造成上述后果。

这样的情况在我国南方城市较多，如南方某城市在抽干一条黑臭河道排查污水直排口问题时，发现区域内的污水处理厂进厂水量下降明显，达到 40% 以上，进水浓度也有明显提升。南方另一个城市为了了解河水倒灌给造成污水处理厂进水浓度偏低的原因时，发现了同样的情况，即污水处理厂进水量减少，进水污水浓度提升。

2.2.6　管道与附属构筑物

1. 现状调研不够，专项规划成果实用性缺乏，收集系统设计依据不足

有不少城市，污水处理专项规划没有随着城市总体规划的修编和城市发展现状做及时调整，特别是乡镇，就没有做污水处理系统专项规划。污水管网设计时，一方面，经常会出现污水管

口径大小没有依据，后期造成污水管网收集能力不足而满溢至雨水管网；另一方面，污水管道路径和污水走向没有办法确定，造成污水管道走向为反坡，或这个污水处理系统吃不饱，同时另一个污水处理系统处理能力不足。

有一些地方，在道路建设过程中由于资金不足，或规划不明确，造成道路建设时没有同步敷设污水管道，造成污水收集困难，甚至不得以占用道路附近河道行洪断面来做污水输送箱涵，但后患很多，一方面影响雨水排放系统，另一方面淤积严重，造成过水断面不足，一旦下雨，就有污水溢流下河，水体环境很差。

很多城镇污水处理系统规划没有对现状存在的问题深入调查和研究，没有发现城镇污水处理系统存在的主要问题，而是根据国家规范和城市总体规划文本做了一些表面文章，没有实质性内容和针对性、指导性。很多城市虽然做了很多雨污分流工作,号称 100% 完成雨污分流任务，但其河道水环境质量不容乐观，有的甚至达到严重黑臭状态。究其原因，雨污混接现象普遍存在，餐饮、洗车、农贸市场等五小行业的污水去向不明，城市污水收集空白点不少，河道边污水直排口仍然存在，垃圾堆放、垃圾中转站的污水接入市政雨水系统，就近河道排放等。

很多城镇污水处理系统规划没有对该城镇的排水体制做分析，也没有研究合流制与分流制如何共存，截流倍数的采用更是无选择依据。截流式合流制管道的设计过于理想化，截流倍数过去取 1.0，目前大多数城市取 2.0，部分城市取 3.0 ～ 5.0。一方面，没有考虑管网现状，是否有地下水入渗现象；另一方面，没有考虑溢流口河道水位情况、溢流口有没有防止倒灌措施，造成地下水或河水早已占满管道空间，再大的截流倍数都无济于事。

专项规划修编或专项规划编制费用不足，现状问题调查研究分析不够深入，也未对存在的疑难问题做专题研究，比如，"厂－网－河"如何一体化统筹安排，污水处理厂进水浓度偏低问题，水环境质量不高问题，与海绵城市建设理念如何衔接问题，与污泥处理处置规划如何衔接问题，与城市排水防涝规划如何衔接问题，与城市综合管廊规划如何衔接问题，排水体制如何确定，是否要一刀切，溢流污染如何控制等，编制或修编出来的规划针对性和可操作性均不能满足要求，造成规划成为"鬼话"，没有实质性意义。如，前几年某市邀请了某设计研究院进行了污水处理专项规划修编，但没有吸纳刚刚做好的城市 30 km² 的管网排查成果，很难让人相信规划成果的可操作性。

2. 管材使用不当，施工过程不规范

国家"十一五""十二五"期间大量推广了塑料管、玻璃钢夹砂管等非金属管材，由于市场上管材质量参差不齐或施工质量不规范、不到位，没有按照规范要求进行基础和胸腔的处理和夯实，造成管道局部压强过大受力而破坏、接口脱节等现象较为普遍，也是很多城市经常出现道路塌陷的原因之一。

由于管材使用不当，很多地方管道建成后因外力作用造成结构性破损，导致地下水进入，加上河水倒灌，污水处理厂进水浓度下降，严重的城市污水处理厂进水水质 BOD_5 会降到 30 mg/L 左右；更为严重情况就会造成地下颗粒物等障碍物进入从而使污水收集系统瘫痪。

非金属管材的使用要求基础和胸腔均需用砂来填充，要求有一定的密实度，施工不规范，会使密实度达不到要求，也会使管道变形；造成破损时，一方面，砂石将进入污水收集系统，造成污水处理厂进水中含砂量很高，增加污水处理厂处理难度；另一方面，污水会外渗到地下水中，污染地下水，也会通过雨水系统进入附近水体，造成水环境破坏。

3．施工方法不妥，设计单位能力不足，污水收集功能难以满足

为了不影响交通，降低施工费用，在很多县城、乡镇污水收集管网采用拖管施工方法。由于施工工法限制，很难保证正常的管道设计坡度和充满度，污水管道功能性要求无从谈起。

虽然国家或地方有明文规定，禁止使用砖砌检查井，但实际情况是，由于施工取材方便，投资费用低，很多地方仍然在使用砖砌检查井，很难保证污水不渗漏到地下水中，有可能还会流到雨水系统中污染河水，也很难保证地下水、雨水不进入污水收集系统；即使在很多地方使用钢筋混凝土承插管材，施工也采用开挖方法，但由于施工过程不到位，如承插口未有效使用橡胶圈，或基础做法不符合要求，造成管道接口不严密，管道敷设成波浪状，一方面有功能性缺陷，另一方面会造成上述问题。

更有甚者，施工单位没有设计图纸进行施工，或不按照图纸施工，而是凭经验敷设管道和进入附近检查井中，造成管径大小不合适、雨水污水系统混接等问题，很多地方就会采用水平敷设污水收集管道，或者敷设成倒坡情况，当然也不可能满足使用功能；也有设计单位缺少给水排水设计人员，让道路桥梁专业或其他非给水排水专业设计人员进行给水排水管道设计，由于未掌握设计规范和不具备设计能力，盲目听从业主或甲方的意见，不加思考地采纳，造成很多后患。

4．截流式合流制管道设计方案不合理，不同行业主管部门缺乏联动机制，系统效能下降

目前合流制管道有两种：一种是纯合流制体系下的截流式管道；另一种是部分雨污混流的截流式管道。

纯合流制体系下的合流制截流管道，其截流倍数没有达到预期要求，而是简单地选择了1或2，没有经过计算，也没有进行实际排水收集系统的调查，更没有做专题分析研究，依据不足，加上大多数城镇常用管网高水位运行，造成一旦下雨就溢流进入水体。

随着城镇黑臭水体治理工作的推进，很多城市将所有晴天有污水排出排水口全部采用截流方式，截流后送入市政污水收集系统或临时设置的污水处理装置，处理后再行排入水体。若采用前者方式，截流式合流制管道的增加会加大下游污水收集系统的负担，如果没有全系统污水产生量的核算，实际管网的现状、输送能力的分析，会打乱污水收集系统的布局，甚至会影响污水提升泵站输送能力和污水处理厂的处理能力。

由于合流制截流管道设计中未考虑河水是否会倒灌到管网系统，水利部门也不了解污水截流工况要求，不同行业主管部门缺乏联动机制，没有采取科学合理的统一调度的具体措施，造成污水处理厂进水浓度偏低。

为了达到河道景观美观要求，政府或景观园林部门经常盲目地将河道水位抬得很高，造成河水倒灌到截流制合流管道中，通过污水收集管网进入污水处理厂，不仅造成污水处理厂进水浓度很低而碳源不足，而且因处理了不该处理的河水，浪费了大量的电能和药品。

2.2.7 调蓄池设置条件不明确，效果无法发挥

初期污染雨水的调蓄、合流制管网系统中混合污水的调蓄以及污水收集系统中的污水调蓄是控源截污、污水收集系统中的一个补充措施，而不是必需措施。

由于目前大多数城市排水系统状况不是很理想，很多地下水或河水在污水收集系统中，如

果没有将不必要的外水挤出收集系统，设置调蓄池的作用就得不到发挥，造成进入调蓄池的水不是想要收集的污水，而是大量的地下水、河水或其与污水的混合水。

在很多城市建设了不少调蓄池，最小的有几十 m³，最大的达到几十万 m³，但因设计不合理，或没有具体的管理措施，建成后并没有正常使用，原因有：

1）管网系统存在先天不足，不能发挥作用

由于现状污水收集系统中有大量的外水存在，管网一直在高水位运行状态，雨季需要调蓄的污染水量很难通过原有管道进入调蓄池。

2）调蓄池的污水收集方案技术路线错误，无法得到想要收集的污水

由于初期污染雨水没有办法按照要求的同一时间到达调蓄池，而非污染的雨水禁止进入，需要研究和分析污染雨水的收集形式和控制措施。

3）调蓄池的管理没有具体的办法，后患很多，有可能因管理不善，调蓄池变成另一个污染源

调蓄池往往设置在地下，有通风、防湿、防腐、防爆、除臭、防毒等安全性要求，但设计方未考虑周全，而建设管理方没有运行经验，不敢冒着风险运行，害怕承担安全责任。

2.2.8　泵站

城镇污水收集系统中污水提升泵站的布置和设计往往得不到足够的重视，如选址问题、除臭问题、降噪问题、环境协调问题、大中型泵站的水力条件问题，造成矛盾较多，节能降耗工作落后，维护管理措施未得到妥善考虑。

1．选址问题

污水收集系统中提升泵站的选址是一项非常艰巨的任务。因为污水提升泵站不仅是噪声污染源，而且是臭气的污染源，没有居民愿意将污水提升泵站设置在自己家附近。解决这个问题的具体办法通常是：

1）设计成地下潜水泵提升方式，噪声问题可以得到较好的解决，但臭气的问题仍没办法解决。

2）不仅设计成地下潜水泵提升方式，而且设计除臭措施。

3）有条件时，设置在城镇绿化区域或公共区域，不影响居民正常生活的情况下，设计成地面泵站方式，有时的确很难，特别是在老城区。

2．除臭问题

大中城市的污水收集系统提升泵站建设相对规范，采用一些生物除臭处理装置进行处理，达标后排放，也有采用离子除臭方法进行除臭处理，效果也不错。

但在小城市或乡镇，由于污水提升泵站通常都不是很大，除臭问题往往不会引起足够重视，即使有人关注了，也只是采取一些临时性的措施，如植物喷射液配置，定期或不定期进行喷射，应急使用。

3．降噪问题

大中城市的污水收集系统提升泵站建设相对规范，采用一些降噪隔音材料，或与居民区保持一定的距离间隔等降噪措施达标处理，满足环评要求。

但在小城市或乡镇，由于污水提升泵站通常都不是很大，降噪问题不会引起足够重视，即

使有人关注了，也只是采取一些临时性的措施，如白天开晚上停。

4．环境协调问题

城市的污水收集系统提升泵站建设相对规范，采用一些与环境协调的隐蔽措施，如南京鬼脸城清凉门大桥边上的污水提升泵站，在附近看不出来此建筑物为污水提升泵站，其如同河边的茶社，无论是建筑风格，还是生产设备的隐蔽处理，都与环境友好协调，效果很好。

但在小城市或乡镇，由于污水提升泵站通常都不是很大，环境协调问题不会引起足够重视，即使有人关注了，也只是采取一些临时性的隐蔽措施，如在外围种一些植被，或做一些围挡。

5．水力条件

《泵站设计规范》GB 50265—2010，5.2.2要求，排水泵站宜采用正向进水和正向出水的方式。对于小型提升泵站既做不到，也没有必要，因为在没有条件设置泵站时，经常会采用一体化泵站，根本不可能考虑水力条件。

但对于大中型污水提升泵站必须考虑水力条件，节省运行成本。因为能耗是一年365天都在发生的，如果不考虑水力条件就会多消耗电能，费用相当可观。

但是，在实际操作层面很难做到这一点。如地下污水处理厂的设计是尽量少占地，在紧凑型布置生产构筑物时往往不太考虑水力条件问题，更多的是考虑省地，节省工程投资，而忽略了运行费用。

还有一些提标改造项目，由于没有新增地块，或者用地审批程序较长，或者审批很难，限于工程建设工期较紧，就只能利用现有地块进行改造，因此，用地受到限制，泵站的布置形式也影响水力流态。牺牲了运行费用，赢得了建设速度。

当然，即使条件允许，用地也不受限制，也可能由于设计人员的不够用心或经验不足，没有关注水力条件。会出现泵站前池的直线段太短，无法满足长宽比例要求和水力稳定流态要求；会出现水泵离池边距离不能防止水泵气蚀现象存在；若采用特大型泵站时，应该使用经过水力学模型试验的特殊流道，方能满足要求。

6．节能降耗

除了水力条件良好会节省能耗，其他节能降耗措施在泵站设计中还有很多。

1）采用变频水泵，可以节省能耗。

2）采用大小泵搭配，在不同工况下不至于大马拉小车，节省能耗。

3）可以通过智能手段，尽量让前池水位在不影响污水收集管网正常运行情况下尽量高水位，节省水泵所需扬程，降低能耗。

4）出水采用出水渠道形式，而非管道形式，也可以节省能耗。

方法很多，但在实际设计过程中不一定会精打细算，采用水泵流量足够大、扬程足够高的泵型，满足最不利情况下也能使用，事实上，在大多数工况下，水泵都在低效段工作，浪费能源。

2.2.9　合流污水调蓄与深隧

1．昆明市合流污水调蓄池建设尝试

随着环境污染形势的加剧和国家对生态环境的重视，我国越来越多的城市通过在排水系统中设置合流污水调蓄池来缓解城市河道溢流污染。

昆明市建设了 17 座合流污水调蓄池，其进水方式均为重力流进水，出水方式均由调蓄池内设置的放空泵送入下游市政管网，最终送入相应的污水处理厂进行处理。目前存在一些问题：进水方式设计不合理；调蓄池内污染物清理不及时；调蓄池运行管理模式粗放；与下游关联泵站及污水处理厂运行缺乏联动性导致性能低等共性突出问题，显著影响其对污染控制和降雨径流控制的能力和效果。

目前，在有限的物力和人力情况下，为效能评估工作提出优先关注的目标，规范调蓄池建设、运行和提高运营效率，有助于更好地发挥合流污水调蓄池控制污染的作用，同时也为相关部门管理考核标准的制定提供一定的理论支撑，行业内正在探索能否通过建立一套比较客观和综合的合流污水调蓄池效能评价的方法，在各个指标中遴选出具有较强指导性、易获取和可量化的核心评估指标，进行评估和分析污水调蓄池的效能。

2. 广州市东濠涌深层隧道排水工程

深层隧道排水系统是采用截流措施将现有城市排水系统中的超量雨污水，通过分级输送管道，经综合设施汇入深层调蓄隧道，再通过深层调蓄隧道末端提升设施，将雨污水分别送至污水处理厂或初期雨水处理厂进行处理，处理出水达标后排放或进行回用。其中深层调蓄隧道是深层隧道排水系统极其重要的组成部分。

1）基本情况

广州东濠涌全长 4.51 km，流域面积 12.47 km²，流域范围内为合流制排水系统。现状合流排水干渠和污水截流干管排入东濠涌，再通过污水泵站和雨水泵站排出。所面临的问题主要是：

（1）流域内，排水系统建设标准不高，重现期较短，管网重现期仅 0.5～1 年，河道东濠涌重现期仅 3 年，高架桥墩影响行洪，造成东濠涌水位线抬高 1 m，法政路市委水浸。

（2）流域内，人口和建筑密度极大，下雨产生的面源污染严重。

（3）浅层排水系统的改造受制于建成区错综复杂的道路和管网条件，难以实施到位。

东濠涌二期工程中，中北段截污系统截流倍数提高到了 5.0，但南段系统截流倍数仍保持在 1.0，雨季超标合流污水仍需通过开闸放水溢流进入东濠涌，造成严重污染。

东濠涌污水泵站的开机水位偏高且无法改造，导致其上游的东濠涌两侧截流管道水位壅高，加剧了雨季时的溢流污染。

鉴于上述问题，在 2010 年亚运会后，广州市水务集团着手组织深层排水隧道项目的规划实施工作，项目工程造价约 7 亿元。该工程于 2014 年开工，至今尚未完工。工程延期及施工的难点主要在于：闹市区的征地拆迁；竖井处的考古发掘；隧道层地质条件复杂多变；隧道沿途穿越两条地铁线路，最近处净距仅 4 m。

2）功能定位与建设标准

削减东濠涌流域 70% 以上的合流溢流 COD 污染；提高流域内合流干渠的排水重现期标准到 10 年一遇，浅层排水管道排水重现期标准不低于 5 年一遇。

3）工程内容

在东濠涌南段设计一条内径 5.3 m、外径 6.0 m、长 1.77 km 的深层排水隧道，埋深为地下 40 m。整个隧道系统的调蓄库容为 6.3 万 m³。沿途设有 4 座入流竖井及相应的浅层连接设施，最大入流量分别是 31 m³/s、4.8 m³/s、4.8 m³/s、23 m³/s。

在隧道末端设大型综合性泵站，包括排空泵组、排洪泵组和补水泵组，分别发挥隧道系统排空、分洪排涝和旱季河道景观补水的功能，其中排洪泵组最大设计流量为 48 m³/s。

4）调度运行方式

（1）晴天或小雨时，污水通过浅层截污系统被送至污水处理厂处理，深隧系统不启动。

（2）中到大雨时，启动深隧系统，浅层排水系统的溢流污水进入隧道调蓄，雨后将调蓄污水通过排空泵组送至污水处理厂处理。

（3）特大暴雨时，深隧系统泵站内的排洪泵组自动启动，与东濠涌共同泄洪。

3．上海市苏州河段深层排水调蓄管道系统工程方案

1）基本情况

上海市极端降雨频现，防汛安全压力增加。20 世纪 90 年代开始，上海市年降雨量平均以 50.9 mm/10 a 的速率递增，单场降雨量超 100 mm 暴雨的次数由 20 世纪 80—90 年代的 3～5 次/10 a 增加到 21 世纪头十年的 9 次。

频繁的暴雨凸显出城区排水防涝标准低，工程范围内除广肇系统为 2 年一遇外，其他均为 1 年一遇。当出现 5 年一遇暴雨时，区域内将近 22% 的路段积水，平均深度达 22 cm。排水防涝体系有待健全。

水体受面源污染严重，影响水功能区达标。中心城区污水集中处理率虽然接近 95%，但溢流污染仍然严重。泵站放江量虽然只占苏州河总径流量的 3.8%，但污染贡献率高达 COD120%、TP55%、NH_3-N10%。

针对上述排水防涝和初雨污染控制问题，相关规划、科研及设计单位开展了长期的研究工作，针对中心城区水面率低、建筑密度高、地下管线错综复杂、人口密集和防汛安全压力大的特点，提出了采用深层调蓄隧道作为主要工程手段之一。

2）拟建工程方案目标

工程建成后，可实现系统提标、排水防涝、初雨治理三大核心目标。其中，将苏州河沿岸 25 个排水系统的排水标准由原来的 1 年一遇（对应降雨强度 36 mm/h）提高至 5 年一遇（对应降雨强度 58 mm/h）；当发生 100 年一遇降雨时，不发生区域性城市交通和运行瘫痪，路中积水深度不超过 15 cm；基本消除工程沿线初期雨水污染，实现 22.5 mm 以下降雨时雨水泵站不放江，削减区域污染物排放量。

3）拟建工程方案内容

苏州河深隧主隧全长约 15 km，直径 10 m，埋深 50～60 m，其中试验段 1.67 km；服务苏州河南北两岸 25 个排水系统，服务面积约 58 km²；沿线设置综合设施 8 处，于梦清园综合设施设置 15 m³/s 初雨提升泵站 1 座。

在地下深层土建工程中，为进一步积累实际经验，落实风险应对措施，加强项目管理控制，进一步优化和完善设计参数、施工工艺，并形成相对成熟的技术标准体系和技术经济指标，有效指导后续同类工程的建设，该拟建工程计划先进行试验段建设。

拟建试验段位于整体主隧工程西端，西起苗圃综合设施、东至云岭西综合设施，全长约 1.67 km，包含 2 井 1 区间。拟建试验段总投资约 21.86 亿元，其中工程费用约 17.33 亿元。

4．伦敦深层隧道工程

1）基本情况

伦敦属温带海洋性气候，年平均降雨量 1100 mm，人口密度约 5285 人 /km²。随着服务人口和面积的不断扩张，至 2007 年，原设计为 6.5 mm 雨深的合流制排水系统实际只能承担 2 mm 雨深。

为此，在雨污分流、可持续性城市排水系统和深层隧道排水系统三个解决方案中，伦敦市政府选择了采用"泰晤士深层排水隧道系统"，解决日益严重的水环境污染问题。

2）工程内容及工程效果

泰晤士深层排水隧道总长 35 km，直径 6.5 ～ 7.2 m，埋深 35 ～ 75 m。建成后，使浅层排水系统的年溢流次数由 60 次降低到 4 次，有效提高了泰晤士河水环境质量。

5．芝加哥隧道和水库工程

1）基本情况

美国芝加哥具有四季分明的湿润大陆性气候，年降雨量 910 mm，大部分降雨为夏季的暴雨，合流制污水最终溢流进入密歇根湖，造成严重的水体污染。从 1972 年起，政府启动了隧道和水库工程（简称 TARP）。

2）工程内容

TARP 工程主要包括 4 条独立隧道和下游的 3 座水库，服务片区内 51 个社区，总面积达 971.5 km²。该工程分为控污和治涝两个阶段，控污工程为第一阶段，主要建设 4 条深隧，用于收集数百个溢流口排出的 870 万 m³ 合流制溢流污水。

3）深邃应用

目前，美国波士顿、亚特兰大、西雅图、波特兰等城市都不约而同地采用了建设深层排水隧道方案，用来解决城市内涝与污染问题，这是由当地城市的防洪标准与污染治理需求来决定的结果。美国环境保护署（EPA）在 2001 年提交国会的研究报告中，对全国 439 个地区 CSO 长期控制规划进行统计，分析了不同类型技术措施的应用占比，结果显示，调蓄设施 71 座，占比 16%，大口径管道调蓄／深隧 66 座，占比 15%。

6．日本京都鸭川河道流域深邃建设

日本在《合流制排水系统紧急改善计划编制指南》中，将改善技术措施主要分为减流类（源头渗透设施、完全或部分雨污分流改造等）、送流类（管网收集与截流能力提升、污水处理厂处理能力提升与工艺改造、溢流排放口就地处理等）、储流类（调蓄池、隧道等）三部分，在城市合流制系统改善计划编制过程中，需要基于具体城市条件，对不同技术策略的适用性、优缺点以及综合效益进行分析，从流域整体分析不同对策措施的控制效率，进行系统决策。

受台风等极端天气的影响，日本对城市排水防涝的要求较高，同时大量城市合流制区域空间极为密集，地面空间紧张，部分城市采用了大规模的深层调蓄隧道或修建大管径截流干管的方式，兼顾区域排水防涝与合流制溢流控制。东京预计至 2020 年达到 150 万 m³ 的调蓄容积，大阪、京都、仙台等城市也都采用了大管径调蓄干管的方式控制合流制溢流。日本京都鸭川河道流域内也有深隧建设，其规格为 D 6000 mm×4 km，流域内为合流制排水系统。

雨天雨污混合污水进入深隧系统，晴天深隧系统中的混合污水送至污水处理系统，同时也可以对初期污染雨水进行存储，减少入河地表径流污染。

7. 德国的雨污合流制排水系统设置分散式调蓄池

德国的雨污合流制排水系统很多，同样为了减少因下雨雨污混合污水溢流造成水体污染，在污染源附近设置一定数量的调蓄池进行污染水存储，待雨水过去后再排放到污水收集系统，最后送至污水处理厂处理达标后排放。

当然，对于清洁雨水在德国是考虑雨水回用的，如清洁的屋面雨水是要回收利用的；对于污染的雨水可以就近排至人工湿地处理系统，而后排放，也可以在源头收集存储，待雨水过后送至污水处理系统。因此，德国污水处理厂处理规模均很大，远大于旱季污水产生量。

德国的合流制溢流控制主要开始于 20 世纪 70 年代，CSO 调蓄池开始大量建设，据 1987 年统计资料，当时德国已有 8000 座 CSO 调蓄池投入运行，1992 年，德国污水协会发布合流制系统控制设施的设计标准，规定了不同类型调蓄设施的设计方法与参数。如今，德国已成为世界上雨水与合流制调蓄设施分布最为密集的国家之一，据 2016 年统计数据，德国不同类型雨水调蓄设施共计 54069 个，调蓄容积共计 6078.9 万 m^3，人均 0.738 m^3。

8. 深层排水隧道技术存在问题

深层排水隧道技术作为一项有着广阔应用前景的新型排水技术，在规划和设计层面均有较多的技术难点问题有待解决。为促进深邃技术的应用，各级政府和相关行业人员应及时开展相关技术前期研究，做好技术储备工作。

1）需进一步研究深隧排水系统对于控制合流制溢流污染和初雨污染的有效性以及经济合理性

国外有一些不成功的案例值得注意，如密尔沃基修建了大型调蓄隧道，虽然显著减少了溢流污染，但水体水质仍无法达到 EPA 的标准；国内建设的深隧工程还没有进行后期评估总结工作，目前还没有成熟的结论。

美国底特律市由于经济出现了严重问题，难以承担深隧排水系统方案所需的巨额投资费用。国内许多城市也想尝试深隧工程方案，经常会被当地政府因投资太大、效果存在不确定等因素而不同意工程方案实施。专家评审会上专家意见也因研究不够充分存在两种完全不一样的态度。

2）需进一步研究深隧排水系统 CSO 水量水质变化规律和相关水力流态、结构安全处理、通风除臭等运行管理体系

CSO 水量水质变化规律复杂，例如在短时间强降雨时，含有大量污染物的初期冲刷不明显甚至不存在，导致末端调蓄控制污染的效果不佳，如没有系统考虑，单纯通过深隧系统解决污染，则会导致建设规模和投资急剧扩大。

深隧系统属于地下工程，且介质为流体，工况也是变化的，既要考虑结构安全，还要考虑运行安全，特别是系统协同管理，保障系统运行效果的技术措施和管理手段是深隧系统成功的关键。

2.3 改进措施与提质增效

2.3.1 因地制宜选用城镇排水体制

对于城镇排水体制而言，分流制、合流制无先进、落后之别。不应简单否定合流制，合流

制的优点是：①基建投资较分流制节省，占地面积小，有时在人口密度和建筑物密度大的建成区以及沿河、沿湖和沿海道路上修建截流时，合流制干管可能是唯一的选择；②采用合适的截流倍数，或采用调蓄以及深隧污水储存系统，能有效控制暴雨流量和地表径流污染。

1999 年，日本采用合流制排水系统的城市共 195 个，其中人口超过 100 万的城市有 11 个，东京与大阪均保留有大范围的合流制区域（占比均超过 80%）。

2004 年，美国存有合流制排水系统的城市分布在 32 个州，主要位于美国东北部的五大湖区，以及西部发展较早的部分地区，总服务人口约 4000 万人，合流制管网总长约 22.5 万 km。通过从污染物总量削减效果、投资金额、建设周期、改造难度与可行性等多方面综合比较，这些城市大部分没有选择进行大范围的"雨污分流"工程，而是转向对合流制溢流污染进行有效控制。其中，纽约、芝加哥、费城等大型城市合流制排水系统服务范围占排水系统总服务范围的比例均超过 60%，旧金山等城市甚至超过 90%，这些城市若要实施全面的"雨污分流"投资巨大，耗时极长，技术经济比较和可行性研究认为，保留大部分区域的合流制排水系统，通过综合措施控制溢流污染问题，部分区域可结合区域更新改造实现局部的"雨污分流"。

国内没有一座城镇真正实现排水系统的完全分流制，而都是分流制与合流制并存的排水系统，而且许多国外的大城市合流制排水管道长度占城市排水管道总长度的 70% 以上。这是因为合流制排水系统能够更有效地收集污水和雨水径流，包括污染严重的初期雨水径流，并将其送入其末端的污水处理厂，不仅处理污水，在降雨时还能处理雨水径流；此外，即使错接和乱接生活污水管道至雨水管道，也能将其收集并排入污水处理厂进行处理。

无论是分流制还是合流制，排水系统都要对雨水径流，尤其是污染严重的初期雨水径流进行处理；合流制排水系统宜在总干渠末端建造合流制污水处理厂，而分流制排水系统应在其末端建造污水处理厂和雨水径流处理厂。

目前，我国一些城镇统计的污水收集普及率已经达到 90%，甚至更高，但其水体污染仍然严重，尤其是降雨季节粪便、垃圾满河漂浮，污泥浊水，水体污染严重。因此，无论从改善城市水环境还是开发水资源来考虑，城市雨水径流的处理、回收与利用已刻不容缓，势在必行。

在居民小区，宜采用分流制，将屋顶、道路、公共场地的雨水径流收集起来，进行简易的处理（沉淀＋过滤＋消毒）便可获得高质量的出水，可以回收再用作景观水、浇洒绿地、洗车、冲厕等。

在河、湖、海沿岸道路上，宜建造截流式合流制下水道，建造合流制排水干渠，采用适宜的雨水径流截流倍数（$n_0 = 2 \sim 5$），相应排水干渠和其末端的污水处理厂的设计流量应为 2～3 倍的污水流量，只有这样，才能有效地减轻受纳水体的污染。

2.3.2　科学合理应用截流式合流制

截流式合流制是在直泄式合流制的基础上增设一根污水截流干管，晴天时，所有的旱流污水都被截流至污水处理厂进行集中处理，雨天时，初期雨水径流也被截流至污水处理厂进行处理，部分混合污水经溢流井直接排入水体。截流式合流制较好地控制了污染较重的初期雨水地表径流所带来的污染负荷，特别是对旧城区合流制的改造最为常用，只要截流措施得当、溢流污水处理措施可靠，截流式合流制就是一种投资省、见效快、实施容易、维护管理简便的排水形式，尤其是在一些经济水平较落后、管理水平较低的地区，实施该种排水体制，具有良好的经济效益和环境效益。

从国外的实践经验来看，韩国城镇污水处理厂为了保护受纳水体，也都沿河岸建造合流制截留干渠，截留干渠及其末端污水处理厂的设计总流量均取为 3 倍的污水流量；德国、法国、英国、美国、日本等发达国家的大中城市大多建造沿河、沿湖或沿海的合流制截流总干渠，并建造合流制污水处理厂，使其出水受纳水体的水环境与生态得到很好的保护。因此，为了更有效地保护城市水体免受雨水径流的污染以及回收、净化和利用雨洪水资源，可考虑在沿河、沿湖和沿海不能建造两条分流制截流总干管时，建造合流制截流总干渠，并在其末端设计和建造2～3倍污水流量的合流制污水处理厂。

截流式合流制排水系统是相对比较复杂的工程，由于实施时间较长，一般都要滞后于污水处理厂的建成，这可能导致城镇污水处理厂建成后一段时期内，其处理水量达不到设计规模。而在截流管道完成后，往往因截流倍数或截流措施选用不当造成污水处理厂处理能力不足，因此，要尽量保证两者在建设上的同步，并特别注意污水处理的流量调节。

同时，由于水量水质剧烈变化，会对二级生化处理形成较大冲击，加之我国城镇污水 C/N 普遍偏低、进水无机悬浮固体普遍偏高，增加了运行管理难度，为防止出现出水水质恶化，应根据所对应的排水系统，选择具有较强抗冲击负荷能力的污水处理工艺。由于生物膜和活性污泥法的复合系统（如 MBBR 工艺）既能在高有机物浓度又可在较低浓度下正常运行，应是优选的处理工艺和系统，而且在必要时还可考虑设置污水调节池，实际上，设置污水调节池十分必要，其调节功能是可应对水质水量剧烈变化所带来的冲击负荷。

2.3.3　建设完善的分流制排水系统

目前，我国绝大多数新建城区设置的分流制排水系统的特点是，在城镇污水收集管网的末端设有污水处理厂，对收集的污水进行处理后排放，而对雨水管道系统的雨水径流是只收集不处理，即直接排入附近水体，致使受纳水体在降雨时水质恶化，尤其是初期降雨雨水径流携带了各种污染物和垃圾，加重河道污染。在城市水体受纳的污染负荷中，城市面源（不含农业面源）所占比例达 19%～44%，而且主要经初期雨水带入水体。现场测试表明，在降雨前期的10～15 min 内，80%～90% 的面源负荷已被径流带走，加之一年中降雨量少的场次所占比例很大（达 70%～90%），因此，前期雨水若不经处理即排放对水体环境非常不利。

在这点上，发达国家与我国有很大不同。在国际上实施的真正完善的分流制排水系统做法是，不但对污水排放系统的污水进行处理，而且为了有效地控制城市水体的污染，也通过在雨水排放系统的末端设置雨水处理设施，对雨水进行妥善处理后再排放。如德国鲁尔河，沿河不仅星罗棋布地建造和运行着 79 座污水处理厂，而且还设置了 549 座雨水径流处理设施，从而经过数十年持续不懈的努力，鲁尔河及其支流水质得到根本改善，全部达到德国地表水水质的1 级和 2 级标准。

国内外城镇排水工程的实践证明，任何城市只普及城镇污水处理而忽略雨水径流的处理和利用，是不能根本消除城镇水体污染的。国外一些城镇的调查统计数据表明，在城镇污水及二级处理后，其河流 BOD 污染负荷的 40%～80% 来自雨水径流，我国一些城镇的污水处理率已经达到 90%，但是一些河流仍然污染较重，属于劣 V 类水质，根本原因就在于雨水径流不经任何处理便排入附近河流。因此，无论是从控制河道污染，还是水资源利用来看，城镇雨水径流处理都是必需的。无论是分流制，还是合流制排水系统，都需要对雨水径流进行处理和回收利用，这样才能既消除城镇水环境污染，又开辟城镇水资源的一个重要来源。

实际上，我国城镇雨水径流污染要比发达国家更加严重。大多数污染指标，北京的雨水径流污染要比一些发达国家严重，尤其是对比德国，一些主要污染指标（如 SS、COD、TN 等）为德国的数倍至十余倍。北京市城区不同区域的雨水径流污染物含量，除 TN 和 TP 指标低于生活污水指标外，SS、COD 和 BOD$_5$ 等指标相当于甚至高于生活污水指标。我国其他城镇雨水径流污染也很严重，例如，上海市街道路面雨水径流主要污染物浓度（平均值）从轻污染区至重污染区：COD 为 127 ~ 588 mg/L，BOD$_5$ 为 53 ~ 227 mg/L，SS 为 99 ~ 354 mg/L，TN 为 4.71 ~ 12.76 mgt/L，NH$_3$–N 为 0.41 ~ 8.03 mg/L，TP 为 0.29 ~ 0.73 mg/L。

因此，今后我国应全面纠正对分流制的错误理解和做法，推广真正完善的分流制，即在污水总干管末端设计和建造污水处理设施的同时，也在雨水总干管末端设计和建造雨水处理设施。实际上雨水径流处理设施相对于城镇污水处理要简便许多，从国外经验看，主要采取的措施多为水力旋流分离器和平流沉淀池等固液分离方法，有时也可因地制宜采用雨水净化塘及地表径流人工湿地等技术处理雨水。

2.3.4 优化应用新型排水体制

为弥补现行排水体制的缺陷，近年来国内尝试对传统排水体制进行适当改进，提出了污染雨水截流式分流制和"预沉 + 溢流处理"截流式合流制两种新型排水体制。

1. 污染雨水截流式分流制

与传统截流式合流制排水系统在雨污合流管上所设置的截流井不同，污染雨水截流式分流制是分别设置污水和雨水两套独立的管渠系统，并在雨水支管上每隔一定距离设置截流井，截流井内设置截流管与污水管相通，在降雨的不同历时阶段发挥不同的功能。雨季时，截流井截流的初期雨水径流通过截流管就近排至附近的污水管；旱季时，截流井将误排入雨水管的少量污水也截流至附近的污水管。

截流式分流制通过在雨水管上设置截流井，较好地解决了初期雨水地表径流污染和误接入雨水管的污水的影响，克服了传统分流制排水系统雨污分流不彻底、初期雨水污染等不足，有利于保护城镇地表水环境。

2. "预沉 + 溢流处理"截流式合流制

"预沉 + 溢流处理"截流式合流制排水系统是雨水和污水通过一根合流管排出，在合流管的末端设置预沉池、截流井和截流管，并在截流井的溢流堰侧设置溢流污水处理设施的新型排水系统。晴天时，合流管呈非满流状态，管内为旱流污水，经合流管→预沉池→截流井→截流管流入污水处理厂进行集中处理；雨天时，合流管呈满流状态，管内为雨污水的混合水体即合流污水。由于雨季时的雨水流量大，易使合流污水量大大超出污水处理厂的设计处理能力，因而合流污水首先流至管网末端的预沉池进行预处理，预沉池下部污染物浓度较高的污水由截流管以一定的截流倍数送至污水处理厂进行处理，预沉池"上清液"则经截流井流溢出并进一步固液分离后排入水体，这种排水体制实际上是对截流式系统的完善，有助于避免普通截流式合流制在降雨中后期从溢流井溢出的部分混合污水给水体带来污染。

2.3.5 协调厂网同步建设，发挥污水处理效率

由于与城镇污水处理设施相匹配的排水管道系统的建设涉及城市的方方面面，实施难度远远高于污水处理厂的建设。所以，往往不能和污水处理厂同步投入使用，或者只能投入使用一部分，使污水处理设施很难在设计满负荷状态下运行。

目前，我国城镇污水处理厂能按实际设计流量运行的情况不是很理想，导致不少地区污水处理设施的水力停留时间远大于设计值，虽然延长了污水处理的时间，有利于保证出水水质达标，但却是一种低效率、高耗能的达标运行行为，使实际付出的运行成本高出很多，这也是我国污水处理厂实际运行成本较高、难以达到设计条件的重要原因之一。

因此，为了尽快改变排水管道系统建设使用与城镇污水处理设施运行严重脱节的现象，提高我国城镇污水处理厂的运行效率，使之能按低碳方式运行，对与城镇污水处理设施相匹配的排水管道系统建设，应要求实行"四同时"，即排水管道系统建设使用与城镇污水处理设施同时设计、同时施工、同时验收、同时运行。

当由于种种原因不能实现同时运行时，为预防排水系统滞后于污水处理厂所带来的问题，应有一个比较有效的应对措施，如根据处理水量至少按两个以上系列设计建设污水处理设施，并能独立运行，然后根据排水系统投入使用情况及实际进水流量，启动运行系列数目。当达到设计水量时，所有系列全部运行，否则将减少运行系列数目，而不能像目前国内很多污水处理厂那样，不论实际流量多少都全系列运行。在这一条件下，就有理由要求污水处理实现低碳化运行，特别是我国大规模上污水处理项目的时代即将过去，随之而来的必然是抓运营管理、抓绩效。未来污水处理技术发展方向就是节能降耗，在满足要求的出水水质条件下，追求污水处理技术更加节能、更少消耗。

为了统筹处理好城镇排水体制与污水处理系统的关系，实现城镇污水处理低碳化运行，从城镇总体规划实施角度而言，就是根据环境保护需要，结合城市发展速度和经济发展水平，制定科学合理的城镇排水体制和污水处理发展规划，建设与城镇排水体制相适应的污水处理系统，而且要特别重视对雨水径流的处理，提高污水收集处理率，在建设污水处理厂的同时，同步完善排水管网系统建设，使已建污水处理厂充分发挥污染物去除的功能。

在城镇污水处理方面，为了实现低碳化运行，要以提高污水处理厂运行效率和达标率为目标，建立现代化的污水处理厂运行管理制度；以降低污水处理厂运行能耗为目标，借助仿真模拟技术，建立污水处理厂优化运行控制系统；以降低污水处理厂运行故障率为目标，强化污水处理厂大型设备的管理和维护；以提高污水处理厂运行质量为目标，建立污水处理厂整体评估体系等。通过这些措施不断提升我国城镇污水处理水平。

2.3.6 城镇道路建设中必须同步敷设污水收集系统

道路建设过程中必须留足时间和资金，根据规划要求，与道路建设同步敷设污水管道，不仅可以确保污水收集有通道，及时落地，发挥效用，避免后患；而且不需要二次开挖施工、顶

管施工，或采取其他效果不好、施工难度大的施工方式，节省工程投资。否则可能会因为影响交通、没有管位而取消此道路上的污水收集管段。

如某市城东干道建设过程中，因时间紧，缺少资金，没有同步将污水收集管道敷设，后来为了不影响城市交通，采用在该道路西侧河道内两侧河边建设了矩形箱涵，不仅施工难度很大，投资高，维护管理不方便，而且影响河道过水断面，影响两岸雨水排放。目前，不仅因河道内不均匀沉降造成破损严重，而且淤泥沉积较多，影响运行。在片区内做好雨污分流后雨水排放因截流箱涵而受到影响，目前正在研究改造方案，准备重新设计此段污水收集系统，以彻底改变这种不利状况。

2.3.7　建设完整、有效、健康、安全的污水收集系统

由于顶层设计缺失，主管部门管理能力不够，建设管理不到位，城镇排水系统混接问题已经成为我国排水系统不健康的典型特征，也是我国城市水环境治理必须面对的"顽疾"。

污水收集系统建设不规范，如管材选择不当、施工未严格按照要求实施、验收未实质性进行、外来荷载影响等造成管道结构性缺陷和功能性缺陷严重，也是我国现状存在的普遍现象。

由于城镇现状污水收集系统研究不深入，对于系统中存在的问题不了解，制定的规划没有针对性和落地性，外水入渗、河水倒灌、工地降水入网等现象普遍存在，造成污水处理厂进水浓度偏低。

行业主管部门和从业人员应充分认识到排水管网混接改造、结构性破坏修复、功能性缺陷恢复、挤外水等工作的重要性和艰巨性，从现场调查、工程建设、技术研发、标准制定、目标管理等各项工作着手，坚持不懈地推进各种混接改造、结构性破坏修复、功能性缺陷恢复、挤外水等目标的达成，配合对公众环保知识的宣传和环保意识的培养，消除排水系统中的污水收集空白区、雨污混接、结构性破坏、功能性缺陷、外水入侵等现象，建设完整、健康的污水收集系统，为城市水环境治理和污水系统提质增效提供有力支撑。

为了提高系统运行的安全性，通过大量的调研和分析发现，在现有厂外泵站和泵站之间增加连通管，通过增设调蓄池和管道切换设施等，实现不同片区总管之间的双向调水，有效地提高了不同片区总管之间水量调配的灵活性和安全性。

2.3.8　慎重选择管道材质，规范施工过程

在污水管道设计和建设过程中，应谨慎选择塑料管、玻璃钢夹砂管等非金属管材。如果一定要选择塑料管、玻璃钢夹砂管等非金属管材，必须保证管材质量和施工质量，以防后患。

经济条件较好的城镇宜在市政主干管材质选择时考虑球墨铸铁管材，防止管道运行中出现结构性缺陷现象；在支管网或居民小区、单位庭院敷设管道材质选择时宜选择实壁 HDPE 管材，并采用热熔连接方式，防止因管道接口问题造成雨污混接和地下水渗入。

沟槽回填要密实，最终形成"管土一体"，管道施工过程中如果做不到"管土一体"要求，管道上方的荷载就会直接作用在管道上，而不是周围回填上，加之使用过程中不断有动荷载，就会使管道频繁变形而损坏。

在我国很多城市，为了减少工程质量隐患，明文规定，要求在城市主干道上禁止使用塑料

管材或玻璃钢夹砂管材，建议有条件的城市使用球墨铸铁管道，一劳永逸；采用钢筋混凝土管道时，一定要采用承插口连接方式，选择合适的橡胶圈密封，施工过程规范，保障密封圈能够起到密封作用。

2.3.9 闭水试验环节不能省，管网系统功能性要求应满足

排水管道施工完成后使用前，必须做闭水试验，管道闭水试验需要 24 h 以上。按照德国标准 DIN EN1610 的规定，管道严密性检查可以采用水压法，也可采用气压法。

气压法检查的主要优点是：检查所需的时间短，一般整个检查过程只需 30 min，成本低，不需要试验水源和泄水地点。气压法检查也适用于运行中管道的严密性检查。气压法检查的另外一种形式是真空法，德国实际运用证明，对于大口径管道，采用真空法更合适。

我国部分城市在完成管道检查和修复后发现污水处理厂的进水浓度提升并未达到理想状况，通过对检查井检查后发现检查井渗漏情况也较为严重。因此，闭水试验应该在一个区段管道中进行，而且要包括检查井在内，不是仅做一节管道，否则无法判定区段管道系统是否满足渗漏要求。闭水试验要求较高，对于小型施工队伍，一般不具备这样的能力。

事实上，在很多地方管道施工就没有管道闭水试验，或者只是象征性地做一下，抽样性地做一下，没有全程做闭水试验，从而造成很多城市管道系统出现问题，使用后也不知道问题出在何处，从而地下水进入污水管道，或污水进入地下水。

2.3.10 施工方法要科学，目标达成不应影响质量

在污水管道设计和建设过程中，尽量少采用或不采用拖管施工方法。如果一定要采用拖管施工方法，必须保证管道的设计坡度和充满度，污水管道才具备功能性要求。

对于管道开挖施工方式，应做好管道基础，特别注意管道与管道接口处基础的做法，保证管道受力均匀，避免后期使用中出现问题。同时对于塑料管材，应做好基础、胸腔、覆土的施工，确保管土一体，均匀受力。

禁止使用砖砌检查井，以防污水渗漏到地下水中，也可以保证地下水、雨水不会进入污水收集系统；如果施工工期不能满足要求，无法采用现浇混凝土施工方法，可以采用市场上购置成品检查井，材料有塑料和球墨铸铁两种，可以根据需要选择使用。

对于管道与检查井之间的连接管道，应该按照图纸要求做好施工，防止管道和检查井沉降不同造成两者脱节。

2.3.11 泵站的环境设计和节能设计应该得受到足够的重视

污水提升泵站选址应符合规划要求和环境影响评价要求；为了不影响周边居民生活或周边环境，必要时，应设置除臭装置，采取降噪措施，建筑立面或泵站总平面布置与周边环境相协调；宜建成环境友好型绿色市政基础设施，有条件时，将其设计成城市的一道风景线。

污水提升泵站的工作环境不是很好，加上通常不能像污水处理厂一样，人力资源和设备较为齐全，故设计中要充分考虑维护方便，无人值守，有情况通过报警和巡检来发现并及时解决问题；前池或吸水间宜设有自动或方便操作的沉泥清理措施等，减轻操作人员的工作负荷和改

善工作环境。

对于大中型泵站的设计，前池水力条件应满足节能要求，宜采取正向进水和正向出水，水泵吸水间应保证足够的直线水流同行段，长宽比要合适，水泵与周边墙面保持必要的距离，水力流态要满足节能和不对叶轮造成损害影响。

为了最大限度地改善水力流态，降低能耗，节省运行费用，应进行水力模型试验，得到相应的设计参数。

2.3.12　应逐步提升泵站建设的标准化水平

随着城市污水收集系统的不断建设，污水中途提升泵站的数量越来越多，如果不进行标准化建设，将会给泵站的维护管理带来后患：

1）由于设备选型采用非标产品，当设备运行一段时间损坏后没有办法买到零配件进行维修。

2）因为建设初期没有考虑采用门禁系统，造成非工作人员也可以进出泵站，带来安全隐患。

3）污水提升泵站建设初期选址离城市居住环境较远，但随着城市发展，泵站位置处于城市建成区内，环境要求提升，但当时没有考虑除臭系统，故味道较重，居民投诉较多，且影响运行管理人员身体健康。

4）污水提升泵站建设标准不一，运行状况和提升水量水质数据没有进行采集，运行管理调度处于失控状态。

5）泵站与泵站之间没有互联互通措施，一旦其中一个服务范围内出现问题，无法通过泵站之间的调度，保障污水处理系统的正常运维。

鉴于上述原因，建议污水收集系统中提升泵站应实施标准化改造或标准化建设：

1）同一座城镇的污水处理系统和提升泵站设备应优先选择品牌标准化成熟产品，方便维修和更换零部件。

2）对于新建污水泵站应采用门禁系统，对于已建污水泵站应进行门禁系统改造，防止非工作人员进出泵站，确保泵站安全运行。

3）对污水泵站的吸水前池进行加盖处理，并抽出臭气，采用永久性除臭设施进行处理，达标后排放大气。

4）对污水泵站进行信息化改造或建设，感知必要的设备状态信息和水量水质数据，上传进入污水处理系统或市级信息化管理平台，方便城镇排水管理部门统一调度管理。

5）污水处理系统内的泵站与泵站之间或污水处理系统外的泵站与泵站之间均应该建设互联互通措施，一旦其中一个服务范围内出现问题，可以通过泵站之间或系统之间的污水调度，保障城镇污水处理系统的正常运维。

2.3.13　适时选择调蓄措施，管理手段满足使用要求

一定要科学应用雨水调蓄池，使用的前提是，污水收集系统是一个相对健康的系统，除了污水外，基本没有地下水、河水等"外水"在系统内。

雨水调蓄池的位置尽量靠近初期雨水较脏的地段，最好借助智能检测和智慧管理系统，确保进入雨水调蓄池的是需要接纳的污染的水量，而不是清水，当进水水质不满足要求时，及时

关闭进水系统，采用超越系统。

在合流制截流系统，可以考虑混合污水调蓄和截流管道同时调蓄作用，当然也应该借助智能检测和智慧管理系统，混流污水首先进入截流系统，当溢流口即将溢流前，混合污水流入调蓄池，池满后外溢进入水体，污水的溢流频次必须满足水体环境容量要求。智慧限流井的应用，应根据水质情况智能开关闸门，有效截流污染物质，保证水体环境。

雨水调蓄池、雨水污水混合污水调蓄池的大小，应根据水质情况和运行机制进行计算确定，不应该简单取几毫米降雨来确定。设计文件中更应该交代调蓄池的运行和维护要求，特别是智能手段的参与，才有可能达到预期目的。

如果没有智慧管理手段，不建议马上建设调蓄池，而是将主要精力用在雨污分流改造和管道系统健康疏理并修复上，该修复的修复，该赶走的外水赶走，该收集的污水应尽量收集，该在源头控制的污染水应尽量在源头采用必要的措施，如海绵城市建设理念和措施，减少雨水径流污染；雨水污水分流措施，减少雨水污水混接现象；加大污水收集系统的建设，消除污水收集空白区；加强评估污水处理设施的能力，提高污水处理厂进水浓度；必要时，扩容污水处理厂规模建设，满足城镇污染物处理要求；水体环境改善作为工作的主要策略和目标导向。

2.3.14 大中型城市老城区建设调蓄池或深隧的必然性

1. 可以有效控制合流制系统溢流污染（CSO 污染）和分流制系统初期雨水污染

在已经完成雨污分流改造或采用高截流倍数的截流式合流制的城区，CSO 污染和初期雨水污染已经跃升为水体外源污染的首要因素。

由于降雨初期大量地面污染物被带入雨水管道和合流管道，再叠加管道内沉积物，随高速水流悬浮进入水中。截流式合流管道的溢流排放口和分流制管道雨水排放口处，会在降雨初期测得 COD_{Cr} 浓度高达 $400 \sim 600\,mg/L$，即使在降雨中后期，COD_{Cr} 浓度也会维持在 $100 \sim 200\,mg/L$。即使与地表水 V 类水相比（COD_{Cr} 小于 $40\,mg/L$），超标倍数也是惊人的。

李文涛等在对广州市区内的河道溢流排放口的水质监测中发现，在每次降雨导致溢流的过程中，流域内建成区面积占 70% 以上的 I 类河涌会出现两次污染峰值，第一次出现在溢流发生的 $0 \sim 10\%$（约第 15 min），COD_{Cr} 浓度为 $400 \sim 600\,mg/L$；第二次出现在溢流发生的 $10\% \sim 30\%$（约第 30 min），COD_{Cr} 浓度为 $350 \sim 450\,mg/L$。

2. 深隧可以解决调蓄池的不足

相对调蓄池而言，由于深隧多采用盾构施工，对地表建筑及地下交通扰动较小，拆迁较少，可避免高昂的拆迁费用。

低影响开发的分散型小型雨水处理设施无法在短时间内排出超标雨水。新兴的海绵城市建设理念的落实，前期可操作性强的规划缺乏，恢复建设周期较长，需要循序渐进；在老城区进行海绵城市建设理念落实难度较大；后期运维费用高昂，需要大量人力物力投入；且遭遇大暴雨时效果不明显。

由于前期集中型降雨量集中，地表径流峰值较其他雨型更早出现，对排水系统冲击更大，易造成洪涝灾害。而深层隧道排水技术可迅速将大量雨水转移输送至深层隧道系统暂存或排放，故深层隧道系统更适用于降雨量大且雨量集中的极端暴雨频发、峰值明显区域的内涝防治。

3．城市洪涝灾害防治对策中，最经济有效的削减洪峰方法

传统的雨污分流需对中心城区的道路与街道进行大规模开挖，这是如今交通繁忙的城市无法承受的负担。如上海，受现状条件的限制，采用的其他方法如果不与深隧相结合，很难在污染、内涝治理中达到国际标准水环境改善的实效。

为了解决城市因内涝而带来的安全问题，以及城市老城区河道水环境彻底改善的效果，处理方法也是多种多样，如水库、地下调蓄池、深层排水隧道系统等。但是，对于上海这样的城市，最经济高效且环保的方案仍然是深排隧道。城市洪涝灾害防治对策中，最经济有效的方法是削减洪峰，而在城市中最为可行的方法是修建地下调蓄池或深隧排水系统。

2.3.15 深隧工程应用及规划原则

1．日本案例

2019 年，日本在某几周内遭遇了两场台风，在郊区造成了巨大的人员伤亡，但在建设了深排隧道系统的东京，却未造成任何人员伤亡，这便是深排隧道的效果。

以首都圈外郭防水路工程为例，虽然该工程耗资 2000 亿日元，耗时 13 年建设，且每年的使用次数只有 10 次左右，但是，该工程启用 20 年以来，所减少的经济损失早已超过了其建设成本。

在建设深排隧道系统时，建议不能仅注重功能构造设计，更应注重设施耐久与维护管理方便等更长远的影响因素，方能使深排隧道的设计寿命达到 100 年。

2．芝加哥案例

深层隧道作为一种行之有效的排水防涝与污染控制手段，近年来已经逐渐在全球各大城市得到了有效运用。芝加哥于 1972 年开始实施深隧与调蓄水库计划（TARP），预计于 2029 年完全完工，届时实现溢流频次削减超过 90%。2014 年，芝加哥市政府发布绿色雨水管理战略，推广绿色雨水基础设施，预期通过绿色基础设施结合深隧与调蓄水库，可基本上完全清除芝加哥市 408 个溢流口的雨季溢流。而芝加哥深隧工程作为深隧项目的先驱，隧道长 211 km，深 45～91 m，直径 2.7～10.8 m，还有 252 座直径 1.2～5.1 m 的截流竖井，645 项聚水构筑物，4 座泵站和 5 个蓄水量共为 1.55 亿 m^3 的蓄水。其建设与运营经验对于其他城市是极好的借鉴。

若能将深隧与城市中雨污分流、浅层调蓄池、绿色基础设施（海绵城市）等其他系统配合使用，将起到更好的排水防涝与污染控制作用。

3．规划原则

1）优先将深层排水隧道系统设置在城市重要区域，容易受淹且浅层排水系统改造难度大、提升潜力小的区域，水环境容量小、敏感区域。

2）深层排水隧道系统应与浅层排水系统、最终排放水体的运行、管理相协调，在符合城市防洪规划的前提下，统筹考虑市政管网系统与水利系统、内河与外河系统的关系，做好市政排水与水利防洪之间的衔接。

3）在规划布局上，应加强与城市地下空间利用规划、综合管廊规划、地铁建设计划等的协调，合理高效利用地下空间。

4）做好与河湖引水工程、生态补水工程的衔接，优先利用经处理达标的深隧储水作为引

水和生态补水工程的水源，降低对优质大江大河水的依赖，促进流域水体大保护工作。

5）对于同时具有雨水调蓄和污染控制功能的深隧系统，应有相应措施做到清污分流，提高污水处理设施运行效率与效益，确保排水达标。

2.3.16 深隧工程设计重点与难点

1. 规模确定

深层排水隧道的规模是排水系统从现状标准提升到规划标准所需的调蓄量。需要通过拖过系数法、面积负荷法等方法匡算。

利用模型定量计算，确定深隧建成后所做出的贡献，包括对区域防洪排涝能力的提升，积淹水情况的改善，以及水环境质量的提升等。

所需的基本资料和基础数据包括：排水管网 GIS 数据、测绘数据、设计图、竣工图等。

可选用的软件和建模标准有：Info works ICM、SWMM、Coupled 1 D and noninertia 2D flood inundation model、英国《排水系统水力模型工程师职业规范》等。

2. 目标确定

深隧工程的工程目标一般分为提高防洪排涝设防标准和减少水体污染两个方面。

1）提高防洪排涝设防标准

如上海虹口港—走马塘段深层排水调蓄隧道系统工程，可使服务范围内的排水系统重现期从 0.5～1 年一遇提高到 5 年一遇，并有效应对 100 年一遇强降雨；又如广州市东濠涌深层排水隧道工程，可提高东濠涌河道防洪标准至 50 年一遇，流域内合流干渠的排水重现期标准到 10 年一遇，浅层排水管道排水重现期标准不低于 5 年一遇。

2）减少水体污染

体现在削减合流制溢流污染和初期雨水污染。如上海虹口港—走马塘段深层排水调蓄隧道系统工程，减少初雨和溢流污染放江量 95% 以上；又如广州市东濠涌深隧排水系统工程，可削减流域内 CSO 污染 70% 以上。

3. 与城市地下空间利用规划的协调

城市地下空间一般分为浅表层、浅层、次浅层、中层和深层五个层次。浅表层为地下 0～6 m，适合布局地下管线和海绵城市相关设施；浅层为地下 0～10 m，适宜布局地下人行系统、地下商业服务设施、地下停车、市政综合管廊等；次浅层为地下 10～20 m，适宜布局地下停车、地下道路、地下市政设施以及人防设施；中层为地下 20～40 m，适宜布局城市轨道交通、人防设施；深层为地下 40 m 以下，适宜布局穿城交通干线、深层隧道排水系统。

深层隧道排水系统基本设置于现有城市地下空间利用规划的最深层，不可避免地与其他地下空间设施在平面和纵向布局上产生交叉。

因此，在规划深隧系统的布局和走向时，应深度对接现状地上地下建构筑物和已有的地下空间利用规划，才能使工程具有可实施性。

4. 入流点的数量和位置

与浅层排水系统的衔接：截流位置的选择应采用模型模拟，可选用的模型有 Info works ICM 等。

根据王碧波的研究，入流点的数量和位置对原有系统与深隧系统的水量分配比例影响较大，在设置时要考虑系统的大小、形状和总管数量等因素；入流点位置应尽量靠近系统总管中部位置，但对于多总管系统，单个入流点较难保证系统上游地面不积水；入流点位置应避免距离泵站过近，否则会导致泵站进水困难，进入深隧系统的水量过多；增加入流点堰高对流量影响不大，但对水量分配比例影响较大；堰宽在合理范围内变化对系统积水影响较小，对过堰最大流量和累计分配水量影响不大；入流竖井处宜采用闸门控制，部分超标雨水可储存于中层二、三级管道中。

5．预处理工艺

论证预处理设置的必要性，根据预处理的目标污染物，确定预处理工艺，选择预处理设备，必要时引进设备或研发新设备。

6．竖井入流问题

竖井主要包括进水管、竖管和消能管三个部分。竖井入流问题主要包括消能、消音、水力特性（入流方式、水流流态及流速分布、水面线与压强分布、排气方式和气流速度）等。

利用 Fluent 软件的 RNGκ-ε 模型，对入流竖井内部流场进行数值模拟分析。模拟结果表明：

1）水在竖井内流动过程中，承受负荷冲击较大的部位是竖井上方弯头、下方渐缩管和消能管底部。

入口流速的变化对渐缩管和消能管底部的压力有着较大影响，因此，这两处应有耐冲击、耐高压设计（低速时，下方消能管压力较大；高速时，渐缩管压力较大）。

2）竖井消能管具有良好的消能效果，底部消能管为核心消能部件，水在消能管内的运动方式以切线方向的螺旋流动为主。

入口流速的增加，会降低消能管的消能效果，适当增加消能管长度，可以提高消能效果和出水稳定性。

7．隧道内水力过程分析

芝加哥合流深层隧道系统多次出现涌浪现象，涌浪通过竖井喷向街道，对地面设施造成破坏，同时威胁地面人员生命安全，高压力的涌浪也对隧道结构安全造成影响。

为避免涌浪的危害，欧美、日本和中国研究者开始利用模型模拟待建和已建深隧工程的涌浪过程，用以指导设计和运行管理。目前使用较多的是伊利诺斯瞬态模型（Illinois transient model，ITM），该模型代表了世界隧道瞬变流分析的领先技术。

ITM 模型应用有限体积法，模拟合流排水系统内的各种流态，包括明渠流、重力流、压力流（包括水锤过程）、明满交替流等，适用于包含入流竖井、调蓄池、连接管等各种水平竖直方向的排水系统，而且能够模拟分隔闸门的启闭。

模型能够较好地模拟深层隧道的水流过程，可以评估强降雨造成的大量入流是否会超出隧道设计的调蓄排涝能力，分析深层隧道产生涌浪的条件，模拟涌浪产生和发展的全过程。

8．隧道接缝防水

在深层排水盾构隧道的建设中，其防水能力显得格外重要。深排隧道一旦出现渗漏，不仅会影响隧道的长期稳定性，甚至可能引起隧道内的雨污外渗，导致深层土体、水质污染等不可挽回的后果。

目前，盾构隧道管片接缝广泛采用弹性密封垫的防水设计，弹性密封垫通过相互挤密产生防水能力。密封垫防水能力与密封垫尺寸、断面形式和装配力大小有密切关系。

考虑深层排水隧道的内水压，采用安装内外两道弹性密封垫的接缝防水设计，对密封垫装配性能的要求也更为苛刻，因此，密封垫的设计和选型难度更大，有必要针对深排隧道进行管片接缝耐高水压试验，验证密封垫选型的合理性。

9．结构技术与施工

工程现场环境基本为城市建成区，上部建筑密度大。深隧系统超大埋深、明满流交替运行，这些特点决定了结构设计和施工的复杂性：结构受力、抗浮、防水、防腐、关键节点连接、施工工艺等。

1）特深圆形竖井结构关键技术

水土压力分布及计算方法、竖井围护结构型式优化、地下连续墙施工与接头止水、承压水特性分析及控制、微扰动施工与环境保护等。

2）盾构隧道结构关键技术

盾构法隧道计算方法、衬砌结构型式与力学行为、盾构法隧道防水技术、盾构隧道施工核心技术等。

10．运行管理

深隧系统的运行管理需要重点考虑其与浅层排水系统的结合，与雨水系统、初雨截流系统、污水管互联互通系统的结合。

2.3.17 调蓄池效能评估

调蓄池性能可以从以下几个维度进行评估：设计技术指标、运行管理指标、降雨径流控制指标、污染控制指标、对污水处理厂削减效益影响指标、对河道溢流污染控制指标。

1）设计技术指标通常包括：蓄满进水时长、进水水力负荷、容积利用率等。

2）运行管理指标包括：调蓄总水量、使用次数、蓄满次数、冲洗次数、清淤次数等。

3）降雨径流控制指标包括：调蓄雨量、降雨场次控制率、年调蓄总雨水量等。

4）污染控制指标包括：年径流总量控制率、污染负荷削减总量、污染负荷削减率等。

5）对污水处理厂削减效益影响指标包括：污水处理厂实际进水量、污水处理厂实际污染负荷削减量、实际转输率等。

6）对河道溢流污染控制指标包括：年减少溢流场次、年减少溢流总水量等。

2.3.18 调蓄池的运行管理

调蓄池储存合流污水及初期雨水期间，水体及管道中会有臭气产生，为防止运行过程中臭气挥发而污染环境，应设置除臭系统。

考虑到调蓄池内初期雨水进入及流速变化时会产生臭气，所以其臭气产生是间断性的，且全部为封闭构筑物，因此可以采用植物液喷淋除臭。除臭系统宜具备加热功能，防止冬季低温下冻胀破坏。

调蓄池进水状态下，采用机械通风，维持池内为负压状态，排风经除臭后排放；放空（清空）

阶段，通过通风管进行自然补气，维持池内气压平衡。

调蓄池检修状态下，采用机械通风，在进入调蓄池检修前进行强制通风换气，并用移动式有毒气体检测仪检测调蓄池空气无毒后方能下人。

调蓄池运行模式分为旱季模式和雨季模式。雨季模式工作方式为先截，后蓄，再排。

2.3.19　排水管网检测和修复

1. 排水管网定期排查必要性

城镇排水管网属于地下工程，管网布设于整个城市，建成后会因各种因素使污水管网出现问题。事实证明，改革开放以来，我国大量建设了城镇管网，但普遍存在"两高两低"现象，即高负荷，低浓度，高水位，低效率。因此，城镇排水主管部门应对建成区各污水处理系统服务范围内的排水管网定期进行排查和修复工作，确保污水管网系统健康有效收集和输送城镇污水。

2. 排水管网定期排查要求

通过"四位一体"的排查方法，查清排水口、排水管网和排水户的基本情况以及存在的缺陷和问题，并评估排水管网系统运行状况，为污水处理提质增效工作提供依据。

设计单位、测绘单位、水质检测单位、管网检测单位作为实施单位应联合开展具体排查工作。监理单位、第三方审计单位、第三方复核检测单位同步参与本项工作。具体分工参见附录。

在管网排查和评估时，应按照设施权属及运行维护职责分工，全面排查检测雨污水管网功能性和结构性状况，查清错接、混接和渗漏等问题，建立问题清单和任务清单，有重点有计划地组织实施管网改造与修复；积极探索建立完善的排水管网检测和修复质量管控体系；具体排水管网排查实施要求参见附录。对于管网排查中发现的小问题做到即查即改，及时有效省钱，达到"做一片，成一片"的效果。

推行"厂网一体化"运行维护，建立同一污水处理厂服务片区管网由一个单位实施专业化养护的机制，实现专业化养护、规范化作业、全过程监管。

排水片区内居民小区内部管网、单位庭院内部管网纳入日常养护范围，鼓励购买服务方式，委托专业单位对居民小区内部管网进行维护管理。

进行排水达标区科学合理划分，建立排水管网 GIS 系统，管网排查和检测信息应适时纳入 GIS 系统，实施动态更新完善，实现管网信息化、账册化管理，运用大数据、物联网、云计算等技术，逐步提升智慧化管理水平。

3. 排查基本原则

1）问题导向，突出重点

城镇排水管网排查应以解决城镇污水收集处理系统存在的"高水位低浓度、高负荷低效益"问题为导向，以"挤外水、治混接、收污水、减溢流"为重点。

2）系统实施，科学分区

以城镇污水处理服务范围为单元，系统开展排查和评估工作；城镇排水管网排查应科学划分排查区块，做一片成一片。

3）保证质量，安全作业

城镇排水管网排查应落实质量安全监管责任，按照测绘、调查、检测和评估"四位一体"

的排查方法开展工作。应强化过程管理，加强质量管控，确保排查数据和结论真实有效；应规范排查作业，保障人身安全。

4．排查对象及内容

1）排水口

包括排水口类型、标高、尺寸、排水来源和水质，河道水位、排水口出流形式（自由出流或淹没出流），以及地表水倒灌和溢流污染等情况。

2）排水管网

排水管网的基本情况，包括管道位置、走向、管径、标高、材质、建设年代及权属单位等；检查井的坐标、规格、结构类型等；泵站的位置、规模；设施运行状况、在线水质水量监测等。查清管道水位、水量水质、雨污混接、外水入渗等情况，以及截流设施的控制方式、运行状况，泵站的运行状况，管道及检查井的结构性缺陷和功能性缺陷。

3）排水户

包括居民小区、施工工地、公共建筑、单位庭院、工业企业、"小散乱"排水户、垃圾中转站和公共厕所等。根据排水户的不同类型，确定排查内容，包括排水户排水许可证办理情况、排水体制、水量水质、排水户接管情况、预处理设施的设置及运行状况和接管情况等。

第**3**章

污水处理系统

3.1 污水处理与绿色低碳

城镇污水处理厂的规划设计和建设任务主要包括污水处理规模的确定、厂址选择、进水水质和污水处理程度确定、污水处理工艺选择、污泥处理工艺选择、除臭工艺选择、消毒工艺选择、总平面布置、工艺流程确定、处理构筑物设计、辅助构筑物设计、办公生活配套等方面的内容。

3.1.1 规模确定

污水处理规模的确定是污水处理厂设计工作的基础,规模确定的准确性取决于调查研究等前期工作的深度。应特别关注预测规模与污水处理厂服务范围内实际用水量之间的匹配度。

对于用水指标的确定,不能仅依赖于规划资料,应分析污水处理厂服务范围内现状和未来供水人口以及用水量指标,如果含有工业用水和其他大型公建用水,还应该分析工业企业性质门类以及用水量指标。

3.1.2 建设形式与厂址选择

1. 建设形式

用地紧张地区、人口稠密地区或环境敏感地区等的污水处理厂项目,宜选择建设地下污水处理厂,并应结合投资成本、占地指标、生态环境要求、水资源综合利用等综合考虑。地下污水处理厂可独立建设,也可与城市水环境综合整治工程、生态综合体等结合建设。

工艺和设备的选择应坚持安全可靠、技术先进、造价合理的原则,坚持省占地、少维护、自动化的技术方针,在满足工艺要求的前提下,整体布置应力求紧凑,尽量压缩土建工程量,并兼顾设备运输、通风、消防、安装检修、运行维护及人员疏散等。

在不影响污水处理厂安全稳定运行的前提下,表面层应结合区域土地利用规划和城市发展规划进行土地综合利用,提升地面层的综合利用价值。

2．厂址选择

城镇污水处理厂位置的选择，应符合城镇总体规划、城镇排水工程专业规划的要求，并与城镇再生水利用规划、城镇污泥处理处置规划、城镇海绵城市建设规划、城镇排水防涝规划、城镇水环境综合整治规划相协调。

城镇污水处理厂的厂址应根据下列因素综合确定：①在城镇水体的下游；②便于处理后出水回用和安全排放；③便于污泥集中处理和处置；④在城镇夏季主导风向的下风侧；⑤有良好的工程地质条件；⑥少拆迁，少占地，根据环境评价要求，有一定的卫生防护距离；⑦有扩建的可能；⑧厂区地形不应受洪涝灾害影响，防洪标准不应低于城镇防洪标准，有良好的排水条件；⑨有方便的交通、运输和水电条件。

3.1.3　进水水质分析

进水水质和污水处理程度要求是污水处理工艺选择的主要依据。污水处理厂尾水排放标准不断严格，进水水质中难以降解或不能降解的有机污染物是污水处理工艺选择需重点关注的事项。

对于扩建项目，应评价现状污水处理厂进水水质与设计水质指标之间的差异，根据服务范围内进水水质变化规律分析，确定扩建项目的进水水质指标。

3.1.4　总体设计

城镇污水处理厂的设计应充分体现"生态优先，高质量发展，以人为本"的发展理念。尽量避免设计成灰色设施，应考虑绿色发展，宜建设成生态市政综合体，努力成为城镇居民体验美好生活的载体。

污水处理厂的总体布置应根据厂内各建筑物和构筑物的功能和流程要求，结合厂址地形、气候和地质条件，优化运行成本，便于施工、维护和管理等因素，经技术经济比较确定。

污水处理厂厂区内各建筑物造型应简洁美观，节省材料，选材适当，并应使建筑物和构筑物群体的效果与周围环境相协调。

污水处理厂的工艺流程、竖向设计宜充分利用地形，符合排水通畅、降低能耗、平衡土方的要求。

污水处理厂并联运行的处理构筑物间应设均匀配水装置，各处理构筑物系统间宜设可切换的连通管渠。污水处理厂应合理布置处理构筑物的超越管渠。

污水处理厂宜设置再生水处理系统。位于寒冷地区的污水处理构筑物，应有保温防冻措施。

城镇污水处理程度和方法应根据现行国家和地方的有关排放标准、污染物的来源及性质、排入地表水域环境功能和保护目标确定。

合流制处理构筑物，应考虑截留雨水进入后的影响，并应符合下列要求：提升泵站、格栅、沉砂池，按合流设计流量计算；初沉池，宜按旱流污水量设计，用合流设计流量校核，校核的沉淀时间不宜少于 30 min；二级处理系统，按旱流污水量设计，必要时考虑一定的合流水量；污泥浓缩池、湿污泥池和消化池的容积，以及污泥脱水规模，应按照合流水量水质计算确定，可按旱流情况加大 10% ～ 20% 计算；管渠应按合流设计流量计算。

3.1.5 污水处理工艺

1. 一般要求

在处理程度或允许的出水排放总量确定以后，就可以据此列出所有能够满足要求的工艺流程（方案）。

城镇污水处理工艺方案的选择一般应体现满足要求、因地制宜、技术可行、经济合理的总体要求。在保证处理效果、运行稳定，满足处理要求（排放水体或再生利用）的前提下，使工程造价和运行费用最为经济节省，运行管理简单，控制调节方便，占地和能耗最小，污泥量少。同时要求工程项目具有良好的安全、卫生、景观和其他环境条件。

采用活性污泥法和生物膜法进行污水处理都应该遵守以下设计原则：先生物处理方法，再物化处理方法；生化指标特别是 NH_3-N、TN 指标应该尽量在二级生物处理段给予解决；TP 指标也尽量采用生物除磷办法多去除一部分，剩下的部分由深度处理部分来完成。

化学除磷药剂可采用生物反应池的后置投加、同步投加和前置投加，也可采用多点投加；化学除磷设计中，药剂的种类、剂量和投加点宜根据试验资料确定。

2. 注意事项

城镇污水处理工程不同于一般工业点源污染治理项目，作为城镇基础设施工程，具有规模大、投资高的特点，且是百年大计，应该确保污水处理厂尾水稳定达标。

工艺方案的选择必须注重成熟性和可靠性。因此，需要特别强调技术的合理性、适用性和可靠性，而不是盲目追求技术的先进和新型。必须将技术和工程风险降至最低。

对于首次应用的新工艺，必须经过中试和生产性试验，提供可靠设计参数后再进行应用。

3. 技术经济指标

选择可行的几种处理工艺方案，通过技术经济比较后确定处理工艺流程和设计参数。

主要工艺方案选择的技术经济指标应包括：单位处理能力的工程投资、单位污染物削减能力的工程投资、单位处理水量的电耗和成本、单位污染物削减能力的电耗和成本、占地面积、运行性能稳定性与可靠性、运行管理维护难易程度、总体环境效益等。

4. 工艺流程构成

按照污水处理工艺流程来分，污水处理工艺应包括预处理、生物处理、消毒处理等，必要时还应该包括深度处理、再生水处理、人工湿地处理等部分。

城镇污水处理厂除污水处理工艺流程外，还应设污泥处理设施。根据环境影响评价要求，必要时，还应该设置除臭处理设施。

根据去除碳源污染物、脱氮、除磷、好养污泥稳定等不同要求和外部环境条件，选择适宜的活性污泥处理工艺；根据可能发生的运行条件，设置不同运行方案，这一点非常重要。

生物膜法适用于中小型规模污水处理；污水进行生物膜法处理前，宜经沉淀处理；当进水水质或水量波动较大时，宜设置调节池。生物膜法的处理构筑物应根据当地气温和环境条件，采取防冻、防臭和灭蝇等措施。

3.1.6 预处理单元

格栅除污机、输送机和压榨脱水机的进出料口宜采用密封形式，根据周围环境情况，可设置除臭处理装置；格栅间应设置通风设施和有毒有害气体的检测与报警装置。

大中型污水处理厂宜选用曝气沉砂池处理方式，而且水力停留时间不得少于 9 min。

不宜采用或慎用旋流沉砂池处理方式，一方面，水量波动影响除砂效果；另一方面，部分构件质量不可控，如气提装置效率不佳。

是否采用初沉池或初沉发酵池，应该根据进水水质和工艺需要来确定，最好根据小试来决定。一般而言，当污水处理厂碳源不足时，应该不设初沉池，或者设置短时间停留的初沉池，或者采用初沉发酵池形式；当污水处理厂碳源足够，进水 SS 偏高，且无机成分偏高时，一定要设置初沉池，减轻二级生物处理负担。

当进水水质中含有少部分工业污水成分时，在确定没有有毒有害物质情况下，可以利用可降解大分子有机物提高可生化性的水解酸化池等类型的处理装置，保障二级生物处理稳定运行。

3.1.7 生物处理单元

1. 工艺方案

城镇污水处理厂进水水质水量特性和出水水质标准的科学确定是污水处理工艺方案选择的关键环节，但这也是我国很多污水处理工程设计中做得不到位的地方。

确定污水处理工艺方案及其设计参数前，进行必要的水质水量特性分析测定和动态工艺试验研究或水质仿真模型分析预测是国际通行的做法，有些发达国家甚至开展连续多年的全面水质水量特性测定和中试研究。

在国内，由于体制和资金来源等方面原因，在污水处理工艺方案的确定过程中，虽然不可能开展大规模的前期试验研究，但应该进行必要的水质特性分析与短期动态工艺试验，特别是国内污水处理厂进水水质成分相对复杂，尾水排放标准不断严格，有条件时应进行仿真模拟预测分析，确保污水处理厂建成后稳定运行。

一般城镇污水中的主要污染物是可以生物降解的，因此绝大多数城镇污水处理厂可以采用好氧生物处理。

如果城镇污水中工业废水所占的比重大，难降解有机物含量高，污水可生化性差，就应考虑增加厌氧生物处理或物化处理等方式，以改善污水的可处理性。

生物反应池的设计，应充分考虑冬季低水温对去除碳源污染物、脱氮、除磷的影响，必要时可采用降低负荷、增长泥龄、投加填料、调整厌氧区及缺氧区水力停留时间和保温或增温等措施。

原污水、回流污泥进入生物反应池的厌氧区、缺氧区时，宜采用淹没式入流方式。

回流污泥设施宜采用离心泵、混流泵、潜水泵、螺旋泵或空气提升器，当生物处理系统中带有厌氧区、缺氧区时，应选用不易复氧的回流污泥设施。

2. A/A/O 工艺

对于 A/A/O 工艺，厌氧段进水溶解性磷与溶解性 BOD_5 之比应小于 0.06，才会有较好的除磷效果。污水中 COD/TKN 比 θ_c 大于 8 时，氮的总去除率可达 80%。COD/TKN 小于 7 时，则不宜采用生物脱氮。

在 A/A/O 工艺中，泥龄 θ_s 受硝化菌世代时间和除磷工艺两方面影响。权衡这两个方面，

A/A/O 工艺的污泥龄一般为 15 ～ 20 d，与法国研究得出的 θ_s 公式相符，该公式为：

$$\theta_s = \frac{TKN_{TE} + 1.5}{TKN_{TE}} \times \frac{1 + 1.094^{(45-T)}}{0.126} \quad (3-1)$$

式中： TKN_{TE}——出水中 TKN 浓度（mg/L）；

$\quad\quad T$——污水温度（℃）。

好氧段的 DO 应为 2 mg/L 左右，太高太低都不利。对于厌氧段和缺氧段，则 DO 越低越好，但由于回流和进水的影响，应采取措施保证厌氧段 DO 小于 0.2 mg/L，缺氧段 DO 小于 0.5 mg/L。

回流污泥提升设备应采用潜污泵代替螺旋泵，以减少提升过程中的复氧，使厌氧段和缺氧段的 DO 最低，以利于脱氮除磷。

厌氧段和缺氧段的水下搅拌器功率不能过大（一般 3 W/m³ 的搅拌功率即可），否则会产生涡流，导致混合液 DO 升高，影响脱氮除磷效果。

原污水和回流污水进入厌氧段和缺氧段时应为淹没入流，以减少复氧。

硝化的 TKN 的污泥负荷应小于 0.05 kgTKN/（kgMLSS·d），反硝化进水溶解性 BOD₅ 浓度与硝态氮浓度之比应大于 4。

沉淀池要防止发生厌氧、缺氧状态，以避免聚磷菌释放磷而降低出水水质和反硝化产生 N₂，从而干扰沉淀。

当无试验资料时，设计可采用经验值，如污泥回流比 25% ～ 100%，混合液回流比 100% ～ 300%，泥龄 20 ～ 30 d。

3．MSBR 工艺

若以生物脱氮为主，MSBR 工艺污水处理应采用较高的泥龄；若以生物除磷为主，则应采用较短的泥龄，一般控制在 7 ～ 20 d。在实际运行中，可根据进、出水的水质，调整混合液污泥浓度来调整泥龄。

平均混合液污泥浓度为 2200 ～ 3000 mg/L，但设计供氧量时，按照 4000 ～ 5000 mg/L 计算。

水力停留时间与进水水质和处理要求有关，一般为 12 ～ 14 h。池深一般为 3.5 ～ 6.0 m，缺氧池和厌氧池可采用 8.0 m 左右。

混合液回流，内回流和外回流的回流比为（1.3 ～ 1.5）Q，浓缩污泥回流比为（0.3 ～ 0.5）Q。

4．曝气生物滤池工艺

在实际运行过程中，影响曝气生物滤池处理效果的因素有多种，如有机负荷、pH 值、水温、DO 等。为了使生物滤池在运行中具有较好的适应性，并使处理结果达到所需的要求，这些因素在工程设计时就必须考虑到。

1）有机负荷

有机负荷是反映 DC 曝气生物滤池净化效能的重要指标，也是 N 曝气生物滤池中硝化反应效率高低的控制指标。

由于各种污水、废水的浓度、组成不同，因此，从广义上讲，有机负荷应包括具有抑制作用并足以影响处理效果的所有物质。能被异氧微生物好氧分解的污染物质数量通常用 BOD 表示，这一数值近似地等于各种物质所能生成能量的总和，所以有机负荷是指生物滤池中单位数

量微生物所能处理的 BOD_5 数量。在工程设计中,常用的滤料容积负荷一般以 BOD_5 容积负荷计:

$$BOD_5 容积负荷 = \frac{单位时间内供给微生物膜的有机物数量(BOD)}{滤料总体积} \tag{3-2}$$

需处理的污水或废水水质差异很大,导致微生物膜本身状态变化很大,再加上运行管理方面的因素,对于 BOD_5 容积负荷的确定,一般应通过对不同处理水质的试验,或者对已投入运行的同类污水处理厂运行资料的调查统计来确定。

BOD_5 容积负荷与被处理水的污染物底质有关,处理对象不同,BOD_5 容积负荷也不同。对于处理城镇污水,当进水 BOD_5 小于 200 mg/L 时,曝气生物滤池 BOD_5 容积负荷可取 4 ~ 6 $kgBOD_5/$(m^3 滤料 · d)。但为了稳定达标,当要求二级处理的城镇污水处理厂出水 BOD_5 要求 5 ~ 10 mg/L 时,BOD_5 容积负荷宜取 2.5 ~ 3.2 $kgBOD_5/$(m^3 滤料 · d);当要求二级处理的城镇污水处理厂出水 BOD_5 要求 10 ~ 20 mg/L 时,BOD_5 容积负荷可取 3.5 ~ 5.0 $kgBOD_5/$(m^3 滤料 · d)。

在采用曝气生物滤池工艺进行硝化脱氮时,在一定程度上,NH_3-N 的去除取决于有机负荷。当有机负荷高于 3.0 $kgBOD_5/$(m^3 滤料 · d)时,NH_3-N 的去除受到抑制;当有机负荷高于 4.0 $kgBOD_5/$(m^3 滤料 · d)时,NH_3-N 的去除受到明显抑制。因此,采用曝气生物滤池进行同步除碳和硝化时,必须降低有机负荷。

根据上述分析,针对去除有机物的污水处理工程,必须针对处理厂进水类型和尾水排放水质要求,选择合适的曝气生物滤池 BOD_5 容积负荷。BOD_5 容积负荷的选取,应根据同类型污水处理厂的实际运行数据加以分析后确定,并在设计时留有一定余量。在进行同步除碳和硝化时,必须降低负荷,最好使曝气生物滤池有机负荷控制在 2.0 $kgBOD_5/$(m^3 滤料 · d)以下。

2)pH 值

作为一种生物处理方法,曝气生物滤池环境条件对生物膜的影响是重要的,有时设置是决定性的。其中,pH 值是重要的环境因素之一。

对于大多数细菌来说,虽然 pH 值的范围最广为 4 ~ 10,异常的 pH 值会损害细胞表面的渗透功能和细胞内部的酶反应,因此适宜的 pH 值范围为 6 ~ 8。运行实践表明,生物滤池对 pH 值的适应能力比较强,当污水的 pH 值在 7 ~ 10 时,微生物仍然有适应能力,对处理效果没有太多的影响。因此,生物滤池进水 pH 值可为 6.5 ~ 9.5,否则,应预先考虑 pH 值的调节措施。

3)水温

水温对生物处理有一定的影响。水温高,微生物的活力强,新陈代谢旺盛,氧化与呼吸作用较强,处理效果较好;水温低,微生物的生命活动受到抑制,处理效果相应受到影响。

水温对硝化菌的生长和硝化速率有较大的影响。Hultman 提出硝化菌的生长速率 μ_N 和水温的关系如下:

$$\mu_N = \mu_{N20} \times 10^{0.033 (T-20)} \tag{3-3}$$

式中:μ_N——硝化菌的生长速率(1/d);

μ_{N20}——20℃时硝化菌的生长速率(1/d);

T——水温(℃)。

大多数硝化菌合适的生长温度在 25 ~ 30℃，低于 25℃ 或高于 30℃ 生长减慢，10℃ 以下，硝化菌生长及硝化作用显著减慢。

水温对反硝化菌的生长可用 Arrhenius 方程表示：

$$R_{\mathrm{ND}\ (T)} = R_{\mathrm{ND}\ (20)} 10^{K_T\ (T-20)} \tag{3-4}$$

式中：　$R_{\mathrm{ND}\ (T)}$——温度 T 时的反硝化菌的生长速率 $[\mathrm{gNO_3^--N}/\ (\mathrm{gVSS} \cdot \mathrm{d})]$；

$R_{\mathrm{ND}\ (20)}$——20℃ 时反硝化菌的生长速率 $[\mathrm{gNO_3^--N}/\ (\mathrm{gVSS} \cdot \mathrm{d})]$；

K_T——温度常数。

温度对反硝化作用的影响比对其他生物反应过程要大。对反硝化来说，最适宜的运行温度是 15 ~ 35℃，低于 10℃ 时，反硝化速率明显下降，但相比活性污泥法而言，温度对生物膜反硝化作用的影响较小。

温度对反硝化的影响是使反硝化的生长速率降低，同时使菌体的代谢速率降低，从而降低反硝化速率。为了保证在低温时的反硝化效果，可在温度低时适当增大反硝化系统的泥龄，或延长反硝化水力停留时间。

4）DO

生物膜法对 DO 的要求与活性污泥法一样，供氧不足会使好氧生物膜的降解有机物能力下降，同时，内层微生物膜由于供氧不足而使其附着力降低，较易脱落而使池内微生物浓度下降，影响生物反应速率。

在硝化生物滤池中，硝化菌为了获得足够的能量用于生长，必须氧化大量的 $\mathrm{NH_4^+}$ 或 $\mathrm{NO_2^-}$。在厌氧环境中，不会发生硝化作用，液相环境中的 DO 浓度会极大地影响硝化反应的速度及硝化菌的生长速率。

在反硝化生物滤池中，氧的存在会抑制异化硝酸盐还原，因此，反硝化生物滤池必须严格控制缺氧或厌氧，以便使硝酸盐通过反硝化途径转化成气态氮。氧的存在抑制硝酸盐还原的机制主要为抑制硝酸盐还原酶的形成，有些反硝化菌必须在厌氧和有硝酸盐存在的条件下才能诱导合成硝酸盐还原酶。另一个机制是氧可作为电子受体，从而竞争性地阻碍了硝酸盐的还原。

5）MBR 膜处理工艺

MBR 膜处理工艺相对于传统生化工艺来说，总装机功率较高。为了尽可能地降低能耗，减小运行成本，项目建设中应综合采用各种节能的新设备、新工艺和新措施，并在设计水质和现有场地条件下，基于活性污泥系统 ASM 动力学模型，采用 biowin 软件对整体工艺流程进行反复模拟，细化生物池的每个功能分区，通过调整每个分区的工艺设计参数以及运行参数来对比模拟运行效果。

综合考虑出水水质、加药量和电耗等因素，参考仿真模拟结果，优化生物池内厌氧池、缺氧池和好氧池等功能分区的设计参数。通过模拟出的各分区耗氧量，合理选取好氧区的曝气头数量，并结合"精确曝气"系统的实时控制，降低运行成本；最终确定既能稳定达标，同时电耗及药耗均最省的工艺条件和运行参数。

3.1.8　除臭处理单元

由于污水处理厂内很多污水处理设施均为敞开式水处理构筑物，污染源主要是预处理阶段的格栅井、沉砂池和污泥处理阶段的污泥浓缩池、污泥储池等处散发的恶臭气体，属于无组织面源排放。恶臭气体的主要成分为碳氢化合物、苯系物和 H_2S 气体等。污水的恶臭散发势必会影响周围地区。

城镇污水处理厂污水和污泥处理过程中所产生的大量恶臭气体主要由有机物腐败所造成。臭味大致有鱼腥臭 [胺类 CH_3NH_2，$(CH_3)_3N$]，氨臭（氨 NH_3），腐肉臭 [二元胺类 $NH_2(CH_2)_4NH_2$]，腐蛋臭（硫化氢），腐甘蓝臭 [有机硫化物 $(CH_3)_2S$]，粪臭（甲基吲哚 $C_8H_5NHCH_3$）和某些工业生产废水的特殊臭味。

污水收集、输送和处理处置工程中主要的致恶臭气体成分见表 3-1，恶臭气体组成中通常含有硫和氨的成分。含硫的恶臭气体呈腐败有机质气体，而臭鸡蛋味的 H_2S 气味是污水中最常见的恶臭气体。许多恶臭物质的嗅阈值都非常低，有的甚至超出了分析仪器的最低检出浓度，当恶臭物质的浓度超过感觉阈值时，刺激浓度增长 1 倍，感觉强度增加 1.5 倍。

污水中各类恶臭气体化合物的嗅阈值和特征气味 表 3-1

化合物	分子式	分子量	25℃挥发性 $\times 10^{-6}$ (V/V)	感觉阈值 $\times 10^{-6}$ (V/V)	认知阈值 $\times 10^{-6}$ (V/V)	臭味特点
乙醛	CH_3CHO	44	气态	0.067	0.21	刺激性，水果味
烯丙基硫醇	CH_2CHCH_2SH	74		0.0001	0.0015	不愉快，蒜味
氨气	NH_3	17	气态	17	37	强烈刺激性
戊基硫醇	$CH_3(CH_2)SH$	104		0.0003		不愉快，腐烂味
苯甲基硫醇	$C_6H_5CH_2SH$	124		0.0002	0.0026	不愉快，浓烈
n-丁胺	$CH_3(CH_2)NH_2$	73	93000	0.08	1.8	酸腐的，氨味
氯气	Cl_2	71	气态	0.08	0.31	刺激性，令人窒息
二丁基胺	$(C_4H_9)_2NH$	129	8000	0.016		鱼腥
二异丙基胺	$(C_3H_7)_2NH$	101		0.13	0.38	鱼腥
二甲基胺	$(CH_3)_2NH$	45	气态	0.34		腐烂的，鱼腥
二甲基硫	$(CH_3)_2S$	62	830000	0.001	0.001	烂菜味
联苯硫	$(C_6H_5)_2S$	186	100	0.0001	0.0021	不愉快的
乙基胺	$C_2H_5NH_2$	45	气态	0.27	1.7	类氨气味
乙基硫醇	C_2H_5SH	62	710000	0.0003	0.001	烂菜味
硫化氢	H_2S	34	气态	0.0005	0.0047	臭鸡蛋味
吲哚	$C_6H_4(CH)_2NH$	117	360	0.0001		排泄物的，令人恶心
甲基胺	CH_3NH_2	31	气态	4.7		腐烂的，鱼腥
甲基硫醇	CH_3SH	48	气态	0.0005	0.001	腐烂的菜味
臭氧	O_3	48	气态	0.5		强烈刺激性

续表

化合物	分子式	分子量	25℃挥发性 ×10⁻⁶ (V/V)	感觉阈值 ×10⁻⁶ (V/V)	认知阈值 ×10⁻⁶ (V/V)	臭味特点
苯基硫醇	C_6H_5SH	110	2000	0.0003	0.0015	腐烂的蒜味
丙基硫醇	C_3H_7SH	76	220000	0.0005	0.02	不愉快的
嘧啶	C_5H_5N	79	27000	0.66	0.74	尖锐的刺激性
粪臭素	C_9H_9N	131	200	0.001	0.05	排泄物的，令人恶心
二氧化硫	SO_2	64	气态	2.7		强烈刺激性
硫甲酚	$CH_3C_6H_4SH$	124		0.0001		刺激性
三甲胺	$(CH_3)_3N$	59	气态	0.0004		刺激性鱼腥

　　城镇污水处理厂的臭气排放污染物限制必须执行《城镇污水处理厂污染物排放标准》GB 18918—2002 中的规定，其臭气排放标准值按表 3-2 的规定执行。

城镇污水处理厂污染物排放标准臭气排放标准表　　　　　　　　　　表 3-2

序号	控制项目	一级标准	二级标准	三级标准
1	氨（mg/m³）	1	1.5	4
2	硫化氢（mg/m³）	0.03	0.06	0.32
3	恶臭气体浓度（无量纲）	10	20	60
4	甲烷（厂区最高体积浓度，%）	0.5	1	1

　　位于《环境空气质量标准》GB 3095—2012 一类区的执行一级标准，位于该标准二类区和三类区的分别执行二级标准和三级标准。

　　除臭工程包括加盖密封、恶臭气体输送和恶臭气体处理三个部分。敞开式构筑物的加盖密封非常重要，防止恶臭气体外逸，便于恶臭气体的收集和输送，恶臭气体的及时输送可防止有毒、腐蚀或爆炸性气体的积聚。在保证操作人员健康和安全的前提下，应优化通风流量，减少运行费用和增加后续处理效率。

　　1. 除臭风量确定

　　根据除臭要求和集气方式合理确定集气量规模。集气量低于恶臭扩散速率或达不到集气罩内部的合理流态，会导致恶臭气体外逸；为了节省投资和运行费用，集气量不宜太大。恶臭扩散速率应满足处理设备的负荷要求，保证处理效率。

　　具体的除臭风量一般应通过试验确定，条件不具备时，可参考以往工程经验确定：

　　1）沉砂池集气量：可按单位空间容积每小时需换气 5 ～ 7 次考虑。

　　2）初次沉淀池集气量：可按水面积（m²）×2 m³/（m²·h）考虑。

3）生物反应池：可按曝气风量 ×1.1+ 空间容积 ×1 次 /h 考虑。

4）污泥浓缩池：可按水面积（m²）×（2 ~ 3）m³/（m²·h）考虑。

5）储泥池：可按水面积（m²）×3 m³/（m²·h）考虑。

6）脱水机房：可按单位空间容积每小时需换气 4 ~ 6 次考虑。

7）污泥输送机房：可按单位空间容积每小时需换气 3 次考虑。

2．恶臭气体的收集

1）集气罩要求

盖板应小块制作，方便拆卸和人工搬运；为防止恶臭气体泄漏，在集气罩与集气罩之间、集气罩与水池顶面之间连接处应密封连接；在进水口及 DO 测定仪位置的盖板上开检修孔和操作孔，在每条沟两端的侧封板上均设一扇观察小门；集气罩应具有良好的泻水性、风阻小的特点，使用安全。

集气罩的整体寿命不应低于 10 年；集气罩强度应能够承受安装人员的荷载，集气罩整体荷载不低于 200 kg/ 块；集气罩应具备抗老化性能和抗弯曲荷载；装排气管道的集气罩在承载排气管道及其支撑件重量的同时，还能承受两个安装人员的荷载；集气罩材料应满足相关的材料标准要求，玻璃钢集气罩使用前还应进行荷载人工试验。

集气罩除采用拱形结构形状外，集气罩上的凹凸形状加强筋和侧面两道法兰边加强，确保集气罩长期使用不变形；玻璃钢集气罩采用拱形结构凹凸形状，块与块之间的连接采用凹凸槽搭接，搭接处采用软丁腈橡胶密封，拱顶部分不采用螺栓等连接件；拱顶结构应保证在使用期内不产生变形下沉、断裂；集气罩与池边用膨胀螺栓连接，集气罩与池上口之间采用厚 10 mm 的橡胶板做密封，池边上口先用混凝土结面找平。

2）恶臭气体收集工艺设计

集气罩应尽量将污染源包围起来，使污染物的扩散限制在最小范围内，防止或减少横向气流的干扰，以便在获得足够吸气速度的情况下，减少排气量；集气罩的结构不应妨碍工人操作和设备检修；集气罩的吸气方向应尽可能与污染气流运动方向一致，充分利用污染气流的动能；侧集罩或伞形罩应设在污染物散发的轴心线上，罩口面积与集气管断面积之比最大为 16：1，喇叭罩长度宜取集气管直径的 3 倍，以保证罩口均匀吸风，如达不到均匀吸风时，可设多吸气口，或在集气罩内设分割板、挡板；不允许集气罩的吸气流经过人的呼吸区，再加入罩内，气流流程内不应有障碍物；在保证控制污染的条件下，尽量减小集气罩的开口面积或加法兰边，使其排气量最小。

3．恶臭气体的输送

恶臭气体的输送包括管道系统和动力设备系统，是除臭工程设计中不可缺少的组成部分。合理的设计、施工和使用，不仅能充分发挥控制装置的效能，而且直接关系到设计和运行的经济合理性。

管道敷设应尽量明装，采用架空敷设方式；管道与梁、柱、墙、设备及管道之间保持一定的距离，以满足施工、运行、检修和热胀冷缩的要求；管道外壁距墙的距离不小于 150 ~ 200 mm；管道距梁、柱、设备的距离可比距墙的距离减少 50 mm，但该处不应有焊接接头；两根管道平行布置时，管道外表面的间距不小于 150 ~ 200 mm；管道应尽量避免遮挡室内采光和妨碍门窗的启闭；应避免通过电动机、配电盘、仪表盘的上空；应不妨碍设备、管件、阀门和人孔的操作和检修；应不妨碍吊车的工作。

通风系统各并联管段间的压力损失相对差额不大于 15%，必要时采用阀门调节；风管的压力损失在计算以后，应附加 10% ~ 15% 的余量；为排除风管内壁可能出现的凝结水，水平管道应有一定的坡度，以便于放气、放水、疏水和防止积尘，一般坡度为 0.002 ~ 0.005，在风管最低点的底部设专用排水管道就近接至附近污水管道，以便在必要时排出冷凝水。

管道与阀门的质量不宜支撑在设备上，而应该设支、吊架；保温管道的支架上应设管托；管道的焊接位置一般应布置在施工方便和受力较小的地方；焊缝不得位于支架处，焊缝与支架的距离不应小于管径，至少不得小于 200 mm，两焊口的距离不应小于 200 mm，穿过墙壁和楼板的一段管道内不得有焊缝。

4. 恶臭气体的处理

恶臭气体的处理一般有燃烧除臭、化学氧化除臭、洗涤除臭、吸附除臭、生物除臭和其他物化除臭等技术。

1）燃烧除臭

燃烧除臭有直接燃烧法和催化燃烧法两种。

（1）直接燃烧法：一般将燃料气与恶臭气体充分混合，在 600 ~ 1000℃ 下实现完全燃烧，使最终产物均为二氧化碳和水蒸气。使用直接燃烧法时，要保证完全燃烧，否则部分氧化可能会增加臭味。进行直接燃烧必须具备三个条件：恶臭物质与高温燃烧气体在瞬间进行充分的混合；保持恶臭气体必需的燃烧温度，一般为 700 ~ 800℃；保证恶臭气体全部分解所需的停留时间，一般为 0.3 ~ 0.5 s。

直接燃烧法适用于处理气量不太大、浓度高、温度高的恶臭气体，其处理效果是比较理想的，同时燃烧时产生的大量热还可通过换热器进行废热的有效利用。但是，它的缺点是需要消耗一定的燃料。

（2）催化燃烧法：使用催化剂，恶臭气体与燃烧气的混合气体在 200 ~ 400℃ 发生氧化反应，以去除恶臭气体。催化燃烧法的特点是：装置容积小，装置材料和热膨胀问题容易解决，操作温度低，节约燃料，不会引起二次污染等；缺点是：只能处理低浓度恶臭气体，催化剂易中毒和老化等。

2）化学氧化除臭

化学氧化法则是利用氧化剂，如臭氧、高锰酸钾、次氯酸盐、氯气等物质，氧化恶臭物质，使之变成无臭或少臭的物质。

恶臭物质氨、三甲胺、硫化氢等采用臭氧处理和水洗处理，可除去 85% 恶臭气体，但氨只能去除 50% 左右，因此，仅用臭氧处理还不够，必须进行水洗处理，方能达到良好的效果。

3）洗涤除臭

通过气液接触，气相中的污染物成分转移到液相中，传质效率主要由气液两相之间的亨利常数和两者间的接触时间确定。使用洗涤法去除气体中的含硫污染物（如硫化氢、CH_3SH）时，可在水中加入碱性物质，以提高洗涤液的 pH 值，或加入氧化剂，以增加污染物在液相中的溶解度，洗涤过程通常在填充塔中进行，以增加气液接触机会。

化学洗涤器的主要设计是，通过气、水和化学物质的接触，对恶臭气体物质进行氧化或截获。主要形式有单级反向流填料塔、反向流喷射吸收器、交叉流洗脱器。

在大多数的单级洗脱器中，洗脱液通常循环使用。常用的氧化洗脱液有次氯酸钠、高锰酸钾和过氧化氢溶液。由于安全和操作问题，一般氯气不太常用。当恶臭气体中的硫化氢浓度比较高时，氢氧化钠也被用作洗脱液。

气液比和气体停留时间是影响水洗效果的两个关键因素。洗涤吸附效率由平衡条件所限制。液气流量比率是重要因素，因为增加液气比率将减少传递单元设备。气流速度受液流速度限制，取决于气体和洗涤塔的物理性能，通常最佳气速为 50% ～ 70% 的液流速。

洗涤设计的一个最重要参数是气液接触面积。填料塔压力降为 1.5 ～ 3.3 cmH$_2$O/m 填料，液体流速为 120 ～ 180 cm/s。填料的接触面积通常为 100 ～ 200 m^2/m^3，填料的高度一般为 1 ～ 2 m，气体停留时间 0.5 ～ 4 s，液体和被处理气体的流量关系为 1 ～ 5 L 液体 /Nm^3 气体。

4）吸附除臭

借助多孔固体吸附剂的化学特性和物理特性，恶臭物质积聚或凝缩在其表面，而达到分离目的的一种除臭方法。在环境工程中，吸附除臭应用非常广泛，其技术关键在于吸附剂应具有较大的吸附容量和较快的吸附速率。吸附除臭法分为物理吸附和化学吸附。

目前，国内外应用最广泛的吸附剂是活性炭。因为活性炭具有很高的比表面积，对恶臭物质有较大的平衡吸附量，当待处理的气体相对湿度超过 50% 时，气体中的水分将大大降低活性炭对恶臭气体的吸附能力，而且由于有竞争性吸附现象，对混合恶臭气体的吸附不是很彻底。为了克服传统活性炭吸附在进气湿度和吸附容量方面的缺陷，利用化学吸附作用，或通过加注微量其他气体的途径，来提高去除效率。由于其微孔直接面向气流，活性炭纤维表现出良好的吸附性能，因而可采用较短的吸附脱附周期。

设计活性炭吸附除臭系统时，应注意以下问题：要求对所需除臭物质有较高的吸附能力，吸附速率快，阻力损失小；易再生，价格低廉；当恶臭气体浓度较高，成分较为复杂，或恶臭气体中含有粉尘、气溶胶等杂质时，为了保证除臭效果，必须对恶臭气体进行预处理；一般控制在温度 40℃ 以下。

由于活性炭吸附是对进气流量和浓度的变化适应性强，设备简单，维护管理方便，除臭效果好，且投资不高，尤其适用于低浓度恶臭气体的处理。一般多用于复合恶臭的末级净化。在污水处理厂也可用作初级控制系统，其后可设置其他方法或者工序进一步处理。对于一些只是间断运行的排气源的恶臭气体，活性炭可以用来提高过滤器的缓冲能力，从而在设计上大大降低填料的容积需求。

但是由于活性炭价格较高，处理成本也会较大，而且不适宜处理高浓度恶臭气体，每隔一段时间需要进行吸附剂再生。

5）生物除臭

生物除臭原理是，利用固相和固液相反应器中微生物的生命活动降解气流中所携带的恶臭成分，将其转化为臭气浓度比较低或无臭的简单无机物质（如二氧化碳、水和无机盐等）和生物质。

生物除臭系统与自然过程较为相似，通常在常温常压下进行，运行时仅需使恶臭物质和微生物相接触的动力费用和少量的调整营养环境的药剂费用，属于资源节约和环境友好型净化技术，总体能耗较低、运行维护费用较少，较少出现二次污染和跨介质污染转移的问题。

就恶臭物质的降解过程而言，气体中的恶臭物质不能直接被微生物所利用，必须先溶解于水，才能被微生物所吸附和吸收，再通过其代谢活动被降解。因此，生物除臭必须在有水的条件下进行，恶臭气体首先与水或其他液体接触，气态的恶臭物质溶解于液相之中，再被微生物所降解。

一般而言，生物法处理恶臭气体包括气体溶解和生物降解两个过程，生物除臭效率与气体的溶解度密切相关。就生物膜法而言，填料上长满了生物膜，膜内栖息着大量的微生物，微生物在其生命活动中可以将恶臭气体中的有机成分转化为简单的无机物，同时也合成自身细胞繁衍生命。

目前，生物除臭工艺主要由土壤除臭法和填充塔型生物除臭法等组成。

土壤除臭法是利用土壤中的微生物分解恶臭气体成分而达到除臭目的。土壤除臭法就是将恶臭气体送入土壤层，并经由溶解作用土壤的表面吸附作用和化学反应而转移进入土壤中，被土壤中的微生物所降解。土壤除臭的效率与土壤的土质、土壤层的构造、原恶臭气体的浓度、温度以及湿度、通气速率、土壤微生物的量以及活性等因素有关。

用作除臭的土壤必须有能降解恶臭的土壤菌种，并为其提供繁殖与驯化的环境条件。为此，土壤应具有适度的腐殖质，多孔、持水性和缓冲性能较好的火山性腐殖质土壤较好，其次为含水率在 20%～78% 的纤维质泥土。通常认为，25℃的土壤温度，湿度在 50%～70%，pH 值在 6～8，可以为获得良好的除臭效果创造条件。

土壤床对 NH_3、H_2S 能实现有效控制，且设备简单、运转费用低、维护管理方便。但是，由于土壤中微生物降解能力相对较低，导致土壤床层所需空间较大，下雨时土壤通气性能恶化，限制了土壤床的应用。

填充塔型生物除臭法是恶臭气体在活性高的微生物中通过透气好的载体填充塔而达到除臭目的。

生物除臭反应器的型式目前基本可以分为三大类，见表 3-3。

三类典型的生物除臭反应器优缺点比较　　　　　　　　　　　　　　　　表 3-3

反应器型式	生物滤池	生物滴滤池	生物洗涤器
优点	操作简便； 投资少； 运行费用低； 对水溶性低的污染物有一定的去除效果； 适合于去除恶臭类污染物	操作简便； 投资少； 运行费用低； 适合于中等浓度污染气体的净化； 可控制 pH 值； 能投加营养物质	操作控制弹性强； 传质好； 适合于高浓度污染气体的净化； 操作稳定性好； 便于进行过程模拟； 便于投加营养物质
缺点	污染气体的体积负荷低； 只适合于低浓度气体的处理； 工艺过程无法控制； 滤料中易形成气体短流； 滤床有一定的寿命期限； 过剩生物质无法被去除	有限的工艺控制手段； 可能会形成气流短流； 滤床会由于过剩生物质较难去除而堵塞失效	投资费用高； 运行费用高； 过剩生物质量可能较大； 需处置废水； 吸附设备可能会堵塞； 只适合处理可溶性气体

三类生物除臭反应器中，一类是生物滤池，填料采用树叶、树皮、木屑、土壤、泥炭等，恶臭气体一般需要预湿化，占地面积大；另一类是生物滴滤池，填料则为各种多孔、比表面积大的惰性物质，由于富集的微生物量多，占地面积小；第三类是生物洗涤器，恶臭物质吸收到液相后，再由微生物转化。

实际应用中，以堆肥和木片为介质的生物滤池为主，通常采用的过滤气速为 $50 \sim 200\,\mathrm{m/h}$，介质高度为 $1 \sim 1.5\,\mathrm{m}$，气体停留时间为 $20 \sim 90\,\mathrm{s}$，H_2S 去除率为 $90\% \sim 99\%$，NH_3 去除率为 $84\% \sim 99.4\%$，臭气去除率为 $72\% \sim 93\%$。系统的压降会从原先的 $400\,\mathrm{Pa}$ 逐渐增加到 $2000\,\mathrm{Pa}$ 以上。

就生物除臭技术的应用情况而言，生物法尤其适用于处理气量较大的场合。在气量较大的场合，其投资费用通常要低于现有其他类型的处理设施，而运行费用低则是该类设备最突出的优点之一。在欧洲和日本，生物过滤技术是最为常用的恶臭控制技术，截至 2000 年，至少有 500 座生物过滤池在欧洲运转，美国约为 50 座，在德国用来处理污水处理厂恶臭问题的除臭装置中，生物滤池占到 50%。

6）电离除臭技术

电离除臭技术原理是，利用高压静电的特殊脉冲放电方式，发射管每秒发射上千亿个高能离子，形成非平衡态低温等离子体、新生态氢、活性氧和羟基氧等活性基团，这些基团迅速与有机分子碰撞，激活有机分子，并直接将其破坏；或者高能基团激活空气中的氧分子产生二次活性氧，与有机分子发生一系列链式反应，并利用自身反应产生的能量维系氧化反应，而进一步氧化有机物质，生成二氧化碳和水及其他小分子，从而达到除臭的目的。

与其他除臭技术相比，该装置具有体积小、操作方便、处理效果好、运行费用低、广谱杀菌等特点。

电离除臭技术实际上属于化学氧化除臭技术中以臭氧为氧化剂的一种变型技术。由于臭氧是一种必须现场制作的氧化剂，它的浓度取决于恶臭物质的种类和浓度。在恶臭物质浓度很高时，臭氧不能完全氧化这些污染物。另外，过量的残余臭氧本身会产生二次污染。

7）天然植物提取液除臭技术

天然植物提取液的原材料是天然植物，经过先进的微乳化技术乳化，使其可以与水相溶，形成透明的水溶液。天然植物提取液具有无毒性、无爆炸性、无燃烧性、无刺激性等特点。

利用天然植物提取液进行除臭是一种广泛使用的安全有效的方法。在日常生活中，人们用姜或柠檬去除鱼的腥味就是同样的原理。天然植物提取液分解臭气分子的机理如下：经过天然植物提取液除臭设备雾化，天然植物提取液形成雾状，在空间扩散液滴的半径小于等于 $0.04\,\mathrm{mm}$。液滴具有很大的比表面积和很大的表面能，平均每摩尔约为几十千卡。溶液的表面不仅能有效地吸附空气中的异味分子，同时也能使被吸附的异味分子的立体构型发生改变，削弱异味分子中的化合键，使得异味分子的不稳定性增加，容易与其他分子进行化学反应。

在天然植物提取液中，所含的有效分子是来自植物的提取液，它们大多含有多个共轭双键体系，具有较强的提供电子对的能力，增加了异味分子的反应活性。吸附在天然植物提取液溶液表面的异味分子可以在常温下与氧气发生反应。

3.1.9　预处理单元疫情期间运行管理

加强污水处理厂进水泵房、格栅间、曝气沉砂池等工作空间的通风。检查和评估气溶胶扩散风险点的通风条件，确认强制通风系统的正常运行。有备用冗余设备时，增开引风机以增大抽风量。

做好预处理区域及设备周边的污水防飞溅控制。做好栅渣、泥沙堆放点的日常清理及消毒。

根据来水特征，按需调整预处理单元运行模式，降低对后续运行单元的风险。如果来水存在余氯，可回流部分剩余污泥到进水井与之提前发生反应。如果评估初沉污泥存在暴露风险，可以采取初沉池不排泥或超越初沉池的方式运行。

在进水点安装自动采样器、在线监测仪等仪表设备，减少或避免化验人员手工采样，降低人员暴露风险。

做好预处理单元封闭区域的消毒，有条件时应增设喷雾或紫外线消毒装置，定期定时进行消毒作业。预处理单元使用生物除臭的污水处理厂，不推荐使用化学喷雾方式，防止化学消毒剂对生物除臭系统中微生物造成影响。

应根据进水在线仪表的监测数据波动情况，对污水处理厂进水受公共场所和家庭含氯消毒剂使用的影响做出判断，并相应采取工艺应对措施。安装有进水余氯或 ORP 在线仪表的污水处理厂，在进水检测出余氯或 ORP 快速增加时，需关注含氯消毒剂使用过量问题。COD_{Cr} 和 NH_3-N 明显降低，或 pH 值明显波动时，应关注含氯消毒剂影响。

3.1.10　生物处理单元疫情期间运行管理

疫情期间，应集中力量加强提升泵、鼓风机等关键设备的保障工作。通过正常的巡检、远程监控和周期性维修维护，确保核心动力设备的供电和持续运行。严格遵守核心设备的操作规程，避免误操作造成关键设备故障。

应充分利用生物处理单元和出水在线仪表的监测数据，对污水处理厂进水受含氯消毒剂的影响做出判断。厌氧／缺氧池 ORP 结果明显提高，表明进水可能受到含氯消毒剂影响，应同步关注出水水质变化，并适时进行工艺运行调整；出水 NH_3-N 和 NO_3-N 指标突然增长时，表明进水可能受到含氯消毒剂影响，此时应逐渐增加厌氧／缺氧池的碳源投加量，并随时跟踪出水 COD_{Cr} 的波动情况。

疫情期间可能因上游强化消毒导致污水处理厂进水余氯明显增加，应关注和检测进水中游离余氯的浓度，需要时采取对应措施。游离余氯较低时，对生化段影响很小，可维持正常工况运行，或适当调整工艺运行参数，维持工艺正常运行；游离余氯较高（大于 1.5 mg/L）时，应暂停生物池进水，观测活性污泥的沉降性能和耗氧速率，判断对活性污泥的性能影响程度；同时可回流部分剩余污泥到进水井，及时测定生物池进水游离余氯，基本检不出游离余氯后可恢复生物池进水；如果生物活性明显降低，可采用增加碳源，调整污泥回流量、排泥量和曝气量等方法，提升工艺的抗冲击负荷能力。

关注进水、出水和工艺在线仪表反映的水质和水量变化特征，预判和分析污水处理工艺运行状态。因疫情原因导致来水水质水量发生明显变化时，应根据进水负荷变化幅度和周期性，及时调整工艺运行参数。

疫情期间大量使用消毒剂，可能消耗进水碳源，影响脱氮除磷。进水 COD 和厌氧区 ORP 等指标可综合反映来水碳源的充足程度。如果碳源不足影响出水 TN、TP 达标时，可在工艺设施中（厌氧段或缺氧段）投加碳源来改善脱氮除磷条件。疫情期间可将进水碳源投加点前移至生物处理单元的起始点，以提升生物处理系统的整体效能。

生化池 DO 是曝气系统运行管理的关键指标。在保证出水 NH_3-N 稳定达标的前提下，可适当降低生化系统供氧量，减少因曝气过程而形成的气溶胶扩散。

核算污泥浓度变化引起的二沉池固体表面负荷变化，密切关注二沉池出水 SS 指标，避免二沉池超负荷运行。

应做好生物处理单元的泥水防飞溅措施，严格限制存在泥水飞溅风险区域的人员进出和作业。应将存在跌水或泥水飞溅风险的各种溢流堰、机械搅拌、机械曝气或推进区域作为生物处理单元的重要暴露风险点，加强风险管控。使用转碟、转盘、转刷等机械表面曝气或推进设备的污水处理厂，应将上述存在泥水飞溅风险的区域作为重点管控区，严格限制人员靠近，有条件时应增设防飞溅的盖板或防护罩。

3.1.11 深度处理单元疫情期间运行管理

关注二沉池出水的水质水量特征，提前预判深度处理单元的运行风险。如果处理水量明显增加，应核算深度处理设施的负荷；超过深度处理设施负荷时，采取应急措施确保设施安全运行。

评估服务区域存在疫情暴露风险时，应减少或停止厂区内部的出水再生循环利用，疫情期间不使用再生水（中水）进行厂区内绿化和冲厕。污水处理厂尾水排入城市内生态型水体的，应严格控制出水余氯含量，避免对水生生物造成影响。

应在污水处理厂出水口设置围栏或警示牌，明确告知人体接触的潜在风险。

3.1.12 消毒处理单元疫情期间运行管理

1. 紫外线消毒

采用紫外线消毒的城镇污水处理厂，为了确保消毒效果，应做到定期清洗紫外消毒设备灯管上的结垢，以确保其正常运行，防止频繁开关设备。同时，注意检查其周边环境温度、湿度及通风条件等，及时掌握是否满足设备运行要求；对出水流量进行实时监测，以确保紫外消毒设备灯管的淹没深度，严禁超低或超高液位运行。当出水水量增大时，适时增加紫外灯的辐射强度；定期检查石英套管的清洗效果，可利用化学和机械清洗相结合的方式，必要时进行人工清洗，以保障灯管的透光率。

此外，对紫外线消毒工艺进水的 SS、浊度和色度等指标进行有效控制，进水 SS 一般不宜高于 20 mg/L，以保障紫外线消毒的透光率要求；为防止紫外灯管老化而导致紫外线辐射强度的衰减，根据消毒效果，及时更换同批次投入使用的全部灯管；为确保紫外线消毒效果，减少光复活现象的影响，可采用紫外线与其他消毒技术联用方式，如次氯酸钠与紫外线联用等。

2. 加氯消毒

采用加氯消毒的城镇污水处理厂，综合考虑进水水质、水量、出水粪大肠菌群数、接触时间和水温等因素的影响，应做到对出水执行《城镇污水处理厂污染物排放标准》一级 A 排放标准的污水处理厂，当消毒接触时间大于等于 30 min 时，有效氯投加量控制在 2 ～ 4 mg/L ；加氯消毒的接触时间应大于等于 30 min，对于条件受限（接触时间小于 30 min）或通过管道混合的污水处理厂，需增加药剂投加量；消毒前端采用了高级氧化或 MBR 等工艺的污水处理厂，在确保充足接触时间的条件下，可根据实际情况，适当减少氯消毒药剂投加量；可考虑在加氯消毒后的出水口检测 ORP 指标，辅助判断加氯消毒效果。

出水执行《城镇污水处理厂污染物排放标准》一级 A 排放标准的污水处理厂加氯消毒后，出水口 ORP 数值大于 600 mV 时，出水粪大肠菌群数能够小于 1000 MPN/L ；加大对出水游离氯、总余氯及粪大肠菌群数等指标的现场检测频次；针对粪大肠菌群数指标的检测，如现场检测到水样中含有余氯，及时加入适量硫代硫酸钠试剂脱氯，以消除其对粪大肠菌群数指标检测中的干扰，确保检测结果的准确可靠。

在确保出水粪大肠菌群数指标达标的情况下，尽量减少氯消毒药剂投加量，以降低余氯对受纳水体的影响。必要时，可采用增加脱氯措施，以降低对受纳水体的影响。

重视对氯消毒药剂的存储、使用等过程的规范管理，并关注氯消毒药剂中有效氯含量的变化，及时调整药剂投加比例，确保达到消毒效果；为了降低氯消毒后出水中产生的余氯对生态环境造成的风险，设计时，可优先考虑紫外线或臭氧与氯消毒组合工艺。

3．臭氧消毒

采用臭氧消毒的城镇污水处理厂，重点关注臭氧投加量、接触时间、臭氧发生设备的安全问题等因素的影响，应做到对出水执行《城镇污水处理厂污染物排放标准》一级 A 排放标准的污水处理厂，臭氧投加量为 5 ～ 15 mg/L，可根据实际情况调整；一般情况下，建议臭氧消毒单元接触时间为 6 ～ 15 min ；或接触 3 ～ 5 min，接触后停留 10 ～ 15 min。

臭氧发生器需设置尾气破坏器来防止残余臭氧对生态的破坏；臭氧发生器还需安装臭氧泄漏探测器，以便在发生泄漏时能立即关闭发生器；为降低加氯消毒对受纳水体生态环境造成的风险，有条件的污水处理厂可考虑采用紫外线与加氯消毒、臭氧与加氯消毒等多种消毒技术联用。

为确保消毒设备的运行正常，应加强其维护保养工作，定期做好消毒药剂的盘库清点，确保药剂及时到位，并做好其有效含量的检测和安全防护等相关工作；应密切关注疫情期间消毒剂用量增加可能导致的水生环境影响，有条件时，可在污水处理厂出水端临时增设对消毒剂比较敏感的指示性水生动物观察池。

3.2　排放标准与提标改造

3.2.1　已建城镇污水处理厂扩建与提标面临的困境

1．城市发展速度过快，原建污水处理厂规模和厂址已经不能适应城市发展需要

随着国家政策的调整和城市板块的快速发展，原来属于城市边缘的地方（现在不少城市已建污水处理厂所在地）已经变成城市的中心地带或副中心地带，当污水处理厂处理能力已经不够，需要扩建时，城镇总体规划和排水工程专业规划还来不及修编，是在原厂址继续扩建，还是另找地方新建，成为很多城镇污水处理厂扩建时出现的问题。

若在原地扩建，仍然采用地面建设形式，明显该地方已经不适合继续作为污水处理厂用地，影响周边发展和环境；若再找其他地方新建，城市总体规划还没有来得及修编或批复，造成污水处理厂位置的选择没有依据。

对于上述情况，可以有两种路径：一是采用地下污水处理厂建设形式，将对周边环境有影响的构筑物全部建设在地下，而且可以将污水处理厂上部进行景观绿化和其他工程建设；二是重新启动城镇污水处理系统的规划调整工作，不仅要考虑城市的发展，而且要考虑再生水的利用，以及其他规划需要一并解决的问题。

2. 城市没有编制或考虑再生水利用规划和水环境规划，现状城镇污水处理系统布局存在缺陷

在我国西部地区、北部缺水地区和生态文明示范城市，再生水利用已经提上议事日程，如北京、西安等缺水城市，均有考虑再生水利用规划和具体项目落地。北京新建污水处理厂基本上都是再生水厂，北京槐房地下污水再生水厂 60 万 m^3/d 规模全部资源化利用；西安北石桥污水处理厂就有再生水 5 万 m^3/d 利用，再生水送至附近化工厂作为冷却用水；江苏溧阳城市污水处理厂也有 5 万 m^3/d 利用，再生水送至附近钢铁厂作为冷却用水。

但是在南方不缺水城市，通常都没有再生水利用规划，或者不重视再生水利用规划的编制质量。也没有水环境规划方案，当河道需要生态补水或水动力时没有办法解决。但也有一些节水型示范城市需要，或生态文明建设示范城市需要，做了一些表面文章，但因为厂址原因和污水处理厂附近没有合适的用户而流于形式，没有充分利用污水处理厂尾水资源。

城镇污水处理厂尾水是稳定可靠的城镇第二水源，而且对于以生活污水为主的城镇污水处理厂的尾水水质稳定，应成为城镇发展需要的水资源加以利用，不应将污水处理厂污水作为废弃污染物进行排放。并应根据再生水利用和生态补水需求的途径，经技术经济比较后确定污水处理厂厂址。

3. 建设主体和运营主体不同，也会影响污水处理厂的选址

国家的土地资源是宝贵的，在污水处理厂建设过程中尽量合并建设，提升土地的使用价值，保护好土地资源，而不是以投资方的喜好作为依据。

但是，目前国家大力推行市政基础设施 PPP 建设和第三方运营模式，由于建设主体和运营主体不同，污水处理厂扩大规模时，往往不愿意和另一个建设主体和运营主体合并考虑厂址选择，而是在另一个地方重新选择厂址，造成两个污水处理厂均需考虑卫生保护范围，浪费建设土地；与政府投资相比，如果投资方占比较高时往往问题较为严重。政府和规划部门更多的是提供服务，而没有严格执行国家的法规和城市规划的要求。

4. 污水处理厂建设方式采用半地下或全地下存在争议

随着城市发展的不确定性，需要处理的规模不断扩大，城市土地资源的紧缺和价格的上升，以及污水处理厂周边居民环境要求的提高，经济条件较好的城市或地区，在城市建成区内，采用了半地下或全地下污水处理厂建设形式，来解决以上矛盾和问题；但是建设成本和运行成本相对较高，运行难度也有所增加。如果将周边地块的价值一并计算，总成本并不一定很高，但是这样的好处是，给城市发展留下了很好的空间和机会。浙江省政府鼓励各地有条件时可以采用半地下或全地下污水处理厂建设方式。北京稻香湖再生水厂（16 万 m^3/d）、槐房再生水厂（60

万 m³/d)，马来西亚潘岱污水处理厂（32 万 m³/d），广东深圳布吉污水处理厂（10 万 m³/d）等均为全地下污水处理厂。

3.2.2　总体顶层设计缺乏，持续发展后劲不足

1. 前期项目建设总体顶层设计缺乏，提标改造项目建设用地不足，总体设计难以达到理想状态

新建污水处理厂的总体布置一般可以做到，根据厂内各建筑物和构筑物的功能和流程要求，结合厂址地形、气候和地质条件，优化运行成本，便于施工、维护和管理等因素，经综合比较确定。

但对于污水处理厂提标改造项目合理的总体设计确实难以做到，一方面，由于前期项目建设时没有考虑到提标改造的情况需要，新增用地困难；另一方面，提标改造任务很重，工期很短，等不及新增土地手续办理，主要原因是时间周期较长不能满足国家建设程序规定。鉴于上述原因，设计人员就会在原建设场地内见缝插针，管线就会在厂区绕来绕去，很不顺畅，甚至还会影响厂区内通行。也有拆除部分构筑物，合并建设处理单元，达到节省用地目的，同时也能满足工艺生产需要。

所以，在污水处理厂建设初期，就应该考虑远期规模发展和尾水排放要求提升等用地和其他（用电、建筑风格、节能等要求）。在总体设计时考虑发展，具体实施时分期进行，在规划用地等方面控制好，以免到时候难以落地。

2. 大部分污水处理厂环境设计、综合楼、生产用房只能勉强满足功能要求，不能做到与城市发展环境需求相协调

因为污水处理厂通常由市政设计院来完成，但市政设计院的建筑力量都不是很强，市政设计院建筑专业触及领域有限，故污水处理厂厂区内各建筑物造型只能够满足功能要求，也就是通常所说的灰色市政，基本谈不上美感。当然，每一个项目都做到简洁美观，节省材料，选材适当，并应使建筑物和构筑物群体的效果与周围环境协调，没有必要，也有一些难度。

对于特殊意义项目、政府特别关注的重点项目、城市重点区域的项目，一般会采取分包方式，往往要请水平较高的甲级建筑设计院来合作完成，也有业主直接就委托给国内外知名的建筑设计院来完成。如果是一个综合甲级的设计公司，也可以在公司内部形成合作团队，强强联合来共同完成。

地下污水处理厂的要求会非常高，不仅有消防要求、通风要求，而且有防爆要求、除湿要求和安全要求等多方面特殊规定要求。因此，实际设计中，应根据项目需要，组织不同专业参加的设计团队共同来完成，才有可能拿出一个满意的设计成果。但限于大部分市政设计院专业配备现状，实际情况达不到。

3. 部分污水处理厂地坪高程确定不合理，原有地形未得到有效利用，部分污水处理厂存在安全风险

污水处理厂的工艺流程、竖向设计通常可以做到利用地形，考虑排水通畅、降低能耗、平衡土方的要求；也有由于设计团队或人员经验不足或缺乏设计经验，未考虑地形，对于坡地也没有利用自然地形，顺坡布置工艺流程，降低地面开挖深度，节省投资，而是简单推平地块。

有部分污水处理厂设计地面高程时，只是考虑了较周边地块高出一定的高度，一般为50～100 cm，而没有与当地城市防洪规划对接，采用城市防洪要求的地面高程，造成污水处理厂建成后存在被淹的风险；还有一些污水处理厂在工艺流程高程布置时，没有考虑排放水体的常年水位，而是采用排放水体的洪水位倒排污水处理厂工艺流程高程，造成能耗浪费严重；若在很多时候，再去考虑施工原因，或地面不均匀沉降原因，会留有余地，电耗运行成本就更高。

也有污水处理厂的建设用地受限，规划部门划拨的地块不是规则现状，所以在污水处理厂总平布置时，因为地块不好用，只是采用自己习惯的布置方式，或采用自己熟悉的处理工艺，或采用自己手上现成的污水处理构筑物尺寸规格进行布置，就会出现浪费地块，没有用好每一块地块面积。

3.2.3 污水处理厂的正常运行基本可以保障，粗放型运行管理方式大量存在

在整个污水处理系统当中，研究得最深、最有把握的各种人才、技术、工程措施和运行管理等基本都集中在污水处理厂厂内。所以，在国内，正规的城镇污水处理厂的正常稳定运行基本上可以做到。即使设计过程中有一些小问题没有注意到，也会在运行调试或后期运行中逐步得到解决，否则污水处理厂就会被环保督查部门经济处罚和行政执法。

污水处理厂并联运行的处理构筑物间通常会设均匀配水装置，各处理构筑物系统间是否设置可切换的连通管渠要视情况而定。考虑到污水处理厂建设后进水水量不一定满负荷，进水水质不一定达到设计指标，有些构筑物可以暂时超越；对于合流制污水处理厂，污水经预处理后一部分也要超越排放，另一部分进入生化部分处理；也有污水收集系统中有工业废水，往往会在工艺流程中增加水解酸化处理段作为应急或备选，当跨域水解酸化处理段出水也能达标时，也可以设超越管渠。

污水处理厂尾水排放标准提高后，氮、磷指标要求较高，很多污水处理厂因为多种原因进水碳源不足时，会投加不同的碳源，用以保证尾水 TN 指标达标；冬季低温时，还会采用不同的运行模式和调整运行参数办法，来解决氮、磷指标达标问题。对于一些小型污水处理厂或缺失有经验的运行管理人才时，会出现污水处理厂尾水达标不稳定的情况。

鉴于国内污水处理厂精确曝气、精准加药等技术系统应用还在起步阶段，工艺模拟、智慧水务等技术手段还在探索当中，大多数污水处理厂都不同程度存在粗放型运行管理状态。对于污水处理厂进水浓度偏低，碳源不足，更多的措施是被动地投加人工碳源来解决尾水达标问题，而不是从源头控制；对于污水处理厂尾水 TP 达标，更多的是依赖于化学药剂投加，而不是从系统上利用生物处理办法；对于不同的进水水质并没有针对性地采取不同的运行模式或不同的运行参数进行合理的调整，降低能耗和药耗。

3.2.4 再生水资源化利用正在被政府和行业主管部门认可，落地项目和规模比例还有不少差距

鉴于政府政策规定和地方生态环境建设需要，再生水利用正在被行业认可。

为了节省水资源，在很多城市污水处理厂中设置了再生水处理系统，特别是北方缺水城市，

在缺水地区没有那么多供水指标，只能通过利用尾水再生利用来解决缺水问题，可以用作化工厂、发电厂、钢铁厂等的冷却用水，也可以用来作为洗车用水、公共厕所的冲洗用水、道路绿化用水，还可以作为景观河道生态补水。

在新加坡新生水是作为生活用水的，前提是经过严格的制水处理和消毒，达到生活用水水质标准。

因为申报生态文明示范城市需要，南方城市也设置了再生水处理系统，但未找到合适的用户而闲置情况不少。

随着国家对城市水环境的要求越来越高，长江流域、黄河流域均需要保护生态环境，再生水利用可以带来另外一个好处，即减少了入河污染负荷，从另一个角度保护了水环境。

南方地区的河道生态补充用水、绿化用水、污水处理厂附近工业用水都可以利用再生水；污水处理厂尾水甚至可以用来作为空调系统用水。南京江北新区正在做某个污水处理厂尾水的西江能源站再生水热泵方案。

客观上，没有再生水利用规划，或再生水利用规划工作滞后，或污水处理厂进水中含有工业废水成分，限制了再生水利用工作的落实。主观上也存在不少问题，一方面顾虑再生水的水质对用户的健康影响；另一方面认为没有必要建设再生水利用系统，因为要敷设另一套处理、输送系统，投资较大，使用自来水方便，费用不一定高。因此，国内污水处理厂尾水再生利用比例较国外发达国家要低很多。

3.2.5　国内外城镇污水处理厂正在尝试对雨天流量的处理，减少水体污染负荷

无论是合流制排水系统，还是分流制排水系统，许多国家污水干管和污水处理厂的设计中除了处理旱季流量之外，都预留部分雨季流量的处理能力。根据当地气候特点、污水系统收集范围、管网质量，雨季设计流量可以是旱季流量的 3 ~ 8 倍。

1. 美国

美国马萨诸塞州鹿岛污水处理厂服务范围内有超过 50% 的区域为合流制排水系统。雨季时，该污水处理厂进水流量随降雨量变化非常明显。

为满足美国 NPDES（国家污染物排放削减）许可证对其服务范围内的合流制溢流污染控制要求，该污水处理厂日均设计流量为 137 万 m^3/d，雨季最大流量为 526 万 m^3/d，二级处理设计能力最高可达到 265 万 m^3/d，约为日均设计流量的 2 倍。也就是说，鹿岛污水处理厂的二级处理能力基本能满足大多数降雨期间的入流量全量处理。

2. 英国

为削减合流制区域的雨天溢流和分流制区域径流污染，英国提出了最大允许暴雨溢流（排放）量。

对于合流制地区，要求污水处理设施能够应对旱季流量的昼夜峰值加上日降雨 25 mm 以下所产生的额外流量。即便如此，污水处理厂最大处理量和最大允许暴雨溢流排放量之间仍然存在 6.5 倍生活污水量的差值，因此需要进行调蓄。

对于分流制地区，雨天径流污染控制的目标是，2 倍于旱季污水流量（除去地下水入渗量）的径流不能直接排入水体，而应该通过截流、调蓄和处理后方可排放。

3．日本

为削减合流制排水系统雨天溢流污染，2002～2006 年，日本大阪市启动"合流制排水系统溢流污染控制紧急对策"，合流制排水系统雨天污染物排放标准，由最初的 BOD_5 小于等于 70 mg/L 改为 BOD 小于等于 40 mg/L。

采取的工程措施包括：建设雨水调蓄池，调整雨天污水处理厂处理工艺，利用排放水路调蓄雨水等。同时，在合流污水溢流排放口增设过滤装置，减少固体杂质的排放。

污水处理厂雨季进水流量为旱季污水的 3 倍，传统处理工艺是：$3Q$ 的流量经过初沉后，$2Q$ 的流量被排放，$1Q$ 的流量进入后续生物处理单元。

大阪市采取的新措施是：多点进水，$1Q$ 的流量进入生物处理前端，$2Q$ 的流量进入生物处理的后端。结果表明，采用该工艺，进水流量在 $1.48Q～4.62Q$ 时，出水 SS 和 BOD_5 分别可达到 9.3 mg/L 和 7.7 mg/L 的控制目标。

另外，大阪市还拟将污水处理厂初沉池由平流式改为斜板沉淀池，从而减小处理合流污水所需沉淀池的容积，多余空地建设专门处理雨水的沉淀池。

因此，在污水系统设计能力和污水处理厂工艺选择上，系统考虑雨季进入污水系统的受污染径流的雨水量，是削减合流制溢流污染和暴雨排放水体污染的关键措施。

4．中国

在污水处理构筑物流量设计中，我国现行《室外排水设计规范》GB 50014—2006（2016 版）明确规定，合流制处理构筑物的提升泵站、格栅、沉砂池应按合流水量设计，但是没有明确提出雨季设计流量的概念，特别是二级处理系统，规定是按照旱季污水量设计，必要时考虑一定的合流污水量。

而大多数污水处理厂，为确保出水水质达标，一般在二级处理前就将超过设计流量的部分直接超越溢流了，因此，目前我国的污水处理系统基本没有应对雨天流量的能力。

我国新的设计标准正在编制过程中，已经研究这方面问题，特别是国家"水十条"文件的颁布，对于初期雨水和合流污水溢流控制问题的解决已经提上议事日程，但目前还没有什么好的办法。若采用深隧的办法，一方面，因为没有深入研究，评审专家不会轻易通过方案；另一方面，因为投入太高而政府不愿意，而且国内也没有运行经验。

中国城市科学研究会正在组织相关单位编制团体标准《城镇污水处理厂雨水处理技术规范》，尝试应用雨水调蓄及处理技术、一级及一级强化雨水处理技术、高负荷二级雨水处理技术等，对合流制雨水进行有效处理，大幅削减污染负荷，对合流制溢流污染控制发挥作用，促进城镇污水处理厂"提量增效"，为城市水环境质量改善提供有力保障。

3.2.6　尾水排放标准和工艺流程

1．尾水排放标准现状

2015 年 4 月，国务院发布《水污染防治行动计划》（即"水十条"）后，沪苏浙皖也相继发布了各自的水污染防治行动工作方案，对水污染防治、水生态保护和水资源管理等均提出了明确的工作目标和具体措施。在各地的行动方案中，提升城镇污水处理厂的处理能力和尾水排放标准均为一项重要举措。2016 年以来，各地也陆续发布了关于城镇污水处理厂污染物排放的地方标准，相对于现行《城镇污水处理厂污染物排放标准》中的一级 A 标准，各地方标准对污水处理厂的污染物排放，尤其是氮、磷指标均提出了更严格的要求。

2016 年 4 月，上海市环保局和上海市水务局联合发布了《关于全市污水处理厂新建、扩建和提标改造项目污染物排放标准有关事项的通知》，要求城镇污水处理厂尾水排放标准按不低于一级 A 的指标控制。由于上海水环境中 NH_3-N、TP 问题突出，特别明确要求向内陆水体排放且尚未建设（尚未批复工可）的污水处理厂，NH_3-N、TP 必须执行地表水Ⅳ类标准，即 $NH_3-N1.5$ mg/L（3.0 mg/L）（括弧中数据为水温小于等于 12℃时要求），TP0.3 mg/L（表3-4）。同时，对其他指标在建设空间布局上进行总体预留考虑。

2018 年 5 月，江苏省发布了新版的《太湖地区城镇污水处理厂及重点工业行业主要水污染物排放限值》DB 32/1072—2018，太湖地区包括苏州市，无锡市，常州市，南京市溧水区、高淳区，镇江市丹阳市、句容市和丹徒区。相对于 2007 版，该标准提高了太湖流域一级、二级保护区内主要水污染物（COD、NH_3-N、TN 和 TP）的排放限值，也提高了太湖地区其他区域内部分工业行业的废水排放限值。

2018 年 12 月，浙江省发布了《城镇污水处理厂主要水污染物排放限值》DB 33/2169—2018，对全省现有城镇污水处理厂和新建城镇污水处理厂分别提出了不同的排放标准要求，主要涉及 COD、NH_3-N、TN 和 TP 四项指标。

2016 年 9 月，安徽省发布了新版的《巢湖流域城镇污水处理厂及重点工业行业主要水污染物排放限值》DB 34/2710—2016，要求巢湖流域的城镇污水处理厂需执行该标准。巢湖流域包括巢湖市、肥西县、肥东县、舒城县和合肥市庐阳区、瑶海区、蜀山区、包河区的全部行政区域，以及长丰县、庐江县、含山县、和县、无为县、岳西县、芜湖市鸠江区、六安市金安区行政区域。按照现有、新建污水处理厂进水中工业废水比例是否超过 50%，该标准设定了城镇污水处理厂不同的排放标准，也规定了 COD、NH_3-N、TN 和 TP 共四项指标。

长三角城镇污水处理厂执行标准及主要水污染物排放限值（mg/L）　　　表 3-4

区域	执行标准	适用范围	COD	TN	NH_3-N	TP
上海	GB 18918—2002	全市	50	15	1.5 (3)	0.3
江苏	DB 32/1072—2018	太湖流域一级、二级保护区	40	10 (12)	3 (5)	0.3
		太湖流域其他区域	50	12 (15)	4 (6)	0.5
浙江	DB 33/2169—2018	全省现有污水处理厂	40	12 (15)	2 (4)	0.3
		全省新建污水处理厂	30	10 (12)	1.5 (3)	0.3
安徽	DB 34/2710—2016	巢湖流域进水中工业废水量 < 50% 的现有污水处理厂	50	15	5 (8)	0.5
		巢湖流域进水中工业废水量 ≥ 50% 的现有污水处理厂	100		5 (8)	0.5
		巢湖流域进水中工业废水量 < 50% 的新建污水处理厂	40	10 (12)	2 (3)	0.3
		巢湖流域进水中工业废水量 ≥ 50% 的新建污水处理厂	50	15	5	0.5

2．排放标准确定没有充分结合排放水体环境容量控制要求

目前，我国污水处理项目环境影响评价的成果质量不是很科学。环评单位只是简单地用国家或省级地方标准来要求污水处理厂的尾水必须达到的标准。科学的做法应该是，根据污水处理厂尾水排放水体的环境容量来决定排入水体的各项指标（表3-5）。

城镇污水处理程度和方法应根据现行国家和地方的有关排放标准、污染物的来源及性质、排入地表水域环境功能和保护目标确定。有不少地方政府盲目跟风，不合理要求设计单位采用当前最高污水处理厂排放要求，如达到地表水Ⅳ类，甚至达到地表水Ⅲ类要求。

德国目前执行的污水处理厂水污染排放标准 表3-5

污水处理厂规模等级	污水处理厂规模（当量人口）	污染物排放标准（mg/L）				
		COD$_{Cr}$	BOD$_5$	NH$_3$-N	TN	TP
1	< 1000	≤ 150	≤ 40			
2	1000 ~ 5000	≤ 110	≤ 25			
3	5000 ~ 20000	≤ 90	≤ 20	≤ 10	≤ 18	
4	20000 ~ 100000	≤ 90	≤ 20	≤ 10	≤ 18	≤ 2
5	≥ 100000	≤ 75	≤ 15	≤ 10	≤ 18	≤ 1

3．污水处理工艺流程以采用活性污泥法、膜法、两种方法组合或者是上述方法的变形工艺为主

根据去除碳源污染物、脱氮、除磷、好氧污泥稳定等不同要求和外部环境条件，大中型污水处理厂基本上选择了适宜的活性污泥处理工艺；根据可能发生的运行条件，设置了不同运行方案。相对于活性污泥法，生物膜法应用不是很多，大多数由环保公司通过BOT或PPP模式来实施，适用于中小型规模污水处理；生物膜法大多数是与活性污泥法联合使用，比如在提标改造时，在生物池中添加悬浮填料，在深度处理段采用曝气生物滤池、反硝化滤池、深床滤池等。

很多小型污水处理厂由环保公司或不熟悉污水处理厂工艺的设计单位来完成，可能更多的是使用服务方（环保公司、设计公司）擅长的或本公司生产的设备来完成。也有设计人员过度设计，将所有可能用到的工艺流程全部设计上，出水水质远好于环评要求或接纳水体环境容量要求，特别是含有部分工业废水的污水处理厂的设计。

4．部分污水处理厂工艺确定依据不足

虽然没有成功经验可以借鉴，有不少业主和设计单位贸然采用一些新工艺、新技术、新设备、新材料，存在将项目作为试验品现象。对于没有成熟可靠的污水处理工艺，也未进行必要的试验验证；新技术设备的应用也不做试验验证；设计参数选择没有依据支撑；应用出现的维护管理问题也未全面掌握；旋流沉砂池、MBBR工艺、厌氧氨氧化工艺、活性砂滤池、新型催化氧化工艺等，实际使用中出现了很多问题。

化学除磷工艺可采用生物反应池的后置投加、同步投加和前置投加，也可采用多点投加；化学除磷设计中，药剂的种类、剂量和投加点只是根据经验来设计，而没有根据试验资料来确定。

5．污水处理厂后采用人工湿地，进一步稳定处理的应用案例增多

污水自然处理工艺适用于土地资源允许、周边环境不受影响的中小型污水处理方式；在环境影响评价可行的基础上，经技术经济比较，可利用水体的自然净化能力处理或处置污水处理厂尾水，进一步提升和稳定出水水质，保护接纳水体。

随着国家对长江、黄河等重要水体的环境保护要求和地方对当地重要水体的环境保护要求提高，很多地方已经或正在策划污水处理厂尾水湿地项目。如湖南长沙洋湖人工湿地、湖北黄石慈湖人工湿地、江苏苏州高新区白荡污水处理厂尾水湿地、四川营山县第一污水处理厂尾水湿地等。

在很多地区采用了人工湿地处理污水，但因为种种原因不能长期保证预期效果，主要原因有：没有进行必要的预处理，设计参数没有通过试验资料确定，植物选择不合理，没有及时维护管养等。

6．污水处理厂尾水再生水处理工艺选择取决于用户性质

在缺水城市，再生水处理工艺相对成熟，达到地方标准即可进行再生水利用。比如，北京市达到京标 A 或京标 B；西安北石桥污水处理厂再生水达到化工厂冷却水要求即可。对于再生水作为河道景观用水时，污水处理厂再生水标准达到一级 A 标准即可。

但是，对于部分生态文明示范城市申报的污水处理厂，因为用户不确定，往往不易确定再生水出水水质标准。因此，就会出现这样的情况：污水再生利用的深度处理工艺没有根据水质目标选择，工艺单元的组合形式没有进行多方案比较，满足实用、经济、运行稳定的要求，而是更多的选择膜处理工艺或其他处理工艺。

7．污水处理厂的消毒工艺也在不断升级

城镇污水处理应设置消毒设施，消毒工艺有液氯消毒、紫外线消毒、二氧化氯消毒、臭氧消毒和次氯酸钠消毒等。具体污水处理厂用何种方法，可以根据尾水去向和用途选择单项采用或组合采用。一般而言，紫外线消毒和臭氧消毒没有后续作用，液氯消毒、二氧化氯消毒等有安全隐患，次氯酸钠等安全消毒措施在不断推广。

在实际操作过程中，存在没有结合尾水排放需求，也没有考虑再生水回用要求以及安全需求，选择了一些不合适的消毒工艺，如污水处理厂采用了质量不是很好的紫外线消毒设备，因紫外灯管经常受到污染而失去消毒作用，或紫外灯管毁坏而没有及时更换，造成出水细菌指标超标现象；也有采用二氧化氯工艺进行消毒，没有采取必要的安全措施，存在安全隐患。

2020 年上半年，传染性强的新型冠状病毒在全球爆发蔓延，为了严防病毒通过污水传播扩散，2 月 1 日，我国生态环境部印发了《关于做好新型冠状病毒感染的肺炎疫情医疗污水和城镇污水监管工作的通知》（环办水体函〔2020〕52 号），其中特别指出"地方生态环境部门要督促城镇污水处理厂切实加强消毒工作,结合实际,采取投加消毒剂或臭氧、紫外线消毒等措施,确保出水粪大肠菌群数指标达到《城镇污水处理厂污染物排放标准》要求"。

目前，各地城镇污水处理厂均在积极落实该通知要求，为了确保出水粪大肠菌群数指标稳定达标，一些原设计为紫外线消毒的污水处理厂临时增设次氯酸钠投加设施，将两种消毒方式串联使用；部分污水处理厂由于没有设计接触消毒池，采取加药消毒后直接通过管道混合处理后出水；部分主要以次氯酸钠作为消毒剂的污水处理厂则将原来的有效氯投加量从 1.5 mg/L

增大至 4 ~ 5 mg/L。这些消毒方式的可行性和必要性尚缺乏实际数据支撑。

3.2.7 预处理单元设计

随着我国社会经济的持续发展和城镇化进程的加快，生活污水的排放量逐年增加，氮、磷浓度逐年升高，水体富营养化问题增多，这对新时期水污染防治工作提出了更高要求。

行业内普遍认为，有条件时尽量采用分流制，合流制在很多城市逐步减少。故很多设计人员在污水处理构筑物设计时就没有再分合流制、分流制进行计算，就一律用分流制进行计算。

初沉池也没有按旱流污水量设计，用合流设计流量校核。在雨季沉淀时间少于正常停留时间，没有起到必要的污染物去除效果。

对于合流制污水收集系统的污水处理厂生物处理系统，在雨季进水浓度就会降低，若不改变风机运行参数，就会曝气富余，生物处理曝气池 DO 偏高现象较多，除总氮指标外，其他指标效果特别好。

大部分污水处理厂均做到：格栅除污机、输送机和压榨脱水机的进出料口采用密封，根据周围环境情况，设置除臭处理装置，格栅间设置通风设施和有毒有害气体的检测与报警装置。但也有不少污水处理厂没有采取措施收集格栅间臭气和进行除臭处理，格栅间也没有设置通风设施和有毒有害气体的检测与报警装置，影响工作环境，对操作人员的身体造成伤害。

初沉池的设置一直是行业内有争议的预处理构筑物。南方城镇污水处理厂更多偏向于不设初沉池，其理由是，南方城镇污水处理厂本身就碳源不足，如果再设置初沉池去除一部分碳源物质，就会加重碳源不足问题；北方城镇污水处理厂设置初沉池相对较多，因为污水处理厂进水碳源相对好一些，设置的理由是，设置初沉池有利于后续生物处理段处理负荷减少和稳定运行。

理想的做法是，南方城镇污水处理厂需要时也应该设置初沉池，不过停留时间不宜大于30 min，这样可以保留足够的碳源；或设置初沉发酵池，既可以减少后续工艺段的处理负荷，也不影响碳源的去除，甚至还可以利用其发酵功能挖掘一部分碳源。

对于污水处理系统服务范围内存在工业污水的部分污水处理厂，没有设置必要的水解酸化等预处理设施，或没有预留水解酸化等设施用地，造成城镇污水处理厂运行不稳定，或出现不达标情况。当然希望工业废水不要进入城镇污水处理系统，但事实上很多城镇做不到。

我国正在制定城镇污水处理系统提质增效相关政策，明确要求影响城镇污水处理厂稳定运行的工业废水应独立建设工业污水处理厂达标后排放，或工业企业内进行必要的预处理，达到市政管网接管标准后方可接入。

3.2.8 生物处理单元

1. 生物处理工艺选择缺乏科学性和系统精确分析

生物处理工艺没有选择多点进水、多点回流、多段 AO 等工艺技术，方便运行中因不同工况可以采取不同的运行模式，应对进水浓度变化和季节温度变化，确保出水水质稳定达标。

没有重视和关注冬季低水温对去除碳源污染物、脱氮、除磷效果的影响，没有可采用的"降低负荷、增长泥龄、调整厌氧区及缺氧区水力停留时间和保温或增温"等措施或手段。

没有充分分析和思考碳源不足情况下的应对措施；对于进水水质，只是采用月平均值进行分析，也只是采用一定的统计覆盖率取进水水质设计指标；没有精细分析进水水质水量变化规律，没有分析进水水质中是否存在难降解的特征因子；没有从污水收集源头发现真正的污水收集系统问题，而是被动地在污水处理厂内部想办法。污水处理工艺的选择和设计应从污水源头、收集系统、污水处理、污水排放或利用等全系统上进行分析，解决问题也应该优先从源头上加以控制。

设计中也没有仔细研究清楚，如何充分挖掘现有污水收集系统、进水污水中的碳源，采用什么样的工艺流程和具体措施为合适，如原污水碳源的取舍选择、污水入流、混合液回流、污泥回流进入生物反应池的厌氧区、缺氧区时，没有采用淹没式入流方式，出现 TN 指标达标困难。

2. MBBR 工艺用于污水处理厂的提标改造

近年来，MBBR 工艺被应用于污水处理厂提标改造过程中，即将 MBBR 系统嵌入原活性污泥系统中，在原有梯度复氧的基础上，通过水流和曝气提供"厌氧、缺氧、好氧"的条件，填料表面生长的微生物种类丰富、生物量高且能够与污水充分接触，实现降解污染物的目的。

此外，由于每个载体内外均有不同的生物种类，内部生长一些厌氧菌或者兼氧菌，外部为好氧菌，这样每个载体都是一个微型反应器，使硝化反应和反硝化反应同时存在，从而优化了处理效果。

载体上附着生长的微生物可以达到很高的生物量，因此反应池内生物浓度是悬浮生长活性污泥工艺的 2 ～ 4 倍，可达 8 ～ 12 g/L，降解效率随之成倍提高。由于采用生物膜法和活性污泥法组合形成厌氧、缺氧、好氧反复交替循环脱氮除磷过程，因此可以有效提升生物脱氮除磷的效率。

在生化系统后，增加深度处理工艺，通过化学除磷，进一步去除磷和悬浮物，该方法投资低、不需要新增用地、实施快捷、后期管理简单，既可以用于新建的污水处理厂，又可以用于现有污水处理厂的工艺改造和升级换代。除了可以满足较高排放标准的要求外，还可以有效实现污水处理的全过程控制。

3. MBR 工艺应用

MBR 又称膜生物反应器，是一种将膜分离技术与生物处理技术有机结合而形成的新型水处理系统。1966 年，美国 Dorr-Oliver 公司首先进行了 MBR 处理污水试验研究；1968 年，Smith 等将好氧活性污泥法与膜相结合的 MBR 用于处理城镇污水。20 世纪 70 年代后期，大规模好氧膜生物反应器开始在北美应用；90 年代中后期，越来越多的欧洲发达国家及日本等将 MBR 应用于生活污水和工业废水的处理。我国对 MBR 的研究较晚，起步于 1993 年，但近些年来国内对 MBR 工艺的研究与应用越来越多，发展十分迅速，特别是在城镇污水的深度处理、提标改造及污水回用等领域得到了较为广泛的应用。

MBR 工艺的主要原理是，将生物反应与膜分离相结合，利用膜分离设备将生化反应池中的活性污泥和大分子物质截留住，以膜组件取代传统生物处理技术末端的二沉池，使生物反应器中保持高活性污泥浓度，进而提高生物处理有机负荷，改变反应进程和提高反应效率。MBR 工艺充分发挥了活性污泥工艺处理污水的优势，同时又达到高效泥水分离的目的，成功取代了传统活性污泥工艺后续配套的沉淀池，大大节省污水处理构筑物的占地面积。

MBR 工艺具有以下优点：

1）MBR 工艺出水水质优质稳定

由于膜的高效分离作用，分离效果远好于传统沉淀池，处理出水极其清澈，悬浮物和浊度接近于零，细菌和病毒被大幅去除，出水水质优于《生活杂用水水质标准》CJ/T 48—1999，可以直接作为非饮用市政杂用水进行回用。同时，膜分离也使微生物被完全截留在生物反应器内，使得系统内能够维持较高的微生物浓度，不但提高了反应装置对污染物的整体去除效率，保证了良好的出水水质，同时反应器对进水负荷（水质及水量）的各种变化具有很好的适应性，耐冲击负荷，能够稳定获得优质的出水水质。

2）剩余污泥产量少

该工艺可以在高容积负荷、低污泥负荷下运行，剩余污泥产量低（理论上可以实现零污泥排放），降低了污泥处理费用。

3）占地面积小，不受设置场所限制

生物反应器内，能维持高浓度的微生物量，处理装置容积负荷高，占地面积大大节省；该工艺流程简单、结构紧凑、占地面积小，不受设置场所限制，适合于任何场合，可做成地面式、半地下式和地下式。

4）可去除 NH_3-N 及难降解有机物

由于微生物被完全截流在生物反应器内，从而有利于增殖缓慢的微生物（如硝化细菌）的截留生长，系统硝化效率得以提高。同时，可增长一些难降解的有机物在系统中的水力停留时间，有利于难降解有机物降解效率的提高。

5）操作管理方便，易于实现自动控制

该工艺实现了水力停留时间与污泥停留时间的完全分离，运行控制更加灵活稳定，是污水处理中容易实现装备化的新技术，可实现微机自动控制，从而使操作管理更为方便。

6）易于从传统工艺进行改造

该工艺可以作为传统污水处理工艺的深度处理单元，在城市二级污水处理厂出水深度处理（从而实现城市污水的大量回用）等领域有着广阔的应用前景。

MBR 工艺也存在一些不足，主要表现在以下几个方面：膜造价高，使膜生物反应器的基建投资高于传统污水处理工艺；容易出现膜污染，给操作管理带来不便；能耗高，首先 MBR 泥水分离过程必须保持一定的膜驱动压力，其次是 MBR 池中 MLSS 浓度非常高，要保持足够的传氧速率，必须加大曝气强度，而为了加大膜通量、减轻膜污染，必须增大流速，冲刷膜表面，造成 MBR 的能耗要比传统的生物处理工艺高。

MBR 工艺电耗与药耗成本占比高，为其他传统工艺的 3～6 倍。生产运行统计数据表明，MBR 工艺动力成本约占 45%。根据美国某水厂相关分析，MBR 工艺好氧池 DO 每降低 1mg/L，可以节能 16%。

4. 短程硝化

短程硝化是新型生物脱氮工艺的必要步骤，其通过抑制 NO_2-N 氧化为 NO_3-N 的过程，使污水处理中氮的氧化保持在亚硝化阶段。与传统工艺相比，短程硝化能够节约 25% 耗氧量，减少 40% 碳源消耗，有着广阔的应用前景。

但目前研究较多的短程硝化控制方法均存在缺陷，如采用温度控制时，需要长期保持高温（31 ～ 33℃）或低温（11 ～ 15℃）状态，恢复常温将导致短程硝化被破坏；采用 DO 控制时，需要使 DO 保持在 0.5 ～ 1.0 mg/L 以抑制亚硝酸盐氧化菌（NOB）活性，当 DO 浓度过高时，会使 NOB 的活性恢复，导致短程硝化被破坏，而长期保持低 DO 状态则易发生污泥膨胀；采用游离氨（FA）抑制时，NOB 会对 FA 的抑制产生适应性，采用 A/O 交替控制时，在短时间内不能将 NOB 从系统中筛出，运行环境变化后短程硝化将被破坏。超声波对短程硝化的影响主要表现为对 NOB 的抑制，其抑制程度与辐照污泥比例成正比。

短程硝化工艺作为新型脱氮技术已成为国内外的研究热点，此工艺无须曝气，也不用投加有机碳源，具有能耗少、处理成本低、污泥产量低等优点，然而厌氧氨氧化菌倍增时间长，对环境条件极为敏感，导致厌氧氨氧化工艺启动时间长。

尽管厌氧氨氧化菌对生长环境要求很高，但随着学者们的不断研究深入，厌氧氨氧化菌种属分支不断壮大，厌氧氨氧化反应的影响因素越来越明确，对于最佳脱氮效能的一些核心因素越来越得到精确控制，这些都为实现厌氧氨氧化工程的实际应用提供了基础和保障。

新加坡樟宜污水处理厂主流厌氧氨氧化工程的成功运行与新加坡得天独厚的水温（28 ～ 32℃）是分不开的，未来主流厌氧氨氧化在低温地区的应用还有很大的研究空间。

5. 仿真模拟软件的应用

目前，污水处理工艺过程仿真模拟软件并未完全开发出来，也缺乏详尽、全面的模拟流程及计算模板。

由于模拟软件均采用复杂活性污泥计算模型进行后台计算，故对进水水质的组分要求较高，而目前国内污水处理厂很难满足该要求。

仿真模拟软件大多为国外设计制作，其后台的默认设计参数均按照国外污水处理厂的情况设置，对国内污水处理厂存在一定的误差。

6. 谨慎选择新工艺、新技术、新设备

太湖地区城镇污水处理厂调研结果显示，活性砂滤池运行管理较为困难，易出现气提效果差、砂砾板结等问题，在设计时宜谨慎选择。

采用臭氧活性炭工艺处理难降解的 COD 指标也要经过试验来验证，否则有可能没有合适的措施，达不到预期的效果。

3.2.9　污水处理厂面临的挑战

截至 2018 年 6 月底，中国建成城市污水处理厂 5222 座，处理能力达 2.28 亿 m^3/d。目前，污水处理厂面临的挑战有：

1. 进水水质波动大

受污水收集系统建设质量、管理养护状况以及服务范围内功能调整的影响，污水处理厂进水水质波动大，污水处理过程普遍受到进水水质冲击负荷影响，国内某家设计院统计数据表明，城镇污水处理厂进水水质波动非常明显（表 3-6），甚至同一座污水处理厂的进水水质波动也是如此。

城镇污水处理厂进水水质波动统计（mg/L）　　　表 3-6

指标	COD	BOD₅	NH₃-N	TN	TP	SS
实测值	21.4 ~ 897	6.1 ~ 376	2.6 ~ 242	5.3 ~ 262	0.32 ~ 36.52	13.8 ~ 800
预测值	210 ~ 450	90 ~ 250	15 ~ 40	20 ~ 60	2 ~ 6	125 ~ 350
最高／最低比值	2.41 ~ 5.56	2.13 ~ 14.56	1.79 ~ 5.78	1.44 ~ 3.42	1.55 ~ 7.43	2.5 ~ 13.32
最高／平均比值	1.65 ~ 2.66	1.44 ~ 2.76	1.31 ~ 1.79	1.2 ~ 1.72	1.05 ~ 2.71	1.66 ~ 5.99

2. 排放标准不断提高

对于城镇污水处理厂尾水排放标准是否要提高到准Ⅳ类或准Ⅲ类，虽然行业内有一些争议，但是鉴于水体环境容量有限，在敏感水域或封闭水体尾水排放，还是要对污水处理厂进行提标的。如，江苏省太湖地区采用《太湖地区城镇污水处理厂及重点工业行业主要水污染物排放限值》DB 32/1072—2018，北京采用地方标准《水污染综合排放标准》DB 11/307—2013。若污水处理厂尾水排放口下游是城市集中饮用水水源地，要求会非常严格，甚至会禁止尾水排放。

几项指标中，NH₃-N 指标的达标相对容易，一般在好氧段充分曝气的情况下，NH₃-N 指标达标都问题不大。TP 达标也相对容易，通过适量加药和出水 SS 的控制，也能做到出水 TP 稳定达标。TN 和 CODcr 指标的稳定达标则相对难度较大。

尾水 TN 指标要稳定控制在 10 ~ 12 mg/L 以下，只靠二级生物处理有一定难度，在冬季低温的情况下则更难达标。目前，工程中，往往在深度处理段增加反硝化滤池作为最后的把关，但实际运行中的效果还要取决于对补充碳源的精准控制。

CODcr 指标则受污水处理厂进水水质的影响较大，如进水中难降解 CODcr 的本底值较高，要保证出水 CODcr 稳定在 40 mg/L 甚至 30 mg/L 以下的难度可想而知。

还有就是在国内的水质监测方式上，尽管排放标准中对水污染物检测的要求都是"取样频率为至少每 2 h 一次，取 24 h 混合样，以日均值计"。但在实际的考核或督查中，基本上都是取瞬时样，并以此为执法依据，这实际上就是要求出水水质必须 100% 达标。因此，在按新标准执行后，污水处理厂出水的稳定达标将面临更加严峻的挑战。

3. 管理难度加大

高排放标准使得污水处理流程加长，处理单元及管理环节增多。排放标准越高，污染物去除率要求越高，特别是氮、磷的去除，常规的二级生物处理已不能满足排放要求，必须通过强化生物处理、增加物化处理甚至还要高级氧化处理，才能满足高标准排放要求。为确保出水水质、合理控制生产成本，需调整进水、进泥点、供氧量、回流量、碳源及药剂投加量、处理流程，以应对水质水量变化，要求管理者具有较高的专业技术水平，而且新工艺、新技术、新材料、新设备在使用过程中有待进一步总结完善，也加大了管理难度。

4. 运营成本增高

高排放标准增加了污水处理建设投资、电耗、药耗、运营成本。因采用工艺、设备不同，建设投资差异较大。电耗的增加主要来自三个方面：一是有机物氧化、生物硝化需要更高的供氧量；二是生物反硝化要求更大的回流量；三是处理流程的加长通常需要设置中间提升。药耗主要出自反硝化所需碳源和以去除 SS、TP 为主的混凝剂、助凝剂的投加，高级氧化工艺还需要氧化剂的投加。以一级 B 排放标准提升到一级 A 排放标准，成本将增加 50% 及以上。

为了达到环保考核要求，在各污水处理厂提标改造中，可能会采取各种各样的措施。

一方面，污水处理工艺流程一再加长，如预处理段可能会增加调蓄池调质调量，针对 COD_5 去除会增加水解酸化，二级处理段在生化池内可以投加填料，三级深度处理段也会增加多种工艺组合，如各种高效沉淀池、各种滤池的组合等，工艺流程的加长无疑会带来电耗和药耗的大量增加。

另一方面，以往仅用于工业废水厂的工艺，如臭氧催化氧化、活性炭吸附等，也将越来越多地应用到城镇污水处理厂。如某污水处理厂一级 A 提标改造工程中，为确保出水 COD_5 稳定达标，在污水处理厂末端设置了臭氧氧化池，污水处理厂规模为 60 万 m^3/d，配置了 600 kg/h 的臭氧发生设备，臭氧投加量约 24 mg/L；同时在夹砂高效沉淀池，还配备了粉末活性炭投加设备。在项目建成运行后，确实需要臭氧和活性炭两种手段齐上，才能保证出水的稳定达标。

处理工艺和手段的复杂化除了增加运营管理难度之外，还大大增加了污水处理厂的运营成本。如上述污水处理厂从二级处理标准提升到一级 A 标准，吨水经营成本增加 0.53 元；一级 A 标准提升到新标准，吨水经营成本增加 0.35 元。

3.3　新技术新理念实践

3.3.1　污水处理厂规划设计工作思路

1．全面调研，系统分析

对于新建项目，在全面调研的基础上，进行污水处理厂建设的必要性分析论证，系统分析并充分掌握服务范围内用水量情况、污水水质情况、污水收集管网建设情况、厂址及用地情况、尾水排放通道及排放标准要求、再生水利用要求、污泥处理处置要求、建设条件等基础情况。

对于提标改造项目，在全面调研的基础上，系统分析并充分掌握现有管网建设和运行情况、水质水量与服务范围内产水性质、产水量匹配情况、构筑物及设备能力、运行效能、建设条件等基础情况，进行污水处理厂提标建设的必要性分析论证。

2．综合评估，试验验证

在对现有污水处理系统综合评估的基础上，结合必要的现场试验验证，积极采用经过验证评估的新工艺、新技术、新材料、新设备。如厌氧氨氧化工艺虽然有很多优点，节能省地，但运行条件苛刻，没有办法工程设计应用。好氧颗粒污泥工艺优点很多，但应用中具体会出现哪些问题有待进一步总结。

3．因地制宜，远近结合

综合考虑当地排水规划、社会经济和资源环境条件，统筹兼顾当前与未来发展需求。

对于经济条件好、运行管理水平较高的地区，可以采用技术先进、节能明显、资源化应用的工艺路线。对于环境要求较高的地区，可以采用地下污水处理厂或半地下污水处理厂建设形式，上部采用景观公园形式。

对于经济条件不好、运行水平一般的地区，可以采用技术可靠、运行管理简单的工艺路线。对于环境要求不高、城市偏远地区的污水处理厂，可以采用常规地面建设形式，节省工程投资。

对于有再生水要求的城镇污水处理厂，应尽量将污水处理厂建设在再生水用户附近，避免中水长距离输送。

对于远期需要扩建、污水排放标准需要提高的污水处理厂，应一次性规划，分期实施，特别是规划上将用地控制住。

4．经济适用，节能省地

优先采用高可靠性、环境友好、低能耗、低物耗、低占地的技术方案及设备产品。

3.3.2 新建厂规划设计原则

污水处理厂新建设计应遵循下列设计原则：系统规划，分期设施；厂网一体，精准分析；水量水质，科学预测；工艺选择，方便运行；参数合理，稳定达标；尾水利用，节能减排；智慧管理，安全高效。

1．系统规划，分期实施

污水处理厂的设计首先应该根据城市总体规划要求和城市发展实际需要，预测近远期的合理时限和对应的污水处理能力需要。

污水处理厂的总平面布置按照远期一次性规划到位，征地可以根据近期需要征用，规划上进行远期规划控制，否则会出现二期、三期建设没有地供扩建或改造。

特别是，在污水处理厂总平面布置时，要考虑以下几个方面的预留用地：预处理部分提高污水处理可生化性构筑物的增加用地、污水处理尾水标准提高后的处理构筑物改造和增加处理工艺段（如深度处理、高级氧化等）的用地、尾水再生水处理系统用地、后期规模增加扩建用地等。

进水提升泵房、尾水提升泵房、加药间、消毒间、污泥脱水房、鼓风机房、配电房等可以土建按照远期规模建设，设备按照一期工程安装。

2．厂网一体，精准分析

污水处理厂是否要扩建，首先要了解污水收集系统是否完善，进水浓度是否正常，若进水浓度明显偏低，首先应该考虑污水收集系统排查，通过排查和整改，将管网中外水（河水、地下水、雨水等）排出，将管网系统先行梳理，发现问题给予解决；如果外水排出以后，通过污水产生量测算，明确污水处理能力不足的情况下，才可以考虑扩建规模。

污水处理厂要提标改造，首先要了解污水收集系统是否正常，污水处理厂尾水不能达标，若是因为管网系统收集了工业污水，或收集了不易处理的特征因子，就应该首先搬迁工厂，或在厂内完成必要的污水处理过程，达标后排入市政管网或排入水体；若是因为污水处理厂进水碳源不足，就应该首先考虑修建管网，让外水离开收集系统，将那些有利于提高碳源的污水收集到系统里来。

3．水量水质，科学预测

人们会发现一种奇怪的现象：城市污水集中处理率已经达到95%，甚至98%，但是，城市河道还有不少是黑臭水体，污水处理厂的进水浓度也很低。一方面，说明还有不少污水在直排水体，污水的集中处理率统计方法出现问题；另一方面，说明系统中有外水进入。

部分城镇污水处理厂的BOD_5进水浓度只有30 mg/L，但是在污水处理厂设计进水水质指标时，往往会将 BOD$_5$ 取到 120 ~ 180 mg/L。这样做的结果是，用高的设计进水指标设计出来的处理构筑物处理着似乎不需要处理的进水。而且，人们还在不断地扩建污水处理厂规模。

生活污水量预测若按照规划中的数据取值会偏高，应与服务范围内实际用水量做一个核算；我国编制的工业园区或工业用地地均水量指标标准算法偏高，应该到现场做一个调查研究取值，或借鉴类似用途用水指标参考，会更切合实际一些。

污水处理厂进水水质指标预测是设计人员最头疼的事情，如果按照现状污水处理厂的进水取值，明显偏低；如果按照设计标准核算，又明显高于实际运行中的进水水质，如何取值需要研究分析。建议用实际一年或多年的数据统计分析，采用覆盖率取值作为底限，然后按照设计标准进行核算，作为污水处理厂处理构筑物的校核参数。污水处理厂处理构筑物计算规格尺寸时，用两者的中间值，但对高值和低值都需要校核。

4. 工艺选择，方便运行

尽量采用多点进水、多点回流、多段 AO 等运行灵活、便于模式调整的工艺手段，应对进水变化和季节变化，确保出水水质稳定达标。

冬季低水温会对去除碳源污染物、脱氮、除磷产生较大影响，应充分考虑应对措施，方便生产运行人员，必要时，可采用"降低负荷、增长泥龄、调整厌氧区及缺氧区水力停留时间和保温或增温"等措施或手段。

碳源不足现象是我国南方城镇污水处理厂普遍存在的问题。因此，设计中应充分考虑到碳源不足情况下的应对措施；同时，还要分析进水水质变化规律，分析进水水质中是否存在难降解的特征因子，必要时采取应对工序。当然，如果污水处理厂设计是从全系统上进行分析，解决问题也是先从源头上加以控制的话，污水处理厂生产运行会变得相对容易，也能够确保污水处理厂尾水稳定达标。

设计中，一方面应充分挖掘现有进水污水中的碳源，采用合理的工艺流程和具体措施，如采用初沉发酵池，采用较短的水力停留时间，去除一部分无机颗粒物，减少后续工艺负担，同时也改善一部分碳源；另一方面要采取合适处理手段，减少不必要的碳源损失。如原污水、混合液回流、回流污泥进入生物反应池的厌氧区、缺氧区时，应采用淹没式入流方式，确保 TN 指标达标。

5. 参数合理，稳定达标

一般而言，一级 B 排放标准和一级 A 排放标准污水处理厂的设计参数已经稳定下来，规范、标准、导则中都有规定和指导，也有不少成功的经验可以借鉴和参考。

但对于较上述标准再高的尾水排放标准（准Ⅳ类、准Ⅲ类等），并没有成熟的标准、规范、导则用来作为指导，成功的案例还不是很多，更多的情况是大家都在摸着石头过河，没有成熟固定的设计参数和工艺流程指导，需要不断尝试和应用来验证。

因此，建议对于拿不准的工艺、技术以及参数，应该先用试验进行验证，然后推广使用，保障高标准排放的污水处理厂稳定达标。

6. 尾水利用，节能减排

从水资源保护、生态环境改善、资源化利用角度来说，尾水利用，节能减排，不仅是针对缺水城市或缺水地区，而是所有城镇污水处理厂都应该考虑，除非尾水利用处理和运送费用太高，技术经济划不来，技术上缺乏，管理水平不够等原因。

城镇污水处理厂的尾水水量、水质都较为稳定，因此，可以说城镇污水处理厂尾水是城市的第二大水源。尾水加以利用，可以减少城镇自来水的使用量，达到节约水资源的作用，节省自来水的制水成本和输送费用；可以减少尾水的排放，减少河道污染负荷，改善水环境的作用；可以采用再生水热泵技术，为污水处理厂附近能源站提供热源和冷源，进行资源化利用。

7. 智慧管理，安全高效

随着污水处理厂的尾水排放标准越来越高，处理工艺流程也越来越长，运行管理的环节也越来越多，药耗和能耗代价很高，如何科学管理、精准控制、高效运行、稳定达标，在不少地方，用人来进行管理已经显得力不从心，需要自动化，甚至智能化的手段参与。

一方面，可以减少操作人员工作量，减少工作失误，保障出水水质稳定达标；另一方面，还可以通过精确曝气、精准加药等手段，节省成本，利用智慧水务平台了解设备状况，建立资产信息化、专家决策系统，随时发现问题，并精准解决问题，达到安全高效的目的。

3.3.3 提标改造规划设计原则

污水处理厂提标改造设计应遵循下列设计原则：先源头控制，后强化处理；先运行优化，后工程改造；先生物强化，后物化辅助；先厂内达标，后湿地改善。

1. 先源头控制，后强化处理

源头控制是指从污水管网入手进行分析，管网中是否存在影响污水处理厂出水达标的工业污水成分，或不可降解的有机物存在，如果有，则应该先考虑搬迁工业企业到城市开发区或工业园区，或工业企业内部进行处理达标后排放水体或市政管网。

对于工业企业中有益的有机物，若进水水质碳源不足，可以放宽市政管网接管要求，有效利用碳源，保障污水处理厂 TN 指标的稳定达标。

如果管网中因为外水占比偏高而造成污水处理厂进水浓度偏低，脱氮碳源不足，也应该考虑先修复管网，截断河水倒灌通道，提高污水处理厂进水水质浓度，保障污水处理厂尽量少用碳源投加措施解决 TN 达标问题。

当源头控制措施有限时，或在有限的时间内难以做到理想状态，这时再考虑如何在污水处理厂内部进行强化处理措施安排。强化处理措施是指对原有污水处理厂进行提标改造，包括优化运行、生物强化、物化辅助、湿地改善等非工程措施和工程措施。

2. 先运行优化，后工程改造

污水处理厂的运行模式是可以进行调整的。首先根据达标差距，找到需要提标的指标项目，通过调整运行模式或调整运行参数，就可以达到目的。

若 NH_3-N 指标不达标，可以考虑增加曝气量，加大回流量，增加污泥浓度，让好氧池的 DO 达到 $2\,mg/L$ 或以上；若 TN 不达标，可以投加甲醇、乙酸钠等碳源，并适当延长反硝化时间；若 TP 不达标，可以在生物池前、中或二沉池进口段投加药剂，保障出水 TP 达标。

当采用优化运行后，仍然出水不达标，可以考虑工程措施。如在生物池中投加悬浮填料，可以节省扩建池体容积和土建费用，满足达标要求；将原有生化系统改成 MBR 工艺，可以节省占地，提高处理规模和出水水质；在原有污水处理流程后，增加反硝化滤池或深床滤池，进一步提高生物指标削减，保障出水水质达标；降低原有污水处理负荷，将多余部分水量考虑到扩建工程当中进行处理，来确保整体污水处理厂达标排放或再生水利用。

3．先生物强化，后物化辅助

由于生物处理的成本相对较低，而且不会造成化学污染，所以强调优先考虑生物处理方式，如优先考虑生物除磷，而不是化学除磷办法；在提标改造时，优先在生化段去除生物指标（BOD_5、COD、NH_3-N、TN），物化段（深度处理段）去除生物处理没有办法去除的 TP、SS 等指标。

当生物处理没有办法处理生物指标时，方可采用臭氧＋活性炭工艺、芬顿处理、单独臭氧、活性焦等高级氧化技术措施。

4．先厂内达标，后湿地改善

由于湿地工程的应用主要目的是进一步稳定和改善污水处理厂尾水，并不是作为城镇污水处理厂主要处理工艺来采纳。而且受到气候的影响较大，这么大的规模城镇污水处理厂不允许出现不稳定达标，所以污水处理厂的提标必须在厂内完成。

至于在污水处理厂后增加湿地处理是锦上添花的事情，也是环境风险降低的要求，对于有条件的地方尽量使用，对于没有条件的也没有必要非要找地去建设人工湿地。

3.3.4　厂址选择

1．厂址选择要结合城市土地资源空间开发利用规划要求

国家政策强调，城市总体规划做法要做改变，不能局限在工程建设方面做城市总体规划，应该从土地资源空间开发利用角度，思考城市空间开发利用总体规划；同样污水处理系统规划也应该从土地资源空间开发利用角度思考，特别是污水处理厂的厂址和建设模式应符合城市土地资源空间开发利用规划。

如果要建设地面污水处理厂，根据环境影响评价要求，必须要与周边居民或建筑物保持一定的防护距离。因此，建设一座污水处理厂，不仅需要污水处理厂本身建设用地，还要保留一定距离的保护范围，不能利用，影响周边地块的开发和利用。

所以，必要时，可以通过实施半地下式或全地下式建设模式，一方面，采用用地紧凑的短流程污水处理工艺；另一方面，因有环境影响的处理构筑物全部建设于地下，节省了地面环境保护需要的距离，节省了土地面积，并结合城市商业、绿地建设、休闲公园建设、文化教育基地建设、再生水资源利用等，统筹城市发展需要，满足城市居民的美好生活需求。

这样做还有一个最大的好处是，厂址的选址位置就显得没有那么重要了，只要城市空间上有地即可，不用再行考虑污水处理厂周边环境影响需要照顾的安排。

2．厂址选择要考虑资源化利用可实施性

污水处理厂的厂址布局原则要因地制宜，不能只是要求污水处理厂必须建设在城市地理下风向、城市水体下游、郊区等，要从多角度、多维度思考污水处理厂厂址的合理布局，便于资源化利用。

城市热电厂、化工厂、钢铁厂需要大量冷却水资源的地方，可以在其附近考虑建设污水处理厂，将污水处理厂达标尾水利用起来，如西安市北石桥污水处理厂将其尾水 5 万 m^3/d 再生利用于附近化工厂冷却用水，溧阳市城市污水处理厂也是将尾水 5 万 m^3/d 再生利用于附近钢铁厂冷却用水。

城市湿地公园、景观河道、景观湖泊需要不断补充蒸发水量、生态基流的地方，也可以考虑在其附近建设污水处理厂，将满足环境容量的达标尾水加以利用，韩国首尔清溪川就有这样的安排，国内很多缺水城市（如北京、包头）和水资源开发利用较好的城市（如深圳、杭州）均有这样的案例。

3.3.5 总平面设计

1．一般要求

厂区总体布局应合理，工艺流程应顺畅，避免水流的迂回，并减少水头损失；为了有效利用有限场地，提标改造项目，应积极采用集成化设计，充分利用场地，必要时拆除原有构筑物，采用节约土地工艺，达到同样处理效果，甚至好于原有效果，如长沙市湘湖污水处理厂提标改造暨中水回用项目。

厂前区各个功能单体可以通过合理的布局以及连廊的联系，有机地组合在一起，同时，也通过这些空间的围合和分隔，划分出了大小不同景观区域，充分体现"自然、洁净、生态、安全"的设计理念，有条件的地方宜将污水处理厂建设成一座花园式水厂、海绵生态水厂、环保科教基地、智慧管理水厂、资源化利用示范中心等。

2．分散与集中相结合

总平面布置经常会受到项目红线、高压走廊退让线、河涌退让线、原有构筑物边线等多个条件的限制。实际设计建设中，可以采用分散与集中相结合的布置思路，将处理构筑物按预处理、生物处理、深度处理、消毒等功能，分成多组功能区块，区块内的处理构筑物可以采用合建等形式，高度集中布置，不同的功能区块内可以充分利用地块形状，考虑水力流程，分散布置于厂区各处预留用地内。

提标改造项目可能会制约条件甚多。因此，必要时，部分用地可以拆除现有处理构筑物，统筹考虑已建和扩建或改造部分的平面布置和施工过程中的厂区运行难度，在不影响厂区功能的前提下，拆除部分已有构筑物，满足新建构筑物的用地要求。

3．环境敏感度规避方式

当用地非常紧张，环境敏感度较高，且条件允许时，城镇污水处理厂应在设计建设过程中充分贯彻节地思想，将绝大部分水区构筑物紧凑布置并建于地下，减少工程投资；同时，应充分考虑到周边环境的需求，尽量利用地下空间的上部美化环境，利用污水处理厂尾水建设人工湿地公园，给城镇带来休闲空间和城市风景。

如北京某再生水厂将预处理构筑物、生化处理构筑物、深度处理构筑物、污泥处理构筑物等进行了集约化布置，并建设于地下，占地面积是同规模再生水厂占地面积的 65%；同时，近远期处理构筑物进行了合理的布局，为远期建设创造良好的条件；为了便于日常巡检及维修养护，设置了厂区中间巡视主通道，宽度设置为 9 m，每座反应池设置了电瓶车通道，可以很方便地上池巡检。

4．连通与超越

污水处理厂并联运行的处理构筑物间通常要设均匀配水装置，各处理构筑物系统间视情况设可切换的连通管渠。考虑到污水处理厂建成后进水（水量、水质）不一定满负荷，有些构筑物可以暂时超越；对于合流制污水处理厂，雨季混合污水经预处理后一部分也要超越排放，另一部分进入生化部分处理；也有污水收集系统中有工业废水部分，往往会在工艺流程中增加水解酸化处理段作为应急或备选，当跨域水解酸化处理段出水也能达标时，也可以设超越管渠。

5. 地下污水处理厂

地下污水处理厂应采用分层布置形式，在竖向布置上可分为水处理构筑物层、设备操作层和地面层。

水处理构筑物宜共壁布置，构筑物之间宜采用渠道连接，减少水头损失和占地，有条件时可利用构筑物之间的间隙布置成管廊，将管线、电缆等集中布置。

在满足消防要求的前提下，生产辅助用房宜与水处理构筑物叠合布置，节约用地。鼓风机房宜布置在生物反应池池顶，污泥脱水机房宜布置在车行道旁，加药间宜靠近投药点并集中设置。

污泥消化池、沼气罐、柴油发动机等火灾危险性为甲类、乙类的构（建）筑物应设置在地面层。

结构柱网的布置应综合考虑生产工艺要求、构筑物池型等因素，布置应尽量均匀、跨度合理。

厂区应有良好的排水条件，防洪标准不得低于城镇防洪标准。进水应考虑限流措施、超越措施，地下厂区低点处应设置排水泵坑。

3.3.6　城镇污水处理厂 3.0 理念体现

1. 污水处理厂 3.0 理念的思考

在城市高质量发展的背景下，城市基础设施已经成为支撑现代城市生存和发展的最核心系统。面对城市空间品质化、共享化的建设要求，需要去探索未来城市基础设施的发展新范式，不应局限于既定的标准，而是作为一个连续性的物质空间网络，为城市发展探索出更为广阔的空间。

为推动城乡发展，创造美好生活，我国经历了由粗放型到高质量发展初期的城市建设历程，从单一的项目思维发展到今天的城市和区域思维，探索构建生态、友好、智慧的城市区域环境；也一直在思考高质量未来城市的建设标准和方向。为此，提出了污水处理厂 3.0 理念。

污水处理厂 1.0 只注重污水处理功能，到市政 2.0 开始关注污水处理工程的绿色化，而污水处理厂 3.0 则以系统思维为基础，以城市整体发展为出发点，将城镇污水处理厂设施视为一个复杂的有机整体。希望充分挖掘污水处理厂设施的综合价值，重新界定其功能、生态以及空间的内涵，并赋予其美学特性、资源特征、智慧特征。期望通过污水处理厂 3.0 这种新的发展理念，将城镇污水处理厂设施打造成为城市真正支撑结构，为城市健康发展提供可持续动力。

工程与自然是绝对对立的关系吗？当然不是！研究者一直在探索和尝试一种工程与自然"共生"的可能，污水处理厂 3.0 就是以城镇污水处理厂设施为框架载体，师法自然，系统设计，资源化利用、智慧建设，实现建设工程与自然功能的有机融合，应用智慧化建管技术，强化现有城镇污水处理厂设施的综合功能，构建自然、系统、资源、智慧的现代污水处理设施建管体系。

将灰色做成绿色、将绿色做成艺术，再把艺术做成生活，当前的社会不单单需要理性的工业思维，更需要艺术的人本思维。污水处理厂 3.0 的独特之处在于：将"空间建造"转变为"场景营造"，通过艺术与美学来软化城镇污水处理厂设施在人们心中的固有印象，创造出情感与精神的新感受。

现如今，仅用技术突破来衡量城镇污水处理厂设施的建设水平已经难以满足社会发展的需求，污水处理厂3.0考虑的是如何突破污水处理设施功能单一的瓶颈，将更多的社会功能在时间与空间双重维度下交织复合，在有限的空间中创造出无限的可能，成为区域新的触媒点，有效提升城市综合效益。

2. 海绵城市建设理念及措施

总体设计要体现绿色市政设计理念，厂区设计应做到海绵城市建设理念贯穿，屋面花园、构筑物池面花园、雨水回收利用、生态停车场等一系列设计，利用透水铺装、雨水花园、下沉式绿地、雨水蓄水池、LID树池、初雨处理设施等技术将雨水收集、过滤、净化、调蓄后作为厂区绿化浇灌用水，实现了雨水资源化再利用。

厂前区设计融入海绵城市设施建设元素，通过微地形调节延长汇流时间；设置景观蓄水池，兼具调蓄和削峰的作用；采用透水铺装、停车场铺地，减少厂前区地表径流。

3. 景观绿化

景观设计应充分结合周边环境，打造集景观、休闲公园于一体的公园式污水处理厂；厂貌设计与周围建筑有机结合，厂区绿化以春草、夏花、秋果、冬绿为理念；兼有假山、回廊、小桥、水溪、瀑布或喷泉等；可以利用生化池顶面加盖及中央控制调度中心屋顶，进行绿化池面和屋面绿化等形式，大大增加厂区的绿化面积。

厂区绿化应采用适应当地气候的乡土品种，减少灌溉的水量及维护工作量，对环境十分友好；厂内绿化还应选用具有较强抗污染能力的树种，同时结合花草、小品，合理布局，运用树种的合理搭配，形成多层次的绿化环境和随着季节演变的色彩美，使单调、呆板的工厂环境显得富有活力和艺术魅力。

4. 建筑形式

建筑物整体设计着重体现"自然、洁净、生态、安全"的设计理念，兼顾污水处理厂本身的工艺要求，充分注重厂内环境的美化及建构筑物造型的和谐，尽量做到艺术与技术有效的相结合，使之成为别具一格的工业建筑。

厂前区建筑按使用功能一般分为内外两部分。外围可以布置综合楼和职教楼，通过餐厅以及与两楼联系的连廊围合成一个半封闭的广场，使得在功能上既能够满足使用的需要，还具有很好的视觉景观。宿舍楼可以布置在内侧，是对外部以及对内工作区的一个分界线。由宿舍楼和机修、配电等偏内部功能的单体来丰富剩余的厂前区。

在建筑风格的设计上，结合整个厂区的规模及其周边的地理环境，将来整个地域的发展，可以定位成现代新颖的，能够经得起时间考验的，能体现厂区整体风貌的建筑风格。在立面的处理上，则通过虚实的对比来表现建筑的现代感。底层可以采用通透的玻璃面，与上部实墙面较多的部分形成对比。同时通过不同的玻璃体来优化丰富虚实对比的关系，也可以美化建筑内部的环境。在立面的开窗上可以采用纵向的长窗，长窗在功能上有利于采光，还能提供良好的视野。在立面的表现上，也使建筑很有序列感，从而增添建筑的现代感。

5. 文化展示

有条件时，可以植入水处理效果展示、地方文化展示、环保科学教育等亮点。将厂区打造为美观、生态、人与自然充分融合的城市小游园。通过对厂区原有旧设施的景观重生，打造场所记忆。通过对原有的构筑元素提取再设计，创造出更加符合污水处理厂独特景观语言。

3.3.7　旱季设计流量和雨季设计流量

为了提升城镇污水系统应对雨天流量的能力，切实提高合流制系统截流倍数，减少雨天溢流污染，有必要在污水系统旱季设计流量的基础上，提出雨季设计流量的概念。

显然，对于合流制系统，雨季设计流量就应该是截流后的合流污水量，而分流制污水系统的雨季设计流量，应在旱季设计流量的基础上，根据对径流污染控制设施的调查，增加相应的截流雨水量。

在设计过程中，应从污水管道、泵站、污水处理厂各构筑物和污泥处理系统考虑旱季设计流量和雨季设计流量的协调。

比如，对于分流制污水管道，应按旱季设计流量进行设计，并按雨季设计流量校核，校核的时候可采用满管流；对于分流制污水泵站的设计流量，应按泵站进水总管的旱季设计流量确定，其总装机流量应按泵站进水总管的雨季设计流量确定；对于分流制雨水泵站，雨污分流不彻底、短时间难以改建或考虑径流污染控制的地区，雨水泵站中宜设置污水截流设施，输送至污水系统进行处理达标排放；对于污水处理厂污水处理构筑物，提升泵站、格栅、沉砂池和深度处理均应按雨季设计流量计算，初次沉淀池和二级处理系统应按旱季设计流量设计，雨季设计流量校核，管渠应按雨季设计流量计算；当二级处理系统不能满足要求时，也可参考国外的做法，在厂内增设调蓄设施，应对雨季设计流量；对于处理截留雨水的污水系统，其污泥处理处置在旱季污水量对应的污泥量上增加。

3.3.8　尾水排放标准与污水处理工艺确定

1. 排放标准的确定

排放标准的确定主要取决于处理出水的最终处置方式，如果排入水体，则取决于接纳水体的功能质量要求和水体的环境容量，如果再生利用，则取决于再生水的水质标准和用户对水质的特定要求。

城镇污水处理程度和方法，应根据现行国家和地方的有关排放标准、污染物的来源及性质、排入地表水域环境功能和保护目标确定。禁止地方政府盲目跟风，提出不合理的要求，慎用最高排放标准要求。

2. 污水处理工艺的确定

城镇污水处理厂工艺方案应确保处理功能的实现，并达到稳定高效的处理效果，净化处理后的出水和外运的污泥应达到国家及地方规定的污染物排放标准和安全处理处置要求。对城镇污水处理设施的出水水质有特殊要求的，须进行深度处理。这是污水处理最基本的目标，也是污水处理厂产品的基本质量要求。

城镇污水处理厂工艺方案的确定必须充分考虑当地的社会经济和资源环境条件。要实事求是地确定城镇污水处理的工程规模、水质标准、技术标准、工艺流程以及管网系统布局等问题。处理规模应按照远期规划确定最终规模，以现状水量为主要依据确定近期建设规模。

在决定城镇污水处理工艺方案时，要因地制宜，结合当地条件和特点，有所侧重，尤其是排放与利用的相结合、不同处理工艺单元的灵活组合等方面。

城镇污水处理设施建设，应采用成熟可靠的技术；根据污水处理设施的建设规模和对污染物排放控制的特殊要求，可积极稳妥地选用污水处理新技术；必须合理权衡工艺先进性和技术成熟性之间的辩证关系，既要重视技术经济指标的先进性，也必须充分考虑国情和工程性质。

节省工程投资与运行费用是污水处理厂建设与运行的重要前提。合理确定处理标准，选择简洁紧凑的处理工艺流程及构筑物布置，尽可能地减少占地，力求降低基础处理和土建造价。同时，必须充分考虑节省电耗和药耗，将运行费用减至最低。对于我国现有的经济承受能力有限的城镇，这一点尤为重要。污水处理系统具有较高的性价比，同样是先进性的重要体现。

设计人员应科学合理设计，根据需求和处理构筑物的技术能力选择确当的污水处理工艺流程，满足必要出水水质稳定达标要求或接纳水体环境容量要求；对于不成熟的污水处理新工艺、新技术设备慎用。若因特殊原因必须采用时，应经过必要的试验验证，提出稳妥的设计参数和必要的保障措施，特别关注应用后的维护管理问题有解决方案，并逐步推广使用。

3.3.9 城镇污水处理厂削峰措施

当城镇污水处理厂服务范围内存在峰值来水量时，应采用削峰填谷调蓄设计手段。当来水量超过污水处理厂处理能力时，可利用调蓄池方式储存超量来水。待来水量低于污水处理厂处理能力时，再将调蓄池内存储的污水送至污水处理设施，进行全流程处理，统一达标排放，最大限度地削减污染物量，充分发挥污水处理设施的处理能力。

对于已建污水处理厂，旱季溢流水的处理工艺可以采用"粗、细格栅处理（现有）＋沉砂处理（现有）＋调蓄（新建）＋后继全流程处理"的工艺。

3.3.10 预处理单元设计

1. 格栅

高排放标准污水处理系统，建议选用具有全拦截功能的内进流式、平板式和转鼓式超细格栅，栅板宜采用孔板或编织网结构。内进流网板格栅具有过流量大、截污率高、清渣彻底、密封性好等优点。

采用 MBR、深床滤池、反硝化滤池等工艺时，生物系统前或深度处理工艺前应增设超细格栅，进一步去除颗粒／缠绕物。

2. 沉砂池

曝气沉砂池水力停留时间宜不低于 9 min，曝气系统宜单独控制，以优化调节曝气量。应重点关注吸砂机和砂水分离器的运行维护。尽量选择搅拌转速可调节的旋流沉砂池，并结合出砂情况进行合理调控。尽量减少沉砂池出水端的跌水复氧，降低碳源损耗。有条件时，选用除砂效果好、节省占地的新型沉砂池。

3. 沉淀池

设计进水 SS 大于 150 mg/L 或 SS/BOD$_5$ 大于 1.5 的城镇污水处理厂宜设置初沉池。应适当提高初沉池表面负荷，缩短水力停留时间，降低碳源损耗。以生活污水为主的城镇污水处理厂，水力停留时间宜不超过 1 h，必要时可缩短至 0.5 h。宜采用机械排泥，减少堵塞；应设置冲洗管路，用于停水维护时排泥管冲洗，防止污泥板结。

实际进水 SS 较低（小于 150 mg/L）或初沉池出水 BOD_5（或 COD_{Cr}）出现较大幅度降低时，可部分或全部超越初沉池。应尽量减小初沉池出水端及汇水井的跌水复氧，降低碳源损耗。

4．水解池

水解酸化处理技术是指将废水厌氧生物处理过程控制在厌氧消化的第一阶段，即水解酸化阶段，利用兼性的水解产酸菌将复杂有机物转化为简单有机物。这不仅能降低污染程度，还能降低污染物的复杂程度，提高后续好氧生物处理的效率。

要维持水解酸化反应器良好的水解酸化反应，应根据水解酸化过程的特点以及相应的处理要求，创造合适的生化反应条件，从而使水解酸化反应器正常、稳定地工作。

水解酸化可以在 pH 值低至 3.5 和高至 10.0 的较广范围环境下生长和繁殖，最佳的 pH 值范围为 5.5 ～ 6.5。工程中可以通过调整水解酸化反应器的有机负荷或者向水解酸化反应器投加酸，强行调整 pH 值，而使水解液维持最佳 pH 值范围。

对于水解酸化反应器，也可以通过控制反应器的泥龄来控制反应器中优势菌群的种类，从而使反应器处于最佳的水解酸化状态。如果甲烷菌的比增长速率为 μ，显然，当水解酸化反应器中泥龄小于等于 $1/\mu$ 时，反应器中不会发生甲烷化反应，可以将生化反应控制在水解酸化阶段。

在水解酸化反应器中应将反应控制在产氢产乙酸和产甲烷阶段之前。因此，水解、产酸阶段的产物主要为小分子有机物，可生物降解性一般较好。由于水解酸化反应可以改变原废水的可生化性，从而可减少后续处理的反应时间和处理的能耗。水解酸化过程可以使固体有机物液化、降解，能有效减少废弃污泥量，其功能与厌氧消化池一样。不需要密闭的池体，降低了造价，便于维护。由于反应控制在产氢产乙酸和产甲烷阶段之前，出水无厌氧发酵的不良气味，可改善处理厂的环境。

厌氧水解池的主要功能是改善进水可生化性，提高对难生物降解 COD_{Cr} 的去除效果。厌氧水解池的设置及设计水力停留时间和泥龄等参数的选择，应依据模拟试验或工程实际运行效果确定。一般城市污水的水解酸化反应器的设计停留时间为 2 ～ 3 h；对于其他难降解工业废水的水解酸化反应器停留时间，可参照类似或相关废水的水解酸化反应器停留时间，或通过试验确定。

设计进水 BOD_5/COD_{Cr} 小于 0.3 或进水中溶解性难生物降解 COD_{Cr} 影响出水达标时，可设厌氧水解池替代初沉池，厌氧水解池宜设超越管线。

常用厌氧水解池形式有折流式、推流搅拌式、上升流式，宜设置集泥斗并机械排泥，以避免排泥管道堵塞。

厌氧水解池前宜设置超细格栅，以降低颗粒／缠绕物等对厌氧水解池运行的影响。有条件时可适当加大布水管管径，增设布水管冲洗系统。应尽量减小厌氧水解池进、出水端的跌水复氧，降低碳源损耗。注重运行过程的排泥控制，提高水解效果。

3.3.11　优先考虑采用多模式运行 A/A/O 生物处理工艺及其变形工艺

污水处理生化池的设计宜采用多模式运行 A/A/O 工艺，可利用闸门灵活控制进水及混合液回流位置，调整缺氧区与厌氧区池容，可实现传统 A/A/O、A/O（厌氧／好氧）、A/O（缺氧／好氧）、改良 A/A/O、多点进水倒置 A/A/O 等多种工艺方式运行。在操作形式及管理上更为灵活，具有更强的抗水质水量冲击负荷的能力。

对于纳污范围内的排水体制以截流式合流制为主，主要为合流制污水，呈现低碳高氮磷的水质特性，旱季和雨季的污水水质变化幅度大，在工艺选择中应充分考虑处理工艺能够适应水质大幅变化，尤其是要适应在低水质浓度时能够达标排放。设计过程中通过对多种主体处理工艺进行详细的技术经济比选，确定主体工艺和深度处理工艺。可采用多模式 A/A/O 工艺，可调节多点进水，可根据进水水质灵活调配厌氧、缺氧段的分配，或增加预缺氧处理的功能。通过预缺氧、厌氧和缺氧段的时间分配，充分利用合流污水的碳源，提高脱氮除磷的效果，确保出水水质稳定达标。

3.3.12　脱氮除磷难度大的生物处理可以采用多段强化脱氮改良型 A/A/O 工艺

对于进水水质污染负荷高、出水水质要求严格的污水处理厂，应组织考察调研，并实地进行中试试验，深入研究合适的工艺流程和设计参数，确保工艺方案先进可靠、出水效果良好。

对于进水 TN、TP 浓度高，污水处理的脱氮除磷难度大的污水处理厂，生物处理可以采用多段强化脱氮改良型 A/A/O 工艺，通过分段进水、分段精准曝气、分段回流，在充分利用碳源的基础上，能够根据实际运行需要，实现多模式运行，具有很强除磷脱氮及适应不同进水水质的功能。

多级 A/O 工艺具有以下特点：

1）多段配水，充分合理利用碳源；硝化、反硝化交替进行，生物系统中碱度变化较小，避免或减少碳源和碱度的投加。

2）污泥前端进入，污水多段进入，形成由高到低污泥浓度梯度，生物池内平均 MLSS 高，生物池池容小，抗冲击负荷能力强。

3）采用多级好氧／缺氧段，上一级的硝化液全部进入下一级缺氧区，无内回流。

4）污水经多级缺氧／好氧的环境，较好地抑制污泥膨胀的发生，污泥沉降性能好。

5）属于后置反硝化，污水碳源利用率高。

6）污水分多段不同比例配入，运行控制灵活。雨季时，加大生物池后端的配水量，可有效防止池内污泥的流失。

3.3.13　对于用地有限制，经济条件允许时，生物处理可以采用 MBR 膜处理工艺

MBR 膜生物处理工艺相对于传统生化工艺来说，总装机功率较高，为了尽可能地减小运行成本，应该尽量采用各种节能的新设备、新工艺和新措施，并在设计水质和现有场地条件下，基于活性污泥系统 ASM 动力学模型，采用 biowin 软件对整体工艺流程进行反复模拟，最终得到了既能稳定达标，同时电耗及药耗均最省的工艺条件和运行参数。通常地下污水处理厂建设以这种工艺为多，因为节省占地和投资需要。

应设置膜组件在线及离线清洗设施，并定期对膜丝缠绕物等进行清理。

3.3.14　脱氮效率要求较高时，可以采用 Bardenpho 工艺

生物池采用 Bardenpho 工艺，其目的是不投加外部碳源的情况下，脱氮效率达到 90% 以上。在第一段缺氧池，来自硝化段的混合液内回流中含有大量的硝态氮，在进水有机物的代谢过程中，硝态氮替代 DO 作为电子受体，其本身异化还原为氮气，理论脱氮率达到 80%。BOD 去除、NH_3-N 氧化和磷的吸收都是在硝化段完成。第二段缺氧池提供足够的停留时间，通过混合液的内源呼吸作用，进一步去除残余的硝态氮。最终好氧段为混合液提供短时的曝气时间，以降低二沉池出现厌氧状态和释放磷的可能性。当进水 TN 过高，或者出水标准提高时，第二段缺氧池可根据需要调节外碳源投加量，保证 TN 达标。

鉴于混合液回流中的硝酸盐对生物除磷有非常不利的影响，在 Bardenpho 工艺前端增加一个厌氧区，即改良型 Bardenpho 工艺（图 3-1）。通常按低污泥负荷（较长泥龄）方式设计和运行，目的是提高脱氮率。

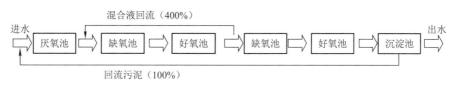

图 3-1　改良型 Bardenpho 工艺流程

为强化脱氮，多点进水应用较多，比如，多级 A/O 工艺等。但是，当出水水质标准进一步提高时，低温环境下硝化菌活性低，后端进水的 COD 也难以被充分降解，出水 COD 和 NH_3-N 有超标的风险。为保障达标，在生物池前端进水，第一段好氧池停留时间可以达到 7 h 或以上，保障硝化菌的生长和 COD 的充分降解。

3.3.15　对于污水处理厂提标改造设计，应尽量减少对原有生产运行的影响

当要求污水处理厂提标改造过程对现状生产运营"零影响"时，应通过精心优化设计，周全配备临时措施，充分利用现有设施。

应对污水处理厂近几年的进水水质、现有处理设施的处理效率等进行大量的调研和分析，并通过一系列的小试和中试研究，确定可靠有效的总体工艺路线，并采取有效性的配套措施。

1）可以对进水进行分类调配。通过源头分流，将部分工业废水调配到工艺流程更长、处理手段更多的工程。

2）强化二级生物处理。拆除占地面积大的生物处理构筑物，保留的生物处理构筑物减少处理负荷，通过新建一座占地较小的生物处理构筑物（如 MBR 生物反应池）和一座稳定可靠、运行灵活的生物处理构筑物（如 A/A/O 生反池），可以节省占地并提高处理效率，同时须充分考虑不同工况下的各并联处理单体或单元的布水均匀性。

3）增加三级深度处理。根据分类调配后的水质情况，有针对性地在末端新增加砂高效沉淀池、滤布滤池（或反硝化深床滤池）、消毒氧化池等。

4）其他水质保障措施。为确保出水的稳定达标，在深度处理段可以考虑多点加药物化法、

臭氧氧化及活性炭吸附等措施。

5）对于现状污水处理采用 CAST 工艺的，若进行生物池改造，可以通过投加悬浮填料，形成序批式生物膜反应器。

合理选择填料，采取填料拦截与疏导措施，优化曝气系统，调整反应器核心参数，并采取底泥均化措施，确定碳源投加方式，对预处理和后处理提出要求。有工程应用运行数据显示，改造后的 SBBR 系统脱氮效果优于连续流活性污泥工艺。

3.3.16　生物池的设计

1. 厌氧区

厌氧区 DO 宜小于 $0.2\,mg/L$，硝态氮宜小于 $1.5\,mg/L$，以降低 DO 和硝态氮对厌氧释磷的影响。厌氧区应配置氧化还原电位（ORP）在线仪表，ORP 值宜小于 $-250\,mV$。条件允许时可在厌氧区设置内回流点。协同化学除磷抑制生物除磷功能时，厌氧区可按缺氧区运行。

2. 缺氧区

缺氧区应尽量降低进水和内回流混合液 DO。有条件时，应在好氧区增设消氧区。

应优先利用进水碳源，必要时，可按所需去除硝态氮量的 $4\sim5$ 倍（以有效 COD_{Cr} 计）投加外碳源。缺氧区碳源投加点不宜设置在混合液回流点、进水点附近，以降低高 DO 对碳源的消耗。需要优化控制碳源投加量。进水碳源充足，且缺氧区 HRT 足够时，可通过增加内回流比提高系统脱氮效果；进水碳源不足时，仅增加内回流比无法提高脱氮效率，通常需投加外碳源。

宜在缺氧区与好氧区之间设置可按好氧／缺氧切换运行的过渡区，同时安装推流／搅拌器和曝气器。按缺氧模式运行时，有利于提高反硝化效果。宜在缺氧区设置氧化还原电位、硝酸盐氮在线仪表，对缺氧区的运行环境进行实时监控。宜采用对进水水质波动缓冲能力较强的完全混合或循环流池型。

3. 好氧区

好氧区设计水力停留时间应不低于生物段的 50%，DO 宜控制在 $2\,mg/L$ 以上，低水温时，可通过提高 DO 和污泥浓度，提高系统的硝化能力。可通过增加好氧区容积提高硝化效果，不具备新增池容条件时，可通过投加填料提高硝化效果。宜在混合液回流点前设消氧区，降低回流混合液 DO 对缺氧区反硝化的影响。

应结合进水 NH_3-N 浓度变化、水温变化情况等动态调整好氧区曝气量。条件允许时，可在好氧区后段安装 NH_3-N 在线仪表，有效监测硝化效果，指导曝气系统运行。

宜在缺氧区与好氧区之间设置可按好氧／缺氧切换运行的过渡区，同时安装推流／搅拌器和曝气器。按好氧模式运行时，有利于提高硝化效果。

宜采用对进水水质波动缓冲能力较强的循环流或完全混合池型，综合考虑池型、推进／搅拌、曝气等对水力流态的影响，防止混合液返混至缺氧区。

4. 消氧区

消氧区出水不得直接进入二沉池，以免二沉池反硝化浮泥。消氧区设计水力停留时间宜为 $0.5\sim1.0\,h$，末端（内回流点前）DO 宜控制在 $1\,mg/L$ 以下。宜在好氧区中后段和消氧区末端设置 DO 在线仪表。

5．后缺氧区

当出水 TN 要求小于 10 mg/L 或去除率需超过 75% 时，可设置后缺氧区，不再单独设置消氧区。后缺氧区设计水力停留时间宜为 1.0 ~ 1.5 h。后缺氧区宜采用推流模式，内回流点设置于后缺氧区中部，碳源投加点设置于后缺氧区中后段。

6．后好氧区

后好氧区的主要功能是恢复好氧微生物活性，进一步去除残余 NH_3-N 和有机物，避免二沉池浮泥。设后缺氧区时应同步设后好氧区。后好氧区设计水力停留时间一般为 0.5 h。后好氧区 DO 宜控制在 2 mg/L 左右。后好氧区不再设置内回流点。

7．其他

可以通过在生物池中设置泥水分离区，提高回流污泥浓度以减小回流污泥体积，延长污水在生物池中的实际停留时间，从而提高生物池的容积利用率，强化生物池处理效果。在生化池末端混合液回流入口前，设置了 0.5 h 非曝气区，以降低回流混合液 DO，改善脱氮除磷效果。

针对高出水指标中的 COD 不大于 20 mg/L 的情况，可以采用臭氧催化氧化滤池。

3.3.17　填料投加设计

我国北纬 40° 以上地区冰冻期长达 3 ~ 6 个月，此时的污水平均温度一般低于 10℃。低温严重影响微生物的生长和活性，其中也包括了硝化菌，这对脱氮非常不利，影响出水 NH_4^+-N 和 TN 浓度的达标。

同时随着城市污水处理厂出水排放标准越来越严，我国大多数污水处理厂都面临升级改造的问题。由于污水处理厂在升级改造工程中受到原有生物池容积的限制，通常的做法是向生物池中投加悬浮填料。

填料的投加，一方面能够提高系统的生物量，延长污泥停留时间，可以使低温弱势菌种硝化菌的浓度得到提高，进而促进硝化作用；另一方面，附着于填料表面的生物膜内部为厌氧或缺氧状态，可以进行反硝化作用，因此可以达到强化生物脱氮的目的。

悬浮填料投加是系统工程，设计时应综合考虑池型、水力流态、填料类型、填充率、曝气、推进／搅拌、填料拦截装置等因素。应采用生物附着性好、有效比表面积大、孔隙率高、使用寿命长的悬浮填料。悬浮填料有效比表面积宜不小于 500 m^2/m^3，20℃ 时填料区容积负荷宜不小于 0.5 $gNO_3-N/（m^2·d）$ 计算。

填充率应根据进出水水质、NH_3-N 去除目标和挂膜试验确定的表面负荷或有效生物量计算，宜为 20% ~ 50%。悬浮填料区应与好氧区末端保持 10 ~ 20 m 距离。低水温时应适当提高悬浮填料区 DO 浓度，宜不小于 3.5 mg/L。

悬浮填料区与非填料区用格网隔开，采用平面格网时，格网应与水流方向呈小于 30° 的倾角，格网处、池壁处应设置防止悬浮填料堆积的穿孔曝气冲刷装置。应采取防护措施，降低悬浮填料对池体、曝气器、水下推进器、电缆等的磨损。

3.3.18　固液分离区设计

固液分离区的主要功能是实现泥水分离，主要类型包括二沉池、膜池、沉淀滗水等。在用地条件允许时，优先选用二沉池。二沉池设计应综合考虑进水水量波动（特别是雨季）、低水温条件下生物系统污泥浓度提升等影响因素。

二沉池的设计平均表面负荷宜为 $0.6 \sim 1.0\,m^3/\,(m^2 \cdot h)$，采用周进周出池型时，可提高至 $1.0 \sim 1.5\,m^3/\,(m^2 \cdot h)$，水力停留时间宜不小于 $3\,h$。应注重平流式二沉池链板式刮泥机的施工精度。

用地受限时，可采用膜池替代二沉池。膜通量设计应充分考虑低水温等导致膜通量衰减问题。应将高 DO 的膜池混合液回流至好氧区前端，再由好氧区末端回流至缺氧区，避免高 DO 混合液对缺氧区影响。

为了节约用地，二沉池采用出水稳定、场地利用率高的矩形周进周出二沉池，与多模式 A/A/O 生物反应池合建。

3.3.19 好氧颗粒污泥技术

好氧颗粒污泥属于微生物的自固化技术范畴，过程牵涉细胞与细胞之间的相互作用。每个颗粒污泥是由数百万计的不同种细菌形成的微生物的聚合群落，与传统的絮状活性污泥相比，好氧颗粒污泥具有规则的外形、密实的结构和优良的沉降性。利用它们能实现反应器中较高的污泥浓度，从而减小反应器容积，提高耐冲击负荷能力。好氧颗粒污泥是高活性微生态系统，它的存在使反应器有较高的生物浓度，对于提高活性污泥反应器的处理能力，改善出水水质，实现同时脱氮除磷，确保生化过程高效稳定进行均有重大意义。

1．宏观特性

与活性污泥絮体相比，好氧颗粒污泥具有以下优点：结构结实紧凑；外形规则光滑；反应器中无论是混合状态还是沉淀后静止状态，作为个体清晰可辨；可在反应器中实现较高的污泥浓度和较好的污泥沉降性能；能承受较高水力负荷和有机负荷；对有毒物质和重金属的适应性较强；颗粒污泥优良的沉淀性能使得反应器出水的泥水分离操作变得容易进行。

完整的颗粒污泥的形状几乎近于球形，具有非常清晰的外轮廓，其平均直径介于 $0.2 \sim 5\,mm$。颗粒污泥的大小最终取决于反应器各种运行条件的综合平衡作用结果。这些条件包括有机负荷和反应器中水力摩擦等。特别是水的动力摩擦对悬浮态的生物颗粒大小起着关键性影响作用。

颗粒污泥的污泥容积指数 SVI 一般可低于 $50\,mL/g$，远小于絮状活性污泥容积指数。颗粒污泥的沉降速度与其尺寸和结构紧密相关，其值介于 $30 \sim 70\,m/h$。该值与 UASB 中厌氧颗粒污泥相当，却远远高于活性污泥絮体的沉降速度（$8 \sim 10\,m/h$）。优良的沉淀性能保证了在操作好氧颗粒污泥时在较高的水力负荷条件下不至于产生大量污泥流失，保证了较高浓度的污泥截留，进而促进了反应器的操作稳定性，提高了反应器的处理能力。从另一个角度来看，在处理一定量污染物的前提下，使用好氧颗粒污泥可使反应器结构变得更加紧凑。

好氧颗粒污泥本身结构上较高的物理强度保证了颗粒在较高的摩擦、碰撞反应条件下仍能保持结构完整。将置于瓶中的颗粒污泥在平板上以每分钟 200 次的频率摇动 5 min，瓶中剩余结构保持完整的颗粒污泥量占起始量的百分数，定义为颗粒污泥完整系数（IC）。实验结果表明，颗粒污泥的 IC 值高于 95%，其值与厌氧颗粒污泥的物理强度相仿。

颗粒污泥的疏水性几乎大于传统的生物絮体的 2 倍。好氧颗粒污泥的活性可以用氧的利用速率（OUR）来表示，据报道，好氧颗粒污泥的 OUR 值为 1.27 mg/（g·min），而絮状污泥为 0.8 mg/（g·min）。好氧颗粒污泥的含水率为 97%～98%，而絮状活性污泥含水率大于99%。

好氧颗粒污泥在储存中如无有效底物的补充，会由于细胞中内源呼吸反应导致颗粒污泥解体。温度对储存颗粒污泥的稳定性和活性有重大影响。

2．微观特性

好氧颗粒污泥为层状结构，颗粒外部为好氧区，内部为缺氧或厌氧区。研究表明，好氧颗粒污泥中所含的多聚糖集中形成在距颗粒污泥表面约 400μm 处。好氧颗粒污泥含有众多的孔隙，这些孔隙深达颗粒表面以下 900μm 处，而大部分孔隙集中于距表面深度 300～500μm 处。这些孔隙有利于氧和底物向颗粒内部传递并输出代谢产物。硝化菌主要分布在好氧颗粒污泥表面以下 70～100μm 处。在好氧颗粒污泥表面以下 800～900μm 深处探测到厌氧菌。

好氧颗粒污泥本身的生物相极其丰富，构成颗粒的种属有：贝氏硫细菌属、硫酸盐还原菌、好氧硫化菌、球衣菌属、纤毛虫、吸管虫属、钟虫属和细菌以及一些厌氧菌。好氧颗粒污泥表面以丝状菌为主体，相互缠绕，发挥着组成颗粒污泥的框架作用，其上还有杆状细菌和数量有限的原生动物。好氧区内层以好氧细菌的集合体为主。硫酸盐还原菌对形成好氧颗粒污泥非常重要，因为它能有效降低氧化还原电位。

3．技术应用

由于好氧颗粒污泥中含有一定量的原生动物，能够捕食细小的有机颗粒物，而且颗粒有机物的粒径越小则去除效率越高，所以颗粒污泥对于颗粒性有机物中 COD 的去除效果较好。颗粒污泥对颗粒性有机物的吸附和生物降解作用也是去除颗粒性 COD 的重要原因。

基于好氧颗粒污泥的分层结构和微生物的多样性，且好氧颗粒污泥中同时含有硝化菌和反硝化菌。所以，好氧颗粒污泥工艺具有较好的脱氮除磷功能。

在处理有毒废水时，颗粒污泥的特殊结构可以提供屏蔽作用，使颗粒中相当数量的微生物不需要直接接触反应器中高浓度有毒成分；另外，由于好氧颗粒污泥物理结构相对结实，表面积较大，且具有多孔性，适合作为吸附用途。吸附后的重金属很容易随颗粒污泥实现泥水分离。

成熟的好氧颗粒污泥对城市污水的处理效果良好，出水 NH_3-N 小于 1 mg/L，去除率稳定在 90% 以上；并且随着颗粒化的进行，反硝化作用明显增强，TN 去除率稳步提高，最高时可达 96%；对 COD 的去除率在 90% 左右，TP 去除率保持在 87%～99%。

3.3.20　仿真模拟软件应用

扩建工程污水处理工艺过程仿真模拟软件应用时，应通过比较模拟出水水质与实际出水水质调整模拟软件的后台参数，使之更加适合污水处理厂的实际情况，从而使模拟结果更加准确。仿真模拟软件的运用可通过模拟多个运行工况及设计参数，以确定最佳设计和方案，提升设计计算的可靠性。

工艺的精确模拟计算和优化分析涉及反应单元的停留时间、DO、动力学及运行控制、曝气系统等多种参数，任何一类参数的改变都可能引起整个工艺系统的改变。如果针对每种参数的改变都进行工艺系统重构，系统就会显得十分复杂且效率较低。模块化设计能够进行不同参数的组合，实现快速建模和灵活计算，成为污水处理工艺模拟系统设计的必然趋势。

过程分析有利于直观地根据污染物沿流程变化判断工艺运行存在的问题，为优化工艺运行和改进工艺设计提供可靠的基础；特别是在线监测手段较少或者监测点设置较少的情况下，利用模拟系统提供的过程分析数据，能够较为准确地对工艺运行状况进行诊断。

依据参数类型进行的模块化设计能够实现不同系统功能模块的组合，完成不同的设计任务，并在参数改动不多的情况下快速进行模块切换，便捷地进行新的模拟计算。

3.3.21 深度处理单元设计

1. 介质加载混凝澄清技术

占地受限或混合反应区进水 SS 较低时，可通过投加磁粉、微砂等介质强化絮凝效果。应根据污水中磷含量及组成、悬浮固体与胶体、成本费用、供应可靠性、污泥处理处置方法，以及与其他处理过程的兼容性选择混凝剂。宜通过试验确定混凝剂类型及投加量，必要时可通过生产性试验确定（尤其是聚合类药剂）。

实际运行中，铝盐或铁盐金属离子与需去除 TP 的摩尔比一般不低于 4。采用磁粉、微砂强化絮凝时，水力负荷宜为 15 ~ 20 m³/(m²·h)，絮凝池的设计水力停留时间宜为4.5 ~ 5.5 min。采用磁粉、微砂强化絮凝时，应随时关注磁粉、微砂流失情况，定期补投。

深度处理系统采用磁加载混凝澄清技术，在进一步节省用地的前提下，可以强化市政污水处理设施对难降解 COD、重金属、有机磷和一些微量持久性有机物的去除能力。

磁混凝澄清工艺在常规混凝沉淀工艺中添加了磁粉（图 3-2）。磁粉（10 μm）颗粒非常微小，作为沉淀析出晶核，使得水中胶体颗粒与磁粉颗粒很容易碰撞脱稳而形成絮体，晶核众多使得每一粒微小的悬浮物颗粒能够形成絮体，并且在每一个絮体中包裹有磁粉，从而悬浮物去除效率也大为提高；同时由于磁粉密度达 6.5，因而，絮体密度远大于常规混凝絮体，也大幅提高沉淀速度。出水水质优异：SS 小于等于 10 mg/L，后续不需要任何过滤；表面负荷较大（20 m/h 以上），占地面积很小；高效除磷：出水 TP 小于 0.05 mg/L；是美国 EPA 推荐除磷工艺；进水高 SS 也不影响出水效果，显著优于常规沉淀。

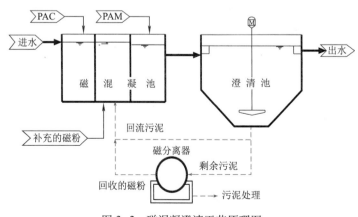

图 3-2　磁混凝澄清工艺原理图

2．气浮澄清技术

气浮的主要功能是借助微气泡的吸附上浮作用，实现对比重接近于水的化学絮体、胶体类物质和难沉降颗粒物的去除。用地受限或除磷要求较高（小于 0.2 mg/L）时，可选用气浮工艺。

气浮较常规沉淀加药量增大、运行管理难度大。气浮出水 DO 升高，出水不得直接进入强化脱氮区（如反硝化滤池）。宜结合占地、投资及模拟试验结果确定气浮装置类型。

浅层气浮负荷参考值为 10 ～ 20 m³/ (m²·h)，水力停留时间参考值为 2 ～ 4 min；矩形高速气浮负荷参考值为 18 ～ 28 m³/ (m²·h)，水力停留时间参考值为 8 ～ 12 min。溶气水泵回流比宜为 10% ～ 20%。混凝剂加药量宜为 10 ～ 50 mg/L，反应时间宜为 3 ～ 5 min；助凝剂加药量宜为 0 ～ 0.5 mg/L，反应时间宜为 3 ～ 5 min。气浮系统应配置自动预泄压装置，以及防止回流水逆流堵塞气管的装置。

3．反硝化滤池技术

深度处理工艺通常采用"高效沉淀池＋深床滤池／反硝化滤池"组合工艺。深床滤池／反硝化滤池兼具过滤和反硝化功能，可进一步去除 SS、TN、TP，确保处理水质的稳定达标，同时具备在不进行现状生物处理构筑物改造的前提下，进一步提高排放标准的可能。

若充分发挥生物处理单元脱氮功能（含投加碳源）后仍不能实现 TN 稳定达标，可设置强化脱氮区，常用类型为深床滤池／反硝化滤池。深床滤池／反硝化滤池具有生物脱氮及过滤功能。

设计硝态氮负荷宜为 0.5 ～ 0.8 kg NO$_3$-N/(m³·d)，水力负荷宜为 120 ～ 160 m³/(m²·d)，空床接触时间宜为 15 ～ 30 min。根据脱氮需求灵活运用反硝化滤池。

按反硝化模式运行时，应结合进出水硝态氮浓度优化碳源投加量；仅按滤池模式运行时，水力负荷可提升至 160 ～ 240 m³/ (m²·d)。采用上进下出流态时，应采取导流板等跌水复氧控制措施，避免复氧损耗碳源。启用反硝化功能需考虑挂膜时间，夏季宜不低于 2 周，冬季宜不低于 1 个月。

污水处理厂提标改造工程采用深床滤池／反硝化滤池，脱氮效果可以很好，直接运行费用在 0.01 ～ 0.02 元/m³，能够稳定实现出水 TN 指标达到并优于一级 A 标准。

观察滤池进、出水 DO 变化，有助于了解反硝化的运行环境。通过优化控制全厂系统内 DO，从而降低滤池进水 DO，对反硝化的经济运行具有重要意义。

在长期运行过程中，需要运营人员积累运行数据，分析滤池的运行状态，在保证系统出水各项水质指标的前提下，对反洗周期、碳源投加量等重要运行参数进行调整，摸索系统在不同工况、不同季节下的最佳运行参数，进一步降低处理能耗。

4．有机物强化去除技术

有机物强化去除区的主要功能是进一步去除溶解性难生物降解 COD$_{Cr}$，并具有一定的新兴微量污染物去除效果。

采用强化源头控制措施并充分发挥前续工艺潜能后，COD$_{Cr}$ 仍不能稳定达标时，可考虑设置有机物强化去除区，主要包括活性炭／活性焦吸附、（催化）臭氧氧化、芬顿氧化等工艺。

有机物强化去除区成本高、运行管理难度大，应结合试验测定和已有工程案例综合确定有机物强化去除区的技术选择及设计运行参数。芬顿氧化技术还存在污泥量大、运行环境恶劣、药剂强腐蚀性等缺点，一般不建议在城镇污水处理厂使用。

5．浅层高效滤池技术

浅层高效滤池是重力下向流过滤，包括五个常规过程：过滤、空气搅拌、脉冲搅拌、水力擦洗式反冲洗、化学清洗。整个工作过程：先启动正常的过滤过程，然后过滤过程继续，有部分污染物累积在上层砂层，过滤阻力逐渐加大，当液位上升到一定高度，启动空气搅拌和脉冲搅拌，使表层截流了大量污染物的砂层再生，从而降低过滤介质上方的水头损失，使过滤介质上方的液位降低而重新赢得过滤水头，由于在正常过滤过程中反复多次启动空气搅拌和脉冲搅拌，从而降低了反洗频次，延长了正常的过滤时间。

在进行空气搅拌和脉冲搅拌的过程中，一直都进行着正常过滤过程。当污染物逐渐累积，液位不断上升，到达滤池允许的最高液位时，就需要启动水力擦洗式反冲洗。

反洗过程附带脉冲搅拌和空气搅拌，能在短期内部提高反洗效率，降低反洗能耗，无须机械清扫装置清洗滤床或使整个滤床流化。整个反洗过程反洗泵的启动时间仅 3.5 min。

为解决油或油脂对滤料的污染，浅层高效滤池还配备了化学清洗系统。在运行一段时间，操作人员发现水力擦洗反冲洗效果不明显时，可启动化学清洗系统。化学清洗系统利用次氯酸钠或过氧化氢等化学药剂将附着在砂层表面的污染物氧化，从而恢复砂层的过滤能力。

3.3.22 地下污水处理厂设计

1．工艺处理构筑物

生物反应池顶板宜设置用于观察、取样及检修的孔洞。孔洞盖板应选用热浸锌钢、玻璃钢等防腐材质。

采用二沉池时，宜采用单层或双层矩形沉淀池；单层矩形沉淀池进出水布置方式宜为周边进水周边出水，表面水力负荷宜为 $1.2 \sim 1.6 \, m^3/ \, (m^2 \cdot h)$，污泥固体负荷不宜大于 $200 \, kg/ (m^2 \cdot d)$，有效水深宜为 $4 \sim 4.5 \, m$，池宽宜为 $6 \sim 10 \, m$，池长不宜大于 $80 \, m$。

双层矩形平流沉淀池应充分考虑上、下层进水分配的均匀性，上、下层宜采用等长分水堰配水，双层矩形沉淀池宽宜为 $6 \sim 9 \, m$，单层有效水深宜为 $2.5 \sim 3 \, m$；若上层沉淀池采用刮泥方式排泥，应考虑避免上层池体排泥对下层池体配水区的扰动，下层池体配水区前宜设置挡泥裙板。

采用膜生物反应器时，膜池宽度的确定应考虑柱网间距及膜组器尺寸。膜池应设起吊装置，上部空间高度应满足设备起吊要求，起吊重量应按照湿重考虑，吊车轨道的布设应根据柱网布置、膜组器数量等因素综合考虑。

2．噪声控制

地下污水处理厂宜选用噪声低、振动小的设备，地下厂区内直接噪声源应采用隔声、消声、吸声、隔振降噪等措施综合控制。

鼓风机房、污泥脱水机房应采用封闭式建筑，机房内应采取降噪措施。

曝气沉砂池配套风机、除臭系统配套风机应配备隔声罩，且面板应采用防腐材质。

未加盖池体宜进行水力优化，降低噪声。未加盖池体所在空间区域较大时，可采用局部设置吸声体或对整面进行声音处理的措施消除影响。

3．辅助设施

采光井、风井及排气筒、疏散楼梯间出口等地面辅助建筑的设计应与周边环境相协调。

在满足地下厂区自然采光要求的情况下，采光井应结合地面层建设模式设置，应采取有效措施隔离、保护采光设施。

风井及排气筒不应设置在人员经常停留或经常通行的地点，应采取降噪、隔离行人、防雨雪及小动物的措施。

地下厂区对外出入口应设置雨水排水沟渠，地下厂区与地面层连接处可设置遮雨棚，防止雨水进入地下厂区。

4．供热除湿

内部热湿环境保障宜优先采用通风方式，当通风不能保障室内环境要求时，应设置空调或供暖系统。

在严寒、寒冷地区，二沉池等未加盖池体所在区域宜设置暖风机或预热送风，防止墙体结露、设备腐蚀。

在室外空气湿度较大地区，宜对变电所、配电室、中央控制室等含有电气设备的房间进行除湿处理。

3.3.23　提标改造重点难点及对策

1．污水处理厂内工程措施

城镇污水处理厂提标改造的难点是 COD_{cr} 和 TN，重点是提高两者的生物处理率，同时加强 SS、TP 的物化去除率。基于水质、排放标准、现状条件、区域经济各异，提标改造工艺不同。首先应明确目标，全面分析水质、去除率；其次，复核并挖掘现有生物处理能力，强化生物处理、加强物化处理，以求简短高效的工艺流程、简约处理单元，减少管理及维护环节，降低运营成本；最终，单元组成、设施型式根据工艺现状、用地情况统筹确定。

提标改造设计应具体问题具体分析，不能简单套用其他污水处理厂的工艺方案。每个污水处理厂都有其特点和特定的问题，在考虑提标改造方案时，一定要对污水处理厂的现有进水水质特征和出水水质情况进行详细分析，明确现状与提标目标的差距和问题的关键点，才能有的放矢，确定适宜的工艺方案。对于情况相对复杂的污水处理厂，需要通过小试、中试等手段来研究工艺路线，确定合适的设计参数。

提标改造设计中要充分考虑预留，包括处理手段预留和用地预留。污水处理厂的进水水质难免会有波动，季节变化对处理效率也有影响，对于可能影响稳定达标的风险点，一定要有预留措施，处理手段预留诸如预留生化池多模式运行的可能性、预留多点加药手段、预留粉末活性炭投加措施等。污水处理厂内的用地预留，以及预留与远期设施的衔接接口等也是不能忽视的一个重要方面。现在污水处理厂的处理标准不断提高，污水处理和污泥处理处置都不断有新的需求出现，因此在工程设计时，要尽量为今后预留一定的拓展空间。

强化生物处理主要有三种途径，详见表3-7。通过不同的强化生物处理措施及后续物化处理可取得良好的处理效果，关键是因地制宜。

强化生物处理途径分析 表3-7

项目	途径一	途径二	途径三
方法	降低已有生物处理负荷，扩容新建生物池	对现有生物系统实施原地、原池改造	增加生物处理单元，延长处理流程
特点	并联生物处理单元	提高生物池污泥浓度	串联生物处理单元
优点	对生产影响小，基本可不停产建设	对现有流程影响小	对生产基本没影响，基本可不停产建设
缺点	生物池（SBR系列）后续水力负荷构筑物不便利用或衔接复杂	对生产影响较大，须减产、分池进行	流程长、处理单元及管理环节多
共同点	调整优化生物处理工艺，增加供氧量，设置外加碳源（必要时投加）		
适用情况	扩容与提标同时	提标且无建设用地	提标且有建设用地

高标准的污水处理重点难点是脱氮除磷，近年来以厌氧－缺氧－好氧为主体的生物处理得到了有效改良，以A/A/O、倒置A/A/O及UCT工艺为例，脱氮除磷效果如下：在NH_3-N去除率方面，UCT＞倒置A/A/O＞A/A/O；在脱氮效率方面，倒置A/A/O＞UCT＞A/A/O；在除磷方面，UCT＞A/A/O＞倒置A/A/O。其中，UCT工艺对NH_3-N和TP的去除率最高，硝化效果最好；倒置A/A/O脱氮效果最好，除磷效果最差。分析认为UCT工艺污泥回流至缺氧段，缺氧段混合液回流至厌氧段，有助于磷的去除，同时厌氧段消耗了原水中部分有机物，减少了有机物降解需氧量，有利于生物硝化，提高了NH_3-N去除率。倒置A/A/O工艺由于缺氧段前置，反硝化碳源充足，脱氮效果高，厌氧段后置，有机物减少，影响聚磷菌对有机物的需求，降低了除磷效率。

基于上述各处理工艺的特点，提标改造可通过多点进水、多点回流、分级氧化、反硝化、提高供氧量、有效利用原水碳源、以简约的处理单元强化生物硝化和反硝化，优化处理工艺，获取良好的脱氮除磷效果。

提标成本的增加一方面来自建设投资，另一方面来自电耗和药耗。简约的处理流程既可以减少建设投资，又可以降低非处理电耗，高效的生物处理、有效的碳源利用可降低药耗，设计上可设置集约化的长流程，辅以超越措施，运营可根据水质情况超越部分单元，缩短运营流程。

提标改造的核心是稳定达标，设计和运营应以此为目标，工艺选择的原则是因地制宜，设计应充分挖掘现有设施的潜力，统筹已有工艺和建设条件，实现目标的要义是精心设计，设计应充分考虑水质的变化，对症下药；流程设置应长短适宜、操作灵活，防止过度处理；设施选配应充分考虑维护管理的难易、成本的高低。达标排放的关键是科学管理，管理上合理把控流程长短、电耗、药耗，有效利用原水碳源，降低处理成本。

2. 管网源头的水质分流

要满足新的标准稳定达标需求，单纯的厂内工程措施已不一定能完全满足要求，这一问题在一些地区已有体现。如，浙江嘉兴和绍兴地区，城市污水处理厂进水中工业废水比例均在50%以上，而且工业废水种类复杂，污水处理的难度很大。在嘉兴联合污水处理厂一级A提标改造工程中，就曾在小试和中试中对进水水质进行分析，进水中难降解的COD_{Cr}含量在

80 ~ 120 mg/L，进水 TP 中还有一定比例的有机磷。这样的进水水质要出水稳定达到一级 A 标准已有相当大的难度，在此基础上还要进一步提标，要稳定达标的可能性很小。因此，在污水处理厂扩容提标的前期方案研究中，经过多方论证提出了管网源头水质分流的方案，即对污水处理厂服务范围内的管网系统进行梳理和分流改造，将主要工业区的废水分流出来，单独建厂进行处理，避免再加入城镇污水处理厂。

长三角地区有类似工业废水影响问题的污水处理厂也不在少数，对于此类污水处理厂，管网源头的水质分流确实是新标准下不得不考虑的一种有效措施。

3. 提标改造技术方案中合理取舍预处理单元

城镇污水处理厂进水中含有大量工业废水时，考虑到工业废水排放的间断特征，其废水性质和水量随着时间而变化，为使各处理单元在稳定状态下运行，在处理流程的前端设置调节池是非常必要的。如果是印染废水，考虑到废水 pH 值偏高，为了保证后续构筑物的处理效果，还应特别注意 pH 值的调节。乡镇污水处理厂规模较小、水量水质变化大，故在格栅后也应增设调节池。

研究表明，初沉池对进水 SS 有较好的去除效果，一般去除率在 40% 以上。SS 含量较高的原水不经初沉池直接进入生物处理系统，相当部分的无机物会因吸附等方式包裹在污泥中，使污泥中的活性成分降低。此时，初沉池的设置有利于提高生物处理系统的污泥活性、硝化速率、生物处理装置的能力和效率。对于有建筑废水或无机成分比例大的高浓度 SS 废水进入管网的城镇污水处理厂，尤其是管网以合流制为主的城镇污水处理厂，为保证生物处理系统正常功能的发挥以及整个污水处理厂的正常运行，宜设置初沉池。

小试及中试研究表明，当进水 SS 达 400 mg/L 以上时，对生物处理系统的冲击很大，一方面生物池的污泥增量太大，需要大量排泥，其结果是生物池内的有效生物量降低，影响处理效果；另一方面是泥量大量增加，在来不及排泥的情况下影响供氧效率。这种高浓度 SS 废水对生物处理系统的冲击，往往需要数天时间来恢复。因此，对于 SS 大于等于 400 mg/L 的来水，城镇污水处理厂必须设置初沉池。

SS 浓度不是很高的原水，若经过较长停留时间的初沉池，会损失一定的碳源，对生物脱氮产生不利影响。因此，初沉池的运行要灵活，应根据实际进水水质适当提高初沉池的表面负荷，缩短停留时间或部分超越。通常，初沉池的水力停留时间宜为 0.5 ~ 1.5 h。

综上所述，是否设置初沉池的第一个条件是，考虑进水有机物浓度能否支撑活性污泥生物系统；第二个因素是生物脱氮所需的 C/N，以减少或不投加人工碳源为重要原则。进水 SS 在 400 mg/L 以上时，水质指标已超出《污水排入城镇下水道水质标准》GB/T 31962—2015，首先应在源头管理上着手，建筑废水排入下水道也如此。对于建筑废水及其他无机成分比例大的高浓度 SS 废水，首先应考虑沉砂池的设计及其良好运行。

进水 BOD_5/COD 值偏低的城镇污水处理厂，尤其以印染废水为主时，应考虑设置厌氧水解池，利用兼性水解产酸菌将部分难以好氧生物降解有机物转化为易生物降解有机物，提高后续生物处理的效率。研究表明，作为高 VSS/SS 值污水的预处理，厌氧水解池的设置非常必要，能够使 SCOD/COD 值由 33% 增至 75%。对于工业废水所占比例较高或进水中含不易生物降解、不易沉降、不易被吸附的 COD 等影响出水达标的污水处理厂，宜设置厌氧水解池。

4．提标改造技术方案中应充分发挥生物处理段的作用

为了缩短工艺流程，减少构筑物的设置，生物处理段应立足于最大程度地去除有机物、NH_3-N、TN；为了节省化学药剂和污泥处理处置费用，还应兼顾磷的去除。

当现有污水处理系统无法稳定达到尾水排放标准，且设备的能力、池容的利用状况、操作参数的控制存在一定的可供调控空间时，提标改造工程应优先采用运行优化扩容技术，提高系统除磷脱氮能力。

对于现状已采用 A/A/O 系列工艺或 A/O 工艺改造为 A/A/O 工艺的污水处理厂，当采用优化运行后，出水 TN、NH_3-N 仍然不能稳定达标或新增池容困难时，提标改造工程可考虑在生化段好氧区投加填料，将生物膜技术与活性污泥工艺结合，优化系统内微生物的组成和数量，提高系统的硝化稳定性和反硝化能力。另外，也可以通过投加填料减小好氧区的容积及增大缺氧区和厌氧区的容积，但不宜在缺氧区和厌氧区投加填料。

当原有生物处理段采用上述强化措施后出水 NH_3-N、TN 仍然不能达标时，提标改造工程可以考虑在原生物处理段后增加曝气生物滤池、反硝化滤池等设施。通常此时需要补充必要的外加碳源，确保尾水 NH_3-N、TN 稳定达到排放标准。

3.3.24　厂区除臭与通风

污泥处理系统是污水处理厂异味最主要的源头，应将贮泥池、污泥脱水机房、污泥料仓全封闭除臭，确保整个污泥区干净整洁无异味。

1．除臭工艺

1）化学除臭

化学除臭是通过系统中的化学药剂与臭气中的主要成分进行化学反应，达到消除臭味和污染的目的。除臭反应在专用的化学洗涤器（酸塔和碱塔）里进行，通过 pH 值和碱塔的余氯浓度自动控制加药量。

化学除臭系统设计的关键点主要是通风量和进气中有毒有害气体（主要是 H_2S）的控制浓度，它们决定了除臭系统的规模、设备选型与运行费用等。考虑到运行维修员工的工作环境以及过高浓度的 H_2S 会造成设备故障和腐蚀，控制平均换气率至少应大于 7。设备系统管道、药剂储存容器等均需考虑防腐要求，设备间要配备紧急自救设备，如紧急淋浴设备、紧急洗眼喷头等。

2）生物除臭

生物除臭利用生长在载体填料表面的微生物将致臭物质吸附降解，硫化物可分解成硫酸盐，氮化物分解成硝酸盐，碳化物分解成二氧化碳和水，适宜的湿度、pH 值、氧气含量、温度和营养成分是保证微生物活性的重要参数。

作为微生物的载体，填料是生物除臭装置的核心部分，应该满足以下条件：比表面积大，容许生长的微生物种类丰富；保湿性能好，能为微生物的生存创造良好的环境；抗强酸耐腐蚀，对产生的强酸有耐腐蚀性；具有一定的强度，无压密性，保证气体停留时间和通量；不随水分的多少产生膨胀和收缩，保证各种情况下的通气量；结构均匀孔隙率大，压力损失小，通气阻力小，自身无臭味，具有一定的吸附能力；填料材料易得且价格低廉。

对污水处理厂生产过程中产生的废水、臭气、废渣、噪声进行处理。对于有生态环境优美

要求的污水处理厂，在全厂范围内对有恶臭产生的构筑物采用加盖除臭，包括生化池也可以采用全池加盖，通过采用加盖密封、负压抽吸、分区集中除臭的方式，应用模块式生物组合滤池除臭工艺，避免污水处理厂气味对周边环境的影响。

可以采用先进的生物碳质除臭技术，使污水处理厂在改善水域环境的同时减少对大气的污染并节能、节水。各类除臭工艺比较见表 3-8。

除臭工艺比较　　　　　　　　表 3-8

除臭工艺	生物滤池	离子除臭	活性炭吸附	燃烧除臭	土壤除臭	化学洗涤
适用范围	各种臭气	中、低浓度臭气	低浓度臭气或其他除臭工艺的后续处理	爆炸浓度极限以下的气体	臭气浓度及气量波动较小的气体	风量高、中浓度的臭气
初期投资	较高	中等	中等	高	高	高
运行成本	低	低	较高	高	低	高
占地面积	较小	较小	较小	较大	较大	较大
处理效果	较好	较好	较好	若温度没有控制好，则处理效果差	较好	较好，但与药液不反应的臭气较难去除

2．除臭与通风设计

1）地面污水处理厂

传统设计是将除臭和通风作为两套独立系统，宜创新性地采用除臭通风一体化集成系统的设计理念，避免两套系统相互干扰。设计中可以将微污染臭气引入生化池曝气系统，既减少了新风引入量，又降低了除臭系统的规模，节省了投资和运行费用。设计中还应该利用 BIM 模型进行了通风除臭仿真模拟，确定需要强化通风的区域、合理进行气流组织、优化除臭排放塔的平面布局，最终来改善通风除臭效果。

加盖空间内风管可以采用 UPVC 材质，密闭空间外风管需采用不锈钢风管。风管尽量明装，采用架空敷设方式，同时采用"同程"原理布置，确保管路之间的收集风量尽量均匀。

干管风速可以采用 6 ~ 10 m/s、支管风速可以采用 2 ~ 6 m/s 来确定管径。由于臭气在风管流动过程中可能会产生凝结水，水平风管设计 0.002 的坡度。

同时在风管最低点的底部设专用排水管道，将凝结水就近排至生物反应池内。

2）地下污水处理厂

除臭通风宜整体统筹，系统设计，臭气应收集处理后有组织排放。通风应设置机械送风、排风，满足自然进风条件的局部区域可采用自然进风。

除臭通风宜根据不同区域的特点进行设置，满足人员健康、设备正常运转和排放控制要求。进水泵房、格栅、沉砂池、生物反应池、污泥储存池、污泥脱水机房等区域应封闭，并保持微负压状态；变电所、配电室、中央控制室、鼓风机房、设备间等区域应设置微正压。

臭气应通过优先选择封闭式设备、臭气源密封、栅渣污泥及时清运、设备清洗等措施进行源头控制。

臭气收集风管应合理布置，管路系统应进行阻力平衡计算，各分支管路阻力的不平衡率不应大于 15%。

臭气处理工艺应根据处理要求、污染物性质及负荷、场地情况、投资等因素确定。宜选用生物除臭作为主要除臭方法，生物除臭装置的填料使用寿命不宜小于 15 年。

臭气源所加盖、罩及支撑件应采用耐腐蚀材料，臭气收集风管宜采用难燃玻璃钢或不锈钢等耐腐蚀材料，生物除臭装置主体框架及外壳宜选用玻璃钢、不锈钢等耐腐蚀材料。

臭气收集处理宜选用噪声小、能耗低的高效引风机，风机壳体和叶轮材质应选用玻璃钢等耐腐蚀材料，并宜采用变频器调节风量。

各区域通风量可采用换气次数法计算，鼓风机房等房间可按排除余热计算通风量，各区域换气次数可按表 3-9 规定取值。

各区域换气次数 表 3-9

序号	区域	换气次数（次 /h）	备注
1	预处理区	6 ~ 8	
2	生物反应池、二沉池上部空间	3 ~ 4	
3	污泥处理区	6 ~ 8	
4	鼓风机房		按排除余热计算通风量
5	加药间	10 ~ 12	
6	设备间	4 ~ 6	
7	变电所、配电室、中央控制室	6	(1) 按变压器和变频器等发热元件的发热量排除余热计算通风量； (2) 设置气体自动灭火系统的房间应设置事故通风系统，事故后通风换气次数大于 6 次 /h
8	机修间、库房、工具间	4	
9	管廊	2 ~ 6	事故后通风换气次数大于 6 次 /h

通风系统宜与有毒有害气体检测仪表联动控制，同时宜采用远程集中控制系统进行检测与控制。

通风系统风管材料应采用不燃材料，送、排风管宜采用不燃无机玻璃钢风管或镀锌钢板风管。事故通风管宜采用镀锌钢板风管。

3.3.25 节能与 BIM 应用

1. 积极采用精确曝气系统节约能耗

污水处理厂可以应用先进的流线型空气调节阀及 AMONIT 精确曝气控制技术，改变传统 DO 控制方式，利用 NH_3-N、硝态氮数据实现曝气的自动精确控制，在确保出水水质的前提下，大幅度提高曝气效益，降低能耗。

采用成熟的测控技术，结合污水处理厂的工艺设计需求及实际运行特征，在生产性的模拟实验室，模拟生化池各曝气控制单元实际管路布设，进行大量实验数据积累，建立科学的数学模型，反向补偿管路布设及空气流态变化造成的流量计量误差。系统按需分配各曝气控制区域的供气量，达到 DO 控制稳定，使生物池各反应段高效稳定运行。

2．积极采用低能耗设备节约运行费用

生物池缺氧段可以采用低速大叶轮水下推进器作为搅拌设备，较传统生化池缺氧段采用潜水搅拌器的功率大大降低，节能显著。

积极采用节能新设备——板条式橡胶模微孔曝气器，将传统的直升式曝气状态变为气帘式回流混合曝气形态，曝气更充分，曝气效率可以提高 20% 左右。

3．充分利用污水处理厂内部建构筑物屋顶、池顶等空间采用光伏发电系统，为污水处理厂补充内部能源

污水处理厂也可以积极响应国家产业政策应用再生能源，节能降耗。如利用厂区建构筑物屋顶、池顶布置光伏发电系统采用光伏发电，优先用于厂区供电系统，多余的电能还可以为周边用户服务，当然前提要得到当地供电部门的认可和同意。

4．采用污水源热泵系统，为污水处理厂内建筑物空调系统提供资源

采用污水源热泵系统，将污水中的能量用于厂区的集中供热供冷，节约大量的一次能源，实现零污染、零排放、绿色环保。

水源热泵系统负责为综合楼提供冷风或热风。水源热泵可以利用再生水为厂区夏天制冷、冬天供热，节省电能；综合楼空调系统及热水系统可以采用污水源热泵系统进行交换，为综合楼提供冷热源，保持人体的舒适感和部分设备设施的正常运行温度；比传统方式节约电能 14% 左右。

5．利用消化系统产生的沼气进行发电，补充内部能源

污水处理厂可以采用国际先进的污泥热水解处理工艺，增加厌氧消化的沼气产率，同时可以降低脱水污泥的含水率，减少后续处理的能耗；污泥高级消化产生的沼气可以通过沼气锅炉产生蒸汽，为热水解系统提供热量，多余沼气可以用于发电，供厂内使用，实现资源的循环利用。

6．利用采光新技术节能

对于地下污水处理厂，可以采用 Ecotect 软件对地下空间的采光进行模拟分析，优化人工照明和自然采光的配合，节约电耗。为了解决地下空间照明面积大、控灯要求高、灯具易损坏等状况，设计可以采用光导纤维引地面光源入地下自然采光，与景观结合采用自然采光等。

7．采用节能灯控系统

结合运营单位分工艺段分班组运维模式，在大面积防火分区设置巡视通道，有针对性地配置照明控制开关，根据不同工况、不同时段来控制照明灯具以达到节能目的；当火灾发生时，可自动强制亮灯。灯控系统为安全文明生产、节约电耗提供了极大的便利。采用先进的自动化技术，确保污水处理厂不仅运行可靠而且节能高效。

还可以采用环境耐受能力强的工控机，开发智能照明控制系统，各照明控制箱和按键面板采用总线连接方式，实现手／自动控制灯具点亮组态、多方位异地控灯、中控室集中控灯、定

制控灯等功能。

8．BIM 技术应用

鼓励全过程全系统应用 BIM 技术和自主开发的 BIM2.0 协同应用平台的污水建设与提标改造，采用全生命周期的 BIM 技术应用，充分发挥 BIM 技术在信息整合、数据共享等方面的价值和优势，实现全生命周期信息管理。

在项目实施全过程中，结合互联网＋、云平台、移动互联等先进技术，开发基于 BIM 的协同管理信息平台。平台运用云计算、互联网＋和移动互联技术，结合 Web 嵌入式模型轻量化图形显示引擎，可以对 BIM 模型数据进行快速浏览查询及协同应用，实现 BIM 数据在项目实施全过程各环节之间高效准确的共享传递，充分发挥 BIM 数据的价值。

9．采用污水处理厂尾水资源化利用系统

根据城市总体规划和再生水利用规划要求，厂区应设置再生水利用系统，首先考虑应用于污水处理厂附近大用户，如化工厂、发电厂、钢铁厂等冷却用水需求，也可以作为城市河道生态补充用水、城市道路绿化、洗车、公厕冲洗、加药、浇洒道路等用水。

3.3.26　安全设计

1．周界安全防范系统

设置先进、齐全的周界安全防范系统，包括摄像装置、电子围栏、广播等，以确保污水处理厂安全运行。由设置在围墙上的电子围栏发现突发事件，通过摄像机让监控中心管理人员及时确认事件，决定是否需要采取相应的措施，然后通过广播分区进行广播，威慑外来非法入侵者。

2．地下污水处理厂安全设计

全地埋方式建设污水处理厂，应充分考虑地下空间防火、采光、通风、除臭、结构、防水等建筑设计难点，通过"瘦身、隐藏、系统化、精细化"等绿色建筑设计策略来弥补传统再生水处理厂在噪声、臭气和景观上的短板。

地下污水处理厂应重视安全设计，由于核心处理设施和工作人员的巡检工作主要位于地下空间，因此设计时保障水厂运行安全、操作人员生命安全的难度比传统的地上污水处理厂大，重点考虑防淹泡措施、消防措施和通风除臭措施。

针对地下污水处理厂地下空间大、功能分区多、层数多的特点，应形成防淹泡设计和消防设计为核心的安全设计技术体系。

1）消防设计

地下污水处理厂应通过建立多级安全屏障以及事故应急预案，防止地下空间的淹泡。应制定地下空间的消防设计方案，可以借鉴《建筑设计防火规范》GB 50016—2014（2018 版）和《地铁设计规范》GB 50157—2013 等相关规范，根据地下污水处理厂特点，适当有所突破，并利用 BIM 仿真技术进行人员疏散的仿真模拟，验证消防设计的可靠性，实施前同时应得到当地公安消防审查部门的认可。

由于现行国家规范对地下停车库与地下污水处理厂组合建造、地下污水处理厂火灾危险性没有明确规定，缺乏设计依据，建议将其按照戊类厂房进行防火设计，并采取以下措施保证消防安全：

（1）将存在甲类生产环境的预处理车间单独布置，设置防火墙及 10 ～ 12 m 防火间距与其他部位分隔。

（2）将地下停车库建于污水处理厂火灾危险性较小的其他生产车间上层。

（3）加强通风换气，设置气体检测仪表及报警装置等。

地下厂区结构耐火等级应为一级，宜按戊类厂房标准划分防火分区。地下变电所、配电室宜设置气体灭火系统，地下厂区、地面层建筑物内应配置手提灭火器。地下污水处理厂应设置集中式火灾自动报警系统。

下列场所应设置火灾探测器：

（1）变电所、配电室、监控中心、消防控制中心、消防泵房等火灾发生期间仍须继续工作的场所。

（2）防烟楼梯间的前室及其合用前室、走道、楼梯间。

排烟及补风系统可与送、排风系统兼用。水处理构筑物层管廊应设置事故后机械排烟设施，主通道通过采光井、通风井等自然排烟，不具备自然排烟条件时，应设置机械排烟系统。设置气体灭火系统的房间应设置事故后排风系统，并设置下排风口，事故后排风系统的手动电气开关应分别设置在室内外便于操作处。消防用电设备的负荷等级不应低于主供电负荷等级。

2）防淹设计

完全地下式污水处理厂设计，截污合流水量随水位控制很重要，可以采用世界先进的自重紧急遮断闸阀、污水流量调节阀，流量随水位自动控制，事故时又可依靠自重完全截断。

对于重力流进水的地下污水处理厂，进水端应设置进水速闭闸门和电动闸门双重安全保障措施。

进水泵站的总装机流量应按泵站进水总管的雨季流量确定。

3．半地下污水处理厂安全设计

半地下污水处理厂空间受限，设计中更应充分考虑运行维护的方便。车间设有环形检修通道，并在部分大型设备的顶部设置有吊装运输口。

构筑物周边主要通道均应设有地面排水边沟，上设雨水箅子。在车间地面层下（检修通道下）设有综合管沟，管沟净空高度宜为 3 ～ 7 m，管沟内设有排水边沟、污水提升泵、起吊装置、地面吊装孔等辅助设施，污水、污泥、加药、生产废水、回用水等各种管道，电力电缆等尽可能在管沟内安装。

3.3.27　资源化

对于污水处理厂每年产生大量污泥，可以制成有用的生物碳土，富含有机物、氮、磷等营养元素，用于林地抚育、土壤改良、苗圃种植、沙荒地治理、矿山修复等领域。

对于热水解厌氧消化系统产生的沼气，可用于厂区发电、供暖，实现部分能源自给。通过水源热泵系统提取污水中的能量用于厂区的制冷供暖，减少碳排放。

污水处理厂应关注资源化回收型能源利用，污泥处理采用中温厌氧消化＋热干工艺，污泥消化产生的沼气用于污泥干化，污泥干化的余热经能量回收装置回收用于污泥消化，实现污泥干化的能量平衡，不需要外加热源，节约天然气。

采用生物脱硫技术，将沼气中的 H_2S 还原为单质硫，可以回收硫污泥。

3.3.28 精确设计

在方案比选或评估中，传统设计方法往往只能理论推断和定性分析，无法对各种工艺方案的效果进行定量预测，难以定量识别所设计工艺中存在的问题。随着城镇污水处理厂出水排放标准的日趋严格，基于经验的传统污水处理设计方法已不能满足新的污水处理厂设计和现有污水处理厂提标改造的工程要求。

基于数学模拟的工艺设计方法包括：新建污水处理厂或已有污水处理厂提标改造中工艺方案的比较和选择，设计工艺的评估和优化等。

需要强调的是，基于数学模拟的污水处理厂设计方法和基于经验的传统设计方法虽然不同，但是它们之间不是替代关系，而是相互补充关系。传统的设计方法通常提供一个污水处理厂的初步设计，而数学模拟则提供了定量评估和优化传统方法所设计的污水处理工艺的工具和方法。

在新建污水处理厂或现有污水处理厂提标改造中选定了工艺或工艺方案后，需对利用传统方法设计得到的工艺或方案使用数学模型进行工艺设计方案的评估（或方案的复算）和优化。这种方法已经在北美、澳大利亚、南非等国家和地区得到了广泛应用，并在大量应用的基础上开发出了实际的应用指南。评估和优化一般分为四个步骤：

1）建立污水处理工艺模拟模型。

2）设计工艺评估和优化的模拟方案（模拟情景）。

3）利用污水处理工艺模拟模型对各种模拟情景进行模拟，从而获得各种模拟情景的模拟结果。

4）分析各种模拟情景的模拟结果是否满足给定的设计标准。如果不能，则调整模拟方案，重新进行模拟，直至模拟结果满足设计要求。

模拟情景和方案的设计要求，设计者应具有丰富的工艺知识、经验以及处理解决各种工艺问题的能力。常见的影响污水处理工艺超标的问题可能是水量峰值、低温硝化、低 C/N 等。这些可以描述成如下的模拟情景：

1）峰值流量下，有可能导致污水处理超标，如夏季进水量较大或暴雨事件。

2）水温较低情况下，可能导致硝化不足，出水 NH_3-N 超标，进而导致 TN 超标，如冬季水温低于 15℃。

3）低 C/N 的情况下（在南方较为常见），与设计条件偏差太大时，容易导致反硝化不充分，致使 TN 超标。

3.3.29 结构处理

1．SMW 工法桩应用

对于占地面积大，开挖深度深，且周边管线、建构筑物情况复杂的构筑物，可以采用 SMW 工法桩加三道内支撑围护，第一道、第二道内支撑采用钢筋混凝土围檩、支撑结构；第三道内支撑为部分底板结合钢围檩、支撑结构。

2. 采用地下式结构形式

对于污水处理厂处于城市核心区域的特点，可以采用先进的半地下式结构形式，即对"初沉池＋生物池＋二沉池"形成的组合体进行双层覆盖，一层加盖密封除臭，二层形成大面积平台，并建设为市政体育公园，公园通过高架桥与周边的其他公园、设施有机结合，可以形成城市独具特色的景点，高效利用有限的土地资源。

为了充分利用地下空间，节省土地资源，降低噪声和臭气污染，可以将主要处理构筑物布置在地下，地面构建筑物少，利用再生水厂得天独厚的再生水源，结合周边环境，修建人工湿地，形成一个赏心悦目的生态景观。

3. 采用 SP 预应力空心板、网架结构等新技术结构

根据厂区内构建筑物的不同特点，可以采用 SP 预应力空心板、网架结构等新技术结构设计，可以达到技术、经济及施工进度等方面的最佳效果。

4. 软土地基处理

对于软土地基处理，可以采用"软土地基减沉复合疏桩基础"，承台下地基土与桩共同分担外荷载、按沉降控制要求确定用桩数量，大大减少桩基工程量，同时减小桩基挤土效应，可以有效避免周边现状的构筑物和管线发生位移和沉降的风险。

采用"盆式"开挖结合竖向斜撑的形式，一方面可以大大减少支撑工程量；另一方面可以使斜撑具有足够的刚度和强度，保证工程的质量和安全。

5. 采用新型材质构筑物

采用大型钢质消化罐替代传统钢筋混凝土消化罐，采用双膜气柜替代传统钢制气柜，缩短了建设周期。

6. 温度应力和裂缝问题解决

大型构筑物整体现浇时，存在较大的温度应力，为了有效解决温度应力及混凝土收缩产生的裂缝问题，设计时，矩形构筑物采用设置伸缩缝、后浇带，圆形构筑物采用预应力结构予以解决，正确解决工程中的设计难题。

7. 抗浮措施

结合地质水文情况，对埋设较深的构筑物采取管理抗浮措施，通过相应的技术措施确保水池的安全运行。对于存在液化现象的场地，对轻微液化区域，应采取加强基础和上部结构刚度等抗液化措施；对中等液化区域，则应采取局部碎石桩挤密加固，消除液化影响。根据液化程度不同，采取不同的结构措施，可以既满足结构安全要求，又节约工程造价。

8. 地下污水处理厂结构

种植屋面活荷载标准不宜小于 $5\,kN/m^2$，构件受力计算时，屋面种植土覆土重度宜取饱和土重度 $20\,kN/m^2$，抗浮计算时宜取 $15 \sim 16\,kN/m^2$。

计算地下箱体外墙时，地下箱体外地面活荷载标准值不应小于 $10\,kN/m^2$，地下箱体外地面为车行道时，应考虑行车荷载，不宜小于 $20\,kN/m^2$。

水位不急剧变化的水压力按永久荷载考虑，水位急剧变化的水压力按可变荷载考虑。

主要承重混凝土构件侧壁厚度不宜小于 $250\,mm$，非承重侧壁或隔墙厚度不宜小于 $200\,mm$，钢筋混凝土构件厚度大于等于 $150\,mm$ 时，应配置双层钢筋。

3.3.30 配电自控

1. 配电设计

配电中心、MCC 站布局应与全厂负荷的分布相适应，减少电力在传输过程中的消耗，节约线缆、节省投资。

供配电系统接线的结构设计及配电柜型号的选择，应关注和减少个别设备故障对系统整体运行的影响。

在设计中，积极采用光导管照明技术。其技术的采用不仅环保，还能节约能耗及更换灯管的费用。

2. 自控设计

污水处理厂应采用集散型自动化控制方式，实施分散检测和控制、集中显示和远程控制管理，提高污水处理厂的运转可靠性，降低污水处理厂运行成本。

应采用完整的检测、化验设备，保障出水水质稳定且达到国家相关规范和标准的要求。

应将全厂的泵组、电气系统、加药系统、污泥系统、闸门控制系统、直流系统、视频影像系统等进行集成，实现高效的数据采集与交换、长期稳定可靠的数据存储与分析、逼真的画面展示与分布。

对整个污水处理厂的运营状况应实时掌握，对运营关键数据应综合分析，制定科学合理的管理绩效评估依据。

可以通过采用"互联网＋"和信息化技术，应用 PDA 智能巡检系统，将工艺设备、臭气巡测、厂区监控、照明控制、水质报警均可在移动设备段完成，在传统自控的基础上，创新开发自动撇渣、自动排泥等智能控制，实现生产巡检工作的无纸化、规范化和智能化，强化巡检效果，提高污水处理厂精细化管理水平。

3. 防雷设计

如果污水处理厂工程所在地区属于多雷暴地区，且选址位于河边潮湿、平坦位置等容易雷击处，可以通过对类似污水处理厂工作中故障原因的调查研究，确认电气和自控系统在运营环节中对生产情况影响较大的因素，包括雷击造成设备故障和 PLC 现场控制站电子元器件故障。

针对雷击问题，可以提高防护等级，将防雷等级由三级提升到二级。调整通信协议由 RS-485 改为 TCP/IP，将单体之间的通信电缆更换为光纤，以减少金属线缆进出不同的防雷区域。

针对 PLC 现场控制站电子元器件故障问题，可以采用冗余方式，每一套 PLC 现场控制站包括 CPU 和电源，PLC 和上位机之间的通信系统可以采用光纤组成的双环网，确保整个自控系统的稳定运行。

4. 智能化设计

污水处理厂智能决策系统以厂站的工艺流程、运行工况、设备参数、进水条件等为基础，进行工艺模型的定制，并开发相应的交互软件。

向软件输入水量、水质、工艺运行、设备指标等参数，通过仿真来获取目标厂站的出水水质、能耗，以及各评价指标的模拟结果，重现厂站的真实运行情况，并在此基础上为工艺运行提供经过优化的关键运行参数。

智能决策系统基于厂站工艺流程建立数学模型，以运行报表记录的进水历史数据或来自在线监测仪表的进水实时数据作为模型的输入参数,对厂站的各种运行状况进行仿真、诊断、优化关键运行参数,满足厂站出水水质达标和节能降耗要求。系统功能应具备:定制化建模;多样化、可视化的配置和交互方式;能耗仿真功能;虚拟仪表和在线仿真;工艺优化与决策工艺智能化运行系统。

精确曝气流量控制系统是一个集成的控制系统,目的是为生物处理过程提供精确曝气。以气体流量作为控制信号,DO 信号作为辅助信号,根据污水处理厂进水水质和水量实时计算需气量,实现按需曝气和 DO 的精细化控制。

1)精确曝气控制系统

精确曝气控制系统采用"模糊 PID 算法"的控制方式,针对常见的扰动输入因素,如水量变化、水质变化等,通过生物处理过程模型,实时计算得出系统需要的曝气量,其根本目的在于实现出水水质达标基础上的节能降耗。

精确曝气系统实现了对曝气池内 DO 精准控制,用户可设置 $0.5 \sim 5.0\,mg/L$ 之间的任意值,系统可实现快速响应,控制精度在设定值的 $\pm 0.3\,mg/L$ 范围内。

2)氨氮优化控制系统

氨氮优化控制系统是对精确曝气控制系统功能的拓展。在精确曝气控制中,通过变频鼓风机 – 阀门系统的调节将生化反应池的 DO 控制在目标值上,以维持稳定的生化环境,提高出水水质达标率。

为了达到直接控制生化池出水 NH_3-N 的目的,可采用更为复杂的级联控制方式,该级联控制逻辑的内回路是溶解氧控制器,即溶解氧和曝气量控制回路;其外回路是氨氮 – 溶解氧设定值控制回路,两个回路通过 DO 设定值关联在一起。

3)加药除磷控制系统

针对污水处理厂加药过程的大滞后、变滞后、多因子、非线性等特点,加药除磷控制系统同样采用"模糊 PID 算法"的多参数控制模式,实现加药过程的精细化控制。

4)外加碳源投加控制系统

外加碳源投加控制系统将综合考虑流入缺氧区的硝态氮的浓度、出水硝态氮的目标值、进水水质和水量等参数,利用模型实时计算出碳源的投加量。为了降低生化反应过程的非线性、大时滞对外加碳源投加控制系统控制性能的影响,引入模型预测控制对外加碳源投加进行控制,提升控制性能,实现外加碳源的精细化控制。

外加碳源投加控制系统,基于模型的分区域变参数 PID 控制策略,能够根据进水水质和水量及目标出水水质,有效地控制碳源的投加量,在不影响出水水质特别是 TN 的情况下,使得出水 TN 尽可能地接近出水标准,从而达到节约碳源的目的。

5. 地下厂电气自控

对于需要设置变电所的地下污水处理厂,在条件允许的情况下,20 kV 及以下变电所宜设置在设备操作层,不要与水池及水渠相贴邻,不得设置在水处理构筑物层。当与水池及水渠相贴邻时,相邻的隔墙应做无渗漏、无结露的防水处理。

电气设备机房应能够防止水淹,安装于潮湿环境或用于地下厂区环境控制的电气设备应采取防潮防凝露措施。

高低压配电设备、变压器不应采用油浸（充油）式设备。

地下厂区消防设备缆线应选用耐火电缆，其他设备缆线应选用阻燃电缆，当需要增强防火安全时，可采用低烟、无卤的阻燃电缆，桥架材质宜选用铝合金。

地下厂区有防腐、防爆要求的用电设备布线，应采用穿金属布线、暗敷。

灯光照明系统应根据使用环境、生产功能和重要性设计，宜选用具有防潮、防腐蚀功能的低温节能型照明灯具，宜采用智能照明。

自然采光系统应根据地下空间结构及工作人员巡视路线设置，宜采用采光孔、采光井、采光带、导光及反光装置等形式将自然光引入设备操作层。对于工作人员长期操作、维护、巡视、监控或者人车频繁出入的区域，宜优先采用自然采光系统设计，区域内有自然采光系统时，灯光照明系统宜光感控制，保证夜晚开启。

照明采光系统的设计应考虑工作人员的舒适度，一般照明的光源色表宜为冷色表或中间色表，照度均匀度不宜小于 0.60。

自动控制系统应具有数据采集、处理、存储、控制和安全保护功能，以保障生产运行的安全、处理效果的稳定、改善工人的劳动条件、方便操作和管理为基础。

自动控制系统宜兼顾现有、新建和规划要求，并设有或预留数据上传通信接口。

自动控制系统应采用不间断电源供电，主要控制设备应采用冗余结构，包括控制器冗余、电源冗余和通信网络冗余，预处理段的自动控制系统宜采用防腐型设备。

地下厂区应设置通信系统、广播系统、视频监控系统、对外出入口安防系统。

下列区域应设置氨、H_2S、甲烷检测仪表和报警装置，宜设置氧气测量仪和温／湿度测量仪。

1）设备操作层：预处理区域、生物池厌氧区、污泥处理区域。

2）水处理构筑物层：管廊、辅助车间、集水坑等巡检区域。

3）其他人员活动较密集区域、臭氧易聚集区域、厂区低洼处。

提升泵房、水处理构筑物层集水坑等区域最低处应设置液位监测仪表和报警装置。

3.3.31　尾水消毒

目前常见的尾水消毒方式主要有紫外线消毒、次氯酸钠消毒、液氯消毒、二氧化氯消毒和臭氧消毒等。

1. 紫外线消毒

基于污水处理厂安全性和成本等原因，紫外线消毒杀菌速度快、效果好，且不产生消毒副产物，是一种环保的消毒方法。但紫外线消毒没有持续的杀菌能力，制约了该技术的广泛应用。

有研究表明，在同等工况下，当采用紫外线消毒后出水中大肠杆菌不达标时，通过增设适量次氯酸钠可以保证水质稳定达标。而且，紫外线和次氯酸钠组合消毒的方式具有协调效果，组合消毒的成本低于单独紫外线或单独次氯酸钠的消毒成本。

紫外线消毒由于具有光强易衰减、易光复活性等特点，且当尾水 SS 浓度较高时，会显著影响紫外线消毒效果，因此，随着我国执行一级 A 标准或更高标准的城镇污水处理厂逐步增多，以及对于粪大肠菌群数指标的逐渐重视，应用紫外线消毒工艺的城镇污水处理厂呈下降趋势。

2. 次氯酸钠消毒

因方法成熟，运行费用低，次氯酸钠消毒技术已成为国内最普遍的城市污水消毒方法。尽管次氯酸钠具有持续的消毒能力，但也会产生余氯等副产物，可能会对水中生物造成毒性危害。

作为消毒剂，次氯酸钠具有投加成本相对较低、运行管理方便、持久性效果好等特点，因此应用较为广泛。2020 年初，李激等调研中发现，56 座城镇污水处理厂中的 31 座单独采用次氯酸钠作为消毒剂，只有 4 座污水处理厂仍采用单独紫外线作为消毒工艺，另 14 座在紫外线消毒的基础上增设了次氯酸钠消毒方式，另有少部分污水处理厂采用二氧化氯 + 次氯酸钠或芬顿氧化 + 次氯酸钠的组合工艺，前四者之和所占的比例总计高达 83.1%。

3. 二氧化氯消毒

作为一种强氧化剂，二氧化氯具有易爆的特性，因此需采取现场制取的方式以确保安全。常用的制备方法为盐酸还原法，由于原料为盐酸和氯酸钠，这两种原料为易制毒、易制爆化学品，运输、保存、使用等要求较高，因此，在城镇污水处理厂使用的较少。2020 年初，李激等调研中，56 座城镇污水处理厂中仅有 5 座采用单独二氧化氯进行消毒。

另外，二氧化氯发生器的产物中有消毒作用的主要为二氧化氯和氯，产物产量常以有效氯计，目前常用测定方法为《二氧化氯消毒剂发生器安全与卫生标准》GB 28931—2012 中的五步碘量法，即 Cl_2、ClO_2、ClO_2^-、ClO_3^- 在不同 pH 值时与碘离子反应生成 I_2，并用硫代硫酸钠溶液滴定游离 I_2，测得各物质含量确定有效氯含量。但城镇污水处理厂出水 pH 值一般在 6.5 ~ 8，二氧化氯仅转化为亚氯酸盐，按照产物中二氧化氯和氯的比值为 1 估算，实际能发挥作用的有效氯量仅为发生器产生有效氯量的 42%，因此，在实际运行中，建议以实际能发挥作用的有效氯量来调控加氯和衡量其效果。

4. 臭氧消毒

臭氧具有接触时间短、无消毒副产物产生等优点，但也同样存在运行成本高、无持久性杀菌效果的缺点，因此应用较少。2020 年初，李激等调研中，56 座城镇污水处理厂中仅 1 座采用该方式，且该厂使用臭氧工艺的主要目的是去除难降解 COD，兼顾消毒功能。

5. 建议

受进水水质、污水处理工艺等多种因素的影响，我国城镇污水处理厂消毒处理单元情况较为复杂，针对以下四种常见情况分别给出建议：

目前仍在单独使用紫外线消毒的城镇污水处理厂，建议进行不同时间的粪大肠菌群光复活率实验，也可结合当地环境监督部门取样检测方法，判断能否满足实际要求；并充分考虑已有紫外线消毒设施的紫外线剂量范围，确保在水量出现波动等最不利条件下出水粪大肠菌群数的达标排放。如无法满足上述要求，需考虑增设其他消毒方式。

目前使用次氯酸钠消毒的城镇污水处理厂，建议关注药剂投加量，定期检测粪大肠菌群数等指标，掌握其与相关因素的关系，在确保出水粪大肠菌群数达标的情况下，尽量降低次氯酸钠的投加量，减少余氯对受纳水体的影响；重视次氯酸钠药剂的存储、使用等管理，并关注次氯酸钠药剂中有效氯含量的变化，以及时调整药剂投加比例，确保消毒效果。

目前使用二氧化氯消毒的城镇污水处理厂，建议对比设备厂家给出的有效氯数据和实际在污水消毒中可发挥作用的有效氯数据的差别（设备效率、检测时不同 pH 值的影响等），加强二氧化氯发生设备的维护保养，并确保有可正常运行的备件；此外，需加强盐酸、氯酸钠等原料运输、保存、使用的管理，确保产品合格、使用合规，在确保出水粪大肠菌群数达标的情况下，尽量降低药剂的投加量，减少余氯对受纳水体的影响。

新建及扩建的城镇污水处理厂，在深度处理末端已设置了芬顿、臭氧等高级氧化工艺，且出水粪大肠菌群数稳定达标的情况下，可不另外单独设置消毒处理单元。

消毒前端采用膜处理工艺的污水处理厂，因膜对病原微生物具有截留作用，可根据实验结果相应减少消毒药剂投加量。

调研结果表明，加氯消毒（次氯酸钠和二氧化氯）应用最为广泛，当前我国部分城镇污水处理厂无接触消毒池，消毒剂与污水的接触时间较短，无法充分发挥消毒作用，是导致药剂投加量偏高的原因之一。研究结果表明，对出水执行《城镇污水处理厂污染物排放标准》一级 A 排放标准的污水处理厂，当消毒接触时间大于等于 30 min 时，有效氯投加量控制在 2 ~ 4 mg/L，粪大肠菌群数可达到排放标准要求；当消毒接触时间小于 30 min 时，有效氯投加量需适当增大。由于受进水水质、水量、粪大肠菌群数、接触时间和水温等因素影响，消毒药剂投加量会有所差异，各厂应关注药剂投加量，定期检测粪大肠菌群数等指标，掌握药剂投加量与相关因素的关系，及时调整加药量。

建议执行《城镇污水处理厂污染物排放标准》一级 A 标准的污水处理厂，加氯消毒接触时间应大于等于 30 min，条件受限的污水处理厂应尽量控制接触时间大于等于 15 min（15 min 内消毒剂对粪大肠菌群的杀灭效率最快，时间延长后杀灭效率放缓），在冬季气温较低时，可适时延长接触时间。

对于一些消毒前端采用了高级氧化或 MBR 等工艺的污水处理厂，可在充足接触时间的条件下根据实际情况适当减少次氯酸钠的投加量；对于无法改变接触时间或通过管道混合的污水处理厂，则需根据实际情况，通过试验来确定具体的投加量，同时关注出水端余氯。

城镇污水处理厂如采用加氯消毒，消毒后的出水中携带的余氯会一并排入自然水体，如排入自然水体余氯量过高，会对受纳水体中鱼类和水生生物造成毒性影响。建议我国城镇污水处理厂优先确保出水粪大肠菌群数达标，在此基础上，再尽量减少消毒药剂投加量，从而降低出水余氯浓度，避免对受纳水体生态环境的影响。

城镇污水处理厂应加强游离氯、总余氯及粪大肠菌群数等指标的现场检测。针对游离氯和总余氯的检测，如现场未安装在线余氯监测仪，可采用便携式余氯仪快速测定余氯指标指导生产运行。针对粪大肠菌群数指标的检测，如现场检测到水样中含有余氯时，应及时加入适量硫代硫酸钠试剂脱氯以消除对粪大肠菌群数指标检测中的干扰，确保粪大肠菌群指标检测的准确可靠。

鉴于氧化还原电位可以反映水溶液中所有物质表现出来的宏观氧化还原性，氧化还原电位越高，氧化性越强，故可根据 ORP 数值判断消毒出水氧化性，从而间接预估消毒情况。根据常州排水管理处多年运行经验和无锡市政公用环境检测研究院研究成果，执行一级 A 排放标准的污水处理厂加氯消毒后出水口 ORP 数值大于 600 mV 时，出水粪大肠菌群数能够小于 1000 MPN/L。因此，可考虑在加氯消毒后出水口检测 ORP 数值，辅助判断消毒效果。

3.3.32　精细化运行与智慧管理

建立智慧水务管控平台，提高运行管理水平，通过"一张图"的形式，将生产过程当中各业务模块的关键数据与指标（如水量数据、能耗药耗数据、设备相关数据、报警数据等核心数据）进行展示。完成生产管理各业务系统的整合，实现设备管理、视频安防、移动巡检等业务模块的构建，给企业的运行管理者提供一套直观、高效的生产管理界面。

从完善管理体系入手，建立智能管控平台，包括智慧生产系统、智慧生产管理系统、智慧设备维护系统及智慧安防系统等功能模块。智慧生产系统实现现场少人值守；智慧生产管理系统达到全厂保质、保量、安全生产的目标；智慧设备维护系统自动制定设备维护、检修计划，规范维护工作；智慧安防系统建立全面、立体的安保系统，规范人员的活动，保证生产安全、人员安全。

生产监控与数据管理包括自动控制系统、厂区数据监测分析、管线数据监测分析、进水出水水质管理等；工艺智能化管理系统包括智能加药、精确曝气、能耗管理和智能安防等；运营管理包括设备二维码管理、设备台账、备品、设备采购、在线巡检管理、维修维护管理、考勤与绩效管理、运维成本管理和运维配置管理等；水厂智慧大脑包括工艺仿真模拟系统、自我学习系统优化、员工培训系统等；水厂智慧图书馆包括知识库管理、日常记录管理、审核资料管理、智能移动端 APP 等；系统管理包括用户管理、角色管理、权限管理和数据标准化功能等。

污水处理作为资源和能源相对集中的行业，通过精细化运行管理，降低其资源、能源消耗很有必要。污水处理厂消耗的资源主要有除磷剂、絮凝剂、碳源等，能源主要有电力、蒸汽等。通过更新变频进水泵，对除砂、曝气、排泥系统进行优化控制，能大大降低污水处理厂的能耗水平，同时对化学除磷系统精确控制，可降低除磷剂消耗水平，这些均提高了污水处理厂的经济效益。电力等能源消耗的降低，从源头可有效减少温室气体的排放；除磷剂使用量的减少，也可降低化学污泥的产生量，因此也会取得一定的环境效益。

设备选型应合理，保证后期的正常运营。潜水搅拌器、鼓风机等关键性设备可以采用进口产品，对于除臭设备及电气自控元器件等设备可以采用进口或合资产品，其余设备宜采用国产优质设备。应积极采用高效、节能设备，同时采用先进的变频技术。宜采用精确曝气系统，节省污水处理运行能耗。

污水处理行业的设备众多，提高设备自动化控制水平，并加强人员的操作水平，实现污水处理过程中的智能化控制，将有效提高污水处理厂的绿色水平。从实现国家节能减排和可持续发展及绿色发展目标出发，通过精细化运行管理，实现污水处理厂的节能降耗具有重要意义。

1. 水泵更新

根据企业资产管理（EAM）系统的统计数据，随着运行时间的延长，进水泵的效率逐年降低。同时，由于电机运行时间较长，运行温度偏高，电机效率也在降低，实际电机单耗在逐年上升。

通过智能管理，及时更新改造低效进水泵。改造时，应更新原有进水泵为变频进水泵，并配有高效电机。进水泵的及时更新，可以有效控制泵坑液位及抽升流量的稳定，降低水泵做功扬程及功率，节约水泵运行电耗；同时确保水泵运行稳定及抽升流量的相对恒定，有利于后续污水处理工艺的安全稳定运行，提高节能减排的可靠性。

2．曝气沉砂

每天污水处理厂来水量波动会较大，曝气沉砂池气水比调控很难及时，池内沉砂效果不佳；通过吸砂泵吸出的含砂废水由于砂水分离设备水力停留时间短等问题不能将砂与水分离，大量砂通过下水道回流至泵房，系统内越积越多；初沉池进水渠道及池组内会积砂严重，每年会花费大量资金和精力对其进行停水清砂维护，同时初沉池排泥泵长期输送含砂污泥磨损严重。

通过智能管理，及时更新改造除砂系统。改造时，将曝气管上的阀门更换为电动菱形阀，并增加气体流量计，实现阀门控制与污水流量联动，实现自动控制，即曝气沉砂池供气量随进水量波动而进行调节，提高沉砂效率，有效减少沉砂清理工作量和降低含砂污泥对排泥泵的磨损。

3．生物池曝气

受进水量波动的影响，曝气池DO波动十分剧烈，DO大幅度波动给工艺控制带来很大的困难。污水处理厂采用的污水处理工艺需要曝气池末端DO维持在稳定的低值，否则既会增加能耗，还会影响脱氮除磷的效果，增加运行成本。

DO为人工测定，不能及时、精确地跟踪判断曝气池的供氧状况，为了实现出水达标只能放大工艺参数来满足高负荷时段的处理要求，造成能耗较高。

针对DO不能随水量负荷精确控制的缺点，可以利用软件，并安装液位计和在线溶解氧仪。依据进水量和在线溶解氧仪提供的DO量计算需气量，分时段调整鼓风机的开启程度，实现鼓风机气量的有效控制，从而实现曝气系统的精细化运行。以进水量前馈控制为主，在线DO监测反馈为辅，运行可靠性较高，运行调控及时，有保障。

4．初沉池排泥

过去，污水处理厂初沉池排泥控制都是通过运行人员观察初沉池出水及池面厌氧状况来调整排泥时间和排泥量。对初沉池的泥位和排泥浓度没有进行有效监控，导致排入污泥浓缩系统的污泥浓度变化幅度非常大，不利于污泥浓缩系统及后续消化、脱水的运行，同时也会造成污泥泵的电耗浪费。

改造时，在初沉池安装污泥界面计和污泥浓度计，实现对初沉池沉降污泥及排泥浓度的有效监控，给运行调控人员提供有效的实时污泥泥位和排泥浓度监控数据，提高污泥排放效率，实现稳定的高浓度污泥排放，提高后续污泥浓缩、消化和脱水系统的工作效率及稳定性。污泥浓度的提高和浓缩系统的稳定运行，能进一步降低污泥浓缩后的含水率。污泥浓缩含水率降低后，可提高污泥消化池的利用效率，通过污泥消化可分解掉45%左右的有机物，这些有机物将产生沼气，一部分通过沼气锅炉产生蒸汽，另一部分进行发电。

5．化学除磷

不少污水处理厂化学除磷系统中硫酸铝加药泵未实现自控，由人工操作，不能及时根据实际运行情况调整药剂投加量，为保证出水TP达标，会过多投加药剂，造成药剂的浪费，且增加了化学污泥产生量。

改造时，在原先PLC系统控制的基础上，增加化学除磷药剂投加自控系统。在运行时，根据进水流量和出水磷浓度自动调整药剂投加量，在保证出水水质达标的前提下，减少药剂投加量，同时减少化学污泥产生量，并降低药剂投加泵电耗。

3.3.33 低温生物脱氮对策

1. 硝化与反硝化

生物脱氮主要由硝化和反硝化两个阶段完成，硝化菌和反硝化菌的生存受低温的负面影响非常显著。从宏观角度来看，冬季寒冷的气候条件致使污水处理系统中微生物数量减少，活性降低；从微观角度来看，温度的降低对微生物的生理特性有重要的影响，如微生物对营养物质的转运减慢、吸收减少，对蛋白质的合成速率降低，生命代谢活动减缓等，导致冬季低温条件下污水生物处理效果大为降低。

硝化效果往往是生物脱氮的关键，硝化反应受温度影响较大，温度不但影响硝化菌的比增长速率，而且影响其活性。对于同时去除有机物和进行硝化反应的系统，温度低于 15℃ 时硝化速率急剧下降。Head 等发现，温度分别由 20℃、25℃、30℃ 迅速降至 10℃ 时，硝化作用分别下降了 58%、71% 和 82%。

反硝化反应的适宜温度为 20 ~ 35℃，低于 15℃ 时，反硝化菌的繁殖速率、代谢速率和生物活性都降低，进而导致脱氮效果下降。随着温度的降低，反硝化速率明显下降，同时使得缺氧区中 DO 的含量增加，也抑制了硝酸盐氮的还原。理论分析和实际污水处理厂运行调研表明，低温对南方地区污水处理厂生物脱氮有较大影响。因此，为了保证低温季节污水处理厂生物脱氮效果，设计和运行中，分析制约低温生物脱氮的影响因子及相应对策是必要的。

2. 制约低温生物脱氮的影响因子

根据实际城镇污水处理厂低温生物脱氮的影响分析，pH 值、亚硝酸盐氮、NH_3-N、有毒物质对生物脱氮的影响较小，且缺氧池、好氧池中对 DO 运行控制较易做到。但 C/N、泥龄、混合液回流比对城镇污水处理厂低温生物脱氮效果的影响是需要关注的主要因子。

1）C/N 对低温生物脱氮的影响

活性污泥中硝化菌的比例与污水 BOD_5/TN 值有关，在活性污泥

系统中异氧菌与硝化菌竞争底物和 DO，使硝化菌的生长受到抑制。一般认为，处理系统的污泥负荷小于 $0.15\,kgBOD_5/$（kgMLSS·d）时，硝化反应才能进行。通过江苏省部分具有脱氮除磷功能的城镇污水处理厂的 C/N 与低温生物脱氮效果的统计分析表明：当 BOD_5/TN ≤ 3 时，NH_3-N 和 TN 的去除率随着 C/N 增加而升高；相关性分析表明，此时 BOD_5/TN 与 NH_3-N 和 TN 的去除效果显著相关（$p < 0.05$）。但当 BOD_5/TN > 3 时，C/N 对低温生物脱氮的影响明显变小。NH_3-N 和 TN 的去除效果具有较好的相关性（$p < 0.05$），因此，良好的硝化效果是提高反硝化效果的前提。

2）泥龄对低温生物脱氮的影响

硝化菌属于自养菌，生长缓慢，世代周期较长。要保持硝化菌群在活性污泥系统中的比例，就必须保证泥龄大于最短的世代周期，一般应大于 10 d。调查表明，具有除磷脱氮功能的污水处理工艺其泥龄大于等于 12 d，满足了硝化菌、亚硝化菌的世代周期控制要求。

较长的泥龄可增强生物硝化的能力，并可减轻有毒物质的抑制作用，但过长的泥龄将降低污泥的活性以及系统除磷效果，因此，实际工程中泥龄的控制应综合比较后确定。

3）混合液回流比对低温生物脱氮的影响

对具有前置反硝化形式的各种脱氮工艺而言，混合液的回流是使污水处理工艺获得脱氮效

果的先决条件，而混合液回流比的大小是直接影响低温生物脱氮效果好坏的重要因素。

混合液回流比增大，氮的去除率增加，回流比大于3时，其对氮去除率的影响就不再显著，但动力消耗增加。为节能并保持较高的氮去除率，混合液回流比宜控制在2～3。

3. 低温生物脱氮的强化措施

低温生物脱氮效果调查分析表明，太湖流域城镇污水处理厂水温≤15℃时，对硝化作用产生了一定的影响。具体保障生物脱氮效果的措施可以从以下四个方面考虑：

1）优化运行强化硝化措施

（1）提高DO浓度

DO是生物硝化的重要环境因素，一般应在2mg/L以上，最低控制在0.5～0.7mg/L。对于同时去除有机物和进行硝化、反硝化的工艺，硝化菌在活性污泥中约占5%，大部分硝化菌位于生物絮体内部。因此，DO浓度的增加，将通过DO对生物絮体的穿透力，提高硝化反应速率。

温度主要影响硝化菌的比增长速率及活性。当系统初始DO为2mg/L时，为取得相同的硝化速率，温度每下降1℃，DO浓度相应提高10%。实际城镇污水处理厂低温运行时，也都采用了提高DO浓度的措施，以弥补温度带来的不利影响。

（2）延长污泥龄，降低污泥负荷

活性污泥中硝化菌的活性主要依赖于温度和泥龄。只有当好氧池的泥龄超过硝化菌的世代周期时，才能进行硝化。因此，在设计时，应根据系统最低的运行温度，估算所需的好氧池最小泥龄。

泥龄与硝化菌比增长速率之间的关系可表示为：

$$\theta_C{}^m = 1/\mu_{N,\ max} \tag{3-5}$$

式中： $\theta_C{}^m$ ——实现硝化所需的最短泥龄（d）；

$\mu_{N,\ max}$ ——硝化菌最大比增长速率（d^{-1}）。

由动力学公式可知，温度每降低1℃，硝化菌比增长速率降低10%，因此，欲维持与常温期相同的硝化菌浓度，温度每降低1℃时泥龄需相应提高10%。

降低污泥负荷可以有效降低温度对系统处理效果的负面影响。冬季时进水温度低，微生物活性较低，处理能力较差，此时需要降低 NH_3-N 负荷以达到合格的出水浓度。

2）优化运行强化反硝化措施

根据温度对反硝化速率的影响公式（3-4）可得，温度每降低1℃，反硝化速率约降低9%，进而影响反硝化效果。而由反硝化动力学公式可知，系统反硝化速率主要与碳源、NO_3^--N 浓度以及DO浓度有关，因此，反硝化强化措施可以从以下三个方面进行：

（1）控制DO浓度

DO对反硝化的抑制作用非常大，DO为零时反硝化速率最高，随着DO浓度的上升，反硝化速率逐渐下降，当DO浓度增至1mg/L时，反硝化速率接近零，故实际城镇污水处理厂运行时，需严格控制DO浓度。调查的2座污水处理厂DO浓度控制在0.5mg/L以下时，反硝化反应得以顺利进行，取得了较好的反硝化效果，TN去除率分别为63%和66.2%。

（2）投加碳源

调查表明，太湖流域约50%的污水处理厂存在碳源不足的问题。因此，强化城镇污水处理厂的低温生物脱氮需区别对待，当 $BOD_5/TN \leqslant 3$ 时，可考虑采用投加碳源的措施；对于 $BOD_5/TN > 3$ 的情况，应在强化硝化的基础上强化反硝化。

（3）加大混合液回流比

对前置反硝化形式的各种脱氮工艺而言，混合液回流比是影响脱氮效果的重要因素，氮的去除率随混合液回流比的提高而提高。所以，为弥补低温对脱氮效果的影响，可适当加大回流比，以提高脱氮效率。实际城镇污水处理厂调查表明，回流比控制在 2 ~ 3，可取得较好的反硝化效果。

3）填料投加强化措施

不同类型反硝化设备中反硝化速率受温度影响程度有一定的差别，试验表明，填料床反硝化速率受温度的影响要比悬浮活性污泥法小，故低温生物脱氮可通过投加填料来加强。

投加填料可增加好氧池的污泥浓度，提高硝化菌的固着量和抵抗外界环境变化的能力，从而强化系统对 COD_{Cr} 和 NH_3-N 的去除能力。冬季无锡某污水处理厂在好氧池投加了 26%（体积比）的 K3 悬浮填料，取得了较好的硝化效果，出水 TN 可以达到预期目标要求。

4）其他强化措施

（1）对鼓风机进风加温

通过采取提高鼓风机进风温度、将冷空气加热的措施来提高曝气池水温。

（2）投加菌种

通过生物添加，可以提高脱氮系统的效率，即培养富含硝化菌的污泥，然后投加到生物脱氮系统，提高硝化菌的比例，以达到强化和提高硝化、反硝化生物脱氮的目的。

4．应对低温生物脱氮的设计对策

硝化反应中，亚硝化菌的增殖速率控制菌群反应速率。为了维持活性污泥混合菌群中亚硝化菌的数量，最小好氧生物固体停留时间必须大于亚硝化菌净比增殖速率的倒数，且应考虑 1.5 ~ 2.5 的安全系数。当污水处理厂最低水温为 9.6 ~ 10℃，污水处理厂最小泥龄应大于等于 15 d。

混合液最佳 DO 浓度与活性污泥絮体大小、污泥负荷、温度等因素有关。硝化反应可以在高 DO 浓度下进行，对一般的活性污泥法，DO 应大于 2 mg/L。为了应对低温对生物脱氮效果的影响，设计上应满足 DO 升高到 4 ~ 6 mg/L 的情况。DO 对反硝化过程有抑制作用，一般在活性污泥系统中，DO 应保持在 0.15 mg/L 以下，最高不超过 0.5 mg/L。

生物硝化系统需要一个合理的 BOD_5/TN 比值，太小时硝化速率高，但出水浊度高；太大时出水浊度低，但硝化速率下降。低温下，反硝化的有效进行需要足够的碳源。综合考虑两方面的要求，BOD_5/TN 比值宜取 4 ~ 6。

生物硝化为低污泥负荷工艺，一般情况下小于 0.15 kgBOD_5/（kgMLSS·d）。负荷越低，硝化反应越充分，硝化效率就越高。为了保障低温下出水达标，污泥负荷宜取 0.06 ~ 0.08 kgBOD_5/（kgMLSS·d）。

污水处理厂在工艺选择和组合时，为了保证低温下硝化、反硝化的效果，设计上应有调整优化运行工况的可能性措施。

当污水处理厂设备的能力、运行参数存在的可调空间有限时，可以考虑在好氧池中投加人工悬浮填料，强化低温下生物硝化效果。

5．应对低温生物脱氮的运行管理对策

当低温来临之前，即水温降至15℃时，就应该采用冬季运行模式，提前做好准备，应对低温对生物脱氮效果的不利影响。

当混合液回流系统设备能力允许时，可以适当提高混合液回流比，增加活性污泥和微生物的总量，从而保证生物反硝化效果。

当曝气设备能力允许时，可以提高DO浓度，提高DO对生物絮体的穿透力，维持较高的硝化速率。

硝酸盐负荷较低时，温度对反硝化速率的影响较小；硝酸盐负荷较高时，温度对反硝化速率的影响较大。为在低温下提高反硝化速率，可以采用延长泥龄、降低硝酸盐负荷或增加水力停留时间等措施。

当采用措施后送往反硝化效果仍然不佳时，应考虑投加必要的碳源。当采取措施后生物硝化效果仍然不佳时，可考虑在好氧区投加人工悬浮填料。

3.3.34　城镇污水处理未来的发展趋势

正如曲久辉院士所说："未来或者说下一代污水处理技术，应该是具有自身的清洁性，在处理过程中应该具有能耗和药耗最大程度减少的可行性，同时还必须具有保障水质生态与人体健康安全的可靠性。下一代污水处理厂技术和产业的愿景、方向、机遇就是六个字:低耗、循环、清洁。"一面科技、一面自然，这才是面向未来的污水处理概念厂应有的形态。

未来污水处理概念的规划和建设，应包含但不限于以下四个方面的追求：水质永续、能源回收、资源循环、环境友好，这意味着：出水水质能够满足水环境变化和水资源可持续循环利用的需要，实现现有法律标准要求的常规污染物、氮磷污染物的去除，在考虑生态环境健康的条件下对新兴污染物的去除；在有适度外源有机废弃物协同处理的情况下，大幅提高能源的自给率,在无外部有机物的情况下，较现有的污水处理工艺节约60%的能耗，追求物质的合理循环，减少对外部化学品的依赖与消耗，污泥实现完全无害化处理，污水中的资源得到合理回收（氮、磷、水、污泥）;建设感官舒适、建筑和谐、环境互通、社区友好的污水处理厂，构建生态综合体，变负资产为正资产。

在此基础上,通过技术内核与人文观感的全面融合,实现从"灰色的处理"到"绿色的再生",建立起基于资源化能源化的污水治理新模式。同时，在人、建筑景观与水资源之间生态关系链接中，未来污水处理所发挥的作用也至关重要。它能够在功能实现和场景优化中，不断发掘和优化更多信息互动的接口，促进人对自然的全面理解，实现城市与自然的和谐交融。

从这个理解来看，未来污水处理概念想要构建的，是一种更具未来感的生态价值观，也将是一次富有前瞻性和战略性的尝试。

位于河南商丘的睢县，水域面积辽阔（5000亩），被誉为"中原水城"，有着丰富的人文和自然景观。然而，城市化的进程中，水资源量相对不足、基础设施不完善导致的污染问题、污水处理厂出水未得以有效开发利用也成为摆在睢县面前的现实问题，"遇水则贵"的生态价值未得以体现。而这些，也是河南省其他104个中小城市和北方众多缺水地区同样面临的问题。

2018 年 1 月，睢县第三污水处理厂（图 3-3）是河南省首座按照概念厂"四个追求"建设的污水处理厂。项目包括一座 4 万 m^3/d 的新概念污水处理厂，出水用于补给利民河；一座 100 t/d 的生物有机质中心，产出营养土用于绿化或土壤改良，沼气用于厂区发电。

图 3-3　睢县第三污水处理厂效果图

借此契机，结合当地水环境治理需求和北方中小城市特点，睢县三污由概念起步，沿着"四个追求"的事业方向，从规划设计到建设运营，一步步将污水处理概念厂 1.0 版从理念愿景变成美好现实。

第**4**章

尾水及再生水利用系统

4.1 尾水利用及资源化

再生水指经过城市污水再生处理系统净化处理后，满足特定用户的水质标准要求的净化处理水。即城市污水经净化处理后达到规定的水质标准，可在一定范围内重复使用的水，是国际公认的"城市第二水源"。

城市污水再生处理，指城市污水按照一定的水质标准或水质要求，采取相应的技术方法进行净化处理并使其恢复特定使用功能及安全性的过程，主要包含水质的再生、水量的回收和病原体的有效控制。

4.1.1 再生水水源

进入城市污水收集系统的污水需要达到一定的水质标准，以保障后续污水再生处理系统的高效稳定运行，获得高质量的再生水。在集中式污水处理设施已建成的区域，再生水水源通常为污水处理厂二级出水，再生水水厂宜靠近再生水水源收集区和再生水用户集中地区。因此，再生水水厂通常基于现有污水处理厂升级改造或新建于污水处理厂临近区域。

对现有污水处理厂升级改造时，需考虑回用设施与现有污水处理设施的兼容性、改建和扩建空间规划、水力条件、管网改建、运行条件、辅助系统等多方面因素。在集中式污水处理设施未通达或仅有有限污水处理能力的区域，未经处理的污水也可直接作为再生水水源。

集中式水回用系统可能受到紧急情况、突发事件、水源干扰或中断等影响，需配备备用水源以应对基本再生水供水服务需求。可能的备用水源包括饮用水、雨水，以及集中式水回用系统周边临近的江河湖水等。当饮用水作为备用水源或补充水源时，可通过设置防逆流措施，有效避免再生水对饮用水管网的潜在污染。

再生水水源应以生活污水为主，尽量减少工业废水所占比重。当工业废水和医药废水也进入污水收集系统时，需要严格控制工业废水和医药废水的水质，在接入系统前应进行适当的预处理，达到相关排放标准后才能进入污水收集系统。放射性废水和有毒有害物质的工业废水禁止作为再生水水源。

4.1.2　再生水处理

污水再生利用的深度处理工艺应根据水质目标选择，工艺单元的组合形式应进行多方案比较，满足实用、经济、运行稳定的要求。再生水的水质应符合国家现行水质标准的规定。

污水处理厂二级处理出水经混凝、沉淀、过滤后，仍然不能达到再生水水质要求时，可采用活性炭吸附处理。

深度处理的再生水必须进行消毒，消毒程度应根据再生水要求确定。再生水处理构筑物宜靠近再生水用户。

再生水处理技术的选择和工艺的组合可能受多种因素的影响，系统设计需考虑再生水水源水质、出水水质目标、处理设施技术性能、处理设施位置和场地限制条件、能源和经济因素等方面。

处理系统设计基本原则包括安全性、可靠性、稳定性、经济性和环境友好性。针对再生水不同利用途径，需进行符合健康和环境安全目标的水质评价，具体评价指标的选取和相关信息可参见《城镇水回用安全性评价指标与方法》ISO 20761：2018。

对于水回用项目，再生水处理系统可靠性评价至关重要。可靠性分析需要考虑水量和水质两个方面。可靠性保障措施包括：设置备用水源和电力供应，备用或替代设备，季节性、临时性或缓冲储存单元，提升处理和消毒单元效用与效率，增加预防预警监测手段或设施，以及优化设备设施操作、维护和控制。

再生水处理系统稳定性评价包括操作稳定性和系统出水稳定性。在设计阶段，可以通过提高系统冗余度、弹韧性和鲁棒性（鲁棒性亦称健壮性、稳健性、强健性，是系统的健壮性，它是在异常和危险情况下系统生存的关键，是指系统在一定的参数摄动下，维持某些性能的特性），优化多重屏障安全保障模式和最低技术保障需求等方法，增加系统稳定性。

多重屏障安全保障模式可通过设置不同屏障（如源头控制、二级处理、深度处理、消毒处理、环境缓冲等）拦截或处理不同污染物，同时可确保在某一环节发生故障时，系统仍然具备一定处理能力，避免系统失效，即降低了失效风险。

最低技术保障需求是指系统需要具备超出最低水质安全保障要求的处理能力，以便能够稳定持续达到处理目标／性能指标和安全保障要求。

再生水处理系统经济性评价应考虑：建设和安装阶段的初始投资成本，以及运行和维护阶段的成本。处理成本可能还会受到当地状况、水源水质、再生水用户水量水质要求、电耗成本和劳动成本等影响。

再生水处理系统环境友好性评价需考虑：系统对土地使用、生态系统、物种或生物多样性、重要平原、农田、公用场地或保护区、地表水或地下水水质水量，以及周围空气质量和噪声等方面的影响。

4.1.3　再生水储存

再生水储存设施是集中式水回用系统的必要组成部分。储存设施主要包括开放式（水库或水塘）和封闭式（覆盖式水箱或地下含水层）两种类型。储存设施类型的选择可能受到地势、地震活动、气象条件、土地可用性、投资和运行成本、以往经验等方面的影响。

再生水储存系统设计需考虑：储存单元运行储存和季节性储存功能，以及储存容量和周转率。

运行储存设计可通过调节每日或临时水量波动以平衡集中式水回用系统的进水和出水水量、提供应急储存保障和允许适当或受控的环境排放。

季节性储存单元通常用于临时储存过量的再生水（如再生水用户需求量低、洪水或雨季进水量陡增等特殊情形）和维持系统足量再生水以使再生水利用最大化。

再生水储存过程中，水质可能受到物理（温度、浊度、悬浮固体、感官指标等）、化学（化学污染物、消毒副产物等）和生物（藻类生长、微生物生长、微生物污染等）因素的影响，需要通过源头控制、营养物去除、浊度管理、余氯管理、光源限制、水力停留时间控制等手段控制再生水储存过程中的水质变化。

4.1.4　再生水输配

再生水输配系统设计需要考虑：系统组成、供水模式、管道材质、管网标识、水质控制等方面。由于经过深度处理后的再生水中仍然含有一定的有机物和微生物，仅控制再生水水厂出水水质并不能保障再生水利用过程的安全性。因此，与饮用水系统相比，再生水输配系统设计还需考虑再生水输配过程水质变化与控制、用户端水质水量要求和管道错接防范。

输配水管道材料的选择应根据水压、外部荷载、土壤性质、施工维护和材料供应等条件，经技术经济比较确定。采用金属管道时，应进行管道的防腐处理。

再生水输配到用户的管道严禁与其他管网连接，输送过程中不得降低和影响其他用水的水质。

4.1.5　再生水监测

再生水监测主要包括流量监测和水质监测，需根据再生水利用途径和安全评价结果进行具体设计。其中，水质监测是维持系统稳定效能和控制风险的有效管理措施，水质监测常规指标包括 pH 值、BOD、COD、总悬浮固体、浊度、余氯、营养物质、毒性、电导率、指示微生物等。

再生水监测系统设计需考虑在集中式水回用系统全流程的关键控制点实施运行监测，其中包括：水源水质监测和预警，处理系统进出水和关键单元水质监测、预警和故障控制，输配管网水压、流速和余氯监测，储存系统水质监测，用户端水质水量监测和管理等，并建议尽量采用在线监测仪器进行数据实时监测和记录。运行监测过程还需确定监测指标、基准值（或限制范围）、监测频率和监测周期等信息。

4.1.6　应急预案

再生水系统运行过程中，极端气候条件、自然灾害、处理单元失效、管道错接、疾病暴发等突发事件或状况可能对再生水水质造成影响，为此，应急预案以及有效的管理、文件记录和意见交流也是集中式水回用系统设计的重要部分。

应急预案内容至少应包括：与有关部门或水务机构事先约定后的相关协议（协议内容应包括对人体健康和环境可能造成的潜在影响等）、响应行动（如增设监测点）、备用水源、告知和沟通程序及策略、监督和管理机制等。

4.1.7 不同利用途径的水质要求

1. 城镇污水回用于农业

在国外，污水回用于农业灌溉的历史非常久远，对用于农业灌溉的再生水的水质也很早就制定了相应的标准（表4-1和表4-2）。

WHO 关于污水灌溉农田的水质卫生标准（1973年）　　　　表 4-1

处理方法	不能直接入口的作物	熟食作物或鱼类	生食作物或鱼类
卫生标准	A-F	B+F 或 D+F	D-F
一级处理	必须	必须	必须
二级处理		必须	必须
快速过滤		有时必须	有时必须
消毒		有时必须	必须

注：A 代表无粗颗粒，去除寄生虫卵；B 代表再去除细菌；D 代表 80% 水样中大肠杆菌不超过 100 MPN/100 mL；F 代表不含有具有残毒的化合物。

WHO 对废水农业灌溉时的微生物准则建议（1989年）　　　　表 4-2

类型	灌溉条件	接触人群	肠线虫②（每升卵细胞的算术平均值）	大肠菌（每100 mL的几何平均值）③	达到微生物指标对废水处理要求
A	食用作物、运动场地、公共园林④	工人、消费者公众	≤1	1000①	设计系列稳定塘或同等的处理
B	谷类、经济作物、饲料作物、牧场及树木⑤	工人	≤1		在稳定塘内停留8～10 d 或能去除等量的蛔虫及肠线虫
C	B 类中不出现工人及公众的灌溉	无			按灌溉技术所要求的预处理，但不低于一级沉淀

注：　①在流行病地区或社会文化、环境条件特殊地区，可参照本建议进行修改。

②蛔虫、鞭虫和钩虫。

③在灌溉期间。

④像宾馆草地那样的公共草地应更严（每100 mL200 肠线虫）。

⑤果树采集前两周停灌，不能采集落地果，禁止洒水装置灌溉。

我国污水回用于农业灌溉已相当普遍。农业灌溉需水量很大，水质要求一般也不高，是水回用的主要用途之一。城镇污水回用于灌溉已有悠久历史。到 19 世纪末，曾作为污水理的手段迅速发展。

污水回用于农业灌溉，既解决了缺水问题，又能利用污水的肥效（城镇污水中含氮、磷、有机物等），还可利用土壤－植物系统的自然净化功能减轻污染。一般城镇污水要求的二级处理或城市生活污水的一级处理即可满足农灌要求（除生食蔬菜和瓜果的成期灌溉外），对于粮食作物、饲料、林业、纤维和种子作物的灌溉，一般不必消毒。

污水回用于农业应按照土地处理技术和农灌的要求安排再生水的灌溉使用，以减轻污水回用对污灌区作物、土壤和地下水带来的不良影响，取得多方面的经济效益。

19 世纪，原城镇污水曾直接用于农业灌溉，并通过田地和水体组成的农村生态系统进行处理。田地是农作物、土壤微生物和土壤以及水体组成的一个复杂系统，在此系统中，城镇污水中有机物在微生物的作用下降解，降解产物是农作物的肥料和土壤的良好组分，病原微生物因环境的改变而逐渐死亡。田地上的水分一部分直接蒸发，另一部分被农作物吸收，剩余部分渗入土层汇入地下水。在下渗过程中，通过土壤及其母质的过滤、离子交换、化学反应等作用，水质得到改善。

但随着工业的迅速发展，城镇污水的水质情况日趋恶化，污染物的排放量已大大超过城乡水体和土壤的自净能力，城镇污水若直接用于农业灌溉，则会影响或破坏农作物的质量、产量和田地的净化效能，并污染土壤。目前城镇污水必须处理后才能回用于农业灌溉。

就回用水应用的安全可靠性而言，污水回用于农业灌溉的安全性是最高的，对其水质的基本要求也相对容易达到。污水回用于农业灌溉的水质要求主要包括含盐量、选择性离子毒性、氮、重碳酸盐、pH 值等。

原污水一般不允许以任何形式用于灌溉，一方面是感官上不好；另一方面是粪便聚集于农田，可能直接危害农民健康或通过灰蝇、喷灌产生的气溶胶传播病原体。此外，虽然附着于蔬菜表面的细菌、原生动物和蠕虫等经阳光照射会很快死亡，但位于蔬菜叶子内部、根基的开裂处或潮湿的下层土中的病原体可残留较长时间（如伤寒杆菌在潮湿的下层土中可存活数月），因此，未经消毒的污水只允许灌溉经济作物、种子类作物、苗木与其他人类不直接取用的农作物。

而对于牧场灌溉而言，常规的生物处理不能去除污水中的结核病菌（通过非常过量的氯化才能杀灭），对绦虫卵、萨吉纳泰绦虫卵也不能彻底消灭（微滤可去除约 90% 萨吉纳泰绦虫卵），萨吉纳泰绦虫卵在自然界中能存活数月。因此，将未经处理的污水回用于牧场灌溉，疾病可通过动物传染给人。在有地方病的地区，必须对污水进行处理，保证去除病原体，才能用于牧场灌溉。

城镇污水回用于农业灌溉时，其水质条件应满足我国颁布的《农田灌溉水质标准》GB 5084—2005，见表 4-3。

污水回用于农业用水也包括回用于渔业用水。渔业分娱乐渔场与商品生产渔场两类，污水回用主要用于娱乐渔场，其水质条件也要满足《国家渔业水质标准》GB 11607—1989 的基本要求（表 4-4）。

影响污水回用于渔业的主要因素是水的 NH_3-N 浓度、病原体（如血吸虫）、TDS、DO 与 pH 值等。如果鱼是要捕捞供人类食用的，还应考虑重金属和有毒、有害有机物（如农药）等指标，防止有毒化学物质的积累与产生异味等问题。

《农田灌溉水质标准》GB 5084—2005　　　　　　　　表 4-3

序号	项目	作物分类		
		水作	旱作	蔬菜
1	BOD_5（mg/L）	≤ 60	≤ 100	≤ 40[①]，≤ 15[②]
2	COD_{Cr}（mg/L）	≤ 150	≤ 200	≤ 100[①]，≤ 60[②]
3	SS（mg/L）	≤ 80	≤ 100	≤ 60[①]，≤ 15[②]
4	阴离子表面活性剂（mg/L）	≤ 5	≤ 8	≤ 5
5	水温（℃）	≤ 35		
6	pH 值	5.5 ~ 8.5		
7	全盐量（mg/L）	≤ 1000（非盐碱土地区），≤ 2000（盐碱土地区），有条件的地区可以适当放宽		
8	氯化物（mg/L）	≤ 350		
9	硫化物（mg/L）	≤ 1.0		
10	总汞（mg/L）	≤ 0.001		
11	总镉（mg/L）	≤ 0.01		
12	总砷（mg/L）	≤ 0.05	≤ 0.1	≤ 0.05
13	铬（六价）（mg/L）	≤ 0.1		
14	总铅（mg/L）	≤ 0.2		
15	总铜（mg/L）	≤ 0.5	≤ 1.0	
16	总锌（mg/L）	≤ 2.0		
17	总硒（mg/L）	≤ 0.02		
18	氟化物（mg/L）	≤ 3.0（高区），≤ 2.0（一般地区）		
19	氰化物（mg/L）	0.5		
20	石油类（mg/L）	≤ 5	≤ 10	≤ 1
21	挥发酚（mg/L）	≤ 1		
22	苯（mg/L）	≤ 2.5		
23	三氯乙醛（mg/L）	≤ 1	≤ 0.5	≤ 0.5
24	丙烯醛（mg/L）	≤ 0.5		
25	硼（mg/L）	≤ 1.0（对硼敏感作物，如马铃薯、黄瓜等），≤ 2.0（对硼耐受性较强的作物，如小麦等），≤ 3.0（对硼耐受性强的作物，如水稻等）		
26	粪大肠菌群数（个/L）	≤ 4000	≤ 4000	≤ 2000，≤ 1000
27	蛔虫卵数（个/L）	≤ 2		≤ 2[①]，≤ 1[②]

注：在以下地区，全盐量水质标准可以适当放宽：具有一定的水利灌排工程设施，能保证一定的排水和地下水径流条件的地区；

有一定淡水资源能满足冲洗土体中盐分的地区。

①加工、烹调及去皮蔬菜。

②生食类蔬菜、瓜类和草本水果。

续表

项目	直流冷却水	敞开式循环冷却水系统补充水
总硬度（以 $CaCO_3$ 计）（mg/L）	≤ 450	≤ 450
总碱度（以 $CaCO_3$ 计）（mg/L）	≤ 350	≤ 350
硫酸盐（mg/L）	≤ 600	≤ 250
NH_3-N（以 N 计）（mg/L）		≤ 10
总磷（以 P 计）（mg/L）		≤ 1
溶解性总固体（mg/L）	≤ 1000	≤ 1000
石油类（mg/L）		≤ 1
阴离子表面活性剂（mg/L）		≤ 0.5
余氯（mg/L）	≥ 0.05	≥ 0.05
粪大肠菌群（个 /L）	≤ 2000	≤ 2000

循环冷却水水质标准　　　　　　　　　　　　　　表 4-8

项目	单位	要求和使用条件	允许值
SS	mg/L	根据生产工艺要求确定	< 20
		换热设备为板式，翅片管式，螺旋板式	< 10
pH 值		根据药剂配方确定	7 ~ 9.2
甲基橙碱度	mg/L	根据药剂配方及工况条件确定	< 500
钙离子	mg/L	根据药剂配方及工况条件确定	30 ~ 200
亚铁离子	mg/L		< 0.5
氯离子	mg/L	碳钢换热设备	< 1000
		不锈钢换热设备	< 300
硫酸根离子	mg/L	对系统中混凝土材质的要求按现行《岩土工程勘察规范》（2009 版）GB 50021—2001 的规定执行	
		硫酸根离子与氯离子之和	< 1500
硅酸	mg/L		< 175
		镁离子与二氧化硅的乘积	< 15000
游离氯	mg/L	在回水总管处	0.5 ~ 1
石油类	mg/L		< 5
		炼油企业	< 10

注：甲基橙碱度以碳酸钙计；镁离子以碳酸钙计；硅酸以二氧化硅计。

4.2　再生水利用现状与困惑

城镇生活污水再生回用是增加可利用水资源总量的有效途径，在世界范围内已经得到了较大程度的应用，但大部分城镇污水再生利用还是集中于饮用水之外的流域，如绿化、工业、农业用水等，将污水处理尾水回用于饮用水供给的案例并不普遍。

4.2.1　国外再生水应用现状

1. 美国

20世纪70年代初，美国就开始大规模建设污水处理厂，随后即开始了回用污水的研究和应用。美国是世界上采用污水再生利用最早的国家之一。

美国污水再利用范围很广，涉及城市回用、农业回用、娱乐回用、环境回用、工业回用，回用效果甚佳。目前，美国有数百个城市的污水进行回用，再生回用点多达600多个。美国城镇污水回用总量约为94亿 m^3/a，其中包括污水灌溉用水、景观用水、工艺用水、工业冷却水、锅炉补水以及回灌地下水和娱乐养鱼等多种用途。其中，灌溉用水为58亿 m^3/a，占总污水再生利用量的60%；工业用水占总用水量的30%；城市生活等其他方面的回用水量不足10%。

在美国，城镇污水利用工程主要集中在水资源短缺、地下水严重超采的西南部和中南部的加利福尼亚州、亚利桑那州、得克萨斯州和佛罗里达州等，其中以南加利福尼亚州成绩最为显著。1920年，在亚利桑那州，美国修建了第一个分质供水系统。那里雨水量很少，淡水资源紧缺，最早由卡车和火车运送水。由于水源奇缺，所以污水经过处理后用于浇洒绿地和冲厕，并在永久居住区（包括学校、社区服务）用于冲车、冷却水、建筑和其他一些非饮用的地方。

美国EPA出版的《污水回用标准》中涉及了污水回用的范围、州标、管理规范等内容和国际上污水回用的状况。表4-9所列为美国城镇污水利用状况，其中污水回用工程项目数（总数500多个）和回用水量均以农业灌溉居多、工业用水次之，用作高层建筑生活用水，即"中水"仅见个别案例。相对而言，美国对城镇污水利用的推行比较慎重，对污水回用的水质标准控制也较为严格。

美国城镇污水利用状况　　　　　　　　　　　　　　　　　　　表4-9

作用类型	项目数	回用水量（%）
农业灌溉（包括景观用水）	470	62
工业冷却水、工艺、锅炉用水	29	31.5
回灌地下水	11	5
娱乐、养鱼、野生水生物	26	1.5
总计	536	100

美国城镇污水处理厂出水利用也多回用于灌溉（包括景观用水），灌溉范围包括荒地、草地、森林，谷物或饲料只占一部分（表4-10）。灌溉地区主要集中在西南、中南部干旱缺水地

区。由于城镇规模小而分散，城镇附近往往有土地可供城镇污水处理厂出水进行土地处理与处置，所以，灌溉系统的规模一般也较小，大约 70% 的农业灌溉系统规模小于 29 万 m³/d，面积小于 80 万 m²，平均城市服务人口数在 1.1 万人以下。这些灌溉系统作为污水土地处理与处置的手段，管理粗放、监控不严。美国对灌溉不与人接触的草地、树木、谷物的回用水要求达到污水一级处理以上出水水质标准，而执行 1972 年联邦水污染控制法后，多数城镇污水处理已达二级或二级以下处理水质标准。因此，从总体上讲，用于灌溉的回用水水质是好的。

美国用于农业灌源的回用水处理情况　　　　　　　　　　　　　　　表 4-10

作物	处理厂数	各处理级别所占比例（%）		
		一级	二级	三级
谷物	17	23	77	0
玉米	11	36	64	0
蔬菜	6	14	86	0
水果	12	18	82	0
棉花	26	29	71	0
饲料	51	24	73	3
牧草	34	20	71	9
草地和造景	47	9	70	21

此外，美国亦有一些管理完善的大型回用水灌溉系统。如始建于 19 世纪的 Melbourne Australia 饲料农场灌溉系统，其规模达 4.35 万 m³/d，灌溉面积 1100 km²。农场夏季实行地面灌溉，冬季实行喷灌，雨季用氧化塘处理。农场实行回用水水质监控，污水 BOD 去除率 95%、SS 去除率 92%，运行费用低。

作为城镇污水回用先驱之一的佛罗里达州的圣彼得斯图，1978 年开始，将再生水回用于生活杂用水，目前已能够向 7000 多户家庭提供再生水。

加利福尼亚也是世界上开展污水回用较早的地区，已发展起了大量的污水再生与利用设施。加利福尼亚州的桑提和南塔湖工程都是将城镇污水经过一系列处理后直接回用于游乐场所，水质完全满足要求。每年有 4.32 亿 m³ 市政污水得到有益的利用，相当于该州每年产生污水量的 8%，其中传统农业利用占主导地位。

圣选戈市每天有 18.5 万 m³ 再生水作为饮用水；伯利醒恒钢铁厂每天将 40 万 m³ 污水回用于手工业生产和工艺冷却水；洛杉矶污水回用于电厂冷却水早已实现，赌城拉斯维加斯污水三级处理厂出水作为间接回用输入河流再利用。

全美最大的核电站——派落浮第核电站将生物膜法处理后的出水经电站深度处理后作为冷却水使用，水的循环次数达 15 次，二级处理水价为 0.00162 美元/m³，若从科罗拉多河取水则水价为 0.0162～0.0243 美元/m³，回用污水的经济效益相当明显。

1992 年，美国 EPA 制定的水再生利用导则中列举了大量的示范工程，并制定了相应的政策、法规和标准，以便污水回用在美国得到更好的推广。

2. 以色列

目前，以色列全国每年需水量达 20 亿 m³，已超过其水资源总量，因此，以色列十分重视水资源的合理利用，并根据地区条件和社会经济结构采取不同的水回用原则。至 1987 年，以色列全国已有 210 个市政污水回用工程，城镇污水回用率达 72%。表 4-11 所列为 1987 年以色列全国水量平衡情况。

1987 年以色列全国水量平衡情况 表 4-11

项目	占总取水量（%）	项目	占总取水量（%）
总取水量	100	灌溉回用水量	38.7
渗漏回收水量	5.8	地下回灌水量	28.1
总排入量	92.5	排入河道水量	25.6
污（废）水处理总量	84.4	排海水量	1.7

由表 4-11 可得，在以色列占全国污水处理总量 46% 的出水直接回用于灌溉，其余 33.3% 和约 30% 的污水分别为回灌于地下和排入河道，最终又被间接回用于其他方面（包括灌溉）。此外，占总取水量约 8% 未经处理排入河道的污水，最终也被间接回用。由此可见，以色列污水再生利用程度之高堪称世界第一，这同其特定自然地理条件和国情有关。由于大范围地进行污水回用，对于包括回用水技术在内的节水技术、回用水水质以及污水回用产生的生态和流行病学问题，在以色列也受到了极大的重视。

在农业灌溉用水方面，由于水质要求相对较低，故污水处理的出水优先用于农业灌溉，其回用水总量占全国城镇污水的 70%（包括间接回用）。在以色列，污水回用分为就地回用和集中回用两种形式。

就地回用是对数万人口的村镇污水利用氧化塘处理后就近用于农业灌溉。集中回用是指将城镇污水进行严格的集中处理后，单独或集中排入国家供水管路系统，远距离输送至南部沙漠地区。

由于以色列缺水严重，因此，即使对农业灌溉回用水也都采用节水型喷灌或滴灌技术。此外，对农作物的灌溉水质均制定了较严格的水质标准并进行卫生监测。目前，以色列的污水回用量已约占其全国供水量的 20%，城市生活污水中近 70% 经处理后用于灌溉。

通过污水的再生利用，以色列在年人均水资源占有量不到 400 m³ 的条件下，满足了经济社会发展的需要。

3. 纳米比亚

在世界上水资源极度缺乏的地区，将城市污水处理后回用于饮用水供给已经有成熟的应用案例，并逐渐被越来越多的缺水城市接纳。

1968 年开始，纳米比亚将生活污水处理厂的二级出水直接引入污水再生回用处理厂，在处理完成后，再与其他水源所生产的自来水混合，传输给自来水用户，以确保污水再生回用的安全性。

运行至今，在水资源匮乏的季节，回用水占总供水量的比例可达 50%。回用水的生化指标均受到系统性的监控，以保证供水安全。再生水的毒理性测试也并未发现该再生水会引起疾病或其他不良后果。

为了保证出水水质，纳米比亚采用的处理工艺设置了多级屏障，包括活性污泥、稳定塘、活性炭吸附、臭氧氧化、絮凝沉淀、气浮、砂滤、超滤、氯化等工艺，以保障污染物得到有效去除，因此流程长、能耗高。

4. 新加坡

新加坡属于世界上水资源极度缺乏的地区之一。相比之下，新加坡的 NEWater 项目则兼备了安全保障与工艺的先进性。NEWater 项目将新加坡的生活污水收集后，经过传统的活性污泥和二沉池处理进入新生水处理厂中，采用微滤（或超滤）、反渗透和紫外线杀菌的工艺进行回用深度处理。

相比于纳米比亚的生活污水再生回用工程，NEWater 工艺流程较短，在经济性上具有明显优势。在安全性方面，NEWater 的水质经过新加坡政府的长期监测，对 190 项污染物指标进行浓度测定，结果表明，NEWater 水质稳定可靠，优于世界卫生组织和美国 EPA 对饮用水水质的标准限值。

除测定 NEWater 污染物浓度外，新加坡政府还开展了 NEWater 的健康效应研究，以鱼和小鼠为模式生物，在长期检测中未发现 NEWater 具有致癌性或雌激素毒性。

4.2.2　我国再生水应用现状

我国的水环境污染也加剧了水资源短缺，特别是在华北地区，这引起了对废水回收和再利用的迫切需求。"十二五"：国家要求再生水利用率从 15% 提高到 30%，并持续完善污水再生及资源化的标准；"十三五"：提出实现城镇污水处理设施建设由"污水处理"向"再生利用"转变的新要求。

在水资源需求较大的城市如北京，在这方面开创了先河，并在建设水再生基础设施方面取得了巨大进展。2016 年，北京高碑店污水处理厂升级为再生水厂，处理能力达到 100 万 m^3/d，宣布了中国污水处理厂从简单处理到再生处理的过渡，污水再生回用的比例较高，但用途也被限制在自来水供水水源之外的领域，如绿化和农业用水等。截至 2014 年底，我国再生水整体回用率约为 10%，整体利用水平较低。现阶段再生废水的价格仍然与常规供水缺乏竞争力，并且回用水基础设施和计划的建立进展缓慢。

目前，虽然国家出台了一系列城镇污水综合利用相关的政策和法规，但在各地并没有完全落实到位，相关主管部门缺少具体实施规划，也没有相应的工作要求、强有力的政策保证和有效的管理机制，使城镇污水综合利用得不到连续有效的贯彻实施。节水和污水利用宣传力度不足也是延缓城镇污水综合利用发展步伐的重要原因之一。

城市生活污水的再生利用程度主要受制于人们对再生水回用安全性的担忧，若通过有效工艺保障再生水的安全，将再生水用于自来水水源补给，将显著降低我国缺水城市的水资源压力。

有关资料显示，每日使用 1 万 m^3 的再生水，相当于建设一座 400 m^3 的水库。城市再生水利用所收取的水费可以使污水处理得到资金支持，有利于水污染的防治。

污水再生利用的深度处理工艺没有根据水质目标选择，工艺单元的组合形式没有进行多方案比较，满足实用、经济、运行稳定的要求，而是更多的选择膜处理工艺。

城镇污水处理没有考虑再生水回用要求，特别是安全需求；选用了没有后续作用的紫外线消毒和臭氧消毒工艺，液氯消毒、二氧化氯消毒等有安全隐患，目前主要是次氯酸钠等安全消毒措施在不断推广。

城市生活污水再生回用是增加可利用水资源总量的有效途径，在世界范围内已经得到了较大程度的应用，但大部分污水再生利用于饮用水之外的流域，如绿化、工业、农业用水等，将污水处理回用于饮用水供给的案例并不普遍。

4.2.3 再生水应用于农业灌溉

城镇污水回用于农业灌溉的历史最早，这是因为污水处理中有一种方法为土地处理法，再生水灌溉农田即源于污水的土地处理。有时污水回用灌溉与土地处理很难区分开，事实上两者最根本的区别在于侧重点的不同，土地处理的重点是净化污水，而污水回用灌溉的重点是生产农作物。

城镇污水再生后，其中大部分回用于农业灌溉，这不但被证明是可行的，而且还具有巨大的应用潜力。城镇污水回用于农业灌溉因各地的情况不同而获得的益处不尽相同，但在所有水源中，再生水是农业灌溉的最佳选择。这是因为再生水是一种持续、安全而又富有营养的水源，使用再生水进行灌溉不仅可以节约农业生产成本，而且其本身也是水资源保护的一种方式。但在评价再生水回用农业灌溉的前景时，也要考虑到健康、经济和环境等方面的局限和制度上的障碍，以及社会和法律上的关注等问题。例如，不是所有的农业生产者都十分愿意使用再生水，因为担心会因此减少农作物的质量，从而影响农作物的销售量，尽管大多数国家的健康条例都允许使用经妥善处理的再生水进行农业灌溉，而且也没有明显迹象表明再生水的使用会带来疾病，但还是必须考虑到使用再生水可能带来疾病的传播。另外，使用再生水灌溉农田，需要完成许多工作环节，如再生水从污水处理设备出口到储存再生水池的输送，再生水在再生水池内的储存、应用以及将再生水排放到河道、地下水或表层水等过程。

大量的城镇污水回用农业灌溉工程实例表明，污水回用农业灌溉的主要问题在计划的管理上。成功的农业污水回用需要缜密的计划、全部成本估算、有效的操作和日常监督。在使用再生水之前，应该根据使用的目的来规定再生水的水质标准。例如，对于非食用作物的灌溉，不必过分考虑健康问题。一些国家允许用未消毒的水对非食用作物进行灌溉，而经过加氯消毒的二级出水则可用于灌溉食用农作物，但对二级出水中大肠菌的数量有明确的限制要求，而且这些农作物必须经过烹饪才能食用，同时也不能含有致病物质。

用于灌溉农作物的再生水的水质标准取决于是否对健康产生影响，但农业生产中的因素也必须予以考虑。例如再生水中氮的成分过多会造成农作物生长期过长、果实不够丰满、物种不饱满、植物晚熟、味道减退（水果或蔬菜）、糖分减少（甜菜或藤类植物）和土豆中的淀粉成分减少等不良效果。很多农作物对盐和硼十分敏感，盐会阻碍农作物的生长，还可能降低其抗霜冻的能力，硼过多也会造成叶落现象的发生，因此制定再生水中污染物的限度要以作物、当地情况和健康要求为依据，对于确定用于农业灌溉的再生水水质标准，目前有关方面正在进行研究。

　　另外，使用再生水灌溉农田，对土地的营养力及持水能力，对土地的结构、土地中水和空气渗透性，对地下水的流动情况、地下地质结构和土地的稳定性究竟能产生哪些影响，还需进一步的深入研究。

4.2.4　城镇污水回用于工业用水

　　城镇污水回用于工业生产用水的最大好处在于可以代替饮用水，因为在很多情况下，工业用水对水质的要求远低于饮用水标准。城镇污水回用于工业对于工业企业和市政当局双方都有很大的益处。目前，随着社会的快速发展，工业相对于其他行业来说，对水的需求量最大，因此，再生水用于工业生产用水的潜力巨大。

　　工业用水主要包括锅炉给水、冲洗和运输等用水，另外工业循环冷却水中的99%是再生水，也是再生水的主要用户。影响再生水回用工业生产和工业冷却水潜力的主要因素在于水质、水量及费用情况。对再生水的水质要求根据用户的不同而各不相同，例如，用于食品加工的水质要求达到饮用水的标准，而用于电子工业的水质则要求达到高纯度的标准，用于皮革制造的水质标准则很低。若工业生产中各个生产步骤对水质的要求不同，则再生水水质标准就更加复杂。尽管确定再生水水质标准有一定的困难，仍需有关人员深入研究，但城镇污水回用于工业已发展到一个新阶段。

4.2.5　城镇污水回用于娱乐景观游览用水

　　目前，随着淡水资源的缺乏和水体污染的日益严重，各国各城市越来越多地将城镇污水回用于娱乐景观用水，这不仅有利于环境的保护，降低美化环境的费用，而且也有利于保护水生生物的生态平衡。

　　再生水作为娱乐景观用水，对景观水体具体会产生什么样的影响目前仍在研究中。再生水作为娱乐景观用水，其水质指标必须满足人体的感官要求，同时再生水中的污染物含量要小于受纳水体的环境容量，但前提是受纳水体为流动水体，而且水量充沛。对于再生水回用于景观水体，氮、磷指标的控制非常重要。氮、磷等植物性营养物质是使水体富营养化的关键因素，现在世界上许多湖泊均存在不同程度的富营养化，而且都很难恢复，虽然经过大规模治理，但都没有根本成效，给人们留下了深刻的教训。

　　一般认为，水体中氮含量大于 $0.2 \sim 0.3\,mg/L$，磷含量大于 $0.01\,mg/L$，BOD_5 大于 mg/L，就可能引起富营养化。但按此标准衡量，目前许多景观水体都存在富营养化现象。然而，只要水体没有黑臭腐化，就仍然具有重要的景观用水价值。因此，有些专家认为，再生水回用于景观水体的目标，并非是控制其不发生富营养化，而是控制其不发生黑臭腐化现象，这些专家认为，富营养化是湖泊演化分类学的一个概念，标志着湖泊老化，在封闭缓流水体中极易发生，最终导致水体黑臭；而对于流动水体，由于流动水流不断复氧，在水体生态系统的作用下，将一定程度地维持水体的环境容量，即轻度的富营养化不会很快使流动水体形成黑臭现象。基于此，他们认为再生水回用于流动景观水体，可以不使用控制水体富营养化的水质标准来衡量，氮、磷指标也可以适当放宽。特别是在水体生态系统完善情况下，水生植物可以吸收大量氮、磷与有机营养物质，并向水中释放氧气；或在水流复氧机制完善情况下，均应考虑充分利用水体的自净作用。

但也有专家认为，由于水体中含有大量的营养物质，再生水中的营养成分会促进藻类生物的生长，并最终导致水体的恶化，潜在危害较大，因此，必须严格控制再生水中的氮、磷指标。

4.2.6 疫情期间深度处理单元运行管理

关注二沉池出水的水质水量特征，提前预判深度处理单元的运行风险。如果处理水量明显增加，应核算深度处理设施的负荷；超过深度处理设施负荷时，采取应急措施确保设施安全运行。

评估服务区域存在疫情暴露风险时，应减少或停止厂区内部的出水再生循环利用，疫情期间不使用再生水（中水）进行厂区内绿化和冲厕。

疫情期间应暂停城市杂用（市政道路喷洒、洗车、居民小区杂用、园林浇灌等）、景观补水等与人体可能直接或间接接触的再生水利用项目。

减少甚至停止向河道、人工湖以及人口密集海湾大量排放再生水（中水），并明确提示接触水体的安全风险，禁止市民、游客接近人工补水区域。

污水处理厂尾水排入城市内生态型水体的，应严格控制出水余氯含量，避免对水生生物造成影响。

应告知有关部门暂停河道内所有的曝气设施及配水景观设施，降低气溶胶的传播风险。

应关闭厂内以再生水为水源的景观喷泉、景观瀑布等。

应在污水处理厂出水口设置围栏或警示牌，明确告知人体接触的潜在风险。

4.3 再生水利用意义及实践

4.3.1 再生水的价值

近些年，世界各国特别是水资源短缺、城市缺水问题突出的国家，对水资源领域的总体战略目标都进行了相似的调整，将单纯的水污染控制转变为全方位的水环境可持续发展。随着经济发展和城市化进程的加快，我国目前相当部分城市严重缺水，连续几年的干旱更突出显示了水资源短缺问题的极端重要性和紧迫性，它直接影响城镇居民的正常生活，影响社会的可持续发展。我国对当前水资源的严峻形势给予了高度重视，采取了多种措施来缓解用水危机，其中就包括城镇污水的综合利用。国家有关部门都强调和重视水资源的可持续利用，大力提倡城镇污水综合利用等非传统水资源的开发利用，并纳入水资源的统一管理和调配，坚持开展人工降雨、污水处理尾水回用、海水淡化等节水措施。

城镇污水其实也是一种宝贵的资源，城镇污水综合利用的目的就是回收利用城镇污水中所蕴藏的淡水资源、热能资源、可利用物质以及城镇污水处理过程中产生的可利用污泥资源。对于水资源的开发利用，科学合理的秩序是地面水、地下水、城镇再生水、雨水、长距离跨流域调水、淡化海水。目前地面水和地下水的短缺导致了水资源危机的出现，城镇污水综合利用也由此受到了更为广泛的关注和重视。因此，大力开展城镇污水综合利用，提高循环用水率，实现污水的全面回收利用已经是当前缓解水资源危机措施的重要选择。

城镇污水综合利用的意义主要体现在以下几个方面：

1．作为第二水源，缓解水资源的紧张

由于全球性水资源危机正威胁着人类的生存和发展，世界上的许多国家和地区已对污水处理回用做出总体规划，把经过处理后的再生污水作为一种新水源，以缓解水资源的紧张状况。污水经过适当处理后重复利用，可促进水在自然界中的良性循环。城镇污水就近可得，易于收集输送，水质水量稳定可靠，处理简单易行，作为第二水源比利用雨水和海水可靠得多。研究表明，人类使用过的水，其污染杂质只占 0.1%，绝大部分是可再用的清水。城镇供水量的80%变为污水排入下水道，是一种很大的资源浪费，至少有 70% 的污水（相当于城镇供水量的1/2 以上）可以经深度再生处理达到安全使用标准后，实现完全回用。因此,进行污水回收利用，开辟非传统水源，实现污水的资源化，对解决水资源危机具有重要的战略意义。

进行污水回用，在工业生产过程中以循环给水系统代替直流给水系统，可使淡水消耗量和污水排放量大幅减少；在农业生产过程中提高农业用水的利用效率，发展循环用水、一水多用和污水回用技术。大力发展污水回用，提高工业用水的重复利用率，积极推行城镇污水资源化，将处理后污水作为第二水源加以利用，是节约使用水资源的重大措施与对策的重要组成部分，对我国国民经济的可持续发展也有着十分重要的意义。

2．减轻江、河、湖泊污染，保护水资源不受破坏

如果水体受到污染，势必降低淡水资源的使用价值。目前，一些国家和地区已出现因水源污染不能使用而引起的"水荒"，被迫付出高昂的代价进行海水淡化，以取得足够数量的淡水。城镇污水即使通过一定程度的处理，排入江、河、湖泊、水库等水体，还是可能使其受到污染。城镇污水经处理后回用，不仅可以回收水资源以及污水中的其他有用物质和能源，而且可以大幅度减少污水排放量，从而减轻江、河、湖泊等受纳水体的污染，保护水资源不受破坏。城镇污水经过处理后回用于灌溉，可通过植物对污水中营养物质的有效利用，使渗透水中的磷酸盐、氮和 BOD_5 等均有所下降，因此，城镇污水回用于农业灌溉是防止和解决卫生问题的一种经济有效的方法，它可使由于污水排放造成的地下水污染以及湖泊、水库等水体的富营养化程度降低。

城镇污水综合利用是环境保护、水污染防治的主要途径，是社会和经济可持续发展战略、环境保护策略的重要环节。城镇污水综合利用与目前国内外所提倡的"清洁生产""节能减排""低碳社会""绿色经济"等环境保护战略措施是一致而不可分的。实现城镇污水综合利用,事实上，也是对污水的一种回收和削减，而且污水中相当一部分污染物质只能在污水综合利用的基础上才能回收。由城镇污水综合利用所取得的环境效益、社会效益也是很大的，其间接效益和长远效益更是难以估量。

3．减少用水费用及污水净化处理费用

一些应用工程实例表明，当以城镇污水为原水进行深度处理后再进行回用，其制水成本要低于甚至远远低于以天然水为原水的自来水厂，远距离调水则更为突出。这是因为省下了水资源费用、取水及远距离输水的能耗与建设费用等。

城镇污水再生回用工程的回用量越大，其单位用水投资就越小，再生成本也越低，经济效

益越明显。国内外同类经验与预测都表明,对城镇污水处理厂二级处理出水,采用混凝 – 沉淀 – 过滤 – 消毒技术处理,在管网适宜条件下,每日 1 万 m^3 回用量以上工程的每吨用水投资都应在 800 元以下,处理成本在 0.7 元以下。按城镇自来水价 4.2 元 /m^3 计,回用每吨污水最少可节约资金 3.5 元。按现在国内外通行惯例,污水回用价格一般为自来水价格的 50% ~ 70%,按 60% 计,则污水回用价格应为 2.5 元 /t,可见需水方每吨用水可节省 1.7 元,供水方吨水获利 1.8 元。如达到这一条件,供水方 2 年内可收回投资,供需双方经济效益都十分显著。

此外,长距离跨流域调水不仅投资过大,而且在干旱年份可能无水可调,也可能调来的是受到一定程度污染的水,其调水投资和处理费用要远大于城镇自身的污水回用费用。对于沿海城镇而言,虽然海水是沿海城镇取之不尽、用之不竭的水源,但海水淡化的基建投资和制水成本往往过高,在经济上和规模上难以短期内解决当地城镇的缺水问题。

水环境问题的根源在污水,构建污水再生利用系统是城镇和产业可持续发展的重要保障。再生水是"取之不尽、用之不竭、供给稳定"的城市第二水源、工业第一水源。再生水利用,一方面可极大地缓解水的供需矛盾,另一方面可彻底改善水污染的现状,是实现城市污水资源化的重要途径。

城市污水回用是水资源可持续开发的重要组成部分。按照可持续发展的思想,城市污水回用必须打破传统的、习惯的管理方法,在水资源的开发、利用、保护和管理等方面,重新规划;城市再生水利用涉及水资源开发、城市供水、城市排水、污水处理、用水成本、节水、水环境保护等各方面,是自然界水循环系统的一个组成部分(子系统)。各个子系统之间既相互联系又相互独立。

经济性是衡量再生水利用是否合理可行的重要指标。再生水的定价影响了再生水的市场,同时也影响了水的健康循环趋势。如果再生水定价合理、正确,可以促进污水回用事业的发展,同时实现水的可持续利用。

再生水回用系统是一个复杂的非传统供水工程,既具有污水处理系统的特征,又具有供水系统的特征,水质安全保障挑战更大、更复杂,对研究手段、技术工艺和水质监管的要求更高。

为适应水回用国际标准化工作的需要,促进水回用流域国际化业务的健康发展,根据中国、日本和以色列等国家的提议,2013 年 7 月,国际标准化组织批准成立了国际标准化组织水回用技术委员会(ISO/TC282 Water Reuse),下设再生水灌溉利用(SC1)、城镇水回用(SC2)、水回用系统风险与绩效评价(SC3)三个分技术委员会,2017 年,又增设了工业水回用(SC4)分技术委员会。

4.3.2　再生水利用模式

污水再生利用模式主要包括集中式系统和分散式系统两种。目前针对采用何种模式效果更佳以及不同模式对水回用系统创新管理的影响引起了广泛的讨论。总体来看,国际上特别是在人口稠密的城市和地区,主要采用集中式水回用系统模式。分散式水回用系统模式通常应用于城乡接合部、农村和偏远区域。

集中式水回用系统具有规模效应、经济节能等特征,并且拥有精准调控系统、完备检测设施和安全备用设施以及熟练工作人员,可以应对进水水量水质波动等问题,在中国、美国、澳大利亚、新加坡、日本、以色列等国已成为主流的回用模式，具有十分广阔的应用前景。保障城镇集中式水回用系统的安全性、高效性、经济性和可靠性对于其推广具有重要意义。

集中式水回用系统通常以城市污水处理厂出水或符合排入城市下水道水质标准的污水为水源，进行集中处理，再将再生水通过输配管网输送到不同的用水场所或用户管网。集中式水回用系统设计基本原则包括安全性、可靠性、稳定性和经济性。集中式水回用系统主要包括水源、处理、储存、输配和监测等关键环节。为保障人体和环境健康，需要对系统各关键环节进行系统分析和评价，并采取从再生水水源到最终输配和利用的全流程风险控制措施来预防危害或使危害降至可接受水平。

集中式水回用系统具有规模效应，再生水处理设施的建设和运行成本较低，水质稳定等优点，但同时存在管网建设费用高、占地面积大、输送距离长、运行维护成本高等问题。集中式水回用系统设计，应考虑"分质使用"和"优水优用、劣水劣用"，选择和发展因地制宜的集中式水回用模式。

1. 单一用户模式

单一用户模式系统构成简单，适用于规模较小的集中式水回用系统。水回用系统出水仅供给单一用户或同一类用户。再生水一般以污水处理厂二级出水作为水源。

2. 多用户模式

多用户模式适用于对水质要求不同的多个用户，如包含多种工业类型的工业园区或者包含工业、市政杂用等多种再生水利用途径的区域。采用分质处理和回用结构的多功能供给模式能够应对再生水水质多样化需求。分质处理和回用是集中式污水再生利用系统未来发展方向，但系统优化复杂，对系统的整体性保障要求高。

再生水处理系统应优先满足大用户或优先级别高的用户的水质水量要求，对于小型用户的高品质再生水需求，可考虑在输配管网前端或用户端设置强化处理单元和设施。为保障系统的可靠性，再生水水质需满足最低技术保障要求。

3. 环境储存与利用模式

环境储存与利用模式以再生水的生态环境储存与利用为核心，再生水排入城市地表生态储存水体（如河湖塘池、景观水体、人工湿地等），经过一定时间的储存净化后，再利用于农业、工业、城市杂用等。该模式既保障了生态用水，又净化了水质，促进区域水循环，在提高再生水利用效率的同时，提高了再生水的水质安全性。同时，通过再生水的生态环境储存，可以提高公众心理可接受程度。

4. 梯级利用模式

梯级利用模式可实现再生水的多层次重复利用。如以工业园区为依托，可加强企业间再生水的梯级利用，将园区内某一企业使用后的再生水应用于对水质要求更低的其他企业，实现再生水的多次利用。具体而言，可将再生水优先利用于工业企业生产和冷却等过程，根据工业园区实际情况，再将使用后的再生水用于园区绿化、道路冲洗和景观环境利用等。

4.3.3　再生水水厂布局

再生水水厂布局应遵循集中与分散相结合的原则，既要体现规模效益又要尽量减小回用距离，降低工程投资。在已有和规划的污水处理厂基础上，根据再生水利用用户的分布、再生水用量、回用距离、地形地势情况，统筹考虑城市再生水水厂的数量、供水范围和供水规模。应尽量与现有或规划的污水处理厂合建，以节省投资，方便管理。但是再生水水厂的数量和位置并不局限于污水处理厂的数量和位置，在适当的地方通过技术经济比较来决定再生水水厂数量和位置。

为减少再生水输送过程中的能量损失，降低日常供水能耗，再生水水厂应尽量位于城市水系的上、中游。再生水的输送方式应采取重力输水和压力管道送水相结合的方式，在有条件的地方，采用重力输送或者利用天然河道输送再生水，以降低再生水供水管网投资。再生水输水管道应充分考虑再生水用水大户的分布，采用环状和枝状网相结合的形式，既要较小的供水距离，又要考虑便于远景城市中水道系统联网供水。

4.3.4 再生水处理工艺

目前，我国城市污水深度处理应用的工艺有混凝、沉淀、过滤等常规工艺，还有微絮凝过滤以及生物接触氧化后纤维球过滤、生物活性炭过滤等方法。

国外深度处理方法很多，主要有混凝澄清过滤法、活性炭吸附过滤法、超滤膜法、半透膜法、微絮凝过滤法、接触氧化过滤法、生物快滤池法、流动床生物氧化硝化法、离子交换、反渗透、臭氧氧化、氯吹脱、折点加氯等工艺。

20世纪80年代以来，国内外城市污水回用工艺有两个发展趋势：一是沿用二级、三级处理工艺，并向多目标回用方向发展；二是发展高效生化处理与臭氧氧化、活性炭吸附、膜处理技术相结合的二级、三级合并处理工艺，出水可以达到饮用水的水平。

由于单一的某种水处理工艺很难达到回用水水质要求，因此，污水回用技术需要多种工艺的合理组合，即各种水处理方法结合起来对污水进行深度处理，如臭氧加生物活性炭组合工艺、活性炭吸附加光催化氧化组合工艺、活性炭与超滤组合工艺、活性炭与纳滤组合工艺、臭氧紫外线组合工艺、臭氧生物活性炭膜组合工艺等，这样可以相互弥补不足，提高处理效率。

1. 工业循环冷却回用水

通常采用混凝－沉淀－砂滤－离子交换－出水，该工艺主要是通过混凝过滤去除悬浮物同时降低硬度和离子含量，最终去除钙、铁、锰、硫酸盐、氯化盐等离子。

2. 农田灌溉回用水

通常采用混凝－沉淀－砂滤－出水，该工艺主要去除有毒物质，如重金属等。根据污水水质的分析检测，确定污水中超标的有毒物质，然后选择适当的混凝剂进行混凝沉淀就可以达到回用标准。

3. 景观娱乐回用水

通常采用曝气－混凝－沉淀－砂滤－臭氧生物活性炭－出水，该工艺主要去除 NH_3-N、磷和有机物，在曝气降低 NH_3-N，同时补充 DO 后，再通过臭氧生物活性炭降低有机物以及 NH_3-N 和磷的浓度。

4. 生活杂用回用水

生活杂用水的水质标准相对较高，因此，处理工艺较复杂，通常采用曝气－混凝－沉淀－

砂滤－臭氧生物活性炭－加氯消毒－出水。混凝过滤可以降低浊度和溶解性总固体，臭氧生物活性炭去除有机物、色度和气味，加氯消毒在去除病菌的同时保证余氯含量。

4.3.5　再生水设计

再生水深度处理工艺可以采用高效沉淀池＋深床滤池组合工艺。深床滤池兼具过滤和反硝化功能，可进一步去除 SS、TN、TP，确保实现处理水质的稳定达标，同时具备在不进行工艺改造的前提下，进一步提高排放标准的可能。

再生水深度处理工艺也可以采用运行稳定、经济高效、可实现多模式运行的"改良 A/A/O＋混凝沉淀＋反硝化滤池"工艺。可以适应进水水质变化较大的特殊情况，而且可以满足出水效果、出水安全性、能耗、运行维护费用及操作管理等方面要求。

当污水处理厂采用地下污水处理厂建设形式时，二沉池可以采用先进的周进周出矩形沉淀池；污水深度处理采用高效沉淀池工艺＋反硝化滤池；出水消毒采用紫外线消毒为主＋次氯酸钠消毒为辅工艺。在满足设计标准的前提下，通过优化组合设计，节省地下空间，整体降低工程投资。

当经济条件允许，占地紧张的情况下，在传统污水生化处理工艺技术的基础上可以进一步优化，采用了 MBR 工艺，与国标一级 A 标准相比，COD、BOD_5、NH_3-N、TP 等主要指标均更加严格，出水水质基本达到国家地表水环境 IV 类水体标准。

当出水指标中的 COD 要求不大于 20 mg/L 时，可以采用臭氧催化氧化滤池工艺，采用 UCT 与多段进水相结合的工艺，合理分配、高效使用污水碳源，充分发挥系统的生物除磷、生物脱氮功能，节省能耗和碳源，一年多运行数据表明，与 A/A/O 工艺相比，可节省 PAC 及碳源 15%～20%；节省电能约 15%；耐冲击负荷强，COD 变化范围在 210～1090 mg/L，可稳定达标。体现了"低碳、高效、先进"的创新理念。

当污水处理厂进水含有一定量的工业废水时，设计中可以通过建（构）筑物合理的分组，使工业废水不进入再生水回用的工艺流程线，确保再生水回用的水源全部取自生活污水，避免工业废水可能存在不可预见的水质风险，确保再生水品质及再生水回用的安全。

4.3.6　再生水用途

对于出水水质较好的污水处理厂，厂区生产用水、生物除臭设施用水、厂区绿化浇洒用水、综合楼冲厕用水等均可采用回用水，降低运行成本。对于城市有中水利用规划要求的污水处理厂，应结合规划要求，利用高品质的尾水补充景观河湖、大型工厂的冷却用水、工业用水、农业用水、市政杂用等，减少城市对自来水补给的依赖。

污水处理厂出水经深度处理后可选择性回用作为城市湖泊秋冬枯水季节补给用水、绿化浇洒用水和消防补水，结合当地城市中水利用规划所规定的目标，减少秋冬季湖泊补水对自来水补给的依赖，进一步践行了城市建设两型社会的要求。

新生水工艺发展的一个方向是短流程工艺开发。现行双模法工艺路线的设计基础是污水处理厂产水的水质特点，从而导致了污水处理厂与新生水厂分别独立运营的现状。在新生水工艺已趋于成熟的现状下，将污水处理厂与新生水厂进行整合，可以缩短从生活污水到新生水的生产流程，降低建设和运营成本，并有可能提升新生水水质。在新加坡已发布计划，将建成的

Tuas 新生水厂将完全使用 MBR+RO 的工艺路线，完成污水处理厂与新生水厂的整合。

污水处理厂尾水可以用于综合办公楼的冲厕及环保主题广场的绿化浇洒。同时可以利用尾水温度与大气温度的差值，将尾水作为综合办公楼空调系统夏季制冷水和冬季供热的冷冻水，可使空调机组的性能系数分别提高 8% 和 17% 左右，大大降低空调系统能耗，节能效果显著。

第5章

尾水处理湿地系统

5.1 稳定达标及水资源保护

5.1.1 人工湿地

1. 定义

人工湿地生态系统是由一些适合污染环境条件下生存的以大型水生植物为主的高、低等生物和处于水饱和状态的基质组成的人工复合体——污染生态系统。相对于天然湿地，其生态系统的群落结构和种群结构要简单得多，但其按照管理者意愿进行污水处理的功能更强，可以说，这类人工湿地生态系统的生理功能，在各种湿地生物的共同参与下，将进入湿地系统的污染物质（同时也是湿地生物的营养物质），经过系统内各环节的"新陈代谢"，进行分解、吸收、转化、利用，达到去除目的。

湿地系统正是在这种有一定长宽比和地面坡度的洼地中由土壤和填料（如砾石等）混合组成填料床，废水在床体的填料缝隙中流动或在床体表面流动，并在床体表面种植性能好、成活率高、抗水性强、生长周期长、美观及具有经济价值的水生植物（如芦苇、蒲草等）形成一个独特的动植物生态系统，对废水进行处理。

作为一项新型的生态污水处理技术，人工湿地系统虽然出水水质不够稳定，但具有结构简单、处理效果较好、基建投资及运行费用低、运行维护简单、实现尾水生态化、景观性强等优点，应用广泛。

2. 组成

绝大多数自然和人工湿地由五部分组成：①具有各种透水性的基质，如土壤、砂、砾石；②适于在饱和水和厌氧基质中生长的植物，如芦苇；③水体（在基质表面下或上流动的水）；④无脊椎或脊椎动物；⑤好氧或厌氧微生物种群。

1）防渗层

人工湿地防渗层的主要作用是，阻止污水向地下水体渗漏，这对于某些可能造成地下水污染的工业废水来说十分重要。通常采用黏土层来防渗，国外也有采用低密度聚乙烯（LDPE）做衬里。值得一提的是，湿地底部的沉积污泥层，在厌氧状态下由微生物代谢作用产生的黏稠分泌物和形成的多糖可以形成天然的防渗层。

2）基质层

基质层是人工湿地处理污水的核心部分。在自由水面型人工湿地中，一般直接采用土壤和植物根系构成基质层，在地下潜流型人工湿地中，一般采用砾石填料和土壤或砂构成基质层。基质层的作用有：提供水生植物生长所需要的基质；为污水在其中的渗流提供良好的水力条件；为微生物提供良好的生长载体。

基质层中由于含有大量植物的根，形成了根系区域。与其他土壤相比，在根区中也含有大量可以运动和生长迅速的细菌，如贾单胞菌。贾单胞菌属中的各种细菌都有很强的降解有机物的能力，能够利用的基质也很广，如樟脑、酚等。这对难降解有机污染物的分解和转化起着重要的作用。

根区中的微生物和植物之间的生态关系比较复杂，在许多情况下，根区中的细菌数目增加，是植物根系分泌物对土壤中微生物直接影响的结果。植物根区中的细菌特别需要的氨基酸和维生素等生长因子可以由植物来提供。

植物根系分泌物中含有十几种糖、氨基酸和维生素、丹宁、生物碱、磷脂和其他未经鉴定的化合物，其中大部分有机物可以刺激微生物的生长，而另外一些有机物对微生物却有抑制作用。

根区中的微生物对植物的生长也有显著的影响，如，贝氏硫细菌能将对植物生长有毒有害作用的 H_2S 氧化成无毒的元素硫和硫酸盐，而这种细菌可以从植物根系中获得 O_2 和氧化酶。微生物代谢产生的有机酸，可以使土壤中许多不溶性的无机盐形成可溶性的无机盐，以便植物吸收和利用。

总之，湿地基质层中的微生物相是极其丰富的，这对于污染物，尤其对难降解的有机污染物的分解是十分有利的，这也是污水生态处理的优势所在。

3）腐殖层

腐殖层中主要物质就是湿地植物的落叶、枯枝、微生物及其他小动物的尸体。成熟的人工湿地可以形成很致密的腐殖层。腐殖层和植物的茎形成一个过滤带，它不但提供微生物生长的载体，而且可以很好地去除进水中的悬浮物，这一点在表流湿地中体现得最明显，悬浮物在湿地进口 5 m 之内就可以得到很好的去除。但同时不可否认，腐殖层的存在也会影响出水水质。

4）水生植物

水生植物的存在可以提高湿地的处理效率，这一点已经得到充分的证明。首先，种植有高密度芦苇的表面流湿地，可以有效地消除短流现象，而没有植物的湿地运行效能很差，尤其是在高负荷时；其次，植物的根系可以维持潜流型湿地中良好的水力输导性，使湿地的运行寿命延长；第三，植物的根系和被水层淹没的茎、叶起到微生物的载体作用，可以在其表面形成生物膜，通过其中微生物的分解和合成代谢作用，能有效地去除污水中有机污染物和营养物质，这是表面流湿地去除污染物的主要机理。

水生植物与陆生植物不同之处在于它能够将氧输送到根系，这样不仅在土壤表面有氧气，而且在芦苇床的深层土壤中，尤其是芦苇根系附近的土壤中也有氧存在，这样就在根系附近的土壤中生长着大量的好氧菌，而离根系远的土壤中则有许多种厌氧菌和兼氧菌生存，这就使芦苇床成为一个好氧／缺氧／厌氧反应器，它能够降解去除各种各样的有机污染物，实现生物脱氮。这是潜流湿地去除污染物的主要机理。

水生植物能够对有机污染物和氮磷等营养化合物进行分解和合成代谢，这包括对氮、磷、钾的直接摄取，还能直接摄取一些环状有机化合物，并将其转化为生长植物的纤维组织，但是这种去除只占污染物去除总量的 2%～5%，而且氮、磷、钾循环随季节不同有可逆的倾向。

致密的植物可以在冬季寒冷季节起到保温作用，减缓湿地处理效率的下降。设计中多选择高等水生微管束植物做人工湿地的植物，一般要求耐污能力强、根系发达、茎叶茂密、抗病虫害能力强且有一定经济价值的植物。我国第一个人工湿地污水处理工程——深圳白泥坑人工湿地污水处理工程栽种的是芦苇、灯芯草、蒲草、水葱等。湿地植物生态群落的稳定在很大程度上取决于湿地的水文状况，如水深等。一般选用本土水生植物，这样能够较好地适应当地的气候、土壤条件，同时应考虑植物的越冬能力。

5）水体层

在表面流湿地中，水体在表面流动的过程也就是污染物进行生物降解的过程，同时，在生态效果方面，水体层的存在提供了鱼、虾、蟹等水生动物和水禽等的栖息场所，由此构成了生机盎然的湿地生态系统。

5.1.2　湿地植物作用

湿地植物具有三个间接的重要作用：①显著增加微生物的附着（植物的根茎叶）；②湿地中植物可将大气氧传输至根部，使根在好氧环境中生长；③增加或稳定土壤的透水性。

而土壤、砂、砾石基质具有为植物提供物理支持，为各种复杂离子、化合物提供反应界面，为微生物提供附着等作用。水体则为动植物、微生物提供营养物质。

5.1.3　湿地的类型及适用条件

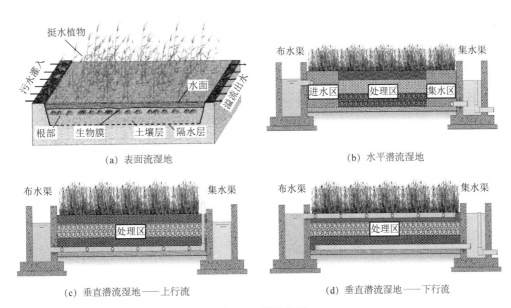

(a) 表面流湿地　　　　　　　　　　　(b) 水平潜流湿地

(c) 垂直潜流湿地——上行流　　　　　(d) 垂直潜流湿地——下行流

图 5-1　湿地类型

如图 5-1 所示，湿地主要有以下几种类型：

1）表面流湿地，主要去除 SS、NH_3-N、TN、TP，适用于用地充裕，生态景观功能需求高。

2）水平潜流湿地，主要去除 COD、TN、TP、SS，适用于用地面积相对不足，TN 负荷高。

3）下行垂直潜流人工湿地，主要去除 COD、NH_3-N、TP、SS，适用于人工湿地用地面积小，NH_3-N 负荷高。

4）上行垂直潜流人工湿地，主要去除 COD、TN、TP、SS，适用于人工湿地用地面积小，TN 负荷高。

污水自然处理必须考虑对周围环境以及水体的影响，不得降低周围环境的质量，应根据区域特点选择适宜的污水自然处理方式；在环境评价可行的基础上，经技术经济比较，可利用水体的自然净化能力处理或处置污水；采用土地处理，应采取有效措施，严禁污染地下水。

在集中式给水水源卫生防护带，含水层露头地区，裂隙性岩层和熔岩地区，不得使用污水土地处理。采用人工湿地处理污水时，应进行预处理。设计参数宜通过试验资料确定。

5.1.4 尾水湿地工艺

尾水湿地处理单元主要有氧化塘、潜流湿地、表流湿地三种。三种工艺单元习惯上简称为塘、床、表，将这几种工艺单元进行组合，可形成三种常用的工艺流程。

1. "塘 + 表"组合工艺

主要以塘系统和表流湿地作为工艺单元，塘系统常采用水生植物氧化塘，塘深形成兼氧环境，通过种植浮水、浮叶植物或设置浮床种植挺水植物等形式，同时起到助凝沉淀、吸收氮磷等作用，氧化塘可兼做调节塘（沉淀塘），可根据出水水质要求，增加人工强化措施，对尾水水质水量带来的冲击负荷进行削减，以减小后续生态单元的处理负荷，如采用接触氧化技术、混凝沉淀技术等。

优点：易于根据场地基底、水深、水生植物的变化，划分不同功能区，创造不同的生境，形成良好的自然生态景观环境。缺点：总体属于低效率、低负荷的处理单元，占地面积较大。

2. "塘 + 床"组合工艺

主要以塘系统和潜流湿地作为工艺单元，其核心是潜流湿地，在实际工程应用中，按照水体流态和进出水方式，常采用的有单级垂直流、多级垂直流、垂直流 + 水平流串联组合、水平流 + 垂直流串联组合、下向流 + 上向流串联组合的垂直流等。

除 NH_3-N 时，采用有利于硝化的下行垂直潜流人工湿地工艺；去除 TN 时，采用下行 + 上行垂直潜流人工湿地、下行垂直潜流 + 水平潜流人工湿地、水平潜流 - 下行垂直潜流人工湿地。

优点：塘 + 床工艺处理负荷高、占地面积小、处理效果好；缺点：工程造价高、景观效果较弱、床体易堵塞等。

3. "塘 + 床 + 表"组合工艺

后端增加了表流湿地单元，更有利于形成局部景观水体或场地水轴，增加工程的景观效果。

优点：处理负荷高、处理效果好，景观效果好；缺点：占地面积较大、工程造价高。

综上所述，尾水湿地推荐工艺见表 5-1。

尾水湿地推荐工艺　　　　　　　　　　　　　表 5-1

序号	进水水质	出水水质	推荐工艺	备注
1	一级 A	V 类	垂直（水平）潜流人工湿地	对 TN 有要求时，垂直潜流湿地可采用下行－上行或下行－水平形式
2	一级 A	IV 类	好氧塘（调节塘）+ 垂直潜流人工湿地 + 表流湿地 + 生态塘	如土地紧张，可不设表面流湿地
3	一级 A	III 类	接触氧化 + 生态强化处理（调节塘）+ 垂直潜流人工湿地 + 水生植物塘	
4	准 IV 类	III 类	生态强化处理 + 垂直潜流人工湿地 + 水生植物塘；生态强化处理 + 表面流湿地 + 水生植物塘	采用表面流湿地为主工艺时，应具备足够大的湿地面积

5.1.5　尾水湿地设计

1. 设计原则

城镇污水处理厂尾水人工湿地深度处理提标工程应该综合考虑尾水处理达标与否、占地面积及场地选择是否合理、投资及运行管理成本、季节影响等多种因素，因地制宜，针对性地组织专家进行可研及后续设计论证。

尾水型人工湿地有不同的工艺类型、工艺流派，主要设计参数宜根据试验确定，无试验时，可参考下述规范：《污水稳定塘设计规范》GJJ/T 54—1993、《人工湿地污水处理工程技术规范》HJ 2005—2010、《污水自然处理工程技术规程》CJJ/T 54—2017。

人工湿地控制指标主要为水力负荷、水力停留时间，需同时满足水力负荷、停留时间设计参数要求。组合工艺中以污染物表面负荷计算各单元面积。人工湿地的运行效果受多种因素影响，如降雨量、渗透量、蒸发量、水力降解速度等，在人工湿地设计之前应进行水量平衡计算。

在有一定坡度的地面上，平行于现有的地面等高线修建较长的湿地有助于减小湿地坡度，在正确的设计中，应充分利用地面坡度，以减少泵站提升的费用。

2. 基质填料选择

基质（填料）在湿地净化过程中发挥最主要的作用，尤其是对磷的去除，人工湿地填料常用基质有砂石、沸石、矿渣、火山岩、陶粒、石灰石等，需综合考虑价格、运输距离、污染物去除要求、土地面积等因素。一般地，在经济条件允许时可适当增加陶粒、沸石、火山岩、矿渣的比例，以增大空隙率，提高对氮磷和有机物的去除效果。填料的配置参数：厚度一般在 0.8～1.2 m，级配粒径 8～50 mm，从上到下分为覆盖层、填料层、过渡层、排水层；孔隙率 0.3～0.5。

3. 植物选择

人工湿地植物的选择宜遵循以下原则：适地选种，生长性能，净化能力、经济及景观价值等，生长性能是指耐污能力强、具有抗逆性－抗冻抗热能力、抗病虫害能力、对周围环境适应的能力等。

优先选择耐污能力强、去污效果好的本土植物，再结合人工湿地类型进行配置。表面流人工湿地：宜选择浅根散生型和浅根丛生型湿地挺水植物，如美人蕉、芦苇、荻、灯芯草等；水平和垂直潜流人工湿地：宜选择深根丛生型和深根散生型湿地挺水植物，如风车草、芦竹、花叶芦竹、茭草、纸莎草、象草、香蒲、菖蒲、梭鱼草、水葱、再力花等；水生植物塘：以沉水植物为主，黑藻、苦草、菹草、金鱼藻、狐尾藻等，浮叶植物菱、睡莲、荇菜、萍蓬草等常见品种。潜流湿地植物栽种后即需充水，初期水位控制在覆盖层底面附近，待运行相对稳定后，可适当降低水位，从而促进根系向下发展，植物生长稳定后可将水位调整至正常运行状态。

4．防渗设计

防止湿地污水污染地下水是人工湿地污水处理系统建设中一个重要的问题，理想情况下，能利用低渗透率的天然土壤构成人工湿地的防渗层。但在多数情况下，现场的土壤情况达不到防渗要求，需要某种防渗材料来提供防渗功能。

对于表面流湿地，其厂址的土壤渗透性是必须考虑的因素之一。比较理想的土壤渗透性在 $10^{-7} \sim 10^{-6}$ m/s。砂质泥土由于具有较强的渗透性而很难支撑湿地植物，在砂质泥土上建造人工湿地时，必须在其底部铺设防渗层。

如果表流湿地是建在压紧的黏土或塑料衬垫防渗层上，为了使植物的根能够生长，必须在防渗层上铺一层土壤。若香蒲是主要的植物，则铺 0.4 m 深的沙、黏土、肥土的混合土较为理想。基质中不应含有有机残渣和大石块（大于 40 mm），铺在隔水衬垫层上的土壤表面应该平整，没有机械碾压的痕迹，并且被压紧到最大密实度的 85%。

潜流湿地水力传导性与空隙比的最佳粒径结合点为 20 ～ 30 mm，这是理想的基质尺寸。但是，在湿地系统的前端区域，就空隙大小而言，砾石不是最理想的材料。

防渗设施的作用是防止湿地系统因渗漏而污染地下水，人工湿地污水处理系统建设时，应在底部和侧面进行防渗处理。

当原有土层渗透系数大于 10^{-8} m/s 时，应构建防渗层，一般采取下列措施：

1）水泥砂浆或混凝土防渗（刚性防渗）

砖砌或毛石砌后底面和侧壁用防水水泥砂浆防渗处理，或采用混凝土底面和侧壁，按相应的建筑工程施工要求进行建造。

2）防渗膜防渗

薄膜厚度宜大于 1.0 mm，两边衬垫土工布，以降低植物根系和紫外线对薄膜的影响。宜优选 PE 膜，敷设要求应满足《聚乙烯（PE）土工膜防渗工程技术规范》等专业规范要求。设计时应增加防渗膜保护层。

3）黏土防渗

采用黏土防渗时，黏土厚度应不小于 60 cm，并进行分层压实。亦可采取将黏土与膨润土相混合制成混合材料，敷设不小于 60 cm 的防渗层，以改善原有土层的防渗能力。

5．运行管理

湿地的运行管理非常重要。对于死水区和堵塞问题，设计应采取下列措施：多点式进、出水，保证湿地进水均匀，使湿地单元宽向的负荷尽量一致；控制湿地单元的长宽比，保证湿地进水均匀，使湿地单元宽向的负荷一致；出水水位可调节，便于落空运行。运行应采取下列措施：落空运行，间歇运行；及时清理杂草、修剪水生植物枯枝败叶；管道维护修复；填料更新。

冬季运行效率下降时，污水处理厂应与湿地进行联动，提高污水处理厂尾水出水水质；在湿地床体上面铺盖保温设施，如植物秸秆、塑料薄膜；控制湿地床体水深；预处理氧化塘内增加曝气、填料等强化措施；利用耐寒沉水植物净化水质。

5.2　尾水湿地系统建设现状

5.2.1　国家及各省市人工湿地规范

在国家层面，住建部与原环境保护部分别于 2009 年、2010 年出台了《人工湿地污水处理技术导则》与《人工湿地污水处理工程技术规范》两部规范，内容涉及水量水质、工艺选择、参数设计以及管理维护等各方面，有力推动了人工湿地的应用。但涉及范围及内容较广，参数也未进行地域的划分。此外，住建部于 2017 年出台了《污水自然处理工程技术规程》，其中包含了湿地与稳定塘设计的内容。

在省级层面，江苏省、云南省、上海市、浙江省、安徽省、北京市、山东省、天津市已出台各省级人工湿地设计规范（表 5-2）。此外，河南省已有规范草案，江苏省也在 2014 年出台了有机填料型人工湿地规范。随着湿地技术的不断应用，各省都在积极推进人工湿地设计标准的制定，以促进人工湿地技术的应用。2020 年 2 月苏州市水务局颁发《苏州市城镇污水处理厂尾水湿地建设技术指南（试行）》，为国内首部重点关注尾水湿地建设水质改善、水生态和水安全三个方面的湿地指南。

国家及各省市人工湿地规范汇总　　　　　　　　　　　　　　　　　　　　表 5-2

分类		发布部门	规范名称	适用范围
国家层面		住建部	《人工湿地污水处理技术导则》RISN-TG006—2009	适用于人工湿地污水系统的设计、施工和运行管理。污水系统包括生活污水、污水处理厂二级出水或具有类似性质的污水
		原环境保护部	《人工湿地污水处理工程技术规范》HJ 2005—2010	适用于城镇生活污水、城镇污水处理厂出水及类似水质的污水处理工程，是目前最常用参考规范
		住建部	《污水自然处理工程技术规程》CJJ/T 54—2017	适用于规模小于等于 10000 m³/d 的城镇污水和农村污水处理工程，规模小于等于 10000 m³/d 的城镇污水处理厂出水、受有机物污染的地表水，以及具有类似水质的其他污水处理工程
华东	江苏	建设厅	《人工湿地污水处理工程技术规程》DGJ 32/TJ 112—2010	适用于规模小于等于 2000 m³/d 的生活污水，以及规模小于等于 10000 m³/d 的城镇污水处理厂尾水处理工程
		建设厅	《有机填料型人工湿地生活污水处理技术规程》DGJ 32/TJ 168—2014	适用于农村、乡镇等小型、分散的有机填料型人工湿地生活污水处理工程的设计、施工、验收及运行管理
	上海	城交委	《人工湿地污水处理工程技术规程》DG/T J08—2100—2012	适用于上海市规划实施服务人口在 3 万人以下的镇（乡）和村的新建、改建和扩建的生活污水处理工程中人工湿地的设计、施工验收及运行管理
	安徽	建设厅	《安徽省污水处理厂尾水湿地处理技术导则（试行）》	适用于安徽省内排入封闭水体的污水处理厂尾水处理
	浙江	环保产业协会	《浙江省生活污水人工湿地处理工程技术规程》	适用于规模小于等于 10000 m³/d 的采用人工湿地处理生活污水处理工程

续表

分类		发布部门	规范名称	适用范围
华东	山东	质监局	《人工湿地水质净化工程技术指南》DB37/T 3394—2018	适用于进水为微污染水体的人工湿地净化工程，可作为山东省内新建、改建和扩建人工湿地的设计、施工及运行管理的技术依据
华北	北京	质监局	《农村生活污水人工湿地处理工程技术规程》DB 11/T 1376—2016	适用于农村生活污水或具有类似性质的污水，包括餐饮业生活污水、日常生活污水以及小型污水处理厂尾水处理工程
	天津	城乡委	《天津市人工湿地污水处理工程技术规程》DB/T 29-259—2019	适用于天津市城镇和农村污水处理（规模小于等于1000 m³/d）、污水处理厂出水深度净化、景观水体旁路处理、雨水径流污染处理等人工湿地工程或其他类似水质处理工程
华中	河南	环保厅和质监局	《污水处理厂外排尾水人工湿地工程技术规范》(2018草案)	适用于河南省污水处理厂外排尾水人工湿地设计、施工、验收和运行管理
西南	云南	质监局	《高原湖泊区域人工湿地技术规范》DB 53/T 306—2010	适用于农田面源污水／径流水和城镇污水处理厂出水等低浓度污水处理工程

5.2.2 污水处理厂尾水人工湿地应用

1.苏州高新区白荡污水处理厂尾水湿地项目

苏州高新区白荡污水处理厂主要处理生活污水。污水处理厂尾水湿地设计规模4万 m³/d，主要包括林间水道湿地、生态溪流湿地和水下森林系统三部分，通过湿地多样性生境的建设，实现了汛期雨洪调蓄，降低了周边面源污染，降低了污水处理厂尾水中残留的消毒剂及硝酸盐，打造沿河湿地景观。

2.四川南充营山县第一污水处理厂尾水湿地项目

营山第一污水处理厂主要处理城区生活和生产废水，其2019年完成提标改造，处理出水达到准V类。污水处理厂外接设计规模3万 m³/d的污水处理厂尾水湿地，湿地采取潜流、表流复合形式，设计通过拟自然湿地建设，提升湿地的水生态系统多样性，并进一步提升尾水水质。

3.泸州市跃水溪污水处理厂尾水湿地项目

跃水溪污水处理厂尾水湿地占地约79.5亩（≈5.3 hm²），主要接收污水处理厂尾水和深度处理后的工业废水，湿地主要通过湿地预处理、轻质超高孔隙率植物滤床、表流湿地、类自然湿地等优化组合，可有效降低工业废水风险物质，提升河流周边水生态效果，恢复项目区生态环境，提供市民亲水互动场所。

4.内江寿溪河污水处理厂尾水湿地项目

针对内江市污水处理厂准V类出水特征，通过溪流型湿地、复合流湿地、梯级跌水湿地及水下森林等生态手段，构建生态栖息地湿地公园，丰富生境多样性，进而恢复生态系统提高河流周边水环境质量。

5.其他应用

污水自然处理适用于土地资源允许、周边环境不受影响的小型污水处理方式；在环境评价可行的基础上，经技术经济比较，可利用水体的自然净化能力处理或处置污水处理厂尾水，进一步稳定出水水质和保护接纳水体，如湖南省长沙市洋湖人工湿地、湖北省黄石市慈湖人工湿地等。

1990 ~ 2015 年，我国建成的人工湿地共有 791 个，其中有 541 个人工湿地已明确建设年限，从 2004 年开始进行大型尾水湿地建设，主要集中在华东地区。

南水北调工程、淮河、海河流域水污染防治要求打造"工业点源治理＋城镇污水处理厂＋人工湿地水质净化工程＋河道生态修复工程"污染治理综合体；已建成人工湿地 150 多座，总面积达 37 万亩；配套制定了地方标准《人工湿地水质净化工程技术指南》DB37/T 3394—2018。

浙江省五水共治、浙江省劣 V 类水剿灭行动方案等提出了 2017 年底全面消除劣 V 类水体，城镇污水处理厂尾水人工湿地提标处理得到应用，主要集中在金华、杭州、嘉兴等地区。

深圳市坪山河干流水环境综合整治工程以水质达标为目标，采用垂直潜流人工湿地处理上洋污水处理厂尾水并回补于河道，在河道两侧建设了深圳市最大规模的人工湿地（旱季处理规模 12.65 万 m³/d，雨季规模为 16.55 万 m³/d）。采用蚝壳、沸石、粗砂等混合材料作为湿地材料，填料厚度 1.5 m，其混合比为 1 : 1 : 2。旱季和雨季的平均水力负荷分别为 0.53 m³/（m²·d）、0.69 m³/（m²·d）；在设计水力负荷下，水力停留时间分别为 2.83 d、2.17 d。选择了适合深圳坪山河流域气候的水生植物，如风车草、菖蒲、再力花、香根草、纸莎草、美人蕉、蜘蛛兰等，并采用多种植物混植或分块种植。美人蕉、蜘蛛兰等兼具水处理功能和景观效果的土著植物作为湿地植物。经近半年的试运行，湿地出水水质可稳定达到《地表水环境质量标准》IV 类标准，对坪山河干流的水质保障和景观提升具有一定的作用。

5.2.3 污水处理厂尾水人工湿地应用前景

污水处理厂尾水水质的提升在水环境质量改善中起到日益重要的作用，而人工湿地具有运行费用低、景观效果好等优点，在尾水水质的提升中具有良好的应用前景。尾水型人工湿地可分为塘－表、塘－床、塘－床－表、强化预处理型四种常见类型。

在原污水 BOD_5/COD 值不足 0.3 的情况下，湿地系统表现出了较高的有机污染物去除率，是由于湿地系统的填料、植物、微生物等共同作用，使各自的净化能力得到了更好的发挥。

湿地系统中含氮化合物去除的主要途径是植物吸收和生物脱氮作用，良好的植物长势和适当的 DO 分布是潜流人工湿地脱氮的必要条件。

湿地较好的除磷效果主要是依靠填料的化学除磷作用来实现的。随着运行时间的延长，填料表面会生成生物膜，但不会对填料和磷化合物的化学反应构成影响，因为生物膜在填料颗粒表面的生长是不均匀和分散的，不能形成完整的覆盖。

湿地水体的 DO 值对系统的污水处理效果及湿地植物的生长具有决定性的影响。DO 值过低，不仅严重影响湿地对污水的处理效率，而且会导致植物烂根的发生和 H_2S、NH_3-N 及挥发性酸的积聚，不利于植物的生长。在湿地之前设置曝气塘，对预处理污水进行充分曝气并大幅度提高其 DO，是提高湿地处理效能的有效措施。

为了达到更好的处理效果，尤其是进一步提高 BOD_5、COD、TN、NH_3-N、SS 等的去除率，建议采用如下优化流程：原水污水＋预处理（格栅、洗砂池）＋曝气塘＋垂直流潜流湿地＋水平流潜流湿地＋地表径流人工湿地＋净化塘。

在用地紧张或气候寒冷的地区，可采用强化型塘＋表工艺、强化预处理型工艺、以潜流湿地床为主的工艺，但其投资往往较高。在用地比较宽裕、景观要求高的地区，可采用以塘、表单元为主的工艺，以最大化湿地的自然生态效果。

由于人工湿地处于自然开敞的环境，因此，一方面，需要对已建湿地的处理效果进行评估，总结经验，以指导后续人工湿地的设计与实践；另一方面，为在统一的衡量标准上进行数据的横向对比和分析，应建立耦合各种自然工况条件的定量化评估模型。

采用人工湿地处理达到一级 A 标准出水的城镇污水处理厂尾水，如果湿地类型或不同种类的湿地组合选择适当，同时面积设置合理，深度处理后的出水基本可以达到地表水Ⅳ类水标准。

在很多地区采用了人工湿地处理污水，但不能长期保证预期效果，主要原因有：没有进行预处理，设计参数没有通过试验资料确定，植物选择不合理，没有及时维护管养等。

5.3 湿地系统的设计和实践

人工湿地污水处理技术是利用土地自然净化的一种生态工程方法，其基本原理是：在一定的填料上，种植特定的湿地植物，建立起一个人工湿地生态系统，利用生态系统中物理、化学和生物的三重协同作用；通过过滤、吸附、共絮、离子交换、植物吸收和微生物降解来实现对低浓度污水的高效净化。

研究发现，人工湿地净化污水的部分机能。目前较为普遍的认识是对有机物、氮的去除主要是微生物的生化作用，对磷的去除主要是基质的作用，此外，植物在净化过程中起到辅助作用。主要表现在为微生物提供附着地，为微生物的生化作用提供分子氧，巩固基质等。

人工湿地的建设，应保障周边和下游居民用水安全，稳定和完善湿地生态系统，并通过湿地生态系统的环境功能产生多层次的生态效应，提高水环境质量。同时，湿地的建设，还要侧面带来周边旅游、渔业、农业的进一步发展，产生一系列的衍生效益，促进了第三产业的发展，也为周边的农民带来一定的经济效益。

5.3.1 湿地系统的布局

原有的地形、地质和土壤化学条件，对湿地的造价和运行效能影响较大。过分复杂的场所地形，会加大土方工程量，并相应增加湿地的基建费用。复杂的地面及地下地质条件也会增加建设成本，这是因为需要去除岩石，或是需要防渗衬里以减少与地下水的交换。

在确定所需的湿地总面积和系统构造形式的设想后，还需要在现场合理地布设湿地系统。主要考虑的因素有：与场所的边界和轮廓相适应，尽量减少湿地单元之间的运输量和做到最小土方搬运量。

场地的边界经常决定整个湿地系统的外部形状，因为现场条件既不允许占有额外的空地，也不可能选择最适宜的地形。在这种情况下，整个系统的组成单元必须适应可利用的空间，如仍要遵循理想的平面布设，就要损失一些地形和土地面积。可利用的场地面积可能受溪流、公路、铁路和边界拥有权的限制，因此实际布局可能并不完全是矩形的。理想的湿地系统单元结构为同时具有供配水深区、再配水深区和集水深区的结构形式。

1．分区

在设计确定湿地单元数目时，要考虑到运行的稳定性、易维护性和地形的特征。湿地处理系统应该至少有两个可以同时运行的单元，以满足运行的机动性。至少要有两个并行单元，因为可能会发生不可预测的情况，如植物死亡、预处理失败和随后湿地污染及路边缘或其他构造的损坏。采用多条水流径流的系统，能够根据进水水质的不同随时调整负荷率。此外，采用并联运行方式，能够方便地使一些单元将水排干，再种植湿地植物、收割、燃烧、修补渗漏处和满足其他控制运行的需要。经过很长时间的运行后，很有必要更换构件和管道。

所需要的单元数目，必须根据单元增加的基建费用和地形的限制以及运行的灵活适应性来确定。如在有两个单元的情况下，其中一个单元检修就会使整个湿地系统暂时失去一半的处理能力，但是在五个并行单元的情况下，其中一个单元检修，仅使湿地暂时失去20%的处理能力。

为了控制内部水流，大型系统至少需要两个以上的水流路径，但是入口和出口控制结构的增多会增加整个工程的造价。

2．塘区

深水区有利于收集大量的沉积物，因为它们提供了额外的收集空间，而且更易清除这些沉积物。当进水中 TSS 负荷较高时，建议在进入湿地前设置缓冲区。

浮游藻类会在深水区中占优势，这就增加了 TSS，因此露天水区不应该是湿地系统的最后单元。在潜流湿地中，交叉的深水区起到很多作用，这些较深的区域至少低于植物生长水域底部 1 m 以上，以排除大型根系植物的生长。不生长植物的交叉深水沟为比较缓慢的水流提供一个低阻力路径，可以使它们在其中达到重新分配，更有利于配水均匀。深水区内还提供了额外停留时间。这些深水区经常被浮萍覆盖，并可以作为湿地鸟类和鱼类可靠的栖息地。这些起到再分配水流作用的深水沟，显著地改变了湿地中的总体混合程度，因为高速水流被中途截断与低速水流混合。水流被更有效地分配到湿地中，提高了湿地面积的总利用率。

5.3.2　设计参数选择

在人工湿地设计中设计参数不同会显著影响运行效果，参数设计主要有水力坡度、孔隙率、系统深度、处理单元长宽及其比例等水力条件方面的参数，水力停留时间、表面负荷率等设计单元尺寸方面的参数。

1．水力停留时间

水力停留时间是人工湿地污水处理系统重要的设计参数之一。不仅与系统的去除磷有关，而且还影响系统去除氮的效果。

$$\tau = \varepsilon LWh/Q \qquad\qquad (5-1)$$

式中：　τ——水力停留时间（d）；

　　　　L——长度（m）；

　　　　Q——流量（m³/d）；

　　　　W——宽度（m）；

　　　　ε——孔隙率（m³/m³）。

通常情况下，表面流湿地进水在沉降区发生大量的絮凝、沉淀，大约可以去除80%的总悬浮物，这一区域水力停留时间大概需要2d。

英国环境署对表面流湿地中间部分的研究也表示，水力停留时间达到2d以上后，各种水生藻类开始生长，引起pH值变化，促进沉水植物的生长，可以促进NH_3-N挥发，磷的沉降，不过为了避免藻华，水力停留时间限制在2～3d。

在适当处理系统末尾部分，1～2d停留时间就可以达到90%的NO_2-N去除率，也就是说，2～3d水力停留时间可以保证客观的反硝化效果。

因此，可以认为，表面流湿地的总水力停留时间以4～8d为佳。

2．水力坡度

为了防止湿地系统发生回水，进水处产生滞留阻塞问题，选择合适的水力坡度很有必要。

为了施工和排水的方便，潜流湿地水力坡度取1%，而表面流湿地水力坡度取0.5%或更小。关键是水力坡度还需根据填料性质及湿地尺寸加以校正，对以砾石为填料的湿地床一般要取2%。

对于潜流湿地系统，为了建设方便和运行中的排空，比较实用的做法是，从进水到出水沿用统一的底部坡度进行设计。

另外，为了防止产生死水或发生短流现象，可以采用分级坡度以消除低点、沟槽和侧面坡度。

3．孔隙率

人工湿地污水处理系统的孔隙率系指湿地土壤中空隙占湿地总容积的比。

表面流湿地密集植被区域设计采用的孔隙率为0.65～0.75，开阔自由水域采用的孔隙率为0.8。

对于潜流湿地，基质的材料及粒径不同，其差别较大，一般情况下，对于砂石基质，其孔隙率在0.4左右。

4．表面负荷率

表面负荷率指单位面积湿地对特定污染物所能承受的最大负荷。

对于表面流湿地进水区（植被密集区）BOD负荷率可达$100\,kg/\,(hm^2 \cdot d)$；潜流湿地设计BOD负荷率为$80～120\,kg/\,(hm^2 \cdot d)$。

5．系统深度

系统深度是人工湿地污水处理设计、运行和维护的重要参数，水深调节是湿地运行维护、调节湿地处理性能的可用手段之一。为了在最小单位面积湿地内达到最有效处理污水效果，在要求的水力停留时间条件下，湿地处理系统深度在理论上应该是越深越好。

美国环保局根据多年工程经验，确定潜流湿地进水区域水深40cm，基质深度比水深10cm，即系统总体深度50cm。美国水污染控制委员会要求，表面流湿地水深在50cm以内。

运行深度随植物种类不同而不同，一般挺水植物区域水深60cm，沉水植物区域水深120cm，对于芦苇湿地系统，处理城市或生活污水时湿地单元深度一般为60～70cm。

6．单元长度

人工湿地污水处理单元长度通常为20～50m，过长则易造成湿地床中的死区，且水位难以调节，不利于植物的栽培。

潜流湿地处理单元由于绝大部分的 BOD 和悬浮物的去除发生在进水区几米的区域，因此，潜流湿地处理单元长度应控制在 12 ～ 30 m 之间，以防止短路情况的发生。潜流湿地处理单元最小取 15 m 为宜。

7．长宽比

对于长宽比较高的湿地系统，必须考虑水头损失及水力坡度等的影响，以防止进水区域的水流溢出。

湿地系统长宽比应控制在 3：1 以下，常采用 1：1；对于以土壤为主的系统，长宽比应小于 1：1. 对长宽比小于 1：1 的潜流湿地，必须慎重考虑在湿地整个宽度上均匀布水和集水的问题。

5.3.3　基质

基质是湿地中氮循环过程的主要场所，基质的选择对于维持和强化寒冷气候下湿地对氮的去除尤为关键。基质的各类理化性质，如孔隙率、比表面积、化学组成、ORP 等均能参与循环过程。基质粒径的分布与分层影响基质的渗透性能，进而影响脱氮效果；疏松基质材料有利于大气复氧，促进硝化；多孔基质比表面积大，持水量高，有助于形成缺氧环境促进反硝化；Fe、Mn 等多价金属基质可作为电子供体参与微生物脱氮过程，缓解碳源的缺失；基质的氧化还原电位影响微生物的活性，间接影响湿地的除氮效率。寒冷气候下应充分利用不同基质的理化性质，对多种功能性基质进行组合配比，缓解低温对脱氮效果的影响。

5.3.4　植物选择

北方地区，冬季漫长，夏季降雨次数较少，但降雨强度大。降雨过后，湿地区水位上涨较快，变幅几天内可超过 0.5 m，一些低矮植物会被没入水中；冬季大部分水面消失，只有自然湿区内较深的沼泽有水，处于结冰状态。因此，植物选择必须考虑上述气候特点。

合理选择寒冷气候下人工湿地植物的种类，可有效强化低温下氮素的去除。在寒冷气候下，人工湿地中某些耐寒植物具有一定的生物活性，能够提高基质中 AOB 菌的丰度，促进氮的去除。此外，多种湿地植物的优化组合可强化人工湿地低温下的脱氮效果。寒冷地区人工湿地需及时收割衰亡植物，合理制定收割湿地植物的计划和措施，可强化植物的除氮效果，并提高湿地微生物种群多样性和物种丰富度。植物收割后在湿地中存留部分茎秆及根系，可固定床体表面并支撑形成冰面保温层。收割后植物可用作寒冷气候下湿地保温材料及碳源补充。

北方地区人工湿地工程项目宜选择适应强、成活率高、造价低、品种简单的北方耐寒植物，针对农田退水具有季节性，水质、水量波动性大的特点，可以采用"生态沟渠 + 人工湿地 + 自然湿地"的技术方案，取得了良好的处理效果。

5.3.5　生态景观

人工湿地应该建造在有条件提供湿地水文、湿地土壤和湿地植被的地方。人工湿地形态上应尽量模拟自然状态，以适应湿地生物系统的形态和生物发布格局。对人工湿地进行生态设计，在植物的配置方面，一是应考虑植物种类的多样性，二是尽量采用本地植物。岸边环境是湿地系统与其他环境的过渡，生态、亲水、优美是人工湿地景观设计的基本目标。人工湿地景观设计中多有栈道、桥、围栏、水榭等，对它们进行设计时，除了要符合功能与审美的需要外，应注意尽量选取生态化、乡土化的建材。

5.3.6 低温增强措施

寒冷气候下提高脱氮微生物活性和增加微生物数量是保障氮循环畅通的关键因素。提高低温下微生物活性的可能途径是，从极地寒冷地区获得含有特定嗜冷脱氮微生物群落的土壤并用作湿地基质等，但这一途径成本高昂，这与人工湿地优势相悖。另一种途径是，外加嗜冷脱氮微生物，从土著微生物群落中筛选、分离、纯化、培养富集后，再次投加至湿地中。投配富含脱氮微生物的活性污泥可提高湿地微生物的数量，但污泥的投加会加速人工湿地的堵塞，运行后期将严重恶化湿地整体处理效果。寒冷地区人工湿地微生物活性的强化，应着重于湿地内部原有土著微生物活性的提高，外加微生物对于湿地长期处理效果的提高有限。

人工湿地工艺设计会改变湿地内部微观环境，进而影响寒冷气候下氮素的循环。通过工艺设计创造出良好的硝化反硝化环境可有效强化湿地在寒冷气候下的去除。已建和拟建的湿地工艺设计与调整有所区别，已建湿地可从以下途径对运行工艺进行调整：

1. 增加回流

出水回流既可稀释进水，减轻污水负荷，也可利用进水中的碳源将回流污水中的硝态氮还原，促进反硝化，回流时可采用低扬程水泵，通过水力喷射或跌水等方式增加水中的 DO，从而提高硝化效率。

2. 延长水力停留时间，削减水力负荷

低温下延长水力停留时间可强化硝化效果，但 HRT 过大时，易在湿地中形成"死区"，应根据实际情况及时调整。

3. 间歇式运行

低温下人工湿地采用间歇式运行可以提高氧的传递，强化寒冷地区湿地氮素的去除。采用间歇式运行可在湿地前端设置稳定塘暂存污水。对于寒冷地区拟建设的人工湿地，可以在设计时考虑采用多级组合湿地、备用湿地轮作、与其他污水处理工艺联用及多点进水等措施强化氮素的去除。

5.3.7 湿地床的防渗

人工湿地需要考虑防渗，以防止地下水受到污染或地下水渗入湿地。提供污水深度处理的表面流湿地处理系统，一般不会对地下水构成威胁，也不必进行衬里。提供二级处理的潜流湿地一般需要衬里，以防止污水和地下水直接接触。

如果现场的土壤和黏土能够提供充足的防渗能力，那么压实这些土壤做湿地的衬里已经足够。含有石灰石、断裂的基岩、碎石或砂质土壤的场地，必须用其他方法进行防渗处理。在选择防渗方法前，需要对建筑材料进行实验分析。含有 15% 以上黏土的土壤一般比较合适，膨润土和其他黏土提供了吸附／反应的场所，并能够产生碱度。

人工衬里包括沥青、合成丁基橡胶和塑料膜（如 0.5 ～ 10 mm 厚的高密度聚乙烯）。衬里必须坚固、密实和光滑，以防止植物根部的附着和穿透；如果现场的土壤中含有棱角的石块，那么在衬里下面需铺一层沙或土工布，以防止衬里被刺穿；在潜流湿地中，合成衬里的下面一般也要铺设土工布以防刺穿。如果有必要，在表流湿地中衬里上面应覆盖 $15 \sim 30\,cm$ 厚的土壤，以防止植被的根系刺穿衬里。

湿地底部及护坡可以用压实的黏土和膨胀土来进行防渗处理，从降低成本的角度出发，应选择就地可得的黏土，对较小湿地，用塑料衬里比较合适。黏土衬里或其他密封材料不应被植物根系刺穿，以保持其完整性。如果规范要求禁止污水与地下水接触或因自然渗透率的存在不能够维持湿地的地表水面，那么湿地可以用黏土和塑料膜衬里。

在英国的大部分湿地系统都使用塑料膜衬里，如高密度或低密度的聚乙烯，大部分经常被使用的衬里是带有玻璃纤维增强剂的低密度聚乙烯，厚 $0.5 \sim 0.75\,mm$。

5.3.8　布水系统设计

布水系统要求做到：均匀进水、均匀布水，均匀集水，可调节。

1. 表流湿地

进出口平均流速宜小于 $0.2\,m/s$。进出水系统（图 5-2）：保证配水和集水的均匀性和可调性。宜多点进水，设置导流和分流湿地，防止出现死水区。

2. 水平潜流湿地

采用多点配水方式，穿孔管设置于床面以下，长度宜略小于人工湿地宽度（图 5-3）。穿孔管相邻孔距一般按人工湿地宽度的 10% 计，不宜大于 $1\,m$，孔径宜为 $2 \sim 3\,cm$。

应集水均匀，集水方式宜采用穿孔管或穿孔墙，出水渠宜设置可旋转弯头或其他水位调节装置。

湿地出水口对均匀布水、控制水位和监控水量水质是非常重要的，但设计应尽可能简单，一般采用多水口和溢流出水形式。

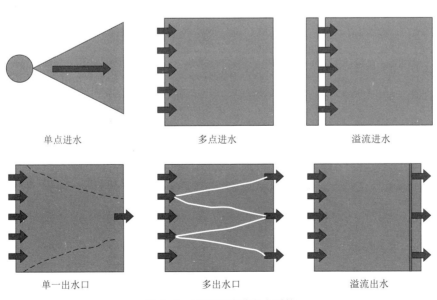

图 5-2　表流湿地进出水系统

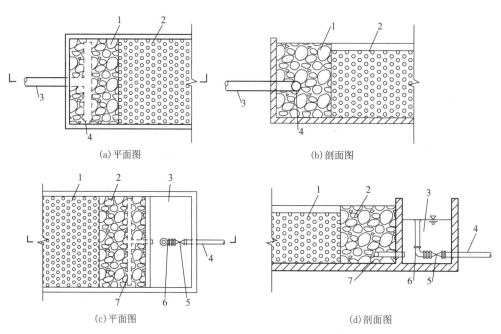

(a)平面图　　　　　　　　(b)剖面图

(c)平面图　　　　　　　　(d)剖面图

图 5-3　水平潜流湿地进水布水系统

3. 垂直潜流湿地

配水和集水系统均宜采用穿孔管（图 5-4 及图 5-5），管材一般为 UPVC 管、PE 管；配水支管长不宜大于 6 m、间距不宜大于 2 m，孔口间距宜按人工湿地宽度的 10% 计，不宜大于 1 m；穿孔管流速宜为 1.5 ~ 2.0 m/s，配水孔宜斜向下 45° 交错布置，孔口直径不小于 5 mm，孔口流速不小于 1 m/s；集水支管交错布置，进水孔径宜为 2 ~ 3 cm，集水管流速不宜小于 0.8 m/s，集水孔口宜斜向下 45° 交错布置；垂直流人工湿地应设通气管，通气管应与集水管相连，其管口至少应高出覆盖层顶面 300 mm。

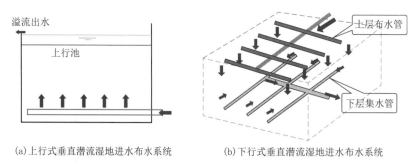

(a)上行式垂直潜流湿地进水布水系统　　(b)下行式垂直潜流湿地进水布水系统

图 5-4　垂直潜流湿地进水布水系统

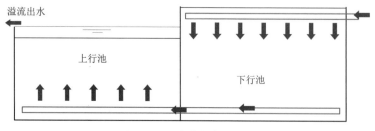

图 5-5　湿地进水布水系统

5.3.9　运行维护

湿地的植物在移栽选种时，应注意多样性和稳定性；植物在移栽后，对湿地的环境有个适应的过程，对长势不好和死亡率较高的植物必须予以淘汰。栽植初期，栽植技术和床体材料对植物的影响很大，必须充分注意。在碎石床填料的湿地中，植物移栽应首选分栽，尽量不采用扦插。因为碎石填料中的营养成分太少（与土壤相比），湿地面积大，水位难以控制，无法保证植物在扦插初期没有根系的情况下对各种养分的需求。较成功的经验是：可先将扦插秸秆在土壤填料或营养丰富的浅水地块集中培养，待植物根系长出后再进行移栽。

在栽植初期，植物死亡较严重，需要及时调整或补栽，特别是在栽植后的前 3 个月，以后情况逐渐好转，半年左右达到基本稳定。植物能否适应新的环境，则需要经过半年或更长的时间进行观察和研究。

植物收割是人工湿地管理的必要过程，既可以将湿地中的部分污染物通过植物收割去除，又有利于植物的生长。植物收割后的湿地应调整运行参数，适当降低运行负荷。

在 11 月，北方人工湿地植物收割后，应及时清理人工湿地上的残留植物碎屑，防止后续过程因植物残留而造成出水去除效率降低甚至污染物的浓度升高。在进入冬季冰冻期前做好进出水和湿地保护措施。人工湿地表面保护措施可采用保持湿地淹水 20 cm，自然冰冻成冰帽，待冰帽冻好后，降低水位至人工湿地土壤表面下，形成一个保温空气层。冬季实验表明，整个冬季人工湿地在此措施下可保持正常运行和实现一定的污水处理效果。

植物生长时，保持潜流湿地的水位极其重要。工程运行经验表明，在生长季节每个月将湿地排干一次，然后马上升高水位，可以将氧气带入湿地。在冬季保持表流型湿地最高的运行水位很有必要，因为 50 cm 高流动的水比 15 cm 高的流水冻结的可能性小得多。管理者可以考虑在春天降低水位以促进新芽的生长。20 年似乎是潜流湿地适用寿命最保守的估值。

5.3.10　项目案例

1. 我国东北地区某项目湿地

我国东北地区某项目湿地建设，处理工艺流程采用"生态沟渠 + 人工湿地 + 自然湿地"的技术方案，农田退水经生态沟渠收集后，进入人工湿地前的提升泵站，利用生态沟渠本身的净化作用，对农田退水中的污染物进行初步去除；而后经泵站提升计量后送入人工湿地配水井，经配水管均匀送入水平潜流人工湿地，完成大部分污染物的去除；而后出水进入配水明渠，漫流进入天然湿地，进一步去除污染物，最终进入受纳水体。

为保证人工湿地的处理效果，必须保证配水的均匀性。将人工湿地分为十个处理区，配水井相应分为十个小格，每个小格对应一个人工湿地处理区，将水量均分；同时利用地形地势进行重力配水，通过管线将水送至各分区人工湿地，进入湿地后通过小支管配水。采用"配水井 + 配水管"进行均匀分区配水；出水再经配水渠漫流进入自然湿地。

天然湿地面积很大，要在不破坏现有湿地的情况下完成人工湿地与天然湿地的有机结合。

为防止涨水后淹没厂区，湿地区内的综合管理用房及泵房配电房均采用支柱加高，超出洪水位;厂区内的栈桥也全部采用支柱加高;另外栈桥为空隙板式结构,即使淹没退水后仍能使用。

北方地区人工湿地工程项目宜选择适应强、成活率高、造价低、品种简单的北方耐寒植物。农田退水具有季节性、水质水量波动性大的特点,且区域内存在大面积的塔头草,该植物是在自然条件下存活的天然植被,耐寒、耐涝、生长在潜水区,并且水下也可存活,对氮磷污染也存在很好的去除效果,因此该工程对此天然湿地加以利用并适当修整。

生态沟渠渠壁种植的植物选择多年生鸢尾、千屈菜、狗牙根、三叶草、黑麦草等;渠底植物选择芦苇、香蒲、水葱、菹草、马来眼子菜、金鱼藻等沉水植物。

人工湿地植物选择芦苇、香蒲和水葱。自然湿地浸水区以补充芦苇为主,水深 0.1 ~ 0.5 m 的区域种植香蒲和水葱;水深在 0.1 m 以内区域种植黄菖蒲、千屈菜、鼠尾草、泽兰、美人蕉、旋复花、鸢尾等湿生植物;靠近湿地出水口的大水面,选择以观赏效果好的荷花和睡莲为主,水体边缘少量种植芦苇和香蒲。发现除芦苇、菖蒲、千屈菜、水葱外,紫花鼠尾草成活率高,适应性强,是一种北方湿地可推广种植的植物。

2. 我国中南地区某项目湿地 1

团城山污水处理厂位于磁湖南湖西岸(图 5-6),现状处理规模为 4 万 m³/d,远期处理规模 8 万 m³/d,污水处理主工艺采用 A/A/O + 混凝过滤工艺,尾水达到一级 A 标准后排入磁湖,是磁湖富营养化的主要污染来源。建设人工湿地,对团城山污水处理厂尾水进一步处理,减少磁湖入湖污染。其中,潜流湿地 14.4 万 m²,清水型湿地 29.3 万 m²。

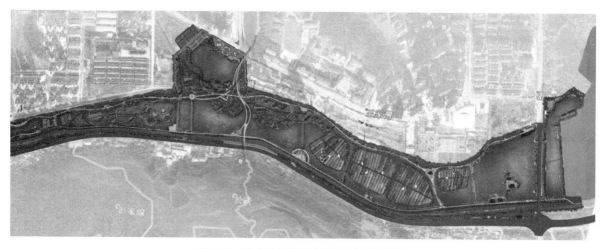

图 5-6 中南地区项目湿地 1 平面布置图

1)设计目标

(1)感官目标:水体清澈、水草繁茂,鱼虾畅游。

(2)水质目标:将团城山污水处理厂一级 A 尾水主要指标提升至 IV 类水排入磁湖,主要净化指标为 TP。

(3)生态目标:构建清水性生态系统,使水体中微生物、动物、植物构成完整的生态净化系统。

2)设计难点

(1)设计进水条件达到准 IV 类,出水 TP 需达到湖库 IV 类水标准(≤ 0.1 mg/L),去除率不低于 66%，垂直潜流湿地对 TP 的去除率一般为 30% ~ 50%——通过增加 10 cm 厚钢渣，构建多基质组合，强化磷的去除；构建清水湿地，丰富湿地植物体系，通过大量沉水植物吸收和促进沉降作用，强化磷的去除。

（2）湿地选址于磁湖西湖区，根据湖北省湖泊保护条例，禁止填湖，潜流湿地需设置于水面以下——将垂直潜流湿地设计为潜水式，布水管道采用压力管道，上行流布水方式，尾水由池底纵向流向表层，表层溢出后进入清水湿地内，不仅达到均匀布水效果，还能定期利用水压对湿地填料进行水洗，有效减缓湿地堵塞，延长湿地运行寿命。

（3）潜流人工湿地墙体高度为 1.6 m，基质层为 1.5 m，基层表层距常水位 0.1 m，工程区水下黏土底质，本次采取黏土夯实进行防渗。

3．我国中南地区某项目湿地 2

洋湖湿地公园水系面积约为 106.5 万 m^2（含雅河 10 万 m^2），水系水深为 0.8 ~ 3 m，平均水深约 1.5 m，总容积约 209 万 m^3。

西南侧再生水厂尾水：近期处理规模为 8 万 m^3/d，远期处理规模为 10 万 m^3/d，出水水质达准 IV 类（TN < 10 mg/L），同时接收周边 23 个市政雨水排口的汇水，公园汇水面积约为 432.58 万 m^2。

1）总体目标

杜绝水系藻类水华爆发；水清、面洁、景美；展示区水体透明度 ≥ 150 cm；水生态系统稳定后，龙骨寺泵站断面主要水质指标达到《地表水环境质量标准》III 类水标准（湖库标准，TN ≤ 1.5 mg/L）。

2）平面布置（图 5-7）

分区治理：生态强化区 6.81 万 m^2；生态修复一区 23.28 万 m^2；生态修复二区 45.71 万 m^2；生态修复三区 23.28 万 m^2。

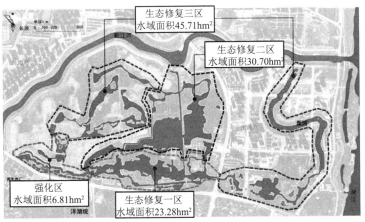

图 5-7　中南地区项目湿地 2 平面布置图

4. 苏南某镇污水处理厂尾水湿地

该厂充分利用厂区西南角 1 万 m^2 空地，将其改造成工程性人工湿地，通过湿地净化作用，降低污水处理厂出水主要营养化指标（NH_3-N、TP、COD）至 Ⅳ 类水质标准，TN 指标控制在 10 mg/L 以内，项目规模 2 万 m^3/d，分为新型潜流湿地（平均水深 1.5 m）及深度涵养湖泊（平均水深 2.5 m）。

采用苦艾草结合食藻虫引导水下生态系统，水面配合麦冬、蔓长春、美人蕉等植物打造立体景观，以生态链之间的物质能量转移，实现水体中氮磷营养元素转移上岸，深度净化尾水；通过在水体中投放螺蛳鱼虾等水生动物，优化水草种植方案，控制池底沉水植物生长，增强食藻虫等生物活性，提升生态处理效果。

投运以来监测结果显示，湿地水质透明度全面大于 2.5 m，出水 COD 削减率大于 3%，NH_3-N 削减率大于 9%，TP 削减率大于 10%，TN 削减率大于 8%。

第**6**章

污泥处理处置系统

6.1 污泥处理处置方法及要求

城镇污水处理厂污泥应根据地区经济条件和环境条件进行减量化、稳定化和无害化处理，并逐步提高资源化程度。

6.1.1 污泥处理处置目标

1. 污泥减量化

污泥减量化是解决污泥处理处置问题的首要任务。通过物理、化学、生物等方法，降低剩余污泥产率和利用微生物自身内源呼吸作用进行氧化分解，使整个污水处理系统向外排放的生物固体量达到最少。包含减少污泥产生量（污泥减质）和减小污泥体积（污泥减容）两方面含义。

传统污泥处理主要是实现污泥减容。采用浓缩、脱水和干燥，降低污泥的含水率，进而减小污泥容积，以便于后续的污泥运输和处置。脱水后的污泥含水率对后续的干化处理成本影响较大。

污泥减质是达到从源头实现污泥减量的目的。通过一定的技术方法，在污水生物处理过程中减少污泥的产生量。污泥的厌氧消化就是一种污泥减质手段，通常可使污泥减量30%，使污泥稳定并易于脱水。污泥厌氧消化可产生一定量的污泥沼气，即混合甲烷气体，在有条件的场合应加以充分利用。

污泥减容实质上是污泥浓缩过程，它只能减少污泥所占用的体积，并不能从根本上改变污泥的性能，更不能减少对环境的危害，而污泥减质则是从源头抓起，在生产过程中减少其产量，这样才能减少污泥对环境的压力。

2. 污泥稳定化

城镇污水污泥中通常含有 60% ~ 70% 的有机物，极易腐败，并产生恶臭，因此需要对污泥进行稳定化处理。目前常用的稳定化工艺有厌氧消化、好氧消化、好氧堆肥、石灰稳定和干化稳定等，厌氧消化、好氧消化和好氧堆肥是三种污泥生物稳定方式。几种污泥稳定化工艺比较见表6-1。

污泥稳定化工艺比较　　　　　　　　　　表 6-1

稳定工艺	优点	缺点
厌氧消化	较好的有机物降解率（40%～60%）；产生污泥气可资源化利用，降低运行费用；应用性广，生物固体可以农用；病原体活性低，总污泥量减少，净能量消耗低	操作人员技术要求熟练；可能产生泡沫；可能出现"酸性消化池"；系统受扰动后恢复缓慢；上清液中富含COD、BOD和SS及氨；浮渣和粗砂清洁难度大；会产生令人厌恶的臭气；初期投资较高；有鸟粪石等矿物沉积形成，有气体爆炸的安全隐患
好氧消化	对小型污水处理厂，初期投资相对较低，与厌氧消化相比，上清液少，操作控制简单，适用性广，不会产生令人厌恶的臭味，总污泥量有所减少	能耗较高，与厌氧消化相比，挥发性固体去除率低，碱度和pH值降低，处理后污泥较难使用机械方法脱水，低温严重影响运行，可能还会产生泡沫
好氧堆肥	高品质的堆肥产品可农用、可销售、可与其他工艺联用，初期投资低	脱水后的污泥含水率要低，需投加填充剂，要求强力透风和人工翻动，投资随处理的完整性、全面性而增加，可能要求大量的土地面积，产臭气
石灰稳定	低投资，低成本，易操作，可作为临时或应急方法	生物污泥不适合土地利用，需处置的污泥量增加，处理后污泥不稳定，若pH值下降，会导致臭味
干化稳定	减少体积明显，可与其他工艺联用，可快速启动，且保留了营养成分	投资较大，产生的废气必须处理

　　厌氧消化是目前国际上最为常用的污泥生物处理方法，同时也是大型污水处理厂较为经济的污泥处理方法。在无氧的条件下，污泥中的有机物质被厌氧菌群最终分解成甲烷和二氧化碳。

　　好氧消化能耗大，一般多用于小型污水处理厂。在不投加其他底物的条件下，对污泥进行较长时间的曝气，使污泥中微生物处于内源呼吸阶段进行自身氧化。

　　污泥的堆肥过程耗时短、温度高（温度范围在 50～60℃，最高可以达到 80～90℃）。在与空气充分接触的条件下，好氧微生物使堆肥原料中的有机物发生一系列放热分解反应，最终使有机物转化为简单而稳定的腐殖质。

　　堆肥过程中，微生物的作用主要分为发热、高温、降温和腐熟四个阶段。其中，发热阶段作为发酵的前期阶段，通常会持续 1～3 d，期间主要微生物为中温菌和真菌，消耗污泥中易分解的淀粉等糖类物质，繁殖速度快，升温迅速。高温阶段存在于主发酵和二次发酵过程中，持续时间可达 3～8 d，温度上升至 50℃ 以上，此阶段主要起作用的微生物为嗜热性真菌和放线菌，60℃ 时，占主要地位的为嗜热性放线菌和细菌。

　　在污泥堆肥过程中，有机物可以被生物所吸收，其中溶解性有机物质主要透过微生物的细胞壁和细胞膜被微生物吸收，固体性和胶体性有机物先是附着在微生物体外，然后被生物所分泌的胞外酶分解为溶解性物质，再渗入细胞。微生物通过氧化、还原、合成等自身的生命活动过程，将一部分被吸收的有机物氧化成简单的无机物，并释放出生物生命活动所需的能量，同时将另一部分有机物转化为生物体所必需的营养物质，合成新的细胞物质，微生物逐渐生长繁殖，从而产生更多的生物体。

　　石灰稳定即通过添加石灰稳定污泥。经石灰稳定的污泥，pH值会逐渐下降，微生物逐渐恢复活性，最终使污泥再度失去稳定性。

在选择污泥稳定的工艺时，重要的影响因素是污泥的处置方式，特别是污泥有否与大众接触，以及是否有农业或绿化方面的限制。城镇污水处理厂的污泥处理后应达到表 6-2 所规定的标准。

污泥稳定化控制指标　　　　　　　　　　表 6-2

稳定化方法	控制项目	控制指标
厌氧消化	有机物降解率（%）	＞ 40
好氧消化	有机物降解率（%）	＞ 40
好氧堆肥	含水率（%）	＜ 65
	有机物降解率（%）	＞ 50
	蠕虫卵死亡率（%）	＞ 95
	粪大肠菌群菌值（个 /L）	＞ 0.01

3. 污泥无害化

污水污泥可能含有较多的重金属离子和有毒有害化学物质，如可吸附性有机卤化物（AOX）、阴离子合成洗涤剂（LAS）、多环芳烃（PAH）、多氯联苯（PCB）等，因此，污泥处理处置必须满足污泥无害化的目标要求。

理想的污泥是含有较高的有效养分，较低的有害成分。但是，很少有污泥符合这样的条件，每种污泥即使经过一定的稳定化和无害化处理，仍然存在一定的潜在污染危险性。因此，污泥出厂时，应该标明其有效和有害成分的含量及适用性，为污泥的安全有效利用提供指导。例如，污泥农业利用前，一般会采用物理的、化学的或生物的方法，减少污泥中重金属的含量，钝化重金属的活性，大量杀灭病原物，以及改善污泥的胶结特性等，以利污泥的安全利用。应积极开发、研究、借鉴更有效的污泥处理处置技术，如生物沥滤法、堆肥技术、干化技术和碱化稳定技术等，为城镇污水处理厂污泥资源化服务。

4. 污泥资源化

城镇污泥中含有丰富的氮、磷、钾等有机物及热量，其特点和性质决定了污泥的出路。污泥资源化是指，在处理污泥的同时，回收其中的氮、磷、钾等有用物质或回收能源，达到变害为利、综合利用、保护环境的目的。

近年来，污泥处理处置从原来单纯处理逐渐向更重视污泥综合利用，实现资源化目标方向发展。城镇污水处理厂污泥中的有机物是一种十分有效的生物资源，它含有丰富的有益于植物生长的养分和大量的有机物，可以有效利用。

污泥稳定化、无害化处理后，可以制成颗粒、粉状产品，作为有机土或有机肥料，用于园林绿化；污泥可以作为原料，和水泥厂协调处置；利用污泥中含有的大量有机物，可与煤、生活垃圾、秸秆等混合焚烧进行热力发电等。

从国外发展趋势来看，污泥综合利用所占的比例正逐步增大。20 世纪 60 年代初，美国就有污泥用于林地的研究，且取得了令人满意的效果；近年来，底特律又实施称为"清洁原野"

工程的玻璃体骨料技术。污泥经处理后生成的玻璃体骨料可用于高级耐磨材料等用途，而产生的电能可并网利用。在德国，采用好氧发酵后的生活污水处理厂污泥加上营养物质作为庭院绿化的种植土，产品呈系列化、多样化。

随着污泥资源化利用的发展，人们越来越意识到，污泥是一种很有利用价值的潜在资源，世界上许多国家都在大力发展污泥处理处置和利用的各种技术。

6.1.2 污泥处理处置方法

污泥处理处置方法很多，但最终目的是实现污泥减量化、稳定化、无害化和资源化。按照最终处置要求，污泥可经过浓缩、稳定、调理、脱水、灭菌、干化、堆肥、焚烧等一个或多个方法组合处理。各种污泥处理处置方法见表6-3。

各种污泥处理处置方法 表6-3

	处理方法	目的和作用	说明
污泥浓缩	重力浓缩	缩小容积	
	气浮浓缩		
	机械浓缩		利用机械设备浓缩污泥，如离心浓缩、转鼓浓缩等
污泥稳定	加氯稳定	稳定	利用高剂量的氯气与污泥接触，以对其进行化学氧化
	石灰稳定		将足够量石灰加入到污泥中，使pH值维持在12或更高，以此破坏导致污泥腐化的微生物生存条件
	厌氧消化	稳定、减少质量	利用厌氧微生物的作用，在无氧和一定的温度条件下，使部分有机物分解生成沼气等产物，达到稳定的目的
	好氧消化		利用剩余污泥的自身氧化作用，类似于活性污泥法，采用较长的污泥泥龄，其初期投资较少，但提供氧的动力费用较高
污泥调理	化学调理	改善污泥脱水性质	在脱水之前向污泥中投加化学药剂，改善污泥的颗粒结构，使其更易脱水
	加热调理	改善污泥脱水性质，稳定和消毒	将污泥在一定压力下加热，使固体凝结，破坏胶体结构，降低污泥固体和水的亲和力，不加化学药剂就可以使污泥易于脱水，同时污泥也被消毒，臭味几乎被消除。由于得到的污泥水是高度污染的，可根据情况在预处理后或直接回流至污水处理系统中，一般直接回流可使污水生物处理的负荷增加25%
	冷冻调理	改善污泥脱水性质	在污泥冷冻过程中，所有固体从冰晶网格中分离出来，因此冰晶是由相对较纯的水组成的，这样污泥水可以有效地分离出来。污泥融化后，脱水性质能得到较好的改善。在寒冷地区冬季采用自然冷却法，夏季采用化学调理，干化床脱水较经济
	辐射法调理		利用放射性物质的辐射来改善污泥的脱水性质，实验室证明是有效的，但实际利用尚需进一步降低成本

	处理方法	目的和作用	说明
污泥消毒	消毒	消毒灭菌	当污泥被利用时，从公共卫生角度出发，要求与各种病原体的接触最少。主要方法有加热巴氏灭菌、加石灰提高 pH 值（大于 12）、长期储存（20℃，60 d）、堆肥（大于 55℃，30 d）、加氯或其他化学药品。厌氧和好氧（不包括高温好氧消化）可以大大减少病原体的数量，但不能使污泥消毒。厌氧和好氧消化后未脱水的污泥宜采用加热巴氏灭菌法或长期储存法，脱水后的污泥宜长期储存或堆肥方法灭菌
污泥脱水	自然干化	缩小体积	如污泥干化场
	机械脱水		如板框压滤机、真空脱水机、带式压滤机、离心脱水机
	储泥池	存储，缩小体积	在蒸发率高的地区可代替污泥干化场
污泥干化	机械加热干化	降低质量，缩小体积	在机械干化装置中，通过提供补充热量以增加污泥周围空气的含湿量，并提供蒸发的潜热。干化后的污泥含水率可降至 10% 以下，这对于污泥焚烧和制造肥料非常有利。主要干化机械有急骤干化器、转动干化器、多层床干化器等，热源可以用湿污泥厌氧消化后的沼气
污泥堆肥	污泥堆肥	回收产物，缩小体积，提高污泥用于农业的适用性	堆肥是将干污泥中的有机物进行好氧氧化和降解形成稳定的、类似腐殖质最终产物的过程。堆肥后的污泥可用作土壤的改良剂。堆肥过程所用的氧气可以通过定期机械翻动混合堆肥和强制通风的措施来实现。污泥可以单独堆肥，也可以和木屑或者城市垃圾一并堆肥
污泥焚烧	污泥焚烧	缩小体积	如果污泥肥效不高，或者存在有毒的重金属，不能保证其用于农业，污泥可以焚烧。焚烧的污泥一般是未经好氧或厌氧消化处理而直接脱水后的污泥，这种污泥热值较高。主要焚烧设备形式有回转窑炉、多段焚烧炉、流化床焚烧炉等
污泥最终处置	卫生填埋	接纳处理后的污泥，解决处理后污泥的最终出路	可以和城市垃圾一起在垃圾填埋场进行卫生填埋，要求处理后的污泥体积尽可能小，且有较高的承载能力
	农业利用	接纳处理后的污泥，充分利用污泥的肥分、改良土壤，解决处理后污泥的最终出路	处理后的污泥应具有较高的肥分，重金属和有毒有害物的含量达到农用标准
	建材利用	接纳处理后的污泥，利用污泥的土质成分，烧制砖瓦等，解决处理后污泥的最终出路	烧制砖瓦、制造轻骨料等需要处理后的土质污泥，而利用玻璃体骨料技术则可接纳处理后的污水污泥

6.1.2.1　浓缩与脱水

1. 污泥浓缩

污泥浓缩去除的对象是游离水。当采用生物除磷工艺进行污水处理时，污泥处理不应采用重力浓缩。污泥浓缩方法主要有重力浓缩、气浮浓缩、离心浓缩、带式浓缩机浓缩和转鼓机械浓缩方法等，其优缺点见表6-4。

各种污泥浓缩方法比较　　　　　　　　　　　　　　表6-4

方法	优点	缺点
重力浓缩	储存污泥能力强，操作要求不高，运行费用低，动力消耗小	占地面积大，污泥易发酵，产生臭气，对于有些污泥工作不稳定，浓缩效果不理想
气浮浓缩	浓缩效果较理想，出泥含水率较低，不受季节影响，运行效果稳定，所需池容积仅为重力法的1/10左右，占地面积小，臭气问题少，能去除油脂和砂砾	运行费用低于离心浓缩，但高于重力浓缩，操作要求高，污泥储存能力弱，占地面积较离心浓缩大
离心浓缩	占地面积小，几乎不存在臭气问题	要求专用的离心机，电耗大，操作人员要求高
带式机械浓缩	空间省，工艺性能的控制能力强，相对低的投资，相对低的电耗，添加很少聚合物并可获得高固体收集率，可以提供高的浓缩固体浓度	会产生现场清洁问题，依赖于添加聚合物，操作水平要求较高，存在潜在的臭气问题，存在潜在的腐蚀问题
转鼓机械浓缩	空间要求省，相对低的资本投资，相对低的电力消耗，容易获得高的固体浓度	会产生现场清洁问题，依赖于添加聚合物，操作水平要求较高，存在潜在的臭气问题，存在潜在的腐蚀问题

2. 污泥脱水

经浓缩后，污泥含水率仍在95%以上，呈流动状，体积很大。浓缩污泥经消化后，如果排放上清液，污泥含水率与消化前基本相当或略有降低；如果不排放上清液，则含水率会升高。总之，污泥经浓缩或消化之后，仍为液态，难以处置消纳，因此需要进行污泥脱水。污泥脱水分为自然干化脱水和机械脱水两大类。

污泥的自然干化脱水适用于小型污水处理厂的污泥处理，维护管理工作量很大，且产生一定的臭味，卫生环境较差。将污泥摊铺到由一定级配砂石铺垫的干化场上，通过蒸发、渗透和清液溢流等方式实现脱水。

与自然干化相比，污泥的机械脱水具有脱水效果好、效率高、占地少和臭味环境影响小等优点，但运行维护费用相对较高。国内外大中型污水处理厂一般都选用机械脱水。

因为城镇污水处理系统产生的污泥，尤其是活性污泥脱水性能一般都较差，直接脱水需要大量的脱水设备。为了节省运行成本，污泥在机械脱水前，一般应先进行预处理，也称为污泥的调理或调质。通过对污泥进行污泥调质预处理，改善其脱水性能，提高脱水设备的生产能力，获得综合的技术经济效果。

污泥调质方法有物理调质和化学调质两大类。物理调质有淘洗法、冷冻法和热调质等方法；化学调质则主要指向污泥中投加化学药剂，改善其脱水性能。以上调质方法都有实际应用，鉴于化学调质方法流程简单，操作简单，且调质效果稳定，因此以化学调质方法为主。

污泥压滤机械脱水的原理基本相同，都是以过滤介质两面的压力差作为推动力，使污泥中水分通过过滤介质，形成滤液。而固体颗粒被截留在过滤介质上，形成滤饼，从而达到脱水的目的。污泥离心脱水是利用离心力的作用分离污泥固体颗粒和水。

目前，污泥机械脱水常用的设备形式有带式压滤脱水机、离心脱水机、板框压滤脱水机和螺旋压榨脱水机，4 种脱水机的性能比较见表 6-5 和表 6-6。

脱水机械性能比较　　　　　　　　　　　　　表 6-5

序号	比较项目	带式压滤脱水机	离心脱水机	板框压滤脱水机	螺旋压榨脱水机
1	脱水设备部分配置	进泥泵、带式压滤机、滤带清洗系统、卸料系统、控制系统	进泥螺杆泵、离心脱水机、卸料系统、控制系统	进泥泵、板框压滤机、冲洗水泵、空压系统、卸料系统、控制系统	进泥泵、螺旋压榨式脱水机、冲洗水泵、空压系统、卸料系统、控制系统
2	适用范围	特别适合于无机性污泥的脱水；不适宜对有机黏性污泥进行脱水	不适于对密度差很小或液相密度大于固相的污泥进行脱水	其他脱水设备不适用的场合；需要减少运输、干燥或焚烧费用或降低填埋用地的场合	
3	优点	机械制造容易，附属设备少，投资、能耗较低；连续操作，管理简便，脱水能力强	基建投资少，占地少；设备结构紧凑；不投加或少加化学药剂；处理能力大且效果好，总处理费用较低；自动化程度高，操作简便、卫生	滤饼含固率高；固体回收率高；药品消耗少，滤液清澈	占地小，可连续运行，电耗小，高性能，低能耗；连续操作，压榨力大；重量轻，结构简单，易于操作和维护；基本无噪声；不用滤布，而采用耐磨损无需保养的不锈钢筛网；大部分设备是封闭的；设备清洗水量少，滤饼的含湿量和处理量都可以校正
4	缺点	聚合物价格高，运行费用高；脱水效率不及板框压滤机	国内目前多采用进口离心机，价格高昂；电力消耗大；污泥中含有砂砾，易磨损设备；有一定噪声	间隙操作，过滤能力较低；基建设备投资大	脱水设备费用较高
5	进泥含固率要求(%)	3 ~ 5	2 ~ 3	1.5 ~ 3	0.8 ~ 5
6	脱水污泥含固浓度(%)	20	25	30	25
7	脱水方式	机械挤压	离心力作用	液压过滤	机械挤压
8	有效状态	可连续运行	可连续运行	间歇式运行	可连续运行
9	操作环境	开放式	封闭式	开放式	封闭式
10	脱水设备布置占地	大	紧凑	大	紧凑
11	冲洗水量	大	少	大	很少
12	实际设备运行需换磨损件	滤布	基本无	滤布	基本无

续表

序号	比较项目	带式压滤脱水机	离心脱水机	板框压滤脱水机	螺旋压榨脱水机
13	噪声	小	较大	较大	基本无
14	机械脱水设备部分设备费用	低	较高	贵	较高

脱水机的能耗比较 表6-6

机型	带式压滤脱水机	离心脱水机	板框压滤脱水机	螺旋压榨脱水机
能耗（kW·h/t 干固体）	5 ~ 20	30 ~ 60	15 ~ 40	3 ~ 15

3. 离心脱水机

离心脱水机房应采取降噪措施，内外的噪声应符合现行国家标准《工业企业噪声控制设计规范》GB/T 50087—2013 的规定。

离心脱水机的设计应考虑进料及预处理设计、转鼓设计、材质选择、转速选用、差转速选择、安全及控制系统、离心脱水机房设计等内容。

1）进料及预处理设计

为了使进料污泥颗粒尺寸减小到 6 ~ 13 mm，进料前，离心脱水机前应考虑设置粉碎装置。水力负荷和污泥负荷是反映离心脱水机进料速率的两个主要设计参数。水力负荷增加，离心脱水液的澄清度会降低，化学药剂的消耗将增加。污泥负荷影响传送能力，污泥负荷改变时应调整离心脱水机的差转速。

2）转鼓设计

转鼓是离心脱水机最关键的部件，有圆柱形、圆锥形、柱锥结合形。圆柱形有利于固相脱水，圆锥形有利于液相澄清，柱锥结合形兼有两者特点。

转鼓长度与直径的比值，对离心脱水机分离效果有很大的影响。越难脱水的物料需要的比值应越大；脱水处理能力随转鼓直径的增加而增加；脱水污泥的含固率与离心脱水机转鼓的长度有关，并随转鼓长度的增加而提高；但转鼓长度过大，也会导致性价比的下降。

为了减少筒壁的磨损和防止沉渣打滑，通常在转鼓内表面焊有筋条或上沟槽。转鼓的锥角对物料的输送起重要作用，越难输送的沉渣对应的转鼓锥角应越小，避免发生回流现象，便于排渣，但转鼓锥角越小，沉降面积也就越小，使用效率就越低。

3）材质选择

转轮或螺旋的外缘极易磨损，材质一般为碳化钨。新型离心脱水机螺旋外大多做成便于更换的装配块。

4）转速选用

通过控制转鼓的转速，可以获得较高的含固率，也能降低能耗。目前，为了保证污泥在离心机内足够的停留时间，减少对液环层的扰动，离心脱水机转鼓大多采用较低转速方式。

5）差转速选择

转鼓与螺旋输送器之间的差转速决定着离心脱水机处理量和分离效果等，是影响污泥渣含水率的关键因素。差转速参数应可调，保证固体流量增加时差转速可以改变，物料能及时排出，防止造成堵塞。

若须得到较低含水率的泥饼，就应选择较低的差转速。低差转速使污泥固体在转鼓内停留更长时间，更容易被沉降到鼓壁上进而被分离，对液环层的扰动减轻，污泥回收率和泥饼含固率都会提高。同时，采用较低的差转速时，对螺旋输送器的磨损也会减少，从而延长其使用寿命，但离心脱水机的处理能力将会降低。

当差转速增大时，螺旋输送器的输渣量将增大，可提高离心机的处理能力。但差转速过大，会使转鼓内流体的搅动加剧且缩短污泥固体在干燥区的停留时间，因而增大分离液中的含固量，并增大沉渣的含水率。而差转速过小，会减小螺旋输送器的输渣量，同时会明显增大差转速器的扭矩。

因此，在处理易分离物料时，差转速可适当增大。处理难分离物料时，差转速过高会使分离液中含固量明显增加，并且在进泥量一定的条件下差转速不能太低，否则将由于污泥在机内积累过量，使固环层大于液环层，电机过载而损坏离心脱水机。

6）安全及控制系统

进泥之前，离心脱水机驱动电机应能全速运转。如果离心脱水机中出现错误动作，控制回路就停止离心脱水机的工作，同时关闭进泥。

离心脱水机上应设有超载转矩装置，并应与主驱动开关控制和进泥系统开关控制互为联锁。超载延迟开关和进行回路中的电流计只能启动实心斗离心脱水机。离心脱水机关掉之前，电机荷载达到高值时，进泥应该停止，并使机器能够自清。若离心脱水机包括油循环系统，则该系统也应与主驱动电机联锁，以避免因油量小或油压低而引起电机损坏。

驱动电机中应包括热保护装置，并与启动装置连在一起。如果电机温度过高或超负荷，应马上关闭离心机。

反向驱动系统也应联锁。若使用特殊的反向驱动，应从离心脱水机生产商获得有关建议，通常当离心脱水机负荷增大时，为排走更多污泥，应增大反向驱动速度。

此外，整个离心脱水处理的控制系统还应包括一些其他部分，如主轴承温度、振动化学调节和泥饼处理系统的联锁控制、转轴速度等的探测和记录。

7）离心脱水机房设计

脱水机房除了考虑离心脱水机本身所需要的空间外，还应考虑脱水污泥传送设备和管道、高分子聚合物调制及投料设备和管道、冲洗水泵、油润滑系统的水冷泵、起重机、吊起设备、通风管道和气味控制系统所需的空间，以及进行正常维护、检修、清洗所需要的空间。并考虑日后由于生产规模扩大而导致的相关设备增加的可能。

4．板框压滤脱水机

设计应考虑的主要因素为备用能力、平面布置、防腐处理、污泥调节系统、预膜系统、进料系统、冲洗系统、泥饼排放等内容。

1）运行参数

板框压滤脱水机适合的悬浮液的固体颗粒浓度一般为 10% 以下；滤饼的含水率一般要求

为 45% ～ 80%，其中，初沉池污泥为 45% ～ 65%，活性污泥为 75% ～ 80%，混合污泥为 55% ～ 65%。当板框压滤脱水机的脱水处理对象为城市污泥时，过滤能力一般为 2 ～ 10 kg 干泥 /（$m^2 \cdot h$）；当为城市消化污泥时，投加 $FeCl_3$ 量为 4% ～ 7%，CaO 量为 11% ～ 22.5%，过滤能力通常为 24 kg 干泥 /（$m^2 \cdot h$）；过滤周期为 1.5 ～ 4 h，应设置备用的板框压滤脱水机。

2）污泥调节系统

大部分的板框压滤脱水机采用 CaO 或 $FeCl_3$ 对污泥进行调节，所需装置包括石灰熟化、石灰输送泵、$FeCl_3$ 输入设备和调节池等。

当采用高分子聚合物对污泥进行调节时，污泥调节系统相对简单，由于高分子聚合物为连续添加，并应和进泥相匹配，因此需要相应的计量控制仪表。

3）进料系统

进料系统应能在不同的流量和运动情况下将调节后的污泥送入板框压滤脱水机。每台板框压滤脱水机应单独配备一台污泥泵，污泥通过污泥罐而压入过滤机的方式有通过压缩空气压入污泥、高压污泥泵直接压入两种。常用的高压污泥泵有离心式或柱塞式，当采用柱塞式污泥泵时应设减压及旁通回流管。

进料方法有两种，每个进料系统在设计时需同时具备进行这两种进料方式的功能，应用时再根据实际情况进行选择。

方法一，通过设计，使进料系统在 5 ～ 15 min 内将系统压力提高至 0.07 ～ 0.14 MPa，以完成初始进料过程，并且使泥饼形成的不均匀性降到最小。初始进料阶段完成后，泥饼形成，压滤阻力增加，这就要求进料在更高的压力下进行，并保持一个相对稳定的高的进料速率，直至达到系统最大设计压力。当系统压力达到设计值时，进料速率下降以维持稳定的系统压力。

方法二，进料泵开始以低流速运行，通常小于进料泵负荷的 1/2，当压力达到操作压力的 1/2 时，进料泵开始满负荷运行，此时由系统压力控制。为了防止方法一在初始高流量时发生的滤布堵塞问题，方法二使用粗滤布，进料较慢。

4）过滤面积及板框设计

过滤面积可以随所用的板框数目增减。板框通常为正方形，滤框的内边长为 200 ～ 2000 mm，框厚为 16 ～ 80 mm，过滤面积为 1 ～ 1200 m^2。板和框用木材、铸铁、铸钢、不锈钢、聚丙烯和橡胶等材料制造。

5）泥饼剥离

污泥压滤后需用压缩空气来剥离泥饼，所需的空气量按滤室容积每平方米需气量 2 m^3 /（$m^2 \cdot min$）计算，压力为 0.1 ～ 0.3 MPa。同时，设计合理的滤布振荡装置，以使泥饼易于脱落。

为了促进泥饼脱落并防止滤布堵塞，可设置预膜系统。常用的预膜方法有两种：干法预膜和湿法预膜，其中，干法预膜更适合用于连续运行的大型系统中。在每个压滤周期前，将预膜材料薄薄地附在滤布表面，预膜时间应设计在 3 ～ 5 min。在干法预膜方式中，预膜材料可选用飞灰、炉灰、硅藻土、石灰、煤、炭灰等，取值范围为 0.2 ～ 0.5 kg/m^2，通常设计时取

$0.4\,\mathrm{kg/m^2}$。

6）冲洗系统

应设置冲洗系统，用于去除正常滤饼排放的残留物、进入板框间未经脱水的原始污泥、滤布中残留的固体物质及乳状物和滤布背面排水沟表面积累的污泥等，从而防止滤布堵塞、保持滤布与滤液间的压力平衡。

板框压滤脱水机的冲洗方法有水洗和酸洗两种。一般情况下，由于两种冲洗设备用来冲洗的对象不同，因此均应安装。

其中水洗常用来冲洗滤布中的固体残余物。最常用的水洗设备为便携式冲洗设备，该设备由储水箱、高压冲洗泵及冲洗管组成，水压力为 $13.8\,\mathrm{MPa}$，可以用来冲洗较大的板框。但是，高压水流由操作者控制，劳动强度较大。此外，还有一种自动水洗系统，该系统由板框移动的清洗架和摆动的清洗杆及位于上部的冲洗装置组成，可对整个滤布表面进行冲洗。高压水泵将水加压，可以对滤布进行完全、高效、经常的冲洗，且劳动强度不大，但价格较高。

酸洗系统为间歇性工作，用于冲洗水洗无法去除的物质。酸洗系统主要由下列部分组成：酸洗储池、酸泵、稀释设施、稀酸洗储池、冲洗泵、阀门及管道等。可对滤布进行现场冲洗，和板框挤在一起时，盐酸稀溶液泵入板框间循环或积于板框间，进行冲洗。

7）控制与安全

为了减轻操作人员劳动强度，要求滤板的移动方式采用液压气动装置全自动或半自动方式。板框压滤脱水机中常用的安全设施为电子光带。如果光带在压滤机运行时遭到干扰，系统则会停止运行，直至干扰消失。此外，压滤机一侧还设有手动装置，以供操作者对压滤机进行手动控制。

8）防腐处理

板框压滤脱水机的框架、滤板及滤布的材质要求具有耐腐蚀性，且滤布还应具有一定的抗拉强度。污泥及化学药剂储存和调节设备也容易被腐蚀，应采取防腐措施。管路系统也需做防腐处理。一般情况下，为了防止腐蚀及便于冲洗，地面及墙面采用陶瓷材料。

9）平面布置

压滤机房的面积和布置应考虑板框压滤脱水机及其周围泥饼外运、板框移动、日常清扫所需的空间，并应考虑增加设备的可能性，应考虑固定端、移动端、板框支撑杆等配件维护、检修、拆卸时所需空间，还应为外运泥饼所需的运输工作及其情况考虑足够的空间，并应满足卡车进出所需的空间。

一般而言，板框压滤脱水机一侧需有一个平台，供泥饼排除及检修时用，通常如果压滤机不会提升至压滤机所在平台以上高度，那么使用压滤机本身的平台即可。该平台应具有足够尺寸，以供滤布及其他配件的储存。压滤机之间需要 $2\sim2.5\,\mathrm{m}$ 的空间，两端至少需要 $1\sim2\,\mathrm{m}$ 的清扫空间。应该考虑压滤机在建筑物内的安装和移动问题，可以在压滤机一边装设滑轨，以便于滤布的移动和更换。

应配备用于提升最重配件和移动替换板框所需的桥式吊车，并且压滤机房高度应能满足使用桥式吊车吊运板框的需要。

6.1.2.2 厌氧消化

1．池体清洗

含有砂石或其他无机物质的污泥厌氧消化时，通常消化池中会发生这些物质的积累。有些较理想的消化池形式，可以使积累量最小，如卵形消化池和具有强烈搅拌的消化池。即使如此，在多数情况下，设计时应考虑为砂石清洗提供方便。

合理的设计应设置便于进入圆形消化池进行清洗的入口；池内构件尽可能采用可拆结构；消化池周围应有供排水和排泥的出口；附设一个高压（大约 700 kN/m²）、高流量（大约 60 L/s）供水（供冲洗用）系统。

通常，在清洗消化池时，首先应尽可能多地排出消化污泥，然后将比重较大的沉积物从消化池内排出（通常用人工）。

有的污水处理厂采用储存塘放置比重较大的消化污泥，使液体和固体在塘中获得分离。液体通常返回到污水处理系统，而固体脱水后处置。通常为这一目的而设计的储存塘的体积为消化池最大体积的 20%～40%。

另一种清洗消化池的方法是，将重物料泵入一个机械脱砂装置，砂石收集在另一个容器中进行处置，分出的污泥和液体返回消化池。这种方法减少了臭气，但应有专用的机械设备。

2．结构设计

消化池结构设计中需要重点考虑的是设备寿命和热损失。城镇污水处理厂的设备，通常的设计寿命为 40～50 年。消化池内物料的温度与外部环境温度差会影响消化池的结构。因此，对设计者而言，消化池的操作温度和当地气候是结构设计中的重要因素。大多数厌氧消化池在中温范围操作，在设计消化池结构时，可能希望其能在高温区操作。

方形或矩形池混合不均匀，浮渣和砂石的积累多，转角处压力大，因此，消化池池形应首选圆形，至少靠近矩形池转角附近要求更厚的墙体。卵形池墙体弯曲，结构复杂，其造价较圆形池高得多。

若采用混凝土固定消化池盖，为了方便建造，一般将其设计成平板形。钢制固定盖常设计成圆锥形，并带有框架支柱。混凝土和钢制固定盖均在工程实际中得到了广泛应用。

在易于发生地震的地方，消化池结构要做特殊的考虑。在地震期间及地震后，结构的损坏将会导致消化池内液体的外泄，浮动盖的铸件和轴承特别容易损坏。管路连接应当灵活，允许不同方向的运动。

3．防腐设计

因消化过程中一定会产生高浓度硫化氢，腐蚀是厌氧消化池系统的普遍问题，因此在设计和建造过程中，应慎重选材和喷涂防腐层。

涂层包括热浸镀锌和熔融胶合环氧树脂，有时也采用阴极保护法来保护消化池、掩埋在地下的钢制部件及管子的外表面。

为了将腐蚀速率控制在最低，所有焊接点和金属切口都应磨光洁。

4．结垢处理

消化池内常常有玻璃状结晶（$MgNH_4PO_4$）形成，可以通过加入化学药剂，如铁盐，Fe^{3+} 与 PO_4^{3-} 形成磷酸盐沉淀，减少溶液中 PO_4^{3-} 的浓度而减少结垢。但若将铁盐加到热的污泥中，

可能会形成蓝铁矿 $[Fe_3(PO_4)_2]$，玻璃状结晶和蓝铁矿都极硬，难以去除。

5．污泥气处理

污泥处理过程中产生的臭气，宜收集后进行处理。污泥气储罐、污泥气压缩机房、污泥气阀门控制间、污泥气管道层等可能泄漏污泥气的场所，电机、仪表和照明等电器设备均应符合防爆要求，室内应设置通风设施和污泥气泄漏报警装置。

污泥气储罐超压时不得直接向大气排放，应采用污泥气燃烧器燃烧消耗，燃烧器应采用内燃式。污泥气储罐的出气管上，必须设回火防止器。

污泥气应综合利用，可用于锅炉、发电和驱动鼓风机等；根据污泥气的含硫量和用气设备的要求，可设置污泥气脱硫装置；脱硫装置应设在污泥气进入污泥气储罐之前。

6.1.2.3　厌氧消化池工艺设计

1．设计参数

厌氧消化池设计必要的资料包括：待消化污泥的进料数量、性质、总固体量、挥发性固体（VS）百分含量、初沉污泥与剩余污泥的比例等。总固体产率可以运用固体平衡进行理论计算，也可以从实际污水处理厂的运行数据中推测得到。总固体含量和挥发性固体比可估计，也可以由实验分析决定。污泥中粗砂含量应该注意，一旦它在消化池内积累就会减小消化池的有效容积。

厌氧消化池和污泥气储罐应密封，并能承受污泥气的工作压力，其气密性试验压力不应小于污泥气工作压力的 1.5 倍。厌氧消化池和污泥气储罐应有防止池（罐）内产生超压和负压的措施。厌氧消化池溢流和表面排渣管出口不得放在室内，且必须有水封装置。厌氧消化池的出气管上必须设回火防止器。

厌氧消化池设计可根据生物固体停留时间（SRT）、有机负荷率（单位体积挥发性固体量VSS）等参数确定，低负荷和高负荷消化池的典型设计参数见表 6-7。在没有操作数据的情况下，估算生活污水处理厂的进料体积，可利用平均体积指标。低负荷消化池有机负荷一般为 $0.5 \sim 1.5\, kg/(m^3 VSS \cdot d)$。带有搅拌和加热的高负荷消化在 $2 \sim 3\, kg/(m^3 VSS \cdot d)$。低负荷中温消化的 SRT 是 $30 \sim 60\, d$，高负荷中温消化的 SRT 是 $15 \sim 20\, d$。SRT 可定义成总污泥质量与每天排出的污泥质量之比。对两相消化而言，SRT 和水力停留时间（HRT）是相等的；在回流污泥的情况下，SRT 会增至高于 HRT，这一循环特征也是厌氧接触或两相消化工艺的特点。

低负荷和高负荷消化池典型的设计参数　　　　　　　　　　　表 6-7

参数	低负荷	高负荷
固体停留时间（d）	$30 \sim 60$	$15 \sim 20$
挥发性悬浮固体负荷 $[kg/(m^3 \cdot d)]$	$0.64 \sim 1.6$	$1.6 \sim 3.2$
混合初沉＋剩余生物污泥进料浓度（以干固体百分比表示）	$2 \sim 4$	$4 \sim 6$
消化池下向流期望值浓度／干固体（%）	$4 \sim 6$	$4 \sim 6$

2. 消化池尺寸

确定消化池尺寸的关键参数是 SRT。对于无循环的消化系统，SRT 与 HRT 没有区别。挥发性固体 VS 负荷率使用也很频繁，其直接与 SRT 或 HRT 相关，SRT 被认为是更为基本的参数。消化池尺寸的确定还应该兼顾固体产率变化和浮渣、粗砂积累等影响。

1）固体停留时间

目前，设计最小 SRT 的选择一般还是根据经验确定，典型值是低负荷消化池 30 ~ 60 d，高负荷消化池 10 ~ 20 d。确定合适的 SRT 标准时，必须考虑到污泥生产过程的条件范围。

帕金和欧文提出了一个更为合理的选择设计 SRT 的方法，尽管其使用的数据很有限。这种方法是以安全系数 SF 去修正 SRT 从而得出一个设计 SRT。如果以给定的消化效率为依据，而且假定消化池以完全混合方式运行，则这一修正 SRT 如下式所示：

$$\left.\begin{array}{l} \text{SRT}_{\text{min}} = \dfrac{1}{\dfrac{YkS_{\text{eff}}}{K_{\text{c}}+S_{\text{eff}}}-b} \\[4mm] S_{\text{eff}} = S^{0}\ (1-e) \end{array}\right\} \tag{6-1}$$

式中：SRT_{min}——消化池运行要求的修正 SRT；

Y——厌氧微生物的产率（gVSS/gCOD）；

k——给定基质最大消耗速率 [gCOD/（gVSS·d）]；

S_{eff}——消化池内消化污泥中可生化降解基质的浓度（gCOD/L）；

S^{0}——进料污泥中可生化降解基质浓度（gCOD/L）；

e——消化效率，部分降解；

K_{c}——进料污泥中可生化降解基质的半饱和浓度（gCOD/L）；

b——内源衰减系数（d^{-1}）。

式（6-1）中的常数的建议值，一般是针对市政初沉污泥在温度 25 ~ 35℃ 而言。下列建议值是基于实验所得：

$$\left.\begin{array}{l} k=6.67\times1.035^{T-35} \\ K_{\text{c}}=1.8\times1.112^{T-35} \\ b=0.03\times1.035^{T-35} \\ Y=0.04\ \text{gVSS/gCOD} \end{array}\right\} \tag{6-2}$$

式中：T——温度（℃）。

消化池运行使用修正 SRT 来计算，其厌氧消化过程的 SF（安全因子）可按如下计算：

$$\text{SF}=\text{SRT 实测值}/\text{SRT}_{\text{min}} \tag{6-3}$$

2）挥发性固体负荷

挥发性固体负荷是指消化池每天投加的 VS 量被消化池工作体积相除。负荷标准一般是基于持续的加载条件下，同时避免短时间的过高负荷。通常设计的持续高峰挥发性固体 VS 负荷率是 1.9 ~ 2.5 kgVS/（m³·d）。挥发性固体 VS 负荷率的上限一般由有毒物质积累速率、氨或甲烷形成的冲击负荷来决定，3.2 kgVS/（m³·d）是常用的上限值。

过低的挥发性固体 VS 负荷率会造成建设和运行费用高昂。建设费用高是由大的池容积造成的，运行费高是由于产气量不足以供给维持消化池温度所必需的能量。

高峰污泥负荷的估算，应包括进厂污水中 BOD 和总悬浮物（TSS），并以此为基础计算污泥量。估算还必须考虑高峰负荷使其浓缩不理想的情况。此外，多个消化池的设计应考虑到高峰负荷时最大的消化池不工作的情况。设计时，必须提供这些时段继续保持污泥稳定的具体措施。

3）气体产量和质量

气体是厌氧清化池中污泥稳定化后的最终产品。可以运用关系式来估算气体产量，在 SRT 给足和搅拌良好的情况下，油脂含量越高，产气量越高。这是因为油脂成分代谢缓慢，总气体产量如下式所示：

$$G_v = G_{sgp} V_s \tag{6-4}$$

式中：G_v——气体生产的总体积（m^3）；

V_s——VS 去除率（kg）；

G_{sgp}——给定气体产率，$0.8 \sim 1.1\ m^3/kgVSS$。

甲烷总产量可根据每天有机物的去除量来计算，关系式为：

$$G_m = M_{sgp} (\Delta OR - 1.42 \Delta X) \tag{6-5}$$

式中：　G_m——甲烷产量（m^3/d）；

M_{sgp}——给定单位质量有机物甲烷产率，按 BOD 或 COD 去除率计（m^3/kg）；

ΔOR——每日有机物去除率（kg/d）；

ΔX——产生的生物量。

由于消化气体中约有 2/3 是甲烷，消化池气体总量按下式计算：

$$G_T = G_m / 0.67 \tag{6-6}$$

式中：G_T——总气体产量（m^3/d）。

不同消化池内，甲烷浓度在 45% ～ 75% 间变化，CO_2 浓度在 25% ～ 45% 间变化。若存在硫化氢，必须调查清楚任何工业污染源或盐水渗入系统来源。消化气热值是 $24\ MJ/m^3$，而甲烷热值大约是 $38\ MJ/m^3$。

3．工艺要求

1）搅拌要求

厌氧消化池可以采用气体搅拌、机械搅拌或水泵混合系统。不同的搅拌方式有各自的优点和缺点。搅拌方式的选择依据是成本、维护要求、工艺构筑物形式、格栅、进料的粗砂和浮渣含量等。确定消化池搅拌系统规模，建议的参数包括单位能耗、速率梯度、单元气体流量和消化池翻动时间等。

单位能耗是单位消化池容积的动力功率。关于单位能耗的选择建议值为 $5.2 \sim 40\ W/m^3$。使用试验数据，预计 $40\ W/m^3$ 对完全混合反应器是足够的。

2）浮渣、砂粒、碎屑和泡沫聚集的控制要求

浮渣、砂粒和泡沫这些物质会降低消化池有效容积，破坏搅拌和加热，影响气体生成和收集，从而扰动消化池运行。它们也会带来运行管理上的问题，造成消化过程失败。

浮渣积累可以通过在厌氧消化处理前的沉淀阶段去除其成分来减弱，如旋转式格栅。浮渣形成的趋势可以从分析进水的含油量得到。粗砂可在进厂之前的沟渠系统中得到去除。通过充分搅拌和加热维持完全混合，可以避免在消化池内形成粗砂层和浮渣层。有效地搅拌可以使其悬浮在整个池中，但过度搅拌会造成泡沫问题。形成泡沫和浮渣可以通过安装在顶部的喷嘴来纠正。暖式喷洒对消泡除渣尤其有效，这是通过降低黏度和增加搅拌分散效果来实现的。市场上销售的除渣和消泡药剂等化学物质会使上清液的 COD 浓度增加，而且很难对封闭容器内喷洒设备进行维护。

通过提高底板坡度可以去除消化池内的粗砂、碎屑，通过排放口的设置来进一步强化，当消化池位于地面以上时，可以在贴近地面的地方设置供人进出的开口，有助于在清洗消化池时清除砂粒。采用切线式搅拌系统会在消化池的中部积砂。

以容器构造来达到清除积砂积渣的目的，蛋形消化池是一个很好的例子。边壁陡坡向顶部迫使浮渣集中在有限的区域内，既有利于清除，也利于搅拌打碎成液状。陡峭的底坡也使砂粒碎屑集中，便于清除。

3）浓缩要求

预先浓缩对厌氧消化过程是有益的，可减小厌氧反应池体积和反应器尺寸。因为生物污泥一般在二沉池内的浓缩性并不好，消化前浓缩会使消化池尺寸更经济。然而超过4%的浓缩会造成搅拌的困难。

4）加热系统要求

控制温度在最优值附近能使消化速率达到最高，使池容积最小。为维持消化池温度恒定在最优点，须对投配污泥进行加热升温以弥补消化池的热量损失。下式给出了对投配污泥加热升温所需要的热量：

$$Q_1 = W_f c_p (T_2 - T_1) \tag{6-7}$$

式中：Q_1——热量需求（kJ/d）；

$\quad\quad W_f$——投配量（kg/d）；

$\quad\quad c_p$——水的热值，4.2 kJ/（kg·℃）；

$\quad\quad T_1$——进入消化池污泥温度（℃）；

$\quad\quad T_2$——离开消化池产物温度（℃）。

弥补消化池热损失所要求的加热量可以按下式估算：

$$Q_2 = UA (T_2 - T_1) \tag{6-8}$$

式中：Q_2——弥补消化池热损失要求的加热速率（kg·cal/h）；

$\quad\quad U$——换热系数[kg·cal/（m^2·h·℃）]；

$\quad\quad A$——损失热量的消化池表面积（m^2）；

$\quad\quad T_2$——消化池内污泥温度（℃）；

$\quad\quad T_1$——环境温度（℃）。

6.1.2.4 污泥干化与存放

有条件的地方，污泥干化宜采用干化场。其他地方，污泥干化宜采用热干化。污泥干化场宜设人工排水层。污泥的热干化和焚烧宜集中进行。污泥热干化设备的能源宜采用污泥气。

脱水后的污泥应设置污泥堆场或污泥料仓储存，污泥堆场或污泥料仓的容量应根据污泥出路和运输条件等确定。污泥机械脱水间应设置通风设施。每小时换气次数不应少于 6 次。

6.1.3　污泥处理处置基本要求

1．工艺选择

污泥的处置方式包括污泥堆肥、建材制砖、污泥焚烧和卫生填埋等，污泥的处理工艺流程应根据污泥的最终处置方式选定。

当污泥不符合卫生要求，有毒有害物质含量高，不能作为农副业利用，且城市卫生要求高、污泥自身的燃烧热值较高，可单独焚烧并利用燃烧热量发电，或有条件与城市垃圾混合焚烧并利用燃烧热量发电时，均可考虑采用污泥焚烧处置方式。

2．处置要求

在已建有垃圾焚烧设施、水泥窑炉、火力发电锅炉等设施的地区，污泥宜与垃圾同时焚烧，或掺在水泥窑炉、火力发电锅炉的燃烧煤中焚烧。有条件的经济发达地区，建议采用独立的永久性污泥处置设施，确保系统的稳定运行和环境效益的持久发挥。

污泥焚烧的工艺，应根据污泥热值确定，宜采用循环流化床工艺。污泥热干化尾气和焚烧烟气，应处理达标后排放。

好氧堆肥是指，在有氧状态下，好氧微生物对污泥中的有机物进行分解转化的过程，最终产物主要是 CO_2、H_2O、热量和腐殖质。好氧堆肥工艺较简单、投资少、成本低，能有效实现污泥资源化利用。

合理充氧是好氧发酵工艺保证物料实现无害化、稳定化并降低能耗最关键的因素。供氧不足，会使污泥部分处于厌氧状态，影响污泥的发酵效率，同时还会产生一定量的臭气。但风量过大又会导致污泥堆体温度下降，反应速度降低，从而影响污泥的腐熟速度。同时，过量的充氧，也会导致能量消耗过多，从而增加运行成本。充氧方式有两种，即鼓风曝气充氧和翻抛机充氧。

鼓风曝气充氧是利用鼓风机及设在堆肥物料下部的风管不断地向堆体输送空气，达到充氧的目的。鼓风机曝气充氧的时间长、灵活，可以根据自动监测系统中的温度及氧含量的监测数据进行曝气充氧，保证堆体氧气充足供应，该方式不移动污泥。

翻抛机充氧是利用翻抛机作业使物料与空气进行短时间接触，从而补充部分氧气。由于充氧时间短，充氧不充分，在堆肥过程中，大部分时间存在严重氧气供应不足的问题。翻抛机充氧虽然充氧不够充分，但是能使污泥蓬松。

污泥采用土地利用的处置方式前提是，污泥泥质能够满足国家和地方相关标准要求。工业废水往往含有有毒有害物质，未经妥善处理排入城市管网进入污水处理系统，最终转移至污泥中，易致污泥有毒有害物质超标，影响土地利用安全性，因此，应加强工业废水排放监督与管理，确保污泥泥质满足土地利用相关标准要求。

污泥的最终处置宜考虑综合利用。应因地制宜，考虑农用时，应慎重。污泥的土地利用，应严格控制污泥和土壤中积累的重金属和其他有毒有害物质含量。农用污泥，必须符合国家现行有关标准的规定。

6.1.4 污泥堆肥质量控制指标

污泥堆肥的目的是将污泥达到无害化、稳定化和资源化的要求，堆肥后的产品符合相关标准。

未腐熟的堆肥施入土层后，会引起微生物的剧烈活动，从而形成厌氧环境，还会产生大量中间代谢产物（有机）及 NH_3、H_2S 等有害成分。这些物质会严重毒害植物的根系，影响作物的正常生长。因此，堆肥腐熟度是反映堆料中有机物降解和生物化学稳定度的重要指标。具体可分为物理指标、化学指标和生物学指标。

1．物理指标

1）温度

微生物降解有机质时会放出热量，使料堆温度升高。当有机质基本被降解完后，放出的热量减少，料堆温度逐渐接近于环境温度，不再有明显变化。因此，根据温度的变化，可以判断堆肥化进行的程度，判断堆肥是否腐熟。操作过程中温度的测量相对简便，温度是堆肥过程最常用的检测指标之一。

料堆温度与通风量大小、热损失的多少有关，且堆料不同区域的温度也不同，温度无法很准确地反映堆肥的腐熟程度。

2）气味

堆料通常具有令人不愉快的异味。运行良好的堆肥化过程中，这种异味逐渐减弱，腐熟度越高，气味越弱。完全熟化的堆肥产品往往具有潮湿泥土的气味。

3）颜色

堆肥过程中，堆料会逐渐变黑，熟化后的堆肥产品呈黑褐色或黑色。用简单的技术检测堆肥产品的色度，结合其他物理指标，可综合判断堆肥的腐熟程度。

2．化学指标

物理指标仅能从感官等方面间接判断堆肥的腐熟程度，无法定量表达堆料成分的变化，不能准确说明堆肥的腐熟程度。但是，通过量化的化学指标分析，根据堆料化学成分和性质的变化，能更准确地判断堆肥的腐熟程度。

1）碳氮比

碳氮比（C/N）是在评价堆肥腐熟程度中应用最多的一个指标。堆肥化过程中，碳作为生物能源被转化成 CO_2 和腐殖质，氮作为微生物的营养被同化吸收或转变成氨、硝酸盐。因此，碳和氮的变化也是堆肥化的基本特征之一。

理论上，当有机质完全变成腐殖质后 C/N 应为 10。然而，在实际应用中，C/N 从最初的 25～30 或更高降低到 15～20，表示堆肥已腐熟，达到稳定化程度。

2）挥发性固体

挥发性固体基本上能反映污泥中有机质的含量。在堆肥化过程中的不同阶段，堆料有机质变化幅度比较大，因此，可利用挥发性固体的变化作为反映堆肥腐熟程度的指标。污泥堆肥的有机质含量大于 10%，挥发性固体的含量小于 40%，可以认为污泥堆肥已经腐熟。

COD 和 BOD_5 也是反映有机质变化的两个重要参数。COD 的变化主要发生在高温降解阶段，随后处于平稳。

腐熟的堆肥产品中，BOD_5 值应小于 5 mg/g 干堆肥。但 BOD_5 的测定比较复杂、测定时间长，作为堆肥腐熟控制指标，在实际应用中较为少见。

3）含氮物质

堆肥过程中，随着有机质的分解，其中含氮的物质也发生分解而产生氨气，释放出的氨气散逸进入大气，或者生成亚硝酸盐和硝酸盐，或者被微生物吸收。因此，通过检测堆肥中氨、硝酸盐是否存在及其比例，可判断堆肥腐熟程度，但目前尚未有一个定量指标，只能相对比较。

大量研究表明，随着堆肥化过程的进行，污泥中氨态氮含量会逐渐降低，而硝态氮含量会逐渐增加，完全腐熟的堆肥，氮大部分以硝酸盐形式存在，而未腐熟的堆肥中则含有一定量的氨，基本上不含硝酸盐。

3．生物学指标

在堆肥过程中，一些微生物的活性变化或者植物生长的变化可以作为指标来评价堆肥的腐熟程度，这些指标主要有呼吸作用、微生物活性、种子发芽率等。

1）呼吸作用

通常根据堆肥过程中微生物吸收 O_2 和释放 CO_2 的强度来判断微生物代谢活动的强度及堆肥的稳定性。

当堆肥释放 CO_2 在 5 mgC/g 以下时，堆肥相对稳定；达到 2 mgC/g 以下时，堆肥腐熟。

2）微生物活性

堆体中微生物量及种群的变化，可以反映堆肥代谢情况，反映微生物活性变化的指标有酶活性、三磷酸腺苷（ATP）和微生物量。

3）种子发芽率

未腐熟的堆肥中含有植物毒性物质，对植物的生长发育会产生抑制作用。在堆肥原料和未腐熟堆肥萃取液中，多种植物种子生长受到抑制，而在腐熟的堆肥中生长得到促进。

以种子发芽和根长度计算发芽指数（germination index，GI），可以用来评价堆肥的腐熟程度。当 GI 大于 50% 时，可认为堆肥中毒性物质降低到植物可承受的范围；当 GI 大于等于 85% 时，认为堆肥已完全腐熟。

6.1.5 污泥农用安全性要求

污泥农业利用的安全性要求是病原菌和有害物质的限量与控制。污泥中的有害物质主要是重金属物质和有毒的有机物。在污泥（堆肥）农业土地利用时，病原菌可能会通过气溶胶、土壤、农作物、地面水或渗滤进入地下水等多种途径而广泛传播，容易造成人畜、动物病害及流行性疾病，具有潜在和长期的危害，必须对病源污染进行源头控制，严格执行污泥处理要求。

部分污水处理厂因资金或技术原因，污泥未做消毒处理或消毒处理效果不好，使得污泥卫生学指标达不到要求。

1．有关污泥农业安全利用的标准

《城镇污水处理厂污泥处置 农用泥质》CJ/T 309—2009 根据污泥所含金属浓度将污泥分为 A、B 两级，明确了各级别污泥所含金属总量的限值、有机污染物（苯并 [a] 芘、多环芳烃及矿物油）的限值、适用作物范围，还增加了卫生学指标，即大肠菌群菌值大于 0.01，肠虫卵死亡率大于 95%。

美国环境保护局将土地利用的污泥产品分为 A、B 两级：A 级要求污泥中的粪大肠菌浓度小于 1000 MPNs/g（干重）或沙门菌浓度小于 3 MPNs/g（干重）；B 级则要求粪大肠菌浓度几何平均值小于 2×10^6 MPNs/g（干重），A 级产品必须采用附加除病原体工艺。欧洲国家在污泥土地利用的病原体方面一般只考察沙门菌和肠虫卵。

目前，对有机污染物还缺乏完善的限量控制标准，国外对二噁英／呋喃类、多氯联苯类等提出了一些限量建议，各国及各地区对农用污泥中有机污染物的控制项目和标准有较大的差异（表 6-8、表 6-9）。

欧洲地区、国家及中国城市污泥土地利用重金属控制标准　　表 6-8

国家或地区	重金属（mg/kg）							
	Zn	Cu	Pb	Cr	Ni	Cd	Hg	As
欧盟	2500	1000	750	1000	300	10	1	
德国	3000	1000	800	1000	200	15	10	
法国	2500	800	900	900	200	10	8	
瑞典	800	600	100	100	50	2	2.5	
中国 CJ/T 309—2009								
A 级	1500	500	300	500	100	3	3	30
B 级	3000	1500	1000	1000	200	15	15	75

注：盟 86/278/EEC 标准 2000 年修订版。

部分国家污泥农用的有机污染物控制标准（mg/kg 干物质）　　表 6-9

国家	二噁英、呋喃类（PCDD/Fs）	多氯联苯类（PCBS）	有机卤化合物（AOX）	NPE	多环芳烃（PAH）	甲苯	苯并 [a] 芘
法国		0.8[①]			2～5[③]		
德国	100	0.2[②]	500		1.5～4[④]		
瑞典		0.4		100	3	5	
中国					5[⑤]		2[⑤]

注：①所有 PCBs 的总量。

②每一种 PCB 的量。

③指莹蒽。

④指当污泥用到收场上。

⑤A 级污泥。

污泥农业利用时，除了严格按照标准控制污泥（堆肥）中致病原菌及有害物质的含量要求外，还应加强施用条件和场地的管理，常见的管理措施有：

1）严格限制污泥中重金属的含量，并根据其土壤背景值等情况，严格执行污泥安全施用量要求。

2）严格执行施用场地的要求，如坡度应小于等于 3%，地下水水位低且离饮用水水源较远，不施用于沙性土和渗透性强的土壤。

3）施用污泥（堆肥）的土壤不宜种植生吃果蔬，或者宜施用 3 年以后再种植。

4）施用过程中不与污泥（堆肥）直接接触。若采用喷灌方式，则喷灌设施应远离居民住宅或道路至少 50 ~ 100 m。

5）通常，农田使用污泥数量都有一定限度，当达到这一限度时污泥的农用就应停止一段时间再继续进行。

6）在整个施用区域建立严密的使用管理、监测和监控体系，关注区域内的土壤、地下水、地表水、作物等相关因子的状态和变化，并根据发生的变化做出相应的调整，使得污泥的农用更加安全有效，促进农业的可持续发展。

2002 年，美国约 60% 的污泥用来改善土壤，或者作为生长作物的肥料；欧洲污泥农用更为广泛，大于 40% 用于农业土地，其中法国、西班牙、英国、丹麦和卢森堡的污泥农业利用率超过 50%。污泥农用率在北美和欧洲还在持续增加。

我国的污泥农用率不足 10%。2009 年，《城镇污水处理厂污泥处理处置及污染防治技术政策（试行）》中已经明确规定："允许符合标准的污泥限制性农用。"限制性农用不是指限制农用成禁止农用，而是在可行、安全、环保条件下的农用。

2. 污泥中重金属含量的控制

污泥中重金属含量超标时，施用于土地会对土壤造成严重污染，并间接危害人类健康。

污泥中的重金属以水溶态、交换态、有机结合态、碳酸盐、硫化物态和残渣态等形态存在，其中水溶态、交换态、有机结合态的生物有效性高，对周围环境和人体危害性大。另外，污泥的组成、堆肥化条件等对污泥中金属的形态也有显著影响。

重金属会对土壤中的微生物造成直接危害，虽然污泥中的有机质可以增加微生物的活性，但由于重金属含量的增加最终会导致微生物数量的下降，改变了微生物的种类，导致微生物固氮能力的下降。

另外，研究表明，污泥中重金属在土壤中的转移受土壤性质、污泥性质、植株属性等条件影响。由于土壤本身性质、利用方式的变化，重金属在土壤中的较长停留时间等的影响，对重金属在土壤中迁移转化的规律有待进一步的研究和监测。污泥堆肥对土壤中重金属含量的影响主要是对重金属总量的影响和对重金属形态及生物有效性的影响。不同重金属和不同堆肥处理的重金属增加幅度不同，有研究认为，金属离子的溶解度随着 pH 值升高而降低，重金属有机络合稳定性随着环境 pH 值升高而增强。

另外有研究发现，重金属可以与土壤有机质形成不溶性的有机络合物而被保持，相对植物的生物有效性降低，这样可以为络合反应降低重金属离子的毒害作用提供可能。

控制土壤中重金属的方法主要可以通过改变重金属存在形态，通过固定阻止重金属的迁移转化，另外就是从污泥中去除重金属。去除重金属的技术主要有通过污泥堆肥改变重金属形态、钝化剂钝化、化学滤取和生物淋滤法。

1）堆肥稳定化

通常情况下，经堆肥处理后的污泥水溶态重金属含量下降，交换态和有机结合态重金属总量增加，不同重金属的含量变化不同，且相比之下不同浸提剂所提取的其他形态重金属总量相差很多。总之，经堆肥处理后的污泥中，植物可利用成分增加，重金属的生物可用性下降。

2）钝化剂钝化

在实际的生产过程中，需要利用钝化剂来处理污泥中的重金属。根据重金属的处理效果、作物产量、钝化剂原料、来源、价格等因素考虑，粉煤灰、磷矿粉是比较合适的钝化剂原料。

利用粉煤灰作为钝化剂，不仅可以解决重金属污染的问题，也达到以废治废的目的。另外，粉煤灰和石灰一样可以起到钝化污泥中的重金属并杀死病原菌的作用。

以矿粉作为钝化剂，可以在钝化重金属的同时作为土壤缓释磷肥。石灰类物质包括石灰、硅钙酸炉渣和粉煤灰等碱性物质。由于重金属极易受环境的 pH 值控制，增加堆肥碱性可以使重金属生成碳酸盐、硅铝酸盐、氢化物沉淀。

3）化学滤取和生物淋滤法

厌氧消化的污泥中，重金属主要以硫化物的形态存在。化学法采用酸调节污泥的 pH 值至2，再用 EDTA 等络合剂分离重金属。该法滤取率高达 70%，缺点是投资大，操作难度高，实际应用困难。

生物淋滤法是利用细菌的新陈代谢实现对污泥中重金属的提取。可以采用的细菌主要有 *Thiobacillus ferrooxidans*、*Thiobacillus thiooxidans*。这些细菌可以在 Fe^{2+} 以及还原态硫化物的介质中生存，并通过细菌的代谢作用将难溶性的金属硫化物转化为可溶性金属硫酸盐。相对化学滤取，生物滤法费用较低，但是需要大量加酸调节 pH 值低于 4.5，增加了工艺的难度。

综上所述，最有效的重金属控制方法还是从源头上控制重金属，在污水处理过程中，将工业废水和生活污水分开处置，可以很好地解决污泥中重金属的难题。

3. 污泥中有机污染物的控制

目前，对污泥中有机污染物的研究相对较少。事实上，污泥中存在的有机污染物可以通过食物链富集进入人体，并有致癌、致畸、致突变危险，已经逐渐引起人们的关注。

城市污泥中污染物主要有多环芳烃 PAHs、邻苯二甲酸酯 PEs、多氯代二苯并二噁英／呋喃、多氯联苯、氯苯、氯酚等。目前，还没有相应的规范和标准来控制污泥中的有机污染物，我国也只是对苯并芘有了控制标准。

在堆肥过程中，微生物可以通过代谢作用降解（如硝基芳香烃、农药、多环芳烃等）有机污染物，但是，降解速率慢且数量有限。最有效的控制有机污染物的方法还是从源头上进行控制，杜绝有机污染物进入污泥才是解决这一问题的根本方法。

6.1.6 污泥的建材利用

1. 建材利用概况

污泥建材利用技术和污泥农用技术都是具有较大发展潜力的污泥资源化利用技术，其中污泥建材利用是污泥资源化技术重要发展方向之一。随着我国经济的快速发展，对建材的需求日益增大。由于建筑材料等行业领域生产过程对黏土需求量很大，致使黏土资源被大量开采，已严重影响到农田的数量和质量。

1）国内外研究进展

污泥建材利用，可以实现资源化利用和环境保护的双重目的。20 世纪 80 年代开始，国内外已经开始了对污泥制作建筑材料的相关研究，一些成功的研究成果与工程应用相继出现。

据调查，日本有约 40% 以上的污泥进行建材利用。1991 年，在日本东京成立了世界上第一个大规模生产污泥砖的工厂，日产污泥砖 5500 块，消耗污泥灰 15 t，重金属浸出毒性检测结果合格；1995 年，日本神户市已将污泥焚烧灰作为沥青混合料替代物，取得了良好效果；日本京都市采用熔融石料化设备，将污泥制成污泥石料化熔渣，可替代天然碎石使用；自 1985 年，日本东京市开始研究污泥制砖技术，现已通过烧结工艺实现规模化生产污泥黏土混合砖、污泥焚烧灰地砖和混凝土的填料等。

新加坡理工大学利用污泥、石灰石和黏土进行黏结材料生产，经煅烧、磨碎等工艺，生产出的水泥优于美国材料试验学会规定的建筑用水泥标准。

在我国，污泥的建材利用是一种有效的污泥减量化及资源化手段。目前，北京、重庆及上海等地均进行过相应的生产性研究。上海水泥厂采用水泥窑，通过污泥均化、储存、磨碎、煅烧等步骤生产出符合国家标准的水泥熟料，且排放的废气达到国家环保检测标准；湖南岳阳化工总厂污水处理厂，通过干污泥粉碎后，掺入黏土和水混合搅拌均匀，制坯成形并进行烧结。当污泥与黏土以质量比为 1 ∶ 10 混合时，制成砖的强度与普通红砖相当。

2）途径及方向

污泥作为建材原料的基本途径按污泥预处理方式分为两类：一是污泥脱水、干化后，直接用于建材制造；二是污泥进行焚烧和熔融处理后，再用于建材制造。

污泥熔融制得的熔融材料可以作路基、路面、混凝土骨料及地下管道的衬垫材料；微晶玻璃类似人造大理石外观，强度、耐热性均比熔融材料优良，产品附加值高，可以作为建筑内外装饰材料应用；利用有害的城市垃圾焚烧灰和污泥制成有用的建筑材料——生态水泥，有效地利用了再生资源。

3）优势及前景

目前，污泥的建材利用已经被视为一种可持续发展的污泥处置方式，在日本及欧美国家和地区迅速发展起来。据统计，2002 年末，日本污泥有效利用率高达 63%，其中建材利用的比例为 40%。

污泥的建材利用是一个起步较晚、发展潜力较大的污泥处置及资源化的方法之一。不仅解决了污泥传统处理处置方式费用高、难处理、极易造成二次污染的问题，还使处理处置融入"循环经济"的体系，符合循环经济的"3 R"原则之废弃物的再循环（recycle）原则：最大限度地减少废弃物排放，力争做到排放的无害化，实现资源再循环。

2．建材利用的基本形式

1）污泥烧结制砖

污泥烧结制砖主要是由于污泥与黏土的化学成分较为相近，将污泥的焚烧灰或者干化后的污泥加入一定量的骨材，注入模具内，在 900 ~ 1000℃下烧结成砖。烧制过程中，有毒重金属均被封存在污泥中，有害细菌及有机物得以去除，而且烧制成的污泥砖没有异味。

污泥焚烧灰制砖技术操作简单，产品可以直接销往市场，产生利润，从而处理成本得以平衡。因此，污泥焚烧灰制砖技术得到越来越多的重视。目前，污泥烧结制砖技术在国外（如美国、德国、日本等）得到了广泛的应用和推广，日本的污泥焚烧灰制砖技术走在世界前列，制成的砖块被广泛用作广场及人行道的地面材料。

2）污泥烧结制陶粒

陶粒是一种人造轻质粗集料，外壳表面粗糙而坚硬，内部多孔，一般由页岩、黏土岩等经粉碎、筛分，再高温烧结而成。陶粒主要用于配制轻集料混凝土、轻质砂浆，也可作耐酸、耐热混凝土集料。常根据原料命名，如页岩陶粒、黏土陶粒等。由于污泥与黏土成分较为相似，20 世纪 80 年代，利用生污泥或厌氧发酵污泥的焚烧灰造粒后烧结工艺制得陶粒的技术已经趋于成熟。但这一技术需要单独建设焚烧炉，污泥中的有效成分不能得到有效利用。近年来，直接以脱水污泥为原料的制陶粒工艺逐渐被开发和推广。

由于陶粒内部的多孔结构、密度小、强度高、施工适应性好等优良性能，污泥陶粒被用于制造建筑保温混凝土、陶粒空心砖及筑路等领域。人工轻质陶粒主要以污泥焚烧灰为原料，常用作路基材料及混凝土骨料，其制作工艺流程为：首先将水及少量乙醇蒸馏残渣加入污泥焚烧灰中混合均匀，然后将混合物在离心造粒机中造粒；混合物质在 270℃条件下干燥 7 ~ 10 min 后输送到流化床烧结窑中烧结，在窑内，干燥颗粒被迅速加热至 1050℃，将加热后的颗粒体进行空气冷却，即可形成表面为硬质膜覆盖、内部为多孔状的污泥陶粒。该成品为球形，密度为 1.4 ~ 1.5 g/cm³。

3）污泥烧结制水泥

污泥的化学特性与生成水泥所用的原料基本相似，可用干污泥或污泥焚烧灰作水泥原料，按一定比例添加煅烧生水泥。污泥用于制水泥生产中的原料主要为高炉碎渣及粉煤灰。副产物主要包括石膏、炉渣、烟尘等。不仅具有焚烧减容、减量的特征，而且能够使燃烧后的残渣成为水泥熟料的成分，并且水泥厂燃烧炉温高，处理量大，配有大量的环境自净能力很强的环保设施。

在发达国家，利用水泥窑处理污泥生产生态水泥已有 20 余年的历史，拥有较为成熟的经验。而我国利用污泥等废弃物来生产水泥尚属起步阶段，有待进一步的发展。1996 年 4 月，瑞士的 HCBRekingen 水泥厂成为世界上第一家具有利用废料的环境管理系统的水泥厂，并得到 ISO 14001 国际标准的认证，它为规划、实施和评价环境保护措施提供了可靠的框架。

4）污泥烧结制纤维板

通常纤维板以木材和其他植物纤维为原料，通过铺装使纤维交织成型，利用纤维自有的胶黏性或辅以胶黏剂、防水剂等助剂，经热压制成的一种人造板。

污泥中含有 30% ~ 40% 的球形蛋白质和一定糖类物质，在加热加压下蛋白质凝固变性而将纤维胶合起来。通过一系列的调理、烘干、高温高压热压处理后可得生化纤维板。

在我国辽宁等地采用剩余污泥生产生化纤维板，无变形，可任意着色，可达木质纤维板质量。日本将下水道污泥焚烧灰制成玻璃，用下水道污泥焚烧灰制沥青在日本也将被大规模应用。

6.1.7　污泥处理与存储单元疫情期间运行管理

现场条件允许时，应在污泥处置单元的源头进行病原体消杀。比如在储泥池投加消毒剂，但不宜在有厌氧消化或好氧发酵工艺时使用。

污泥脱水单元应尽量避免污泥直接与人体接触，以及污泥气溶胶带来的人体暴露。尽量采用离心脱水装置，或采用带式或板框脱水装置，应加强从业人员防护。

污泥脱水车间有负压除臭设备时，应加强除臭设备监控和维护，确保除臭设备稳定运行。没有负压除臭设备时，应进行主动和强制通风，并加强从业人员防护。

污泥热干化是有效的病原体消杀方法。如果使用热干化设备，需使污泥本体温度达到80℃。如果采用人工热源干化，建议将污泥含水率降至 20% 以下。也可以通过在剩余污泥中投加生石灰的方法来实现病原体消杀和污泥稳定化。

在污泥的处理、存储或运行过程中，应采取必要的消杀措施，避免污泥中病原体在存储、输送及处置过程的二次污染。污泥堆场的外表面至少需要每日消毒一次，污泥出厂前，要进行强化消毒灭活，喷洒有效氯浓度 1000 ~ 2000 mg/L 的含氯消毒剂溶液。

脱水污泥应做到随产随清，严禁在厂内露天堆放；确需露天堆放的脱水污泥，需做好喷雾消毒或其他防范措施。

做好污泥装卸场所、装卸车辆和运输车辆的及时清洗和消毒。

污泥带式脱水、板框脱水车间的操作人员应严格佩戴面罩或护目镜，脱水设备清洗人员应穿防护服或类似具有病毒防护功能的装备或护具。

6.1.8　通风与除臭单元运行管理

在通风设施能力和除臭单元处理能力允许的情况下，尽量加大通风量，提高封闭空间的换气频率，保持封闭区域的空气流通。

在不影响除臭效果的情况下，应通过改变工艺参数或增加必要设备、药剂的模式，最大限度地发挥除臭系统的病毒灭活功能。

采用光催化氧化除臭工艺的，应适当调整工艺参数，强化光催化氧化的病毒灭活效果。

采用化学喷淋洗涤除臭工艺的，可在喷淋液中增加次氯酸钠等消毒液，同步关注除臭效果，不得因消毒剂加入影响除臭效果。

仅有生物除臭工艺的，可在除臭装置进口增加紫外线消毒方式，或在出口增加紫外线、臭氧或化学消毒方式。

6.2　污泥处理处置现状与瓶颈

6.2.1　污泥的性质

1．物理性质

污泥的物理性质对污泥的预处理过程有明显的影响。表征污泥物理性质的常用指标主要有：含水（固）率、密度、比阻、可压缩性、水力特性和粒径等。不同类别城市污泥由于组成不同，物理性质有较大差异。污泥的处理方向不同，物理性质分析重点会有所不同。

1）含水率

污泥中所含水分的质量与污泥质量之比称为污泥含水率。含水率是污泥性质的关键指标，污泥处理处置工艺的选择和工艺效果的好坏都与含水率息息相关。城市污水处理厂污泥的含水率取决于污水的水质、其产生的处理工艺环节和工艺运行条件等因素。原生污泥的含水率极高，初沉污泥的含水率在95%～97%，剩余活性污泥的含水率在99.2%～99.6%。《城镇污水处理厂污泥泥质》GB 24188—2009规定，污泥脱水后含水率必须低于80%，即便是脱水后的污泥，也只有20%的固体物质。降低污泥的含水率是实现污泥减量化的首要任务。

2）密度

污泥的密度指的是单位体积污泥的质量，其数值也常用相对密度，即污泥与水（标准状态）的密度之比来表达。污泥相对密度与污泥固体密度的关系如下：

$$\gamma = \frac{P(1-\gamma_s) + 100\gamma_s}{100} \quad (6-9)$$

式中： γ ——污泥的相对密度；

P ——污泥含水率；

γ_s ——污泥中干固体平均相对密度。

干固体包括有机物（即挥发性固体）和无机物（即灰分）两种成分，其中有机物的相对密度一般等于1，其所占百分比值记为 P_v，无机物的相对密度约为2.5，则：

$$\gamma_s = \frac{250 - 1.5P_v}{100} \quad (6-10)$$

污泥的体积、质量和含水（固）率存在一定的比例关系：

$$\frac{V_1}{V_2} = \frac{W_1}{W_2} = \frac{100 - P_2}{100 - P_1} = \frac{c_2}{c_1} \quad (6-11)$$

式中： V_1，W_1，c_1 ——污泥含水率为 P_1 时的污泥体积、质量与固体物浓度；

V_2，W_2，c_2 ——污泥含水率为 P_2 时的污泥体积、质量与固体物浓度；

P_1 ——脱水前的污泥含水率；

P_2 ——脱水后的污泥含水率。

式（6-11）适用于含水率大于65%的污泥，因含水率低于65%以下，污泥内出现很多气泡，体积与质量不再符合式（6-11）关系。

由式（6-11）可知，污泥含水率与污泥体积之间关系密切，当污泥含水率由99%降到98%，污泥体积均能减少一半，即污泥含水率越高，降低污泥含水率对减容的作用则越大。

3）比阻和压缩系数

比阻（ α_{av} ）为单位过滤面积上，滤饼单位干固体质量所受到的阻力，其单位为m/kg。

$$\alpha_{av} = (2\Delta pA^2 k_b) / (\mu w) \quad (6-12)$$

式中： Δp ——过滤压力（为滤饼上下表面间的压力差）（N/m²）；

A ——过滤面积（m²）；

k_b ——过滤时间／滤液体积的斜率（s/m⁶）；

μ——滤液动力黏度（$N \cdot s/m^2$）；

w——滤液所产生的滤饼干质量（kg/m^2）。

污泥比阻用来衡量污泥脱水的难易程度，它反映了水分通过污泥颗粒所形成泥饼层时所受阻力的大小。比阻与过滤压力及过滤面积的平方成正比，与滤液的动力黏度及滤饼的干固体质量成反比，并取决于污泥的性质。不同的污泥种类，其比阻差别较大。一般而言，比阻小于 $1 m/kg$ 的污泥易于脱水，大于 $1 m/kg$ 的污泥难以脱水。

4）水力特性

污泥的水力特性主要是指其流动性和可混合性，它受许多因素的影响，如温度、污水水质、流速、黏度等，其中以黏度的影响为主。

2. 化学性质

城市污泥的化学性质描述主要是为处理与利用污泥的方法选择服务的，一般包含酸碱度、有机质含量、植物养分含量、热值、毒害物质含量及其可浸出性等方面。

1）基本理化性质

城市污泥的基本理化成分见表 6-10。可见城市污水处理厂污泥是以有机物为主（颗粒相）的废弃物，有一定的反应活性，理化性质随处理状况的变化而产生改变。

城市污水处理厂污泥的基本理化成分　　　　　　　　表 6-10

项目	初沉污泥	剩余活性污泥	厌氧消化污泥
pH 值	5～6.5	6.5～7.5	6.5～7.5
干固体总量（%）	3～8	0.5～1	5～10
挥发性固体总量（以干重计）（%）	60～90	60～80	30～60
固体颗粒密度（g/cm^3）	1.3～1.5	1.2～1.4	1.3～1.6
容量	1.02～1.03	1～1.005	1.03～1.04
BOD_5/VS	0.5～1.1		
COD/VS	1.2～1.6	2～3	
碱度（以 $CaCO_3$ 计）（mg/L）	500～1500	200～500	2500～3500

2）植物养分

污水处理厂污泥含有丰富的植物养分，可转化为植物培植基质（人造表土、土壤调理剂、有机肥等）。污水处理厂污泥植物养分的组成主要取决于污水水质和处理工艺。

3）能量含量

污泥的能量含量可以其燃烧热值来表征，燃烧热值的大小不仅与其燃烧能量转化的效能有关，也是污泥生物与热化学能量转化的依据。

4）毒害物质

污水处理厂污泥中所含的毒害物质主要有重金属和有机化合物两类。尽管目前已确定的各类优先有机毒害物均有在污泥中存在的报道，但定量地描述污泥中有机毒害物的分析数据还非常缺乏和不全面。城市污水处理厂污泥中有害物质的现有分析结果以重金属含量为主。

3. 生物性质

1）生物含量

污水污泥中含有大量的细菌、病毒、原生生物、寄生虫卵及其他的微生物，其中部分微生物会对人体产生危害。对于特定的城市污水污泥中微生物种类和数量特别对病原菌含量而言，很大程度取决于城市的生活水平，并且会随时间的改变而产生较大变化。

2）污泥可生化性

一般生物源有机质中约含50%的碳（干重），污泥中含有大量的有机物，其中的碳水化合物可被微生物用作生物活动的能源和碳源。

6.2.2 污泥的危害性和资源性

1. 污泥的危害性

污水污泥是污水处理后的产物，而且随时间、地点、生活水平的差异，污泥的构成、污染物的构成与浓度各不相同，污泥不加任何处理的弃置、不合理的处置都可能对人类健康和环境造成不可恢复的破坏和影响。我国很多污水处理厂在规划设计之初"重水轻泥"，成千吨的污泥常常得不到妥善处理，被大规模弃置在河湖、堤岸、沟壑、田地中，有机质逐渐腐败，对环境造成严重的二次污染。污泥的危害性具体表现如下：

1）污泥量大，环境负担重

随着我国污水处理能力的提升，污泥产量大幅增长。截至2018年6月底，我国建成城市污水处理厂5222座，处理能力达到2.8亿 m^3/d，以每处理万吨污水平均产生6 t的湿污泥（含水率80%）估算，按实际污水处理量计，全国城镇污水处理厂每天产生湿污泥约16.8万 t。大量的污泥如果得不到有效的处理处置，会对水体、土壤和大气造成极大的危害和负担。

2）含水率高，处理难度大

城镇污水处理厂产生的初沉污泥含水率一般为97%，剩余活性污泥含水率更是大于99%，脱水污泥含水率也高达80%，含水率高造成运输成本高、堆放面积大，如果填埋会造成挤压垃圾填埋场库容、堵塞垃圾渗滤液管等问题；含水率高易滋生细菌，并为其他有害生物的滋生提供条件；含水率高会使污泥中的污染物被雨水冲入水体，造成水体污染，同时造成土壤的污染。

3）有机物含量高，腐败臭气多

污水污泥组成极其复杂，有机物含量高，虽然与国外污泥相比还是比较低的，干污泥中有机质含量平均值也有38%以上。有机物虽然是土壤养分生物发育的主要来源，但如果处理不当，有机质极易产生腐败，散发出恶臭难闻的气味，同时还会产生甲烷等有害气体和挥发性有机物，污染周边空气，造成局部土壤的污染。

4）有毒有害物多，威胁环境与人身安全

城镇居民生活会将各种各样的污染物带入污水中，而污水中污染物绝大部分又被浓缩到污泥中。污泥富集了污水中的污染物，也可能混入部分工业废水，因此会含有部分有毒有害的重金属，也会含有持久性有机化合物、环境持久性制药污染物、多环芳烃、挥发性有机化合物、环境外来物质等，此外还有大量的病原菌、病毒等。这些物质会对环境和人身安全造成较大的危害。

2．污泥的资源性

随着经济的发展及资源环境的日益紧张，人们越来越意识到，污泥是一种很有利用价值的潜在资源，世界上许多国家都在大力发展污泥处理处置和利用的各种技术。除去 80% 左右的水分之外，污泥固体物质中的有机物在合理处置后可成为资源。

城镇污水处理厂污泥中的有机物是一种十分有效的生物资源，它含有丰富的有益于植物生长的养分（N、P、K 等）和大量的有机物，可以进行有效的利用。污泥进行稳定化、无害化处理后，可以制成颗粒、粉状产品，作为有机土或有机肥料，用于园林绿化；污泥可以作为原料，和水泥厂协同处置；利用污泥中含有的大量有机物，可与煤、生活垃圾、秸秆等混合焚烧进行热力发电等。

对污泥的处理处置，应严格控制有毒有害物质，否则污泥不仅不能"变废为宝"，还会严重污染环境，危害人身健康。

6.2.3　我国污泥处理现状

随着经济的迅速发展，城镇人口的增加，生活污水和工业废水的排放量迅速增多，随之产生的城镇污水处理厂污泥量也迅猛增加。2018 年，城镇污泥产量已达到 6132 万 t（以含水率 80% 计），目前，城市污泥的出路问题十分突出。调研发现，我国污水处理厂所产生的污泥中 80% 没有得到妥善处理，污泥随意堆放及所造成的污染与再污染问题已经凸显，并且引起了社会的关注。

污泥处置问题已经成为影响环境可持续发展的重要问题。"十二五"期间，我国在污泥处置上投资达 347 亿元，污泥的处理处置市场已步入快速发展阶段。与发达国家相比，我国污泥处理技术和实践还有不少差距。

1．污泥稳定化比例不高

通常污水污泥中含有 50% 以上的有机物，极易腐败，并产生恶臭。因此，需要进行稳定化处理。《城镇污水处理厂污染物排放标准》中规定，城镇污水处理厂的污泥应进行稳定化处理，处理后达到表 6-2 所规定的标准。

常用的污泥处理方法主要有浓缩、脱水、消化、发酵、干化等，我国已建成污水处理厂污泥处理流程见表 6-11。

我国已建成污水处理厂污泥处理流程 表 6-11

编号	污泥处理流程
1	浓缩池—最终处置
2	双层沉淀池污泥—最终处置
3	双层沉淀池污泥—干化场—最终处置
4	浓缩池—消化池—湿污泥池—最终处置
5	浓缩池—消化池—机械脱水—最终处置

续表

编号	污泥处理流程
6	浓缩池—湿污泥池—最终处置
7	浓缩池—两级消化池—湿污泥池—最终处置
8	浓缩池—两级消化池—最终处置
9	浓缩池—两级消化池—机械脱水—最终处置
10	初沉池污泥—消化池—干化场—最终处置
11	初沉池污泥—两级消化池—机械脱水—最终处置
12	接触氧化池污泥—干化场—最终处置
13	浓缩池—消化池—干化场—最终处置
14	浓缩池—干化场—最终处置
15	初沉池污泥—浓缩池—两级消化池—机械脱水—最终处置
16	浓缩池—机械脱水—最终处置
17	初沉池污泥—好氧消化—浓缩池—机械脱水—最终处置
18	浓缩池—厌氧消化—浓缩池—机械脱水—最终处置

限于我国经济状况，污泥中有机物含量仍然不高，所以重力浓缩脱水仍将是今后主要的污泥减容手段。我国现有的污泥脱水措施主要是机械脱水，而自然干化场由于受到地区条件的限制很少被采用。

目前常用的污泥稳定方法是厌氧消化，好氧消化和污泥堆肥也被部分采用。污泥堆肥正处于不断研究阶段，而焚烧、热解和化学稳定方法由于技术原因和经济、能耗的原因而采用比例较低。

今后污泥稳定仍将以厌氧消化为主，而污泥好氧堆肥是利用好氧微生物作用进行好氧发酵，将污泥转化为类腐殖质的过程，堆肥后污泥稳定化、无害化程度高，是经济简便、高效低耗的污泥稳定化技术，在我国拥有广阔的应用前景。

2. 污泥标准规范体系缺乏

污泥标准是污泥处理处置的依据和准绳，在推动实现污泥的减量化、稳定化和无害化等环节中发挥着重要作用，近年来，我国在污泥处理处置标准方面开展了一系列的工作，制定了污泥泥质系列标准，包括《城镇污水处理厂污泥泥质》GB 24188—2009、《城镇污水处理厂污泥处置分类》GB/T 23484—2009、《城镇污水处理厂污泥处置 园林绿化用泥质》GB/T 23486—2009、《城镇污水处理厂污泥处置 混合填埋用泥质》GB/T 23485—2009 等，规定了污泥最终处置的泥质要求；《城镇污水处理厂污泥处理技术规程》CJJ 131—2009 规定了污泥处理的设计、施工和运行要求；《城镇污水处理厂污泥处理 稳定标准》CJ/T 510—2017 提出了衡量污泥处理产物稳定的指标体系和评价标准，对于提升污泥处理行业的监管水平具有重要意义。此外，《城市污水处理厂污泥检验方法》CJ/T 221—2005 的修订工作也已开展，借鉴了国内外先进的检测分析技术，使标准更适应于城镇污泥处理处置的发展要求。同时，住房和城乡建设部、生态环境部与国家发改委也从监管职能出发，制定了相关的政策和指南，指导我国污泥处理处置工作的开展。

由于我国污泥处理处置技术体系仅初具雏形，工程运行缺乏诊断和总结，制约了我国标准体系的进一步完善。整体上，我国污泥处理处置标准体系尚不能满足实际工作需要，难以指导设计工作的开展和污泥最终处置的实践，也影响行业产业化的进程，主要体现在以下几个方面：

1）缺少具体实施细则，可操作性较低

欧美、日本等发达国家和地区的政策法规和标准规范一般可操作性较强，纯宏观原则性描述较少。而我国现行的技术政策和标准规范中相当一部分是原则性规定，可操作性较差，难以对污泥的处理处置进行有效指导。事实上，对于污泥土地利用，当环境中（或产品中）某种污染物的浓度（或总量）达到一个被认为是危险的数值时，这种处置或利用应停止；同时应为具体地点的每年和长期施用量设定限值，防止污染物积累并保持土地的肥力和安全。因此，与国外标准相比，现有规定尚不够细致，难以实施和监管。

2）污泥标准体系尚不完善，全面指导性较差

完整的污泥标准体系应包括基础标准（术语、分类等）、通用标准（泥质标准、检验标准、设计运行规程等）和产品标准三个层次。现有的污泥标准多为泥质标准，缺少污泥处理处置设施的设计、建设和运行的规范，对于污泥土地利用、建材利用以及衍生产品的生产，也缺少相应的运行规范产品的环境标准和技术标准。在污泥处理相关技术规程方面，技术和工艺覆盖面较窄。

3）标准间缺乏系统性、协调性

由于污泥标准的制定往往不是一个完整性的体系，致使标准修订不及时，一方面各标准间缺乏协调和统一性，另一方面标准与发展变化较快的污泥行业不相适应，与现阶段实际情况难以衔接，标准的现实指导作用不断弱化。

3．我国污泥处理处置主流技术路线

我国污泥处理处置主流技术路线见表 6-12，具体项目统计等详见表 6-13～表 6-15。

我国污泥处理处置主流技术路线　　　　　　　　表 6-12

技术路线	已解决问题	关键技术成果
厌氧消化＋土地利用	低有机质污泥强化厌氧消化关键技术；基于热水解的污泥高级厌氧消化技术与装备	形成了针对厌氧消化工艺路线的主要技术参数；开发了高含固／协同／基于水热预处理的新型厌氧消化技术和装备；开展了规模化示范
好氧发酵＋土地利用	高温好氧发酵技术智能化控制；辅料调控与臭气二次污染控制	开发智能化控制，实现了关键设备集成；开发了覆盖式高温好氧发酵技术及控制系统，滚筒一体化好氧发酵设备；开展了规模化示范
干化焚烧＋灰渣填埋或建材利用	圆盘／桨叶干化系列装备；流化床焚烧与水泥窑协同焚烧技术与装备	开发了适合我国的大型流化床焚烧及污染控制技术，开发了高效水泥窑协同焚烧技术及装备；进行了规模化示范
深度脱水＋应急填埋	圆盘／桨叶干化系列装备；流化床焚烧与水泥窑协同焚烧技术与装备	开发了新型药剂；世界领先水平的高效低耗深度脱水技术及装备；进行了产业化应用

我国部分污泥厌氧消化设施统计（万 m³/d）　　表 6—13

序号	项目名称	污水规模	序号	项目名称	污水规模	序号	项目名称	污水规模
1	天津东郊	40	20	淄博光大	6	39	张家口宜化排水	12
2	天津纪庄子	54	21	青岛麦岛	14	40	乌鲁木齐河东创威	20
3	北京高碑店	80	22	厦门筼筜	13.4	41	滕州污水处理厂	8
4	太原杨家堡	16.6	23	上海白龙港	200	42	石家庄桥西	16
5	北京小红门	60	24	大连夏家河	600	43	天津北辰	10
6	成都三瓦窑一期	10	25	青岛团岛	10	44	宜昌林溪江	20
7	武汉三金潭	30	26	南昌青山湖	33	45	准格尔旗污泥混合厌氧处理项目（t/d）	30
8	海口白沙门	30	27	西安北石桥	25	46	乌海污泥厌氧处理项目（t/d）	200
9	杭州四堡	60	28	西安第五	20	47	伊旗污泥处理项目（t/d）	50
10	济南水质净化一厂	22	29	烟台套子湾	25	48	宁海县城北污泥处理处置项目（t/d）	75
11	济宁污水处理厂	19	30	上海松江	6.8	49	平顶山污泥处置项目（t/d）	200
12	沈阳北部	40	31	重庆唐家桥	4.8	50	昆明污泥处理项目（t/d）	500
13	石家庄桥东	50	32	青岛海泊河	8	51	天津津南污泥处理厂项目（t/d）	800
14	西安邓家村	16	33	曲阜污水处理厂	4	52	合肥小仓房污水处理厂污泥处置项目（t/d）	200
15	漳州东区	10	34	兖州污水处理厂	4	53	山东唯亿低碳环境园二期（t/d）	200污泥+200餐厨
16	郑州王新庄	40	35	泰安清源水务	6	54	邵阳市启动污泥集中处置工程BOT项目（t/d）	200
17	重庆鸡冠石	60	36	南京江心洲	64	55	北戴河新区污泥处理工程（t/d）	300
18	重庆唐家沱	30	37	无锡卢村	20			
19	兰州雁儿湾	16	38	兰州七里河安宁	20			

我国部分污泥好氧发酵工程统计（t/d）　　　　　　　表 6—14

序号	工程名称	规模（含水率80%）	序号	工程名称	规模（含水率80%）	序号	工程名称	规模（含水率80%）
1	秦皇岛绿港污泥处理工程	200	12	南阳污泥处理处置工程	200	23	包头城市污水处理厂污泥利用工程	300
2	山东安绿能源科技污泥处理处置工程	150	13	哈尔滨污泥集中处置工程	700	24	常熟污泥资源化项目	300
3	洛阳污泥无害化处理改造工程	170	14	娄底市污水处理厂污泥无害化处理与综合利用工程	200	25	武汉污泥处置项目（陈家冲一期）	175
4	长春北郊污泥堆肥处理与制肥工程	400	15	上海松江污泥好氧堆肥工程	120	26	哈尔滨污泥处理厂项目	650
5	上海朱家角脱水污泥应急工程	120	16	山东威海安绿肥业污泥有机肥项目	150	27	青岛小涧西垃圾堆肥改造工程	150
6	唐山西郊污泥好氧发酵工程	400	17	东莞污泥处理处置项目	200	28	长春串湖污泥生物沥淋法干化处理项目	275
7	沈阳振兴污泥好氧发酵工程	1000	18	无锡卢村污水处理厂污泥处理工艺改造项目	220	29	郑州污泥处置利用工程	100/600
8	北京排水集团庞各庄污泥堆肥项目	250	19	天津张贵庄污泥处理处置工程	300	30	贵港市污泥集中处理处置工程项目	100
9	上海青浦区污泥处理处置工程	200	20	新乡污泥处理处置工程	300	31	武汉汉西污水处理厂污泥项目	435
10	寿光污泥堆肥与资源化利用工程	300	21	洛阳污泥无害化资源化工程	228			
11	日照污泥生物处理厂	120	22	内蒙古通辽污泥处置中心项目	150			

我国污泥深度脱水处理工程统计（t/d）　　　　　　　表 6—15

序号	工程名称	规模	序号	工程名称	规模	序号	工程名称	规模
1	襄樊污泥项目	200	3	安徽阜阳颖南污水处理厂污泥深度处理项目	120	5	淮安主城区污泥高干脱水项目	200
2	苏州污泥干化项目	300	4	宿州城南污水处理厂深度脱水工程	100	6	凯里污水处理厂污泥处置工程	100

续表

序号	工程名称	规模	序号	工程名称	规模	序号	工程名称	规模
7	呼和浩特污泥水热干化项目	100	10	六安城北污水处理厂污泥深度处理系统项目	100	13	兰州污水处理厂污泥集中处置工程	400
8	西安第六污水处理厂污泥干化项目	160	11	深圳南山污水处理厂污泥处理系统升级改造工程	400			
9	西安第四污水处理厂污泥深度脱水系统项目	150	12	扬州污泥干化项目	300			

6.2.4 污泥脱水设备

1. 带式压滤脱水机

带式压滤脱水机的脱水原理是，污泥进入带式压滤脱水机中的上下两条呈张紧状态且连续转动的滤带中后，将从一连串规律排列的辊压筒之间呈 S 形穿过，依靠滤带自身的张力来产生对污泥层的压力和剪切力，挤压出污泥层中的毛细结合水，从而获得含固量较高的泥饼，最终实现污泥的脱水过程。

带式压滤脱水机的出泥含水率较低，污泥负荷范围大，且受负荷波动的影响较小，工作稳定，操作便捷，管理控制相对简单，对运转人员的素质要求不高，该工艺易于实现密闭操作，不产生噪声和振动，能耗少，适用于城镇生活污水处理厂和工业废水产生的活性污泥和有机亲水污泥的脱水。早期受到了业内的青睐，国内已建的污水处理厂大多采用带式压滤脱水机。

但是，随着国内污水处理厂污泥中有机质含量的提高，最终出泥含水率要求也越来越低，带式压滤脱水机的处理效果也不再能够满足污泥处理的实际需要，因此，离心脱水机或板框压滤脱水机逐渐取代了带式压滤脱水机在改扩建或新建污水处理厂污泥处理中的地位。

2. 螺旋压榨脱水机

螺旋压榨脱水机的脱水原理是，向圆锥状螺旋轴与圆筒形的外筒形成的滤室里压入污泥，利用螺旋轴上螺旋齿叶从污泥投入侧向排泥侧传送，在沿着泥饼出口方向容积逐渐变小的滤室内使脱水压力连续上升，从而实现对污泥的压榨脱水。

与其他污泥脱水机型相比，螺旋压榨脱水机的能耗和运行成本均较低。由于该机型采用耐磨损、无须保养的不锈钢筛网而非滤布，因此，不易堵塞，不需要频繁更换，易于操作、维护和清洗，不需要在每次运转后清除设备内的饼渣。此外，还有占地面积较小、结构简单、可连续运行、清洗用水少、噪声或振动较少、无臭气外逸等优点，并能通过调节螺旋旋转的速度来调节滤饼的含湿量和处理量。

螺旋压榨脱水机已广泛应用于食品和养殖行业，但用于污泥处理领域却属于新兴技术，目前还没有过多的污泥脱水工程验证，其应用效果还有待进一步考证。

6.2.5　厌氧消化

1. 技术现状

厌氧消化能够同时实现污泥减量化、稳定化和沼气能源回收，被认为是我国污泥处理的主流技术之一。近年来，以污泥厌氧消化效率提升为目标，我国在污泥改性、处理效率和资源化产物品质提高、产物资源化利用等方面进行了诸多有益探索，储备了系列原创技术和引进再创新技术，形成了一批代表性示范工程，为污泥问题的解决提供了必要的技术支撑。其中，污泥新型厌氧消化成为最近几年污泥处理领域内一个鲜明的发展方向，是我国污泥资源化领域公认的极具前景的成果之一。新型厌氧消化技术在长沙、镇江、襄阳、北京等地正在进行工程化应用。但由于兴建时间较晚，除了襄阳工程运行时间历时五年，其余工程运行时间不超过两年。新型厌氧消化工程的长期运行效果和问题尚有待跟踪评估分析。不论是传统厌氧消化技术，还是新型厌氧消化技术，均缺乏预处理、厌氧消化、脱水和后续处置环节的衔接与选型匹配，针对我国泥质的厌氧稳定化工艺运行效果和潜力提升评估、全链条运行经验总结、调控和优化，沼气工程设计和运行的标准化、产品系列化和生产工业化水平有待提高。

2. 存在问题

在国家重大水专项的支持下，经过"十一五"的初步探索，"十二五"的攻关研究，我国已经建设了 50 余座传统厌氧消化（含固率＜5%）工程，但目前稳定运行项目不超过 20 座，造成大部分厌氧消化设施停运的原因：①含砂量高、有机质低的泥质特性导致厌氧消化产气率低、运行效益低；②技术路线的选择和设计不够完善；③缺乏成熟的运行管理经验和系统指导。

针对以上问题，我国在"十二五"期间形成了基于热水解预处理的高含固污泥新型厌氧消化技术、污泥与餐厨协同消化技术等多项关键核心技术，并在国内多地实现工程应用。

总体而言，污泥厌氧消化技术在我国尚处于工程示范阶段，首批示范工程在实际运行过程中凸显大量问题，工程目标的实现水平、设计的合理性和运行效果有待系统评估和优化验证。目前第三方评估内容过于简单，并不能真实全面地反映出示范工程实际运行效果以及存在的问题，缺乏相应的经验和技术参数，许多方面仍处于摸索阶段，存在一些不确定因素。

3. 工程应用

1）北京高碑店污泥新型厌氧消化处理中心

设计总规模 1358 t/d（含水率 80%），主要处置以活性污泥为主的城镇污水处理厂污泥。污泥首先被输送至污泥处置中心的料仓中，在热水解工艺单元运行启动后，污泥经管道被输送至浆化罐中，经预热调理后输入反应罐，反应罐温度通常设定在 165～170℃，经反应 30 min 左右后，在压力差的作用下，污泥打入闪蒸罐中进行闪蒸处理，继而被输送至厌氧消化罐进行厌氧发酵。

污泥热水解技术是国外引进的先进的处理技术，尚缺乏对技术本身处理能力的全面系统评估，热水解工艺单元与厌氧消化单元的衔接、耦合技术的参数控制和工艺调控均缺乏理论和实际工程的系统研究和总结。在实际生产过程中，季节、地区、污水处理工艺等不同因素均会导致泥质变化；工艺运行过程中泥量、药剂和污泥储存时间等均处于不断变化过程，均对污泥热水解和厌氧发酵稳定运行造成不利影响。

2）长沙污泥新型厌氧消化处理工程

该工程由上海同济普兰德生物质能股份有限公司建设，处理规模为500 t/d（含水率80%），项目位于长沙市黑麋峰垃圾填埋场。核心工艺采用我国"十二五"水专项标志性成果——"热水解＋污泥消化"工艺，消化污泥采用"脱水＋热干化处理"工艺。污泥中的有机质经过厌氧消化产生了生物能源，残余物可以作为肥料或填埋场作业覆土，最终达到污泥的减量化、稳定化、无害化、资源化。此项目被列为国家发改委和住建部污泥处理新技术示范工程，其核心技术是"基于污泥改性预处理的新型厌氧消化先进技术"，通过该项技术处理，污泥通过热水解预处理得到调理，并实现高含固厌氧消化。

3）上海白龙港污泥厌氧消化处理工程

工程设计污泥处理规模为1020 t/d（含水率80%），采用一级中温厌氧消化，厌氧消化设计温度为35℃。近期污泥卵形消化池共设8座，并联运行，单池容积约12400 m³，池体最大直径为25 m。污泥搅拌采用螺旋桨搅拌，并采用导流筒导流。沼气处理采用湿式脱硫和干式脱硫串联形式，系统产生的沼气经脱硫后一部分进入热水锅炉房，对消化生污泥进行池外加热，多余沼气进入干化处理系统，为污泥干化提供热能。

4）镇江餐厨废弃物及生活污泥协同处理工程

项目建设规模为260 t/d，其中餐厨废弃物140 t/d（含废弃油脂20 t/d），生活污泥120 t/d。项目选址于京口污水处理厂污泥处理处置预留用地，占地45亩，建设投资1.59亿元。项目采用了"餐厨预处理＋污泥热水解＋高含固／协同厌氧消化＋沼渣深度脱水干化土地利用＋沼气净化提纯制天然气"的组合处理工艺。该项目是国内首个采用城市污水处理厂污泥和餐厨协同处理并已成功运行的项目，2016年6月进泥调试，目前已正常稳定运行四年多。运行结果表明，该系统运行效果良好，VS平均降解率可达53.5%，沼气产率约0.45 m/kgVS投加，即0.84 m/kgVS去除。

6.2.6 好氧消化

好氧消化基于微生物的内源呼吸原理，污泥系统中的基质浓度很低时，微生物将会消耗自身原生质以获取维持自身生存的能量。消化过程中，细胞组织将被氧化或分解成二氧化碳、水、NH_3-N、硝态氮等小分子产物，从而成为液相和气相物质。好氧氧化分解过程是一个放热反应，在工艺运行中会产生并释放出热量。尽管消化反应在理论上已经终止，氧化的细胞组织实际上仅有75%～80%，剩下20%～25%的细胞组织由惰性物质和不可生物降解有机物组成。消化反应完成后，剩余产物的能力水平极低，生物学上非常稳定，适于各种最终处置途径。

与厌氧消化相比，好氧消化的目标是，通过对可生物降解有机物的氧化产生稳定的产物，减少质量和体积，减少病原菌，改善污泥特性，以利于进一步处理。好氧消化通常用于处理能力为中小型的污水处理厂，而且通常将初沉污泥与二沉污泥进行混合消化，这时的氧需求量大于对单独的生物污泥进行处理。

消化池宜设置格栅和撇渣设备，进水不宜含有过高的无机物，并宜经过磨碎，以防止杂物对曝气设备的堵塞，即使如此，曝气设施仍然需充分考虑，防止油脂的浮渣等在消化池表面积累。

好氧消化池中DO浓度不应低于2 mg/L，可采用敞口式，寒冷地区应采用保温措施。根据环境影响评价报告要求，采取相应的加盖或除臭等措施，满足环境要求。

美国、日本、加拿大等国，目前都有不少中小型污水处理厂运用好氧消化技术，特别是丹麦大约有 40% 的污泥使用好氧消化法进行稳定化处理。

污泥好氧消化的优点：产生的最终产物在生物学上较稳定；稳定后的产物没有气味；反应速率快，构筑物结构简单，基建费用比厌氧消化池低；对于生物污泥，好氧消化所能达到的挥发性固体去除率与厌氧消化大体相同；与厌氧消化相比，好氧消化上清液中的 BOD_5 浓度低，一般为 50 ~ 500 mg/L，厌氧消化高达 500 ~ 3000 mg/L；与厌氧消化相比，好氧消化的污泥肥料价值高；运行简单，操作方便；运行稳定，对毒性不敏感；环境卫生条件好。

污泥好氧消化的缺点：由于供氧需要动力，好氧消化池的运行费用较高，这一点在大型污水处理厂更为显著；固体去除率随温度的波动而变化，冬季效率较低；好氧消化后的重力浓缩，通常使上清液中固体浓度较高；某些经过好氧消化的污泥，明显不容易用真空过滤脱水；不会产生有价值的产物，如甲烷。

6.2.7 碱法稳定

各种化学药剂在污泥处置中的应用已有多年，污水污泥处置通常使用的化学药剂见表 6-16，其中，石灰和氯是最为广泛研究和使用的主要药剂。氯是一种强氧化剂，可灭活和消灭致病微生物，使用成本较高，安全方面需要足够的重视。石灰的处理效果不如氯，但安全、经济且使用方便。

污水污泥处置所使用的化学药剂 表 6-16

序号	化学药剂	分子式	主要应用
1	生石灰	CaO	调节 pH 值、臭味控制、巴氏杀菌、消毒、稳定、调质
2	熟石灰	Ca(OH)$_2$	调节 pH 值、稳定、调质
3	白云石灰	CaO·MgO	臭味和 pH 值控制
4	高锰酸钾	K$_2$MnO$_4$	臭味控制
5	三氯化铁	FeCl$_3$	臭味控制、调质
6	硫酸铁	Fe$_2$(SO$_4$)$_3$	调质、混凝
7	硫酸铝	Al$_2$(SO$_4$)$_3$·18H$_2$O	调质、混凝
8	臭氧	O$_3$	消毒
9	氯气	Cl$_2$	消毒
10	次氯酸钠	NaClO	臭味控制中的氧化剂
11	硫酸或磷酸	H$_2$SO$_4$/H$_3$PO$_4$	臭味控制中的 pH 值调节
12	高分子絮凝剂	复杂的有机组成	调质

在污水污泥的各种稳定化技术中，碱法稳定化有助于实现污泥的资源化。在碱法稳定化应

用方面，国内外的许多污水处理厂主要使用石灰和含石灰的物料来作为处理药剂，除了石灰之外，水泥窑灰（CKD）和石灰窑灰（LKD）、燃烧木材和石油燃料的飞灰、烟道气脱硫副产物和饮用水处理的污泥等其他物料也开始应用于污水污泥的稳定化、资源化处理。

近年来，随着工艺的改进，碱法稳定技术得到了发展，包括碱性药剂的多样性和设备性能方面的提高，这些使得最终产品在许多方面得以使用。主要资源化应用有有机肥料或土壤改良剂；农用石灰化学药剂；结构填充材料；垃圾填埋场的日常使用和最后覆盖物；腐蚀控制或坡度稳定。

碱法稳定方案的选择取决于许多经济和市场因素，但其产物必须符合最终使用的要求。对各种性质的污泥，碱法稳定都是一种有效处理工艺。根据最终的使用要求，经过化学处理的污泥必须是稳定、无害、无传染物质、没有臭味、在物理和化学方面适宜的。

在碱法稳定设施设计中，应重点考虑 pH、接触时间和碱性物料剂量三个因素，具体数值则应根据不同的污泥进行试验后确定。由于在碱法处理过程中反应的复杂性，设计中应进行三个参数的试验，实际工作与经验数值差距太大时，尤其应进行试验。

为了保证足够的碱度和杀死病原菌，必须保持 pH 值在 12 以上 2 h，pH 值在 11 水平维持几天，防止二次发生腐败现象。为此，对碱性物料剂量的控制非常重要。碱性物料的剂量取决于污泥的种类。

（1）若碱性物料采用石灰，对于 3%～6% 含固率的初沉污泥，其初始 pH 值大约为 6.7，为使其 pH 值达到 12.7 左右，$Ca(OH)_2$ 的平均量应为干固体的 12%。

（2）对于剩余污泥，固体含量在 1%～1.5%，起始 pH 值约为 7.1，投加 $Ca(OH)_2$ 量为干固体的 30%，可使 pH 值达 12.6。

（3）对于经厌氧消化的混合污泥，含固率为 6%～7%，起始 pH 值为 7.2，投加 $Ca(OH)_2$ 量为干固体的 19%，可使 pH 值达到 12.4。

6.2.8　污泥干化

污泥干化技术是污泥进行焚烧或综合利用的前处理工艺，可以实现污泥的大幅减量化，并提高污泥热值，同时杀死微生物及病原体等危害成分，为资源利用创造条件。污泥干化技术包括传统的热力干化技术和新兴的水热干化技术等工艺。

污泥通过热力干化处理，含水率从 80% 降至 50% 时，体积将减少 60%，而污泥含水率越低，热值相对越高，越适于作为固体燃料进行焚烧。干化消耗热量，但同时也产生废热，在寒冷地区或有污泥厌氧消化的项目上，回收干化废热，可使污泥干化项目具有更好的经济效益。

当前，热力干化技术比较成熟，主要是通过对污泥进行加热，将污泥中的水分蒸发出来并带走，从而达到干化污泥的目的。热源可以来源于化石类燃料，也可以来自工业的余热、废热，其形式可以是烟气、蒸汽、导热油等多种。

应用较为广泛的干化技术主要有转鼓干化技术、桨叶式干化技术、盘式干化技术、带式干化技术和流化床干化技术等。已在国内实施的进口工艺案例有：上海石洞口污泥处置项目、天津市成阳路污泥处理工程项目、北京市清河污水处理厂污泥干化工程等；国外已实施案例达数百个，其中数量最多的为转鼓、涡轮薄层、转盘工艺等，装机量均超过百台套。

干化主流工艺一般以传导、对流为手段，工艺之间相差较大，根据边际条件（如热能类型、温度、项目规模等）的不同又使得不同工艺在实施的处理效果差异较大。江阴市长泾镇康源印染有限公司、江阴康顺热电厂采用多级低温转鼓工艺，日处理印染污泥约 100 t；低温带式工艺有多个国外案例，但日处理量均不超过 50 t。直接干化工艺适合于非含硫燃料的废热烟气利用，转鼓干燥机本质上适合采用更高的烟气温度。

此外，国外还有诸如微波、红外、气流、太阳能等干化技术，国内已有转鼓、空心转盘、空心桨叶等多种工艺。

一种适合的污泥干化工艺的选择，需要综合考虑其发展成熟程度、技术先进性、运行稳定性、可靠性、热效率损失以及维护操作的简便性、友好性等。目前，国内应用最多的是间接加热干化，该技术能有效防止加热介质被污染，有利于加热介质的循环再利用，其中桨叶式干化技术应用较为广泛，上海竹园污泥处理处置项目、温州污泥集中干化焚烧工程等都采用了桨叶式干燥机进行干化，涡轮薄层式干化技术、流化床干化技术在国内也有成功应用。上海石洞口污泥处置项目采用循环流化床锅炉和配套的污泥全干化设施，利用焚烧炉的烟气换热导热油进行干化。

污泥干燥还分为半干化工艺和全干化工艺，其区别在于干燥产品最终的含水率不同。根据污泥处理的最终目的不同，可以选择不同的干化工艺。由于全干化的单位蒸发量热能能耗高于半干化，因此，目前世界上在干化焚烧工艺中多采用半干化工艺和焚烧。

6.2.9　我国污泥处置现状

1. 污泥处置概况

早期的污水处理厂，由于污泥排放监管不严格，普遍将污水和污泥处理单元剥离开来，片面追求污水处理率，污泥处理处置则尽可能简化甚至忽略，或者长期将污泥处理设施闲置，没有得到处理的湿污泥随意外运，简单填埋或堆放，给生态环境带来隐患。只有部分经济条件较好的城市建设了独立的、永久性城镇污泥处理处置设施。更多的处置方式为填埋和与城市热电厂混烧。

近年来，随着我国政府不断加强环境保护的力度，城市污水处理率不断提高，但污泥的生产量也在迅速增加，随之而产生的污泥对环境造成二次污染的威胁也日益加剧。我国在城镇污水处理方面，通过引进、消化、改进国外先进技术，已经建立了较为完善的城镇污水处理系统，污水的处理效果已经接近国际先进水平。然而，在污泥处理方面，由于现有的国外污泥处理和处置方法并不完全适合于我国国情，因此，没有成熟有效的污泥处理技术可以借鉴，从而使我国在对城市污泥的最终处置方面进展缓慢，远远滞后于污水处理技术的发展。

2. 污泥填埋

许多污水处理厂的污泥经过简单的浓缩脱水后外运处置，污泥的最终去向交代不清，即使采用污泥浓缩脱水后送往垃圾填埋场填埋的污水污泥，也存在许多问题，由于脱水污泥的含水率仍然相当高，容易造成填埋作业困难。

目前，我国对于城市污泥的处置仍然主要采用填埋的处置方法。在城市污水处理厂开始运营的初期，一般都考虑将污泥与城市生活垃圾一起填埋。实践证明，城市污泥不符合国家关于垃圾或固体废弃物卫生填埋的技术规范要求，污泥与城市生活垃圾一起填埋最终是不可行的，因此必须寻找污泥的临时填埋场所。我国许多污泥填埋场所，不仅占用大量的土地资源，而且由于缺乏必要的环境保护措施和严格的管理制度，对周边的生态环境产生严重的影响，特别是污泥中的污水下渗进入地下水，引起地下水污染，对地下水资源造成无法估量的危害。

污泥填埋在我国占据了相当大的比例，一种是自然堆放，另一种就是与垃圾混合填埋。由于我国多数填埋场的作业面积较大，经过露天雨淋过滤后，没有稳定和无害化处理的污泥很快恢复原形，对填埋场地的正常作业和安全构成严重的危害；有的填埋场，名义上为污泥填埋，实际为露天堆场，这种不规范的污泥填埋给环境带来巨大的潜在危害。没有填埋条件的地方，进行无组织填埋，存在极大的环境风险，污染物质一旦下渗进入地下水系统，造成地下水污染，则极难治理恢复，且其污染是持久的。

即使少数较为规范的填埋场，由于接收了处理程度不到位的污泥，污泥含水率过高，影响填埋场的碾压作业和压实效果，往往造成填埋场渗滤系统严重堵塞，影响填埋场的运行，严重污染附近的地下水。另外，处理不达要求的污泥和垃圾混合填埋时，由于污泥含水率过高，一般需要添加干物质，污泥量增加，占用垃圾场的容积资源，降低填埋场的使用年限，使得不少垃圾填埋场的寿命大大缩短，给城市垃圾的处置带来麻烦。与垃圾单独处理处置相比，从社会成本来看，是不经济的。

每天大量的污水处理厂污泥运往垃圾填埋场填埋，既占用了有限的垃圾填埋场容量，又增加了污水处理厂的运输费用，污水处理厂污泥长期填埋存在以下较为突出的问题：

1）有限的填埋容量与不断增加的污泥量之间的矛盾日益突出。

2）含水率较高的污泥填埋，增加了填埋场渗滤液处理站的负担。

3）污泥的高黏度使垃圾压实机经常打滑或深陷其中，给垃圾填埋操作带来麻烦。

4）原生污泥中含有大量有毒有害物质，未经无害化、稳定化处理而直接填埋会给环境卫生和人体健康带来不利影响。

3．污泥农用

由于大多数城市污水中混有居民生活、医疗、工业等多种来源、种类繁多的污染物，在污水处理过程中，大部分污染物转移到污泥中，使污泥中可能含有大量病原体，以及铬、汞、镉、砷等重金属和多氯联苯、二噁英等难降解的有毒有害物质，污泥直接农用，有可能造成农产品安全隐患。

污泥中含有大量的有机物和营养物质，污泥无害化、稳定化处理或堆肥之后进行农用是一种可行的途径，但由于管理部门之间缺乏密切的联系和沟通，以及实际运行中存在的一系列问题，污泥的农用往往难以落实。

由于我国城市污水处理多施行生活污水和工业废水合并处理的原则，污泥中富集了大量有毒有害物质和重金属元素，难以符合土地利用的技术标准，加上污泥中的大量病原菌和寄生虫（卵）等转移到农田和作物上，不仅对土壤造成污染和影响作物生长，最终影响人体健康，而且因蚊蝇聚集造成环境卫生方面的危害。因此，污泥的土地利用在我国受到限制。

4．污泥焚烧

针对城镇污泥填埋处理存在的众多弊端，污泥用于农业又因污染土壤和作物而被限制，国内有单位尝试引进污泥焚烧处理技术。污泥焚烧法是将经过机械脱水，含水率为 70%～80% 的污泥在添加如煤、天然气、重油等辅助燃料的条件下进行直接焚烧，或者先对污泥进行干化，将污泥的含水率降至 65% 以下再实施焚烧。

由于至今我国还没有自主研发的污泥焚烧技术，只能向国外购买成套设备，一台从欧洲进口的污泥焚烧设备，需要数千万元人民币，而且每天每台的污泥焚烧量有限，处理费用根据上海引进设备的实际运行测算，每吨污泥的处理成本至少在 500 元。

尽管污泥焚烧产生的排放物只有烟气和灰渣，但在排出的烟气中检测到二噁英类有毒气体，排放的二噁英类气体需要进行二次处理，使运行成本进一步提高。根据现有的经济实力和科技水平，全面采用焚烧方法处理城市污泥是不现实的。

近年来，国内有些地方采用向炉膛直接喷烧湿污泥的方法，实践已表明，这种方法不仅对锅炉燃烧效率和设备有严重的负面影响，给安全生产带来隐患，而且不但不能满足处理大量污泥的要求，反而给大气环境带来严重的危害，因此也是不可行的。

我国的城市污泥不仅体积和数量大，而且成分复杂，采用国外现有的污泥处理和处置方法并不能有效彻底地解决污泥二次污染问题，因此，如何从我国的实际情况出发，开辟符合我国国情的污泥无害化、减量化、资源化处理新途径，是需要努力的目标。

5．污泥处置应用

采用何种处理方法，与污泥的最终处置方式有关，所采用的处理方法应有利于污泥的最终处置。污泥处置方式主要有填埋、焚烧、建材利用和土地利用，各种处置方式的特点见表 6-17。我国污泥干化焚烧工程项目具体见表 6-18。

各种污泥处置方式特点汇总　　　　　　　　　　　　　　　表 6-17

处置方式	优点	缺点	适用性
填埋	工艺和设备简单，操作简便，投资省，运行费用低	减量化效果差，占地面积大，防渗要求高，对地下水有潜在污染风险	适用于资金短缺而土地资源相对宽裕的地区
焚烧	减量化、无害化彻底，产生的热量可回收利用	设备要求高，需干化，能耗高，产生的烟气和飞灰需净化处理，运行费用高，营养元素无法再利用	有机质含量和低位热值较高的污泥，宜与垃圾焚烧厂、发电厂协调焚烧
建材利用	可利用污泥中无机成分，如，硅、钙等。	需除臭和对产生的烟气和飞灰进行处理，营养元素无法再利用。	适用于有水泥生产的地方，与水泥窑协调处理。
土地利用	工艺和设备简单，操作简便，投资省，可利用污泥中的有机物质	需进行无害化处理并防止污水臭气造成二次污染，对其中的重金属等有害成分要求较严	适用于以生活污水为主，重金属等有害成分含量满足国家、地方及行业相关标准要求的污泥

我国污泥干化焚烧工程项目（t/d）　　表 6-18

序号	工程名称	规模	序号	工程名称	规模	序号	工程名称	规模
1	上海石洞口污泥干化焚烧	172	9	嘉兴热电厂干化＋热电厂协同焚烧	200	17	无锡惠联污泥项目	200
2	北京清河污泥干化	400	10	苏州工业园区干化＋热电厂协同焚烧	300	18	佛山南海区污泥处理项目	300
3	广州越堡水泥污泥焚烧项目	600	11	成都第一污泥干化焚烧	400	19	杭州七格污泥干化焚烧	100
4	北京水泥厂	500	12	上海白龙港污泥干化	360	20	成都排水污泥干化焚烧项目	400
5	重庆唐家沱污泥项目	240	13	无锡高新区梅村污泥项目	200	21	上海竹园桨叶式干化＋流化床	750
6	萧山污泥喷雾干化＋焚烧	300	14	无锡锡山区污泥项目	150	22	石家庄污泥集中处置中心干化焚烧	600
7	深圳南山污泥干化＋电厂焚烧	400	15	无锡惠联污泥自持焚烧项目	260	23	温州桨叶式干化＋流化床	240
8	嘉兴新嘉爱斯干化＋热电厂协同焚烧	900	16	无锡高新区新城污泥项目	100	24	深圳上洋二段式干化＋流化床	800

6.2.10 发达国家污泥处置现状

20 世纪 60 年代开始，发达国家就对大量产生的城市污泥进行了有关安全处理和处置方面的研究，根据各国自身的实际情况，通过不断的工程实践，逐步建立了相应的污泥处理和处置方法，归纳起来主要有四种方法，即填埋、土地利用、焚烧和投海。

1. 污泥卫生填埋

污泥的卫生填埋始于 20 世纪 60 年代，是在传统填埋的基础上从保护环境的角度出发，经过科学选址和必要的场地防护处理，具有严格管理制度的环境工程方法。污泥填埋主要存在污染地下水环境风险和用地紧张两大问题，长期来看不可能持续。

在对污泥进行卫生填埋时，除了要考虑城市周围是否有适宜污泥填埋空间外，建设污泥卫生填埋场如同建设生活垃圾卫生填埋场一样，地址需选择在地基渗透系数低且地下水位不高的区域，填坑铺设性能好的材料，如用高密度聚乙烯为防渗层，以避免对地下水源及土壤的二次污染。污泥卫生填埋场还应设渗滤液的收集及净化设施。

美国规定了污泥填埋场人工防渗层的渗透系数，要求小于 1×10^{-12} m/s，并规定污泥填埋场地下水中氮的浓度不得超过 10 mg/L，污泥填埋场渗滤水的排放限制与相应的点源污水排放要求相同。欧盟国家除了对污泥填埋场人工防渗层渗透系数要求与美国相同外，还对土质隔水层厚度提出至少 1 m（渗透系数小于 1×10^{-9} m/s）的限制要求。

由于污泥卫生填埋不能最终避免环境污染，2000 年后，欧洲卫生填埋在污泥处置中所占的比例迅速减少，至 2005 年，降低到 10% 左右。2000 年起，德国要求填埋污泥的有机物含量小于 5%；自 1996 年 10 月开始，英国通过征收一定的税收，对污泥陆地填埋处理加以限制。美国许多地区基本已经禁止污泥填埋，据美国 EPA 估计，今后几十年内，美国已有的 6500 个污泥填埋场中 5000 个将被关闭。

2. 污泥的土地利用

污泥的土地利用主要包括：污泥农用、污泥用于森林与园艺、废弃矿场场地的改良等。城市污水处理厂污泥中含有丰富的有机物和一定量的氮、磷、钾等营养元素，施用于农田有增加土壤肥力、促进作物生长的效果。

虽然污泥的土地利用具有能耗低、可以利用污泥中养分等特点，但是污泥中含有大量的病原菌、寄生虫（卵）以及多氯联苯等难降解的有毒有害物质。特别是污泥中所含有的重金属限制了土壤对污泥利用的适应性，根据以往的研究，从废水中去除 1mg/L 的重金属，就会在污泥中产生 1000mg/L 的重金属，因此，几乎所有从污泥处理厂产生的污泥都含有大量的重金属，如镉、铅、锌等，它们会在土壤中富集，并通过作物的吸收进入食物链。

如果城市污水中工业废水的比例逐渐增加，污泥中的重金属和有毒物质及持久性有机污染物也会逐渐增加，污泥农田利用的可行性变得越来越小，即使用于园林绿化，也会给环境带来潜在的危害。

一般而言，污泥在土地利用以前，必须经过无毒无害化处理，如果是生活污水处理后产生的污泥，经过高温堆肥和生化处理，可以进行土地利用，否则，污泥中的有毒有害物质会导致土壤或水体污染。

欧美国家根据各自具体的情况，分别制定了污泥土地利用的技术标准。欧盟以植物吸收、土壤风蚀和渗漏作用而去除的最小重金属含量作为污泥中重金属的限制标准，保证施用过污泥的土地中重金属含量不超过土壤背景值，并以此限定出欧盟农用标准。

欧洲各国参考欧盟的这个污泥农用标准，各自制定了本国污泥土地利用的相关法规，瑞典、丹麦、挪威等北欧国家，制定了比欧盟农用标准更严格的标准。

英国根据污泥土地利用可能对土壤植物和生物产生的负面影响，通过设置一个安全系数，制定污泥中重金属的土地利用限制标准，并对污泥土地适用范围在标准中做出具体规定。

表 6-19 给出了欧洲国家或地区和中国污泥土地利用的使用量限制。

欧洲国家或地区和中国污泥土地利用标准（最大施用量）　　　　　表 6-19

国家或地区	重金属（mg/kg）							
	Cd	Cu	Cr	Ni	Pb	Zn	Hg	As
欧盟	1～3	50～140	100～150	30～75	50～300	150～300	1～1.5	
法国	2	100	150	50	100	300	1	
德国	1.5	60	100	50	100	200	1	
意大利	3	100	150	50	100	300		
西班牙	1	50	100	30	50	150	1	

续表

国家或地区	重金属（mg/kg）							
	Cd	Cu	Cr	Ni	Pb	Zn	Hg	As
英国	3	135	400	75	300	200	1	50
丹麦	0.5	40	30	15	40	100	0.5	
芬兰	0.5	100	200	60	60	150	0.2	
挪威	1	50	100	30	50	150	1	
瑞典	0.5	40	30	25	40	100	0.5	
中国	5/20	250/500	600/1000	100/200	300/1000	500/1000	5/15	75/75

注："/"前适用于 pH ＜ 6.5 的土壤；"/"后适用于 pH ≥ 6.5 的土壤。

美国联邦政府对城市污泥的土地利用有严格的规定，在《有机固体废弃物（污泥部分）处置规定》中，将污泥分为 A 和 B 两大类：经脱水和高温堆肥无菌化处理后，各项有毒有害物指标达到环境允许标准的为 A 类污泥，可作为肥料、园林植土、生活垃圾填埋坑覆盖土等；经脱水或部分脱水简单处理的为 B 类污泥，只能作为林业用土，不能直接用于粮食作物的耕地。

3．污泥焚烧

污泥焚烧是指在大于 600℃的温度下，使污泥中的有机组分全部碳化生成稳定的无机物。污泥中含有大量的有机物和一定量的纤维素、木质素，污泥焚烧后的残渣无菌、无臭，体积可减少 60% 以上，可以最大限度地减少污泥体积。

污泥焚烧一般可两种情况：一是脱水污泥直接用焚烧炉焚烧；二是脱水污泥先干化再焚烧。如果将脱水污泥直接焚烧，由于污泥含水率较高，焚烧时消耗的能源较高，因此国外污泥焚烧前一般要进行干化预处理。

自 1962 年联邦德国率先建设并开始运行第一座污泥焚烧厂以来的 50 多年中，污泥焚烧处理技术在西欧和日本等国得到较快推广，这些国家采用焚烧方法处理污泥的比例较高。

污泥通过焚烧，减容减量化程度很高，在所有的污泥处理和处置方法中，焚烧方法产生的剩余物最少。但是，由于污泥焚烧设备的一次性投资巨大，能耗和运行费均很高，一般污泥焚烧处理的费用在 500 元 /t 以上。

另外，污泥直接焚烧，操作管理复杂，可能产生废气、噪声振动、热和辐射等污染，特别是在不充分燃烧时会产生二噁英等有害气体，在大气污染控制方面存在一定的技术难度，因此，采用污泥焚烧处理处置污泥的方式受到一定的制约。

4．污泥投海

沿海城市或有通往海洋航道的城市，会采用污泥投海的方法。但是，随着生态环保意识的加强，人们越来越关注污泥中富集的有毒有害物质会对投海区域造成污染，影响海洋生态环境，因而，污泥投海受到公众舆论的批评和国际环保组织的禁令。

1988 年，美国已禁止海洋倾倒；1998 年，欧盟颁布的城市废水处理法令中，禁止其成员国向海洋倾倒污泥。因此，污泥投海方法基本已被禁止。

污泥处理与处置的目的与其他废弃物的处理与处置一样，都是以减量化、资源化、无害化为原则。农用和焚烧是污泥处置的几种主要方法，近年来污泥的干化焚烧及农用制肥技术已经成为处理污泥的主流（表 6-20），越来越受到重视。

各国污泥处置方式所占比例（%）　　　　　　　　表 6-20

污泥处置方式	美国	日本	丹麦	英国	比利时	意大利	德国	瑞士	荷兰	西班牙	奥地利	卢森堡	爱尔兰	葡萄牙	希腊	法国	瑞典	平均值
填埋	21	35	29	16	43	55	65	30	26	10	35	20	34	12	90	53	40	36.3
焚烧	3	55	28	5		11	10	20	10		37					20		11.7
农用	45	9	43	51	57	34	25	50	56	61	28	80	23	80	10	27	60	43.3
海洋	30			28					8	29			43	8				8.6

6.2.11　污泥填埋问题

1. 污泥的土力学稳定性和填埋面积容量

因为污泥缺乏填埋处置所需要的土力学稳定性，污泥单独填埋时，必须采用特殊的技术措施，保证土力学稳定性差的污泥填埋体有足够的堆体稳定性。污泥单独填埋的单位面积土地的污泥容量最大仅为 $2.8\,m^3/m^2$，城市生活垃圾填埋面积容量可以大于 $10\,m^3/m^2$，对于山谷型填埋甚至可高达 $50\,m^3/m^2$。

通过提供对污泥堆体的侧向保护，使污泥填埋达到土力学稳定的要求，以牺牲面积容量为代价。掩埋式污泥填埋，采用两个方面的措施保证填埋堆体的稳定性：一是使污泥与泥土混合，提高混合物的土力学稳定性；二是控制污泥（与泥土混合物）层的填埋厚度，以施加上、下限制面的方式，提高堆体的稳定性。以增加填埋用污泥量的方式来实现稳定，覆盖与混合用土合计为污泥体积的 1～3 倍；其次，泥土也占用了填埋容量，限制了面积容量的进一步提高；最后，在采取了这些措施后，为了堆体滑移防护，填埋体的垂直深度一般不能超过 9 m，这也限制了此填埋方式面积容量。堤坝式污泥单独填埋方式填埋面积容量在各种污泥专用填埋方式中是最高的。

提高污泥土力学稳定性，减少污泥填埋的用土量，提高填埋面积容量的有效方法是降低污泥的含水率。一般认为，当污泥含水小于等于 50% 时，污泥的土力学稳定性可以满足填埋要求。

2. 污泥与城市生活垃圾混合填埋的优劣势

城市生活垃圾堆体的土力学稳定性优于脱水污泥，污泥的颗粒度明显小于城市生活垃圾，两者混合时的混合物体积会小于两者分离时的体积，因此，污泥与城市生活垃圾混合填埋是改善污泥填埋的稳定性与容积问题的有效途径。污泥与城市生活垃圾混合填埋有多种实施工艺。

1）当填埋的污泥固体量（与垃圾相比）很少（＜3%），城市垃圾含水率低于30%时，可以采用浓缩污泥分层浇注与垃圾混合填埋工艺。此时，填埋无须混合操作，运行简便。污泥中的微生物还能加快填埋垃圾稳定化过程（产气量增加，沉降率提高）；可用污泥填埋容量小，填埋渗滤液的产量也会增加，对渗滤液处理的压力会增加。

2）脱水污泥预混合，与城市垃圾混合填埋。污泥在专用场地与生活垃圾进行预混合后（机械一般选用前端装载机），才能进入填埋单元填埋。操作上较复杂，但可用污泥填埋容量增加，有加速垃圾稳定化的作用，产生的渗滤液小于浓缩污泥混合填埋。

3）污泥与泥土的预混合，混合物含水率应小于50%，污泥与垃圾分层混合填埋。能有效减少覆盖层的臭气散发对填埋操作的不利影响，同时控制污泥有机物代谢带来的结构不稳定因素对覆盖层质量的影响。这是一种操作运行更复杂的污泥混合填埋工艺，但有节约土地资源、减少混合填埋对渗滤液处理影响的效益。

3. 污泥填埋的环境影响控制

污泥填埋的环境影响除了占用土地空间外，主要是其填埋衍生物流、填埋气体和滤液释放对环境的影响。

污泥填埋气体的组成与生活垃圾填埋气体接近，但其有效的面积产气率比典型的生活垃圾填埋场低得多；加之，污泥填埋层颗粒致密、空隙率小，气体收集井的服务半径十分有限，因此，专用污泥填埋场气体一般不会主动收集利用，多采用被动气体排放的方法，以安全为目标，对气体进行控制。

污泥与垃圾混合填埋可加速填埋气体的产生，有提高填埋气体能量利用价值的可能。填埋气体有组织排放与收集的要点是覆盖与导气通道。

污泥有机物属中等腐化程度物质，比生活垃圾中的新鲜有机物质释放可溶性有机污染物的容量要小；污泥单独填埋时，填埋体内混入大量的泥土，它们的吸附容量使污染物的释放率减少。因此，污泥填埋渗滤液的有机污染物（COD、BOD_5、NH_3-N 等）比生活垃圾填埋要低得多。

渗滤液环境影响的控制包括渗透（漏）控制与导排处理两个方面。污泥填埋场底部应满足防渗要求，可以考虑自然土层防渗，也可以选择采用人工（以 HDPE 膜为技术主流）防渗方法。人工防渗层至少由上、下保护层和不透水膜三层组成；各类防渗层上均应设置渗滤液收集层，由疏水反渗层、导流层（中间设引流管网）组成。

由导流层收集的渗滤液应进行净化处理，按当地点源污水的排放控制要求排入水体。尽管污泥单独填埋场渗滤液的主要污染物浓度比生活垃圾填埋场低，但其处理难度较大，处理的成本也高。

4. 污泥填埋的经济问题

污泥填埋长期以来因其成本较低而成为最主要的污泥处置方式，但近十年来，发达国家从环境安全与土地空间保护的角度，对污泥填埋提出了更高的管理要求，包括选址、操作工艺和污染物处理标准等。这些已使污泥填埋成本有了显著的上升，超过了污泥土地利用（包括施用前的消化稳定等预处理），并已达到污泥焚烧成本的 1/2 左右。

6.2.12　污泥农业利用

世界公众的认识和法规的要求，将使污泥的填埋处置方式逐渐减少，而海洋排放几乎在所有国家都已经禁止。未来的污泥处置趋势将是焚烧以及其他形式的热处理和在许多国家进行的农业利用。

1. 土地利用的风险

污泥中除含有植物所需的营养元素外，还含有许多有害物质（盐分、重金属、有毒有机物等），这些物质随污泥的土地施用进入土壤中，可能会对土壤－植物系统、地表水、地下水系统产生影响，造成环境与人类健康风险。一般认为，污泥土地施用可引起以下五种风险：

1）重金属

由于迁移性较差，污泥中重金属大部分会在土壤表层累积。其中一部分重金属（如 Zn、Cu）仅在较高浓度条件下才对植物有毒，其他重金属（如 Hg、Cd、Pb）甚至在很低的浓度条件下也会表现出毒害影响；另有极少的重金属随雨水淋溶或自行迁移到土壤深层，对表层地下水系统产生影响。

污泥中重金属对人体健康的危害主要来自其进入土壤－植物生态体系后被植物吸收，体内富集，通过食物链进入体内的过程。其中对人体健康危害大的 Hg、Cd、Cr 等风险度最高。

2）N、P

污泥中含有的大量 N、P 营养元素，如不能被植物及时吸收，会随雨水径流进入地表水，造成水体的富营养化；进入地下水，引起地下水的硝酸盐污染。

3）盐分

部分含盐量高的污泥会明显提高土壤的电导率，过高的盐分会破坏养分之间的平衡，抑制植物对养分的吸收，甚至会对植物根系造成直接伤害。

4）病原菌

未经处理的污泥中含有较多的病原微生物和寄生虫卵，在污泥的土地施用过程中，它们可通过各种途径传播，污染空气、土壤、水源，也可能在一定程度上加速植物病害的传播。

5）有机污染物

某些工业废水中可能含有的聚氯二酚、多环芳烃等有毒有机物，在污水和污泥的处理过程中，这些物质会得到一定程度的降解，但一般难以完全去除，污泥施用时需考虑其可能产生的危害。

在上述各风险中，污泥土地利用有机污染物（包括病原菌）可能对周围环境和人类食物安全造成的危害是一个引起争议的问题。20 世纪 80 年代以来，欧洲的许多调查资料及美国 NSSS（National Sewage Sludge Survey）调查报告均显示：城市污水处理厂污泥中的有机物浓度很低，加之没有充分的实测数据表明土壤中的有毒有机物会被植物根系吸收进入生物体内，因此，可认为污泥土地施用不会因有毒有机物而有显著的环境风险。

病原菌也可以通过前处理工艺及有效的土地施用方法得到控制，即使是部分残留病原菌，在土壤中经过数周也几乎被消灭，不会对环境造成风险；一般地，堆肥化会明显地降低污泥的盐分，提高污泥的适应性，研究资料表明，污泥的连续施用率不超过 50 t/ $(hm^2 \cdot a)$，污泥中的盐分不会对周围环境造成危害。

对于这些争议，应采取客观慎重的态度。首先毒害性有机物在土壤中累积并最终影响土壤及水体环境的可能无法排除，发展中国家的工业和城市污水分流及工业污水处理水平较低，污泥中的有机毒性物质含量可能较高，因此，仍应将控制土地利用污泥的有机毒性物质含量作为基本的污泥利用控制要求；污泥土地利用病原菌和盐分的有效控制主要来源于对污泥的严格预处理，有关研究结果提示了这些预处理的效果，指出了污泥土地利用前进行有效预处理的必要性。

因此，在污泥的土地利用过程中，需严格控制污泥中的重金属浓度，氮、磷营养物质的平衡和污泥的施用量；同时，应采用工业排水预处理和使之与城市排水分流，以及对土地利用污泥进行有效预处理的措施，积极控制污泥的毒害有机物、病原菌和盐分含量，避免对周围环境和人类食物链安全造成负面影响。

2. 污泥农用限制性因素

从国内外污泥农用发展状况来看，限制污泥农用的因素有很多，主要包括污泥中有毒有害物质及重金属的含量、大众对污泥产品的接受程度、国家相关政策标准以及相关的处置费用等。

污泥中含有的有机污染物易对水体与土壤造成二次污染，污泥中还可能含有苯、氯酚、多氯联苯（PCBs）、多氯二苯并呋喃和多氯二苯并二噁英（PCDD/F）等难降解的有毒有害物质。此外，有关污泥农业施用和疾病传播之间的关系始终是国内外研究的课题。污泥处理可灭活病原菌，但不能彻底杀死病原微生物。有研究发现，污泥中含有 18 种病毒、19 种寄生生物、31 种致病菌，其中包括可以引起食物中毒的菌株。

污泥中的重金属问题也是限制污泥农用的一大关键性因素，Mantovi 等在对污泥施用于农田的 15 年的研究发现，15 年的污泥施用明显增加了有机物含量，虽然施用污泥有利于作物的增产，但是碘流失造成水体的污染以及重金属（如铜、锌）在表层耕作土中累积到了一定程度，镍的含量是没有施用前的 2 倍，污泥中的许多化学污染物和重金属（如 Cd）易于在脂肪组织和乳汁中累积。

农民和消费者对污泥产品的接受程度也是污泥农用的导向标，即使污泥农业施用上安全，国家政策也支持，但是如果农民和消费者对污泥农用，尤其是污泥农用产品存在质疑，也将影响污泥农用的实现。

此外，污泥农用需要严格的施用标准和法律法规作为保障，即使在法律法规和标准健全的欧美，他们在对待污泥农用方面也是相当谨慎的。任何国家关于污泥农用标准都是在逐步完善中发展的，所以，污泥农业施用标准和相关法律法规的完善，也是污泥能否实现大规模农用的关键。

由于污泥农用费用比较低，所以在较长一段时间内一直受到青睐，但是随着污泥农用标准越来越严格和运输距离的增加，污泥农用处置费用也将成为一个主要的限制性因素。

3．污泥农用的基本原则

1）污泥中的化学物质不应该引起污泥利用方的担忧。污泥或生物固体含有大量的、多种多样和复杂的化学物质，它们不同于在天然废物中所发现的化学物质，使用后不应该产生健康风险。

2）污泥应用须有安全的防治病毒传播的屏障措施。当污泥或生物固体施用于农田时，必须保证有充分的屏障来防止传染病。

3）使用稳定的污泥，不要有臭味和视觉反感，不会招引鼠类等有害的生物。

4）应严格控制污泥中的重金属含量和有害的化学药剂等。当污泥以液态产品主要作为营养物应用时，应控制化学药剂尤其是重金属在生物固体中的含量相当低，以使其中的营养物被利用时不致过量地附加其他化学药剂；在生物固体做土壤改良剂单纯提供腐殖质的情况下，应用负荷率不应超过土地对重金属和营养物可接受的值。

5）污泥农用产品要以生物固体的形式出现，便于接受，而且还应实事求是地告知使用者，产品是安全和有价值的。

4．污泥的蚯蚓堆肥处理

过去，污水处理行业往往习惯于将污泥作为废物进行土地填埋、土地堆放或海洋排放而加以处置。但是，随着污泥处理和处置要求的日趋严格，污泥资源化理念以及处理技术的进步，污泥处置方式正在向着生物固体和有效利用方向发展。

作为农业的有机肥料和土壤改良剂，是污泥利用的主要发展方向，尤其是多年使用化学合成肥料之后农田出现土质板结和农作物减产的现状下，急需使用有机肥料来改善农田的土壤结构，以保持其农业的可持续生产能力。

将污泥制成有机肥料的通用技术是，对脱水污泥进行热力烘干，并制成颗粒状生物固体。利用自然界存在的生态过程将污泥转化为有机肥料（生物固体）是最经济、有效和有利环境的污泥处置技术。

利用蚯蚓来处理有机物并不是新技术，蚯蚓对土壤的改良是一个自然界存在了数百万年的自然过程。

1）波兰

在波兰，一些污水处理厂利用蚯蚓对污泥进行稳定处理的生物技术已经获得了实际应用。其运行经验表明，污泥中放养的蚯蚓能有效地降解污水处理厂的污泥并将其转化成无臭味、腐殖质状和含有高营养物的物质。

这种方法能够将污泥油脂性的和结块状的结构破坏，而形成一种"蚯蚓堆肥"，其适宜作为植物生长剂。根据污泥来源、污泥性质以及重金属的含量，"蚯蚓堆肥"既可用作农田肥料，又可用作树林和土地修复的土壤改良剂。

在波兰，实践证明，污泥中放养的蚯蚓还能有效分解格栅清除的废物。如，1996 年，在 Brzesko 污水处理厂，有 $200 m^2$ 蚯蚓养殖场，将 $180 m^3$ 的格栅清除废物通过蚯蚓处理生产了 $80 m^3$ "蚯蚓堆肥"；在 Zambraw 的一座污水处理厂中，有 $1400 m^2$ 蚯蚓养殖场，1995 ~ 1997 年，共将 $2300 m^3$ 的格栅清除废物通过蚯蚓处理生产了 $1000 m^3$ "蚯蚓污泥"。

2）澳大利亚

澳大利亚公司经过几年的努力，也成功利用养殖蚯蚓的方法大规模地进行了污泥处理。在

Redland Bay 蚯蚓养殖场已处理了约 5 万 t 污水处理厂污泥，并将其转化成有机肥料。

大规模的蚯蚓养殖处理污泥技术，是由一系列流水线（环境控制的）的笼子组成，用它们处理 50 t/d 污水处理厂污泥、牲畜类粪便和绿肥。蚯蚓污泥处理技术的主要特点是其质量和处理过程的控制系统，它能将各种不同性质和类型的生物固体转化成稳定优质的有机肥料。

一种由蚯蚓制成的堆肥产品称为 "Bio Verm"，它具有高水平的有效微生物活性，含有大量的好氧菌和真菌，它能提高植物摄取和保持营养物的能力，以及提高土壤抵抗植物及其根系疾病的能力。

在农田上施用这种蚯蚓堆肥的效果是：作物增产、作物疾病减少和化肥使用量的减少。这样显著的效果使它在水果、蔬菜、草皮、甘蔗、葡萄、牧场等种植业获得了稳定的市场。

5. 美国污泥农用

当污泥的重金属含量较低，符合用于农田肥料的规定标准时，一般将其用作农田有机肥料和土壤改良剂。美国的许多污水处理厂，包括世界上最大的污水处理厂芝加哥西西南污水处理厂，其处理能力达 450 万 m^3/d，第二大污水处理厂波士顿鹿岛污水处理厂处理能力 340 万 m^3/d 和第三大污水处理厂洛杉矶海波伦污水处理厂处理能力 270 万 m^3/d，脱水或烘干后的污泥均送往农田做肥料或土壤改良剂。

1）芝加哥污泥处理与利用

芝加哥 North Side WWTP 和 Calumet WWTP 两座污水处理厂，一直采用低成本、低能耗技术对污泥进行处理。污泥先进行厌氧消化，然后约有一半的污泥用离心机脱水，其余的污泥则在污泥塘中脱水和熟化，再将污泥铺设在大面积平地上进行污泥干燥，最后获得产品——生物固体（biosolid）。由于这种低成本、低能耗技术生产的生物固体可以满足美国 EPA 规定的污泥质量 A 级标准要求，因此，生物固体全部施用于土地。

干燥污泥还被用作垃圾填埋场每天和最终的覆盖土。其中某垃圾填埋场的覆盖土用量就达 3 万 t/a。

另一用途是用作建造高尔夫球场，如国际港岸高尔夫球场，使用了 100 万 t 生物固体作为球场覆盖土和建造顶级景观的用土。

此外，将干燥污泥用驳船大量地运送到芝加哥的下游农业区，作为有机肥料施用于大面积农田，主要是用于生产玉米等饲料作物，获得了显著的增产和经济效益。

2）波士顿污泥处理和利用

鹿岛污水处理厂将初次沉淀池排出的原生污泥经格栅后进行重力浓缩，二沉池的剩余污泥用离心浓缩，然后一起送入 12 个世界上最大的蛋形污泥消化池中，进行厌氧发酵。

该厂建有颗粒肥料生产线，将浓缩和脱水污泥制成颗粒肥料。1997 年，该厂用 68 万 m^3 污水处理厂污泥制成颗粒肥料，共生产出 1.37 万 t 家用和农业用肥料。这些颗粒肥料被运送到佛罗里达、得克萨斯和新英格兰等州，用于柠檬、柑橘种植园作肥料。

6. 我国污泥农用现状及存在问题

20 世纪 80 年代初，天津纪庄子污水处理厂建成投产后，所产污泥即由附近郊区农民用于农田，北京高碑店污水处理厂投产后的污泥也用作农肥被施用于附近郊区农田。据资料统计，2000 年，我国污泥农用比例约占 44.83%；2006 年，我国的污泥农用比例维持在 50% 左右。

就我国目前污泥农用现状而言，污泥农用一直存在安全隐患和风险，尤其是没有稳定化、无害化的污泥，直接农用其风险更大。

目前，我国关于污泥农用风险的研究体系和控制标准尚不健全，对于污泥处置的风险研究主要涉及污泥土地施用对植物的影响、重金属从土壤到植物的迁移和重金属、氮、磷在土壤中的迁移，可用数据并不系统。中国科学院南京土壤研究所的研究发现，在其试验土地上连续施用污泥达 10 年后，土壤中锡、锌、铜含量均有升高，种植的水稻、蔬菜受到严重的污染，并且污泥施用量越大，污染情况越严重，施用过污泥的农田，虽然土壤有机质含量增加明显，但土壤酸度基本无变化，其中土壤中存在的汞、镉可引起小麦、玉米的污染。

此外，由于我国现行的控制标准仅对污泥农用的污染物浓度做了限制，而对污泥施用地中能容纳污染物的最大值没有明确的规定，即使城市污泥的重金属浓度没有超过其控制标准，如果过量施用也可能会对土壤性质和生态环境造成严重危害。

目前，我国还没有出台污泥农用规范，对风险缺乏科学和充分的研究，对污泥农用后可能造成的潜在污染问题还没一个系统、科学、可行的结论。多数研究也证明，污泥的有害成分进入土壤后，不会立刻表现出其不利影响，但若长期大量使用，其负面效应就会明显地表现出来。

7. 污泥农用在我国的可行性分析

无论是污泥的干燥、堆肥，还是最新的污泥处理处置方案的提出，污泥的最终归属还是土地。对于一个发展中的农业大国，城镇污水处理厂的污泥土地利用，尤其是污泥农用是处置污泥的一个重要途径，这是毋庸置疑的，但是污泥如何安全、环保的施用是我国必须面临和解决的主要问题。

那么如何限制性农用，我国却缺乏完善的标准和规范，对污泥风险和市场缺乏充分的把握，污泥在我国真正实现安全、环保条件下的农业利用，还有一段很长的路要走。

6.2.13　污泥堆肥技术

1. 污泥肥料的分类

用于土地利用的肥料可分为四种类型：浓缩污泥肥料、脱水污泥肥料、堆肥化污泥肥料和干燥污泥肥料。

1）浓缩污泥肥料

将排出的消化污泥经过浓缩，或者浓缩生污泥经过低温灭菌后直接撒布于土地，这是浓缩污泥肥料土地利用的一种方式。这是一种最简单而又较经济的污泥利用方法，此方法的好处是，不仅污泥固体能被均匀撒布，而且污泥中溶解状态的养分也得到了利用。

撒布时的施肥量取决于植物的种类、土壤性质、地下水深度、雨量等因素。全年施用对绿地（公园等）的污泥量为 $120 \sim 250 \, \mathrm{m^3/hm^2}$，旱地为 $200 \sim 500 \, \mathrm{m^3/hm^2}$。

2）脱水污泥肥料

脱水污泥肥料在土地利用中使用得较为广泛，如连续施肥数年，土壤中养分含量增加的速度是使用家畜粪肥时的 2 倍。如果在沙性土壤中长期使用经过好氧发酵的脱水污泥，则这种土地将能逐渐改造成农作物产量高、土壤性能好的高产农田。

3）堆肥化污泥肥料

污泥经堆肥化处理后，其物理性能改善、质地疏松、易分散、粒度均匀细致、含水率小于40%，且其植物可利用形态养分增加，重金属的生物有效性减低，是一种很好的土壤改良剂和肥料。

4）干燥污泥肥料

将脱水污泥干燥成含水率为30%～40%时，作为肥料，其土地利用效果最佳。干燥污泥如保持适当的粒度和含水率，可防止使用时被风吹散，但其费用比前几种污泥肥料高。如果在干燥污泥中掺入其他的无机肥料做成复合肥料，可以适合各种不同植物的需要，加之干燥污泥存储稳定性好，便于长距离运输，可扩大销售和使用范围，具有前几种污泥肥料不可比拟的优势。

以上述各种肥料物态形式作为污泥土地利用时，基本的前提是需对污泥进行稳定化预处理，主要方法是堆肥化或消化。各种肥料形式的前处理成本依次升高，但运输和储存成本则依次下降。一般小型污水处理厂污泥采用浓缩肥料形式土地利用；而大型污水处理厂污泥土地利用时，运输距离远、储存（季节性）量大，宜进行脱水、堆肥化、干化等预处理。

2．污泥堆肥

堆肥是利用污泥中的微生物进行发酵的过程。在污泥中加入一定比例的膨松剂和调理剂(如秸秆、稻草、木屑或生活垃圾等)，在潮湿环境下，利用微生物群落对多种有机物进行氧化分解，并转化为稳定性较高的类腐殖质。污泥经堆肥处理后，一方面，植物养分形态更有利于植物吸收；另一方面，消除臭味，杀死大部分病原菌和寄生虫（卵），达到无害化目的，且呈现疏松、分散、细颗粒状，便于储藏、运输和使用。

世界范围内，污泥堆肥的发展趋势是：从厌氧堆肥发酵转向好氧堆肥发酵；从露天敞开式转向封闭式发酵；从半快速发酵转向快速发酵；从人工控制的机械化转向全自动化；最终彻底解决二次污染问题。

目前，发达国家在污泥堆肥方面的技术已经成熟，具备了先进的堆肥工艺和设备。在设备上他们更加注重增强机械设备的性能，提高处理量，从而降低污泥堆肥的成本。

我国在污泥堆肥工艺上已经接近或达到国外先进水平，但在机械设备方面与国外还存在较大的差距，表现在设备的自动化程度低，生产效率低。今后，我国污泥堆肥设备的研究重点将是如何改善力学性能，提高自动化程度和延长设备使用寿命等。随着我国经济的发展，人民生活质量的提高，对于迅速增加的污泥量，无论从环境保护还是从资源循环利用的角度，我国的污泥堆肥设备都具有迫切的发展需求和巨大的市场潜力。

生污泥、消化污泥、化学稳定污泥均可以堆肥。这一工艺也可用于其他有机残渣，如造纸、制药、食品加工。调理剂可由各种材料充当，包括其他废物。

堆肥工艺相对简单，可在室外各种气候下进行，为了高效操作，减少臭味，降低成本，也有许多堆肥设施在完全封闭的建筑物内，或者完全机械化。

堆肥的优点：堆肥产品是一种对环境有用的资源；能够加速植物生长，能够保持土壤中的水分，能够增加土壤中的有机质含量，有利于防止侵蚀。但迄今为止，堆肥工艺效率低、成本高。各种堆肥工艺比较见表6-21。

各种堆肥工艺比较　　　　　　　　　　　表 6-21

堆肥工艺	优点	缺点
好氧静态堆肥	适用于各类调理剂；操作灵活；机械设备相对简单	劳动强度大；空气需要量大；工人与堆肥有所接触；工作环境差，粉尘多，占地大
条垛式堆肥	适用于各类调理剂；操作灵活；机械设备相对简单；无须固定的机械设备	劳动强度大；工人与堆肥有所接触；工作环境差，粉尘多
垂直推流式系统	系统完全封闭，臭气易于控制；占地面积较小；工人与堆肥物料无直接接触	各反应器使用独自的出流设备，易产生瓶颈；不易维持整个反应器的均匀好氧条件；设备多，维护复杂；当条件变化时，操作不灵活；对调理剂的选择有所要求
水平推流式系统	系统完全封闭，臭气易于控制；占地面积较小；工人与堆肥物料无直接接触	反应器容积固定，操作不灵活；运行条件变化时，处理能力受到限制；设备多，维护复杂；对调理剂的选择有所要求
搅动柜系统	混合强化曝气，堆肥混合物均匀，具有对堆肥进行混合的能力；对各种添加剂具有广泛的适应性	反应器容积固定，操作不灵活；占地面积较大；工作环境有粉尘；工人与物料有所接触；设备多，维护复杂

6.2.14　污泥建材利用现状及问题

1．污泥制砖利用现状

利用城镇污水污泥，混合其他原料，配置合适的物料配方，再通过合理的生产工艺和烧结体系，来制备污泥砖制品。一方面，使大量的城镇污水处理厂的排放污泥得到处理处置和资源化利用；另一方面，污泥中有机质的自身燃烧产生的热量补充高温焙烧烧结制品的热量，既利用了污泥自身的热值，提高了污泥利用效率，又可以利用燃烧时的高温来分解污泥中的有毒有害及致癌物质，解决了城市污泥的二次污染问题，具有巨大的开发利用价值。因此，国内外对污泥制砖工艺的污泥掺烧量、成型压力、烧结温度、最佳配比、烧结时间等参数进行了大量的研究，并对污泥砖烧制过程中产品特性及污泥中重金属迁移规律、有机成分等变化情况进行了探讨。

1）国内研究应用现状

目前，我国已出现有关利用污泥焚烧灰制砖的研究报道，但是缺乏实际的工程应用，所以，在今后的研究中，还要结合经济效益进行投资、收益的估算，并大胆借鉴国外经验，开发污泥前处理及混合焙烧等成套工艺及配套设备，才能将污泥的制砖利用付诸实际。

中石化胜利油田规划设计院根据胜利乐安油田生产中污泥的理化性质特点，通过对污泥固化工艺及机理的研究，利用乐安油田污泥生产地面花砖，提高了油田污泥的附加值，降低了污泥处理成本，为油田污泥的可持续发展做了尝试。

同济大学环境学院用城市排水管污泥预处理后，与黏土混合烧制成砖，试验砖块的抗折和抗压强度达到了国标 50 号砖的要求，表明用排水管污泥制砖具有可行性，而且由于污泥中含有一部分有机物，烧制过程会产生热量，因此，还能够节省一部分烧砖的能源。

南京制革厂采用制革脱水污泥（含水率 60%～70%）、煤渣、石粉、粉煤灰、水泥等，参照制砖厂"水泥、炉渣空心砌块"生产工艺，进行批量试验。从批量试验结果来看，制革污泥在常温下用水泥做结合剂成型。砌块的浸出液中铬含量很低，可视为无二次污染。砌块的物理性能检测虽不合格，但检测结果离标准值较为接近。只需经过适当的前处理，降低污泥中的油脂、有机物等含量，并提高砌块中的水泥比例，制革污泥是可以通过制砌块而得到综合利用的。

中国台湾有研究者研究用工业废水处理厂的干化污泥来制砖。试验结果表明，污泥的比例和烧结的温度是决定砖的性质的两个关键性因素。

2）国外研究应用现状

在日本，由于污泥焚烧灰在填埋过程中所必须面对的环境法规要求越来越严格，污泥焚烧灰的处理与再利用问题就日益凸显出来。而污泥焚烧灰制砖技术操作简单，产品可销往市场，从而平衡污泥处理成本。污泥焚烧灰制砖技术在日本受到越来越多的重视。

东京市政府和 Chugairo 公司合作开发利用污泥焚烧灰制砖的技术，第一个完整规模的工厂于 1991 年在南部污泥处理厂投入运行，每天用 15 t 焚烧灰生产 5500 块砖。这项技术的优越性在于，能利用的焚烧灰而不加任何添加剂，而且砖块在恶劣环境下也没有金属渗出。目前，已经有 8 座完整规模的厂用 100% 的污泥焚烧灰制砖。制成的砖块被广泛用于公共设施，比如作为广场或人行道的地面材料。

日本每年产生城市污水污泥约 300 万 m^3。过去大多采用土地填埋处置方式，最近 30 多年改用焚烧方式，污泥灰渣的体积大为减少，但是，污泥灰渣的处置也是一个大问题。为此，研究开发了污泥熔化技术，将其制成玻璃块体，这种玻璃块体是一种体积很小、更加稳定的产物，易于处置，而且可以生产建筑材料，如瓷砖、瓦、陶管等。

城镇污水污泥熔化技术系统的核心是涡流熔化炉。在高达 1300～1400℃ 的高温下，该处理工艺能有效和充分地利用污泥（通常为原生污泥、非消化污泥）本身的热值，污泥中的无机成分（如重金属）被熔化，并被牢固地固定在生产的玻璃陶瓷体熔块中。熔块的重金属浸出试验结果表明，Hg、Cd、Pb、Cr、As 等均未被检出，证明其固定重金属的效能很好。

该生产工艺包括烘干、熔化和燃烧气处理三个单元过程。该系统已在日本的两座污水处理厂运行并投入商业生产：一座在 Sasebo 市，1995 年投入生产；另一座在 Maebashi 市，于 1996 年投入运行。

目前，日本的污泥焚烧灰制砖技术已走在世界前列，因此，该技术在日本已实现大规模的应用，利用该技术处理的污泥比例不断上升。

其他国家也进行了污泥制砖相关研究，在新加坡，1984 年开始，已经有将污泥与黏土混合制砖的相关报道，将干化后污泥和黏土的混合物经碾磨、成型后，在 1080℃ 的砖窑内焙烧 24 h，得到的成品砖经密度、吸水率、收缩性等参数的测试，证明干化污泥与黏土混合制砖的最大掺杂比例为 40%。

英国斯塔福德大学的研究人员在制砖原料中加一定量的污泥焚烧灰替代沙子来造砖，将采用沙子烧制的砖进行对比试验，物理性能测试的结果证明，加污泥灰对产品的陶瓷性质有所改善，烧成后砖产品的颜色变化也不明显。不同污水处理工艺对污泥焚烧灰性质的影响、不同焚烧灰对砖块性质的影响在主要参数上有了结论。

从美国 EPA 网站上可以发现，有污泥制砖的市场需求，但是缺乏这方面的可以应用于市场的可行技术。所以，对污泥制砖技术的进一步研究，既可为污泥的处置找到一条很好的出路，也具有经济意义。

3）污泥制砖技术发展中的问题

尽管污泥烧结制砖技术实现了污泥的高效资源化及减量化，并得到了有效的发展及推广，在污泥制砖工艺过程及产品质量方面仍存在一些问题有待解决，如焚烧过程中的二次污染控制、污泥干化过程中干化效率及黏结问题等。目前，污泥制砖还存在以下问题：

（1）污泥掺量低，干化污泥掺入量一般不超过 30%。污泥焚烧灰虽然掺入量高，但是污泥焚烧消耗能量也高，因此，如何提高干污泥或湿污泥的掺入量有待进一步研究和探讨。

（2）污泥砖性能较市售砖性能低，随着污泥掺量提高，污泥砖的抗压强度、抗折强度等都呈现下降趋势，因此，污泥砖原料应开发一些改性剂如熔融性原料等，改善污泥砖性能。

（3）各种污泥砖缺乏统一的制砖标准，致使污泥砖制作方式混乱，监测手段及数据不一致，没有针对性及对比性，因此，应建立统一的污泥砖标准。

2．污泥制水泥应用现状

众所周知，水泥窑具有燃烧炉温高和处理物料量大等特点，且水泥厂均配备有大量的环保设施，是环境自净能力强的装备。而城市生活垃圾、污泥的化学特性与水泥生产所用的原料基本相似。垃圾焚烧灰的化学成分中一般有 80% 以上的矿物质是水泥熟料的基本成分 CaO、SiO_2、Al_2O_3 和 Fe_2O_3 等。

利用水泥回转窑处理城市垃圾和污泥，不仅具有焚烧法的减容、减量化特征，且燃烧后的残渣成为水泥熟料的一部分，不需要对焚烧灰进行处理、填埋，将是一种两全其美的水泥生产途径。此外，利用污泥来生产生态水泥，既拓宽了原材料来源，减少了天然资源的消耗，降低了水泥生产的成本，又为污泥的处理处置找到了一条合适的道路，减少了二次污染。这将是一条很有前途、有利于水泥工业和环境可持续发展的途径。

1）国内研究应用现状

我国的科研工作者在利用各种污泥制生态水泥方面也做了不少工作，但目前尚属起步阶段，有待进一步的发展。

浙江大学戴恒杰等利用杭州水业集团排放的污泥替代硅质原料烧制水泥熟料，并结合浙江钱潮控股集团有限公司的水泥生产工艺，研究了污泥对水泥熟料烧成和强度性能的影响。戴恒杰等配置了相同率值、不同污泥量的生料，在 1400℃下煅烧。化学分析、XRD 分析和强度试验结果表明，掺入适量的污泥能降低熟料游离氧化钙（CaO）的含量，促进熟料的烧成，提高熟料强度，尤其是熟料的早期强度。污泥替代硅质原料水泥，不仅实现了污泥的无害化处置和资源化利用，也是提高水泥性能的重要技术措施。

上海水泥厂用龙华水质净化厂污泥代替黏土生产水泥。水泥熟料的率值控制在与不掺污泥一样，熟料烧成制度与普通硅酸盐熟料也基本相同。对水泥进行的混凝土性能试验表明，污泥与不掺污泥所生产的水泥拌和的混凝土性能相近。对废气中部分污染物的浓度进行监测的结果表明，排放浓度低于排放标准。对混凝土做重金属浸出试验表明，重金属离子的浓度未超出国家标准。

在上海联合水泥有限公司，水泥熟料生产线污泥由封闭的车辆运送到厂指定的堆放处，工人在卸货时往污泥中掺入生石灰以消除恶臭。然后，污泥进入脱水装置，使其由湿基（含水75%）变为干基。接着根据化验室的化学成分分析，加入校正原料，再将它作为生料成分送入窑中，在1350～1650℃的高温中，与其他原材料一起燃烧。

武汉理工大学材料学院的陈袁魁等对武汉市水果湖、南湖中淤泥的特性进行研究后，认为其代替黏土的设想是可以成立的，继而对用其制备的水泥熟料进行了试验研究，结果表明，利用淤泥、铁粉和石灰石进行配比，可以制备符合要求的硅酸盐水泥。

成都建材设计院的蔡顺华等对污泥进行了工业化学分析，发现其热值一般在10000～15000 kJ/kg，相当于褐煤的热值，认为其可作为二次能源来使用。而且，水泥熟料生产线利用新型干法窑处理污泥的工艺，成都建材设计院从其20世纪末成熟的湿磨干烧工艺出发，提出了与之相似的烘干工艺，为我国用水泥窑处置污泥提供了装备和工艺支持。

此外，还有研究人员用苏州河底泥全部代替黏土质原料进行煅烧试验，烧成制度与普通熟料相同。生产出的熟料凝结时间正常，安全性合格。测试结果表明，制成的熟料具有优良熟料的特征。用等离子发射光谱仪进行了浸出液重金属浓度分析，表明浸出液中砷、铅、氟、铬的含量远低于国家标准规定。

2）国外研究应用现状

水泥窑是发达国家焚烧处理工业危险废物的重要设施，已经有20多年的历史，在发达国家得到了广泛的认可和应用。国外首先开始着手研究的多是将可燃性废料作为替代燃料应用于水泥生产；其次是将一些其他工业产生的废物或副产品作为生产水泥的替代原料。

首次试验是1974年在加拿大的Lawrence水泥厂进行的，随后，在美国的Peerless、Lonestar、Alpha等十多家水泥厂先后进行了试验。欧洲水泥生产利用可燃废弃物的研究开始于20世纪70年代。欧洲水泥协会2006年公布的数据显示，橡胶／轮胎、动物骨粉／脂肪、废油／废溶剂和固体衍生燃料（RDF）在其二次燃料中占据的比例较大。现今西欧与北欧诸国水泥工业采用替代燃料的替代率已达70%左右，各种废料预处理及其在PC窑上的燃烧装备均已相当成熟。欧洲国家在利用废物用作水泥生产的替代燃料和原料（AFR）方面取得了丰富的经验，并形成了产业规模。

在利用水泥窑处理污泥的研究方面，国外的研究结果与国内高校和设计院的研究基本相似。Peters、S. Christopher等使用水泥窑和专门的焚烧装置分别进行了来自水处理厂的污泥的焚烧处理，他们发现使用水泥窑处理污泥在污染的排放和能源的利用上具有很大的优势。国外利用污泥生产水泥熟料，无论是用来代替黏土质原料还是代替燃料，报道的资料较多。

1996年4月，瑞士的HCB Rekingen水泥厂成为世界上第一家具有利用废料的环境管理系统的水泥厂，并得到ISO14001国际标准的认证，它为规划、实施和评价环境保护措施提供了可靠的框架。2001年，瑞士HOLCIM公司水泥产量达到0.75亿t，占世界水泥总产量的约5%，20世纪80年代起，HOLCIM公司开始利用废物作为水泥生产的替代燃料，近几年内该公司在世界各大洲的水泥厂的燃料替代率都在迅速增长。

20世纪80年代以来，各种废物包括含重金属的危险废物在德国水泥工业中燃料替代率保持了迅猛增长势头。2006年，德国水泥厂的燃料替代率已接近50%。从20世纪80年代开始，德国Heidelberg Cement公司的预热器，开展可燃性废物替代传统矿物质燃料工作，2000年替代率达 40%左右。

在荷兰 Maastricht 的 ENCI 水泥厂，将污泥用作二次燃料和原料，不过是用在干法长窑（$\phi 5.5\,\mathrm{m} \times 180\,\mathrm{m}$）上，每年可处理 4 万 t 污泥，没有任何工艺和产品问题。2002 年，窑系统共用过 10 种燃料，其中 8 种为二次燃料。值得一提的是，该厂 80%的热量供应来自二次燃料。在奥地利的 WOPFING 水泥厂对来自造纸厂的污泥的利用表明，使用污泥作为水泥的原料，可以满足水泥生产的要求，同时它也可以作为水泥生产的辅助燃料，提供热量（相当于泥炭成煤矸石）。

法国 Lafarge 公司是水泥产量位居世界第一的跨国公司，从 20 世纪 70 年代便开始研究利用废物代替自然资源的工作，Lafarge 公司制定的 2002 年在世界各洲所属企业不同的燃料替代率指标为：欧洲达到 49%以上，北美达到 26%以上，同时，在亚洲的日本、泰国、马来西亚、菲律宾等国的企业逐步开展燃料替代。

美国有 58 座水泥回转窑焚烧从社会上收集的废物，美国 EPA 有一项政策：每个工业城市保留一个水泥厂，在部分满足生产水泥需求的同时用于处理城市产生的有害废物。美国的水泥厂一年焚烧的有害工业废物是用焚烧炉处理有害废物的 4 倍。

由于日本资源匮乏，而水泥生产技术先进，日本水泥企业在废物利用和处理方面处于世界前列。日本拥有水泥生产企业 20 家，64 台窑体，全部为新型干法预热回转窑，熟料年生产能力为 8030 万 t。2001 年，熟料实际生产量为 7180 万 t，水泥生产量为 7910 万 t，粉煤灰废物利用量达到 582.2 万 t，占全日本粉煤灰总量的 60%。日本有关研究人员将城市垃圾焚烧灰和下水道污泥一起作为原料来生产所谓"生态水泥"，不仅减小了废弃物处理的负荷，还有效利用了资源和能源。日本的一条日产 50 t 生态水泥的干法回转窑生产线，垃圾焚烧灰和污泥及含铝的工业废料占原料的 60%，烧成温度只在 1000 ~ 1200℃，节省了大量原料、燃料消耗。2001 年春，日本太平洋水泥（株）经过大量的研究工作，克服一般快硬型生态水泥含氯量高、会腐蚀钢筋的缺点，在千叶县市原市建成了世界上第一个利用城市固体废弃物来生产普通生态水泥的生产线。

3）污泥制水泥的经济效益和环境效益

国内外水泥专业人士对城市污水处理厂的污泥进行过大量的研究，一致认为污泥可用作水泥熟料生产的原料和燃料。水泥窑中使用污泥作为原料以及燃料的替代物，既可以提供一种措施来解决垃圾填埋和不当焚烧引起的环境问题，又能够缓解其所代替的原燃料的资源匮乏，同时可以完全避免在热焚烧炉中所产生的污染排放。

正是由于水泥生产过程中的这些得天独厚的特点，为污泥在水泥生产中进行处理提供了技术上的可行性，真正能够做到城市污泥的"零污染"处理，而且与单独建设专用焚化炉相比，具有建设投资省、运行费用低、经济效益好、无害化处理彻底等资源化环保处理的优点。

3．污泥建材利用存在的问题

由于污泥建材利用具有可持续发展的应用前景，目前，在发达国家对污泥建材利用技术非常重视。尤其近年来，随着我国经济和城市建设的加快发展，建材的市场需求量以每年 8%以上的速度增加。由于砖块等建材的主要制造原料都是黏土，而黏土的大量开采造成了我国耕地资源的破坏。为限制黏土的开采，保护耕地资源，国家开始限制实心砖块的生产，而鼓励空心黏土砖的开发生产，同时，国家鼓励有关企业利用废渣、污泥进行制砖。

然而，污泥制成的砖块、水泥在销售上存在一定的劣势，其原因主要有两个方面。第一，公众心理上较难接受。污泥制成的砖块、水泥、陶瓷等，由于其原料的来源问题，总会让公众联想到污泥的不洁和危险性，因此会对污泥建材的销售产生影响。第二，污泥制成的砖块、水泥等由于 P_2O_5、CaO 含量较黏土而言比例偏高，当污泥在建材制作原料中添加量偏高时，会对砖块、水泥的抗压强度等物理性能产生影响。因此，污泥建材利用能否推广应用，与能否获得政府的支持有很大关系。

1）资金与税收政策

以污泥为原料或添加料进行建材生产，有两种途径：一是将污泥焚烧灰、干污泥运送到现有的砖块生产厂和水泥厂，通过给予一定的费用补贴和政府政策支持来促使生产商接纳污泥灰和干污泥，政府可以通过减免部分税收、提供部分银行信贷等途径支持；二是排水部门自建污泥建材厂。

2）市场扶持

以污泥为原料、添加料制成的砖块和水泥，比较理想的去向是用于街道、公园等路面公共设施的建设，但这需要政府相关政策的鼓励和协调。砖块销售是决定污泥砖块、水泥等建材生产是否可行的一个重要因素。比如，在日本，污泥制成的建材在道路修建等公共设施中被优先采用，我国目前尚未有类似的相关政策。

污泥建材利用是一种符合废弃物循环利用理念的可持续发展的处置方法，但是必须注意到日本等国利用污泥制成的建材，其实际售价要比普通砖块市场价格低一些，而制成的水泥也明显低于同类水泥的市场价。很显然，从价格因素可以看出，污泥制成的建材在市场上受欢迎的程度，要低于相应的普通建材。因此，利用污泥制建材时，不仅要考虑技术上的可行性，而且必须考虑到公众的感觉因素，必须对产品的市场前景进行深入的调研，以确定产品的销售渠道、产品的使用范围以及产品的利润，并充分估计需要投入的资金补贴，以及政府给予的政策支持。

6.2.15 污泥焚烧技术的发展及现状

污泥减容的主要方法是浓缩、脱水以及焚烧，一般大型污水处理厂的污泥普遍通过焚烧达到减量化、无害化处理处置的目的。随着近年来世界各国的环境条件对废弃物处理处置要求的日益严苛，焚烧技术已逐步成为污泥处置的主流技术。

20世纪90年代以来，英国、瑞士、德国、丹麦、日本等国就开始将焚烧工艺作为处理市政污泥的主要方法。20世纪70年代，英国就将焚烧法作为污泥处理处置的一个方法，并且抛海处置方式于1998年被禁止，土地填埋越来越贵，而流化床技术日益成熟，焚烧法已得到英国全社会的关注；瑞士宣布从2003年1月1日起禁止污水处理厂污泥用于农业，并且所有污水处理厂污泥需进行焚烧处置；德国已经拥有多年的污泥焚烧工艺实际运行经验；丹麦每年约有25%的污泥采用焚烧进行处理；而日本1992年的污泥焚烧量就已占市政污泥总量的75%。

我国污泥处理处置行业起步较晚，由于许多城市没有将污泥处置场所纳入城市总体规划，从而造成很多处理厂难以找到合适的污泥处置方法和污泥处置场所。在污泥的焚烧处理方面，由于污泥焚烧设备复杂、设备投资和运行费用大，且对操作人员的专业素质和技术水平要求高，因此，国内针对污泥焚烧开展的研究工作和工程实践就更加少。

面对我国污泥的处理处置状况，今后需要采取的策略是：首先，污水处理厂应该重视污泥处理和处置，加强污泥管理力度；其次，国家和行政管理部门应当加速建立和完善污泥处理处置的相关法规。由于我国存在大量中、小型污水处理厂，污泥产量小，处理技术低，所以，建议由政府部门带头，广开融资渠道，组建一批按市场经济规律运转和管理的大型城市污泥处理处置中心。

6.2.16　污泥焚烧技术特点

污泥焚烧技术以其显著的优越性受到世界各国的青睐，其优越性主要表现在：

1）可以最大限度地减小污泥量。

2）焚烧处置可彻底分解污泥中的有机物（含难降解有机物），消灭其中的病菌和虫卵，是相对比较安全的一种污泥处置方式，由于焚烧后仅剩下很少量的无机物，因而需进行后续处置的物质很少，节省处置费用。

3）焚烧方式速度快，污泥不会因长期储存而污染周边环境，且节省储存费用。

4）焚烧方式可就地进行，不需要长距离运输。

5）可以回收能量，用于发电和供热。

随着我国经济的不断发展以及环境保护意识的日益加强，污泥焚烧处置将会成为备受业内关注的一项新兴产业，同时也存在诸多挑战和难点：

1）目前，在国内污泥焚烧技术还未发展成熟，有待进一步完善；同时也需要政府、企业和其他社会团体在政策、技术和资金等产业要素上的紧密配合。

2）污泥的含水率是制约污泥处置系统运行成本的关键因素。

3）污泥处理处置包括预处理、焚烧、余热回收和燃烧产物的处理，这几个环节必须配合紧密，形成有机整体，才能实现有效和完整的处理处置。

4）污泥焚烧会产生酸性烟气、灰渣和飞灰等污染物，必须严格控制并达标排放，需要进行后续处理，这也是污泥焚烧过程中存在的难点之一。

5）灰分的处理，根据重金属含量的不同，可以考虑将灰分进行直接填埋或加水泥制绿化砖、加重金属螯合剂后填埋等处理。

6）可靠的设计、高质量的产品设备和严格的施工调试是污泥焚烧系统能够有效运行的必要保证。

6.2.17　流化床焚烧炉的优缺点分析

流化床的燃烧温度处于 800～900℃，过剩空气系数小，氮氧化物生成量少，焚烧过程中，在炉内产生的有害气体易于控制，极具发展前途。此外，流化床焚烧炉无运动部件，结构简单，故障少，投资维修费用低。但工艺操作较一般机械炉要求高一些。

对于污泥焚烧来说，不管什么来源的污泥，流化床只需满足干物质含量达到 45%（半干化）的要求，不需要额外的热能就可以自己燃烧，达到热平衡，而且焚烧产生的热量足够满足半干化干燥机。此外，流化床焚烧炉的优势还包括：燃烧接触面积大、湍流强度高和停留时间长等。

而且可以实现连续加料、连续出料，难以在多膛焚烧炉、炉排焚烧炉上焚烧的污泥，采用流化床焚烧技术是很合适的。

流化床焚烧技术具有以下显著优点：

1）废物适应性好，可焚烧低热值、高水分并在其他燃烧装置中难以稳定燃烧的废弃物。

2）焚烧效率高，市政污泥属高水分、低热值废料，对于这种废料的焚烧，流化床相较于其他焚烧设备更具有显著优势。

3）燃烧强度高，单位截面的废物处理量大，结构紧凑，占地面积小。

4）炉内无活动部件，运行故障少。

5）能够满足严格的环保要求。

而流化床焚烧炉的缺点主要是压力损失或动力消耗大。此外，在流化床操作过程中，还应注意以下问题：

1）为了保持炉内的流化状态，切忌将体积或质量过大的废物直接投入到流化床内。

2）为了避免因气体分配板开孔设计不合理而引起的流化床层气流偏流、流化状态不稳定、尾气夹带粒子增多、载体逐渐减少、反应温度下降、燃烧不完全和尾气温度增高等不正常现象，分配板开孔率应保持均匀。

3）相较于其他类型的焚烧炉，流化床排出的粉尘量大，故其需要的除尘设施也较复杂。

4）为了避免因废物性质而造成燃烧不充分、产生黑烟的现象，应在反应塔上部以适当方法供给二次空气，并最好从切线方向通入，以使未燃成分和二次空气充分混合。

5）通入流化床层的空气必须经过预热，预热费用较高，通常占流化床焚烧炉操作费用的7%～15%，并且需要经常维修与管理，进一步增加了运行费用。

6.2.18 多膛焚烧炉的优缺点分析

较早的多膛炉存在如何设计各个区域（即干燥、燃烧及燃尽／冷却区域）的分配问题。如果在较上部区域燃烧，以保证污泥的干燥，那么污泥中挥发分难以完全析出，而且燃烧温度也不能保证使污泥燃烧。如果燃烧主要在多膛炉下部进行，以保证污泥的燃尽率，那么会使得灰分不能得到足够的冷却，对灰分处理设备造成损害。目前，其最优解决方法为将干燥区的水蒸气再循环引向燃烧区域，并以较高的温度离开炉膛。

多膛式焚烧炉优点主要在于，具有一个高效的内部热量利用系统，焚烧后的烟气能很好地同污泥进行接触加热、燃烧效率高，加之其对各种不同含水率的污泥的适应性强、燃烧温度易于控制等优点而一度得到广泛的应用。但在长期的使用过程中，多炉的缺点也较为突出，主要有：

1）在污泥处理时，需要不断地添加辅助燃料，故辅助燃料消耗较多，成本增加。

2）机械设备较多，故维修与保养较复杂。

3）搅拌杆、搅拌齿、炉床、耐火材料均易受损伤。

4）通常需设二次燃烧设备，以消除恶臭污染。

5）二次污染严重。

6）由于污泥自身热值的提高，炉温上升会产生搅拌消耗，进一步增加成本等。

由于以上诸多原因，多膛炉越来越失去竞争力，促使流化床焚烧炉成为较受欢迎的污泥焚烧装置。

6.2.19　回转窑焚烧炉优缺点分析

回转窑的转动有助于废物得到良好的混合而提高焚烧效率,更可使废物在窑内进行自动输送;回转窑焚烧系统可用于各种废弃物的混合焚烧,在危险废物焚烧领域用途最广,也是最适于商业化集中处理中心的焚烧系统。

回转窑焚烧炉具有以下优点:

1)温度可高达 1200℃以上,可以有效破坏大多数有害物质。

2)回转窑内气体流动程度高,气、固相接触良好,反应均匀。

3)用途广泛,适应性好,可以处理各种不同形状、不同性质的废弃物。

4)回转窑内固体的停留时间可以通过调整回转窑的转速予以调节和控制。

5)给料周期短,实现了真正的连续给料。

回转窑焚烧炉缺点如下:

1)对于处理规模小于 6 ~ 8 t/d 的中小装置,投资成本较高,投资回收率较低。

2)过剩空气需求高于热解焚烧炉,排气中粉尘含量略高。

3)整体焚烧系统的机械性零件复杂,维修费略高。

6.2.20　解偶联污泥减量技术

在污水生化处理系统中,污泥产量不仅与微生物对基质进行分解转化、合成生物细胞、自身分解作用有关,还与微型动物对细菌的捕食作用息息相关。合成作用使生化系统生物量增加,自身分解和捕食作用使生物量减少,因此,污泥产量的减少可以通过降低细菌的净合成量、增加细菌自身氧化速率和增强微型动物对细菌的捕食作用等途径来实现。

目前国内外对污泥减量技术的研究主要集中围绕降低细菌净合成量的各种解偶联技术、维持代谢技术、强化微型动物捕食细菌技术和增强微生物隐性生长的各种溶胞技术四个方面。

化学解偶联剂在污泥减量方面的效果明显,但在实际应用上存在一些不足。首先,随着污泥量的下降,污水中 P 的去除率也随之下降。其次,污泥沉降性能发生变化,活性污泥中优势种群发生变化,原生、后生动物减少,沉降性能降低。再者,系统曝气量增加,电耗升高。最后,解偶联剂是环境异体物质,其使用存在毒性问题,通常为难降解物质,为了避免污泥产生抗性也会选择较难降解的物质,所以污水中会有残留,在动、植物以及人类体内积累,危害人类健康。

在长期运行过程中,活性污泥可能会对解偶联剂产生抗性,从而影响减量效果。目前的研究大多致力于解偶联剂最佳投放浓度的研究;在保证减量效果的同时,减小对出水水质的影响,或者通过其他物质与解偶联剂协同作用。

由于解偶联剂的污泥减量机制以及降低出水基质去除率的原因都尚未明确,因此,探寻解偶联剂减量机理以及影响处理效果的原因,仍会是以后研究的难题和热点。

针对现在使用的解偶联剂均是环境异体物质,对环境及人类健康都有一定危害的情况,目前有很多筛选低毒、高效解偶联剂的研究,研发及寻求高效、安全的解偶联剂是未来研究的一个重点方向。

同时为了避免活性污泥对解偶联剂产生抗性，保证添加解偶联剂污水处理工艺具有长期的运行效果，研究解偶联剂在污水处理过程中的转移转化途径是解偶联污泥减量技术投入实际应用的关键。

最后，由于目前化学解偶联剂减量污泥的研究工作均处于小试阶段，为了促进这种技术的实际应用，进行中试和现场试验研究也是未来的重要方向。

投加解偶联剂具有污泥减量效果明显、不改变原有工艺、占地面积小等优点，"好氧－沉淀－厌氧系统（OSA）"工艺具有只需在原有工艺基础上添加厌氧池，不需要再添加其他设备等优势，但代谢解偶联技术也存在一定的应用限制。

OSA工艺水力停留时间太长，厌氧段时间与好氧段时间划分有待进一步研究。若厌氧段时间过长，外加基质不足，系统进入内源呼吸阶段，导致微生物死亡与细胞分解，从而污泥产率降低等问题。"底物浓度／污泥浓度（高 S_o/X_o）"工艺目前还不能用于实际污水处理厂，因为其负荷比远高于实际污水处理厂的要求。

近年来，对于微型动物的选择有从原生动物到后生动物、由富集培养多种群动物到定向投加单一种群动物、由游离型动物到附着型动物的发展趋势。早期的研究中，往往使用游离型的原生动物和后生动物捕食污泥，这些动物可以在曝气池环境中生存、自发形成。这种自发形成的过程存在不确定性，微型动物的优势种类、爆发生长和消失无规律可循，并且游离型动物对水质和DO要求较高。自发生长的微型动物通常是多个种群同时出现，但处于同一个生境的这些种群的生物生态位存在重叠，因此，可能存在种间竞争。而又由于自发形成的小型游离动物尺寸过小，甚至肉眼无法观察到，难以通过外界干预的手段控制污泥内部的种群数量，因此，应用这些微型动物实现捕食在实际应用上存在不足。

人工投加单一种类的大型蠕虫能够弥补这样的问题。这些蠕虫相对容易获得，所摄食的范围较广，能够附着生长，可以通过人工投加的方式控制种群数量。因此，通过在污泥系统中人工投加单一物种的大型后生动物附着型寡毛纲蠕虫以实现污泥减量是当前生物捕食技术的研究热点。

但是，蠕虫的稳定生长是生物捕食技术的最关键问题。由于研究周期长，蠕虫自身生理特性复杂，目前缺少围绕捕食污泥过程的蠕虫生长特性的系统研究；捕食污泥过程中蠕虫个体发育和种群特征并不明确，难以估计这些蠕虫在污泥中的生长稳定性；同时蠕虫捕食过程中存在复杂的物质变化，如重金属的迁移，营养物质的释放，污泥理化性质、生物性质的改变等，这些变化的产生和对蠕虫生长、捕食污泥过程和环境的影响也都缺乏研究。因此，基于生物捕食的污泥减量技术还有待发展和完善。

6.2.21　臭氧氧化污泥减量技术

从臭氧氧化技术与传统活性污泥技术结合形成最初的臭氧氧化污泥减量技术开始，各国学者对该项技术的研究已有十几年，但是该技术还有许多不完善的地方需要改进和提高。归纳起来主要有以下三方面：

1）处理成本居高不下，臭氧的发生及污泥溶解液作为二次反应基质被微生物利用都需要增加动力消耗，相应的动力成本也增加，因此，降低处理成本，提高臭氧和污泥的反应效率是整个技术的关键问题。

2）出水水质还需要提高，污泥经臭氧氧化后，污泥菌体发生破碎，会使细胞壁等难生物降解的物质进入系统中，引起出水中有机碳和浊度升高，而且整个系统对营养物质（如氮、磷）的去除效果也不是很理想。

3）操作条件需要优化，目前对臭氧氧化污泥减量技术中涉及的各项操作条件，如臭氧的最佳投量、臭氧氧化污泥与回流污泥的最佳回流比、pH 值等，还没有达成统一共识，因此，如何进一步优化并规范系统的操作条件尚需深入研究。

不同污泥减量技术及其典型工艺比较见表 6-22。

不同污泥减量技术及其典型工艺比较 表 6-22

污泥减量技术	典型工艺		优点	缺点
解偶联技术	投加解偶联剂		对原有工艺改动很少，操作简单	污泥减量效果不稳定，耗氧量增加，微生物驯化作用可降低解偶联剂的效率，环境安全性不确定
	提高基质／微生物比值		不改变现有工艺流程	成本高，出水水质较差，对生活污水不适用
	提高供氧量		不改变现有工艺流程，操作简单	能耗极高
	好氧－沉淀－厌氧工艺(OSA)		对现有工艺改动较少，利于除磷菌生长，具有实用性	进水有机物浓度低时，减量效果不明显，水力停留时间长，低碳源污水脱氮效果差，能耗偏高
	投加限制性基质		不改变现有工艺条件，操作简单	适用范围窄，成本高，减量效果不确定
维持代谢技术	膜生物反应器、氧化沟、生物膜反应器等长泥龄污水处理工艺		泥龄长，负荷低，属污水处理新技术，与传统活性污泥法相比，污泥产量少	对现有工艺完全用不上，不适合旧厂改造，长泥龄维持技术缺乏
微型动物捕食技术	接种微型动物		成本低，无污染	易受环境影响，微型动物的培养与维持难以控制，对氮、磷没有作用
	生物相分离			
促进隐性生长技术	物理溶胞	超声波	对原有工艺改动很少，操作简单，易于管理，环境安全性好，效果突出	成本高，难以规模化
		微波		
		碾磨器、高速搅拌器加热、冰冻和熔化等		
	化学溶胞	臭氧	简单、高效、无二次污染	成本高
		过氧化氢	成本较臭氧低	效果不如臭氧，残留过氧化氢需处理
		酸、碱	无须改动原有工艺，操作简单，易于管理	对设备要求有防腐措施，成本高，对残留物需后续处理
	生物溶胞	添加酶制剂	对原有工艺改动很少，操作简单，易于管理，环境安全性好	需多次投加，成本特别高

6.3 技术发展及资源化应用

6.3.1 好氧消化工艺及设计

20世纪60年代，美国进行了自动升温高温好氧消化工艺（ATAD工艺）的研究，其设计构思来自堆肥工艺，故又被称为液态堆肥。自从欧美各国对处理后污泥中病原菌的数量有了严格的法律规定后，ATAD工艺因其较高的灭菌能力而受到重视。

ATAD工艺中，依靠VSS的生物降解产生热量，以致将反应器的温度升高到高温范围内。大多数生物反应系统中，增加温度意味着增加反应速率，这样便可以减少反应器容积，反应速率和温度的关系可由下式表示：

$$k_{T1} = k_{T2}\Phi_1^{T_1-T_2}$$ (6-13)

式中： k_{T1}，k_{T2}——温度为T_1、T_2的反应速率；

Φ_1——常数，一般为$1.05 \sim 1.06$。

$$k_{T1} = k_{T2}\left(\Phi_1^{T_1-T_2} - \Phi_2^{T_1-T_3}\right)$$ (6-14)

式中： T_3——抑制出现的温度上限；

Φ_1，Φ_2——增加速率和降低速率的温度指数。

一个成功的ATAD工艺设计，需提供性质适宜的进料，保证自热平衡反应的合适环境，以及处理后污泥的冷却。

1. 预浓缩系统

预浓缩可采用重力或机械方法来实现。以最少的搅拌能耗达到有效的运行。通过ATAD工艺进料前的浓缩能达到至少3%的固体浓度。预浓缩池也可用作混合池，将初沉污泥与剩余污泥混合。

2. 反应器

一个系统中通常至少有两个封闭的绝热的反应器，每个反应器都应包括搅拌、曝气和泡沫控制设备。单级系统能达到与多级系统相似的VS去除率；冷却系统以序批式操作，由于存在短流的可能，单级系统病原体的去除率比较低，三级和四级系统可灵活用于附加过程，产气排放至除臭系统。

3. 后冷却及浓缩

ATAD工艺过程之后，有时需冷却达到有效浓缩和提高上清液质量的双重目的。一般推荐的冷却时间为20 d。

4. 进料特征

进料特征对ATAD工艺系统的成功运行甚为关键。一般初沉污泥和剩余污泥都可以送入ATAD工艺系统，有些设施仅仅投配剩余污泥。污泥进入ATAD工艺系统之前，最好先加以混合。

污泥的最小投配浓度为3%，变化范围为4%～6%，建议COD浓度不低于40 g/L。污泥浓度低于3%，含有大量水分，难以达到自热平衡的条件。浓度高过6%，又很难有效地搅拌和曝气。

在欧洲，预浓缩一般以重力方式在初沉池内或独立的重力浓缩池内完成。其他浓缩设备如旋转格栅、溶气气浮设备或重力带式浓缩池，也都可以使用。

进料必须至少包含 25 g/L 的 VS 和 40 g/L 的 COD，以便达到自热平衡。进料来自初沉池，F/M 比值很低（0.1 ~ 0.15）的污水污泥仍然适合 ATAD 处理过程，但必须保持不超过 15 d 的 SRT，才能保证曝气系统的 VS 发生最低程度的内源呼吸。

ATAD 工艺系统可以允许进料污泥 F/M 之比很低，但要求很高的进料浓度。如果污泥热值较低，在反应器内要求有外加换热器进行加热。

不论是原生污水还是污泥都必须经过细格栅处理，栅条间隙 6 ~ 12 mm，除去惰性物质塑料以及来自反应池的碎屑。在使用换热器的场合，破碎方法也可以使用，是预分设备良好的补偿方法。有效去除水中的砂粒，有助于减少曝气设备的磨损和抑制反应器内砂粒的累积。

5. 停留时间

通过早期（1972 年）的试验证实，与普通好氧消化相比，要达到类似的污泥稳定程度，ATAD 工艺过程操作温度高于 45℃，HRT 不超过 5 d，按照病原菌去除要求，德国设计标准 HRT 是 5 ~ 6 d。文献报道的停留时间 4 ~ 30 d 不等。

6. 进料循环

ATAD 工艺系统可采用连续进料和间歇批量进料方式。连续进料方式，污泥以连续或半连续方式进入第一反应器。第一反应器内，污泥允许溢流至第二反应器，以及从第二反应器流进储存池。如果使用的是吸气式曝气器，必须保持反应器内物料高度恒定，以使曝气器始终浸没于其中。

间歇进料方式，一般设计在 1 h 之内向反应器加入 1 d 所需的体积。间歇进料每天为去除病原菌预留了 23 h 的停留时间。

7. 曝气和搅拌

ATAD 工艺系统能否高效运行关键在于曝气和搅拌。高效的曝气和搅拌设备要求满足工艺需氧量，由反应器排出空气带来的热损失要扣除，为达污泥完全稳定，须充分搅拌。

用于 ATAD 工艺系统的曝气搅拌设备有吸气式曝气器、组合式循环泵／文丘里管、涡轮和空气扩散器等，使用最多的设备是吸气式曝气器。一般在每只反应器的边壁上安装至少 2 只曝气器。更大的装置可能增加第三只安装在中央的曝气单元或者沿切线安装的曝气单元。曝气器的安装角能促使反应器由内流体造成的垂直向下的搅拌和水平旋流。

沃林斯基（Wolinski）报道过，经压力调节器和气体流量计送入文丘里管的压缩空气有空气和纯氧两种，但空气比氧气更为高效。使用空气时，氧利用率达 100%，而使用纯氧时，氧利用率只有 50% ~ 90%。厚厚的泡沫"盖"能改善空气利用。使用纯氧时，泡沫层散开，氧利用率下降。所以，泡沫层与氧气利用存在内在联系。

使用泵式搅拌机磨损很高，而且有可能导致泵堵塞，故泵内需衬合金。美国哈特斯勒（Haltwhistle）的 ATAD 厂应用了一个类似的文丘里管装置，尽管使用了破碎装置，仍难避免因砂对泵的磨损（除砂不良）和泵堵塞造成的操作难度。

不列颠哥伦比亚的吉布桑（Gibsons）每一个反应器备有一个 7 kW 变速循环泵和文丘里管，功率为 675 W/m³，污泥流动的能耗是 290 MJ/m³。与吸气式曝气器相比，高功率可以具有强烈的冲刷作用，能够在 3 d 内使反应器温度自 15℃ 上升到 65℃。

不列颠哥伦比亚维斯勒（Whistler）的 ATAD 系统运行功率为 $100 \sim 120 \text{ W/m}^2$，但它通过一个循环泵的变频驱动单元，能够在进料较冷和启动温度较低时，提供高达 250 W/m^3 的功率。

以污泥泵取代之后可以防止发生堵塞。在较高的操作温度，低碳钢会在循环过程中发生腐蚀，造成磨损，因此，要求采用抗腐蚀的搅拌机和涡形的泵衬里。

8．温度和 pH 值

典型的二级 ATAD 工艺系统第一反应器操作温度 $35 \sim 50℃$，第二反应器操作温度 $50 \sim 60℃$。第二反应器平均设计温度为 $55℃$。

进料过程中，第一反应器会出现温度下降，下降幅度与进料及其温度有关。如果使用的是吸气式曝气装置，一般恢复速度是 $1℃/\text{h}$。实际温度恢复速度依赖于进料特点、入口温度、功率以及曝气器的效率。为了避免产生生物适应性的问题，第一段反应温度下降不允许低于 $25℃$。

一般不需要控制 pH 值来调节系统运行。德国的经验表明，进料 pH 值为 6.5，第一反应器的 pH 值就接近 7.2，而到达第二反应器之后就达到了 8.0。

9．泡沫控制

泡沫控制在 ATAD 工艺过程有着重要的作用。泡沫层会影响氧传质效率，增进生物活性。若不加以控制，会形成超厚、棕色的泡沫层，结果是泡沫从反应器中流失。高效运行有必要控制泡沫让其适度增长。

装置可以设计 $0.5 \sim 1.0 \text{ m}$ 的超高作为泡沫增长及控制的空间。

控制是指将大气泡破碎变成小气泡，形成稠密的泡沫层。通过固定在一定高度的机械式水平杆削泡刀来实现，电机四周用空气冷却，以延长电机寿命。控制泡沫的方法还有垂直式搅拌机和喷洒系统。方法的选择取决于反应器几何特性和搅拌方式。化学消泡方法也有使用。

10．后浓缩和脱水

冷却和浓缩至少需要 20 d 的停留时间。然而在有换热器对出料污泥吸热的这些 ATAD 工艺装置的后冷却和浓缩池的尺寸只需容纳 $1 \sim 3 \text{ d}$ 的量。许多德国设施使用不搅拌、不曝气的顶部开放、具有洒水能力的混凝土池。出 ATAD 系统的生物污泥一般重力浓缩至 $6\% \sim 10\%$ 的含固率，据报道，部分装置达到 $14\% \sim 18\%$ 的含固率。

在加拿大邦伏阿伯塔（Banff Alberta），HRT 为 5 d，后浓缩池加盖以防臭味。然而，夏天污泥冷却至 $45 \sim 55℃$，会导致脱水过程有机药剂耗量很高。

不列颠哥伦比亚的雷迪史密斯（Ldysmith），建造了 HRT 为 10 d 的加盖的储存池；而且发现，来自 ATAD 工艺系统的污泥脱水性能最好。维斯勒使用换热器将消化后污泥冷却至 $35℃$，用于加热进料污泥，在 $35℃$ 以下，脱水有所改善。

有关出 ATAD 系统污泥脱水性能的数据非常有限。然而可得到的数据表明，其脱水与厌氧消化后污泥类似。

11．结构特点

在德国，ATAD 工艺反应器一般建造成具有环氧树脂壳层的圆柱形，钢制扁平底的池体。池顶和边壁绝热采用 100 mm 涂有聚亚氨酯的矿质木材。池底板采用泡沫板绝热，绝热保护采用铝质或钢制的护套。入口预留在反应器顶部。整个反应器建在地面上，下有混凝土基础。

　　一般曝气器的高深比是 0.5 ～ 1.0，具体比例依据达到良好搅拌而使用的曝气器形式而定。就反应要求而言，换热器不是必需的，但由于能量回收和在第一反应器之前对进料预热的需要，换热器结合在某些装置中。据文献报道，可以回收 50 ～ 70 MJ/m³ 的能量。热交换是通过安装在反应器壳层的换热器以污泥冷却或水冷却的方式完成的。在不列颠哥伦比亚萨蒙阿姆(Salmon Arm)，加热浓缩构筑物的热量回收速度是 1.2 J/s。

6.3.2　污泥热处理调理技术应用

　　除了少量尺寸较大的固体悬浮杂质外，污水处理厂产生的污泥中固体物质主要是胶质微粒，其与水的亲和力很强，可压缩性和过滤比阻抗值均较大。一般认为，对比阻抗值在 0.1×10^9 ～ $0.4 \times 10^9 \mathrm{s}^2/\mathrm{g}$ 的污泥进行机械脱水较为经济。但通常各种污泥的比阻抗值均大于以上比阻抗值范围的最大值，因而，过滤脱水性能较差，浓缩和脱水非常困难。

　　而在污泥浓缩和脱水前，通过采取各种措施对污泥进行预处理可以改变污泥的结构，调整污泥胶体粒子群的排列状态，克服存在于其间的典型排斥作用和水合作用，从而增强污泥胶体粒子的凝聚力，并减小其与水的亲和力，增大颗粒粒度，进而改善污泥的沉降性能以及脱水性能等物化特性，提高后续的污泥浓缩和脱水效果，这个过程称为污泥的调理或调质。

　　进行污泥热处理调理的原理是，污泥中的固体颗粒由亲水性胶体粒子组成，其内部含有大量的水分，通过对污泥加热可加速粒子的热运动，提高污泥胶体粒子之间的碰撞和结合频率，增加胶体粒子间相互凝聚概率，而且加热破坏了污泥胶体结构，进而失稳，释放出大量内部结合水，同时实现污泥粒子的凝聚沉淀，改善污泥脱水性能，提高污泥可脱水程度。

　　另外，污泥中的糖类和脂类等有机物在通常情况下较容易降解，而受到细胞壁保护的蛋白质却不能参与酶水解。但是，热处理会使污泥细胞体在受热的条件下膨胀而破裂，形成细胞膜碎片，同时释放出胞内蛋白质、胶质和矿物质。热处理对于脱水性能很差的活性污泥效果尤其显著。对热处理污泥进行机械脱水后，泥饼含水率可降至 30% ～ 45%，泥饼体积减小为单纯施以浓缩和机械脱水得到泥饼的 1/4。Haug 等的研究表明，相对于无前处理过程的常规消化法，预先经过热处理的污泥再经消化作用，其能量能够减少 25%。

　　在污泥的焚烧与堆肥处置中，热处理比加药处理更为适合。该法适用于初沉池污泥、消化污泥、活性污泥、腐殖污泥及它们的混合污泥。污泥热处理法的主要缺点是，污泥分离液浓度很高，回流处理将大大增加污水处理构筑物的负荷，有臭气，设备易腐蚀，需要增加高温高压设备、热交换设备及气味控制设备等，费用很高，这些条件通常限制了热处理法优点的充分发挥，因此难以普及。

　　污泥热处理法主要分为高温法和低温法两种。其中，高温热处理是指污泥在 1.8 ～ 2.0MPa 的压力条件和 180 ～ 200℃ 的高温条件下加热 1 ～ 2 h，使其胶体结构遭到破坏，细胞内水分释放，从而达到改善污泥脱水效果的目的。对预先经过高温热处理的污泥进行浓缩，其含水率可降低至 90% 以下，如果再通过机械脱水方法进一步处理，含水率可降低到 45% ～ 55%。但高温能耗较高，加热处理会导致臭气问题的加剧，增加了尾气处理的技术难度。会使污泥中的有机物质溶出，进而导致分离液 COD、BOD 浓度升高，色度大，使后续的分离液处理过程提高了复杂程度和处理费用。

而低温热处理对温度的要求较低，一般控制在 135 ~ 165℃，不得高于 175℃。采用低温热处理方法时，有机物含量在 50% ~ 70% 效果较好。较之高温热处理法，污泥采用低温热处理时，能耗较低，且分离液中 BOD 浓度较低，一般低 40% ~ 50%。锅炉容量可减少 30% ~ 40%。污泥经热处理后，不仅脱水性能得以有效改善，臭味和色度明显降低，污泥中可溶性物质的含量也有所提高，有利于污泥消化过程的进行。但当温度升至 175℃ 以上时，将会引起热处理设备的结垢，导致传热效率降低。

污泥处理可以采用"热水解 + 厌氧消化 + 板框脱水"工艺，可以实现污泥"稳定化、减量化、无害化、资源化"的"四化"处理要求，体现"低碳、生态、高效、先进"的设计理念。

该工艺可以提高有机物的分解率，达到 46% ~ 52%，污泥产量减少。污泥中可分解、易腐化物质数量减少，使污泥性质稳定，为后续处置提供多种可能途径，例如用于堆肥、移动式森林营养土。产气率有较大提高，传统厌氧消化产气量 230 m³/tDS 左右，该工艺可以达到 280 ~ 320 m³/tDS，提高 22% ~ 39%。

污泥经热水解高温（180℃）后，杀死病原菌以及其他有害微生物，实现无害化。卫生学指标达到欧盟 A 级标准。产生沼气可以作为燃料用来烧锅炉、发电等，回收资源，除锅炉用沼气外，剩余沼气每天发电量可满足本工程用电量的 40% 左右。

厌氧消化罐可以采用圆柱形钢制，可以很好地解决大容积污泥搅拌不均的难题。同时，与同等容积的钢混凝土结构相比，施工简单，现场组装，施工周期短，为钢混凝土结构 1/3 的施工时间。

热水解产生的污泥脱水滤液 COD 难以降解，可以采用多级"电动系统 + 高级氧化池 + 生物活性炭"工艺，进水 COD 由 3000 mg/L 降至 100 mg/L。

6.3.3 中温厌氧消化技术应用

1. "高负荷中温厌氧消化 + 板框脱水 + 热干化"处理工艺

污泥处理工艺可以采用"高负荷中温厌氧消化 + 板框脱水 + 热干化"处理工艺。污泥水可以采用国际领先水平的磷回收（鸟粪石）除磷技术及厌氧氨氧化脱氮技术，体现能源的循环利用。

高负荷中温厌氧消化池的特征是进料含固率高，具有加热和搅拌装置，进料速度稳定，消化稳定性高。高负荷消化池的消化时间为 10 ~ 15 d，约为常规中温厌氧消化时间的 1/3，固体负荷提高 4 ~ 6 倍，通过合理的设计和操作，消化池容积可减少 30%。

该工艺通过高负荷厌氧消化、高干脱水及热干化实现了污泥的稳定化、减量化、无害化，处理后的污泥可以作为绿化土、土地改良土等，最大限度地实现污泥的资源化，使污水产生的污泥最终回归土地。

高负荷中温厌氧消化罐可以通过将消化污泥浓度由 5%DS 提高到 10%DS 来节省热能的消耗；18 ~ 22 bar 高效脱水板框机，采用逐级加压的脱水方式，在不加石灰只投加 PAM 及少量铁盐的情况下，可以实现脱水后污泥含固率大于 35%。与其他高干度脱水机可达到的最低含水率 70% 相比，可减小干化工段蒸发水量约 57 t/d，每天可节省沼气量约 8172 Nm³/d，相当于总产气量的 23% 左右。

热干化为本工艺流程的最大耗能单元,在设计中,可以考虑尾气热量的热回收,回用于消化池保温、污泥预加热调质和厌氧氨氧化污水加热,节约其综合能耗。

采用水源热泵的方式回收污水处理出水(约 30℃)对厌氧氨氧化工艺级进水进行加热,回收热量可以节省电耗约 $1000\,kW \cdot h/h$,与热干化回收的废热一起保证污水厌氧氨氧化工艺对水温的要求。

2. "热水解 + 中温厌氧消化 + 热干"工艺

污泥处理也可以采用"热水解 + 中温厌氧消化 + 热干"工艺,污泥消化产生的污泥气可以用于污泥干化,污泥干化的余热经能量回收装置回收用于污泥消化,实现污泥干化的能量平衡,不需要外加热源,节约天然气。采用生物脱硫技术,将污泥气中的 H_2S 还原为单质硫,可以每天回收硫污泥。

采用国际先进的污泥热水解处理工艺,可以增加厌氧消化的沼气产率,同时降低脱水污泥的含水率,减少后续处理的能耗;污泥中温厌氧消化产生的沼气通过沼气锅炉产生蒸汽,为热水解系统提供热量,同时多余沼气用于发电,供厂内使用,可以实现资源的循环利用。

产生的生物碳土,富含有机物、氮、磷等营养元素,用于林地抚育、土壤改良、苗圃种植、沙荒地治理、矿山修复等领域。热水解厌氧消化系统年产沼气,可用于厂区发电、供暖,实现部分能源自给。

6.3.4　生物沥浸法污泥深度脱水技术应用

污泥处理还可以综合采用"生物沥浸法改性 + 板框压滤机深度脱水 + 外运焚烧处置"组合工艺,脱水后污泥含水率稳定在 60% 以下。

污泥经生物沥浸技术改性后,无须再添加任何药剂即可有效实现污泥深度脱水,且不影响泥饼有机质和热值,处理后污泥饼可进行资源化利用,除臭和杀灭病原菌效果也极显著,必要时,还可以脱出污泥中 80% 以上的重金属。

生物沥浸法污泥深度脱水是新型微生物污泥处理技术,主要工作原理是,通过耐酸性异氧菌的代谢作用,快速降解污泥中对嗜酸性自养菌有毒害和抑制作用的小分子水溶性有机物,使嗜酸自养菌能更高效地利用市政污泥微生物营养剂中的能源物质,合成自身细胞结构的营养元素,通过微生物作用,打破原始污泥稳定结构,使得污泥部分结合水向自由水转变,改善污泥的沉降和脱水性能,从而在不外加任何絮凝剂(PAM)的情况下,经板框压滤机脱水后的污泥含水率降至 60% 以下。

南宁江南污水处理厂曾做过中试试验,原污泥经生物沥浸、板框压滤深度脱水后含水率均可稳定在 60% 以下,泥饼呈土黄色,基本无臭味,有机质含量基本不变,为污泥进一步资源化和处理提供较好条件。

6.3.5　沼气系统

污泥中的有机物厌氧消化后主要产物是沼气。空气中沼气含量达到一定浓度会具有毒性,沼气与空气以 1 :(8.6 ~ 20.8)(体积比)混合时,如遇明火会引起爆炸。

对于含水率 97% 左右的投入污泥，厌氧消化每千克有机物产气量 350 ~ 550 L，沼气产量为 7 ~ 10 倍投入污泥量。沼气的成分因污泥的消化状态不同而异，一般沼气中甲烷体积占比 50% ~ 65%，二氧化碳 30% ~ 35%，氢 0 ~ 2%，氮 0 ~ 6%，硫化氢 0.01% ~ 0.02%。

6.3.5.1 沼气系统组成

污泥厌氧沼气系统一般包括沼气收集净化储存系统、沼气搅拌系统、沼气利用系统和废气燃烧系统。为了安全可靠地使用沼气，污水处理厂除了保证污泥消化系统的正常运转，还要顺利完成沼气的收集、输送、储存和脱硫等。

1. 沼气收集

消化池中产生的气体从污泥表面挥发出来聚集于消化池顶部集气罩中。保持消化池池顶的气密性，不得从消化池的缝隙中漏出气体，因此，混凝土的接缝必须进行特殊处理。池顶的入孔、管件等钢制部件要完全密封，并必须在浇灌混凝土之前预埋，以防气密性能不好。

沼气为湿态气体，含有腐蚀性强的硫化氢，为了防止腐蚀，在污泥泥位以上的消化池内壁应结合紧密，以免脱落失去作用。

气体的捕集应考虑污泥的投加与消化污泥的排除，以及由于脱离液排出引起的产气量与气压的变化。

2. 沼气输送

由于气体的腐蚀作用，虽然消化池出来的气体压力很低，也应使用管壁较厚的钢管。焊接处必须涂上耐腐蚀沥青进行防腐。

从安全方面考虑，气罐出口侧的气管管径以气体流速 3 ~ 5 m/s 来确定。

3. 沼气储存

由于污泥消化过程中产气量和沼气用户的用气量不相等，必须设置储气装置——储气罐。储气罐的容量，根据处理厂的日产气量规模和沼气的日用气量来决定。

对于用气量变化，通常只做白天调整，储气量一般为日产气量的 25% ~ 40%。大型污水处理厂可设置储存 25% 日产气量的储气罐，小型污水处理厂可设置储存 40% 日产气量的储气罐。

储气罐分有水式和无水式。有水式是用水切断沼气的方式，无水式是用橡胶等密封切断沼气的方式。储气罐分低压式和中压式，气罐内压力为 1.96 ~ 3.92 kPa。

4. 脱硫装置

消化气中的硫化氢浓度一般为 100 ~ 200 mg/L，根据处理的状况不同，也有达到 400 ~ 600 mg/L。硫化氢是腐臭味显著的无色气体，相对密度为 1.2，毒性强。特别是在潮湿状态下，硫化氢浓度达 600 mg/L 时，就会迅速腐蚀金属。另外，硫化氢燃烧时会产生腐蚀性很强的亚硫酸气体。因此，沼气一般应进行脱硫处理。

脱硫可采用湿法工艺，采用二级逆流式洗涤吸收塔，每去除 1 kg H_2S 需要 4 ~ 8 kg Na_2CO_3，用药量与沼气湿度有关。脱硫也可采用氧化铁干式吸附法。

脱硫目标是控制硫化氢浓度在 50 mg/L 以下。一般，让消化气通过碱洗涤或脱硫剂，可使消化气硫化氢含量在 20 mg/L 以下。

硫化氢在潮湿状态下的腐蚀性比干燥状态下强烈，应尽量用沉淀物捕集器去除消化气中的水滴，或者迅速地排出气体配管内的冷凝水。

6.3.5.2　沼气系统主要设备

1. 沼气储气罐

1）双膜干式球形沼气储气罐

采用沼气专用膜材，具有良好的耐老化、抗甲烷渗透性能，适用于各种类型的沼气工程。双膜沼气罐外形为 3/4 球体，由钢轨固定于水泥基座上。主体由特殊加工聚酯材质（主要成分为聚偏氟乙烯 PVDF 和特殊防腐蚀配方）制成，罐体由外膜、内膜、底膜及附属设备组成，具有抗紫外线及各种微生物的能力，高度防火。

内膜和底膜之间形成一个容量可变的气密空间用作储存沼气，外膜构成储气罐的球状外形。利用外膜进气鼓风机恒压，当内膜沼气量减少时，外膜通过鼓风机进气，保持内膜沼气的设计压力，当沼气量增加时，内膜正常伸张，通过安全阀将外膜多余空气排出，使沼气压力始终恒定在一个需要的设计压力。

可调节膜式沼气储气罐的保温原理：在内外膜之间充入空气，能有效阻挡外界冷空气进入。

2）湿式沼气储气罐

低压湿式储气罐是可变容积的金属罐，它主要由水槽、钟罩、塔节以及升降导向装置所组成。

当沼气输入气罐时，放在水槽内的钟罩和塔节依次（按直径从小到大）升高；当沼气从气罐内导出时，塔节和钟罩又依次（按直径从大到小）降落到水槽中。适用于大中型沼气站气体储存。

2. 沼气脱硫净化装置

1）干法脱硫

干法脱硫是使硫化氢氧化成硫或硫氧化物的一种方法，又称为干式氧化法。干法脱硫设备的构成是，在一个容器内放入填料，填料层有活性炭、氧化铁等。

气体先经过过滤器，再以低流速从一端经过容器内填料层，硫化氢氧化成硫或硫氧化物后，余留在填料层中，净化后气体从容器另一端排出。过滤器的作用是去除悬浮颗粒。在常温常压下，进行如下反应：

脱硫过程：$Fe_2O_3 \cdot H_2O + 3H_2S \longrightarrow Fe_2S_3 \cdot H_2O + 3H_2O$

脱硫剂再生：$2Fe_2S_3 \cdot H_2O + 3O_2 \longrightarrow 2Fe_2O_3 \cdot H_2O + 6S$

脱硫塔用不锈钢制作，直径：高度 =1：（5～6），脱硫剂填充料为 700～800 g/L，孔隙率 45%～60%，沼气空床流速 2～3 m/min，一般用两个脱硫塔。

沼气内含一定水分，故脱硫与再生同时进行。随着运行时间的延长，脱硫剂表面沉积单体硫，影响效果时，可停止进沼气，通入空气进行再生。

干法脱硫结构简单，使用方便；工作过程中无须人员值守，定期换料，一用一备，交替运行；新原料时脱硫率较高，后期有所下降；与湿法相比，需要定期换料；运行费用偏高。

2）湿法脱硫

湿法脱硫有物理吸收法、化学吸收法和氧化法三种。

物理和化学方法存在硫化氢再处理问题，氧化法是以碱性溶液为吸收剂，并加入载氧体为催化剂，吸收硫化氢，并将其氧化成单质硫，碱性溶液有氢氧化钠、氢氧化钙、碳酸钠、硫酸亚铁等。成熟的氧化脱硫法，脱硫效率可达 99.5% 以上。

湿法脱硫工艺主要由吸收塔与再生塔组成。

吸收塔的作用：用浓度 2% ～ 3% 的碳酸钠溶液作为吸收剂，吸收沼气中的硫化氢，碳酸钠溶液从塔顶喷淋向下与沼气进行逆流吸收。反应如下：

$$Na_2CO_3 + H_2S \longrightarrow NaHS + NaHCO_3$$

再生塔的作用：吸收硫化氢以后，在再生塔内被氧化成单体硫，碳酸钠得到再生，反应如下：

$$NaHS + NaHCO_3 + \frac{1}{2}O_2 \longrightarrow Na_2CO_3 + H_2O + S$$

碳酸钠可重复使用。

湿法脱硫设备可长期不停地运行，连续进行脱硫；用 pH 值来保持脱硫效率，运行费用低；工艺复杂，需要专人值守；设备需保养。

在大型脱硫工程中，一般先用湿法进行粗脱硫，之后再通过干法进行精脱硫。

6.3.6　污泥流化床干化技术

1．技术原理

湿分以松散的化学结合或以液态溶液存在于固体中或积集在固体的毛细微结构中。而干燥过程就是将热量加于湿物料并排出其挥发湿分（一般是水），从而获得一定湿含量固体产品的过程。

对湿物料进行热力干燥时会发生两个过程。

过程一：能量（一般为热量）从周围环境传递至物料表面，使湿分蒸发。

过程二：内部湿分传递到物料表面，随后通过过程一而蒸发。

干燥时，以上两个过程相继发生，并先后控制干燥速率。在大多数情况下，热量先传到湿物料表面，然后传入物料内部，但是介电、射频或微波干燥时，供应的能量在物料内部产生热量后传至外表面。干燥速率由以上两过程中较慢的一个速率控制。热量从周围环境传递到湿物料的方式有对流、传导或辐射，而干燥机在形式和设计上的差别就与采用的传热方法有关。在某些情况下由这些传热方式联合作用。

2．技术分类

按被干燥的物料可分为粒状物料流化床干燥机、膏状物料流化床干燥机、悬浮液和溶液等具有流动性物料流化床干燥机。

按操作情况可分为间歇式流化床干燥机和连续式流化床干燥机。

按设备结构形式可分为单层流化床干燥机、多层流化床干燥机、卧式多室流化床干燥机、喷动床干燥机、振动流化床干燥机、脉冲流化床干燥机、惰性粒子流化床干燥机、锥形流化床干燥机。

3．技术特点

1）温度分布均匀，由于流化床内温度均一，避免了局部过热，并能自由调节，故可得到均匀的干燥产品。

2）传递效果好，由于与物料的接触面积大，同时物料不停搅拌，热传递迅速，所以处理能力强。

3）滞留时间可调节，由于滞留时间可在几分钟到几小时范围内任意选定，可以按需调节，控制物料的含水率。

4）处理容易，因流化床具有相似于液体的状态和作用，所以处理容易，物料输送简单。

5）设备结构简单，便于制造和维修，并易于根据工程实际进行放大；

6）同一设备内，既可进行连续生产操作，又可进行间歇生产操作。

4. 干燥机的设计

干燥机的设计是在设备选型和确定工艺条件基础上，进行设备工艺尺寸计算及其结构设计。不同物料、不同操作条件、不同形式的干燥机中气固两相的接触方式差别很大，对流传热系数 a 及传质系数 k 不相同，目前还没有通用的求算 a 和 k 的关联式，干燥机的设计仍然大多采用经验或半经验方法进行。

设计方案包括干燥方法及干燥机结构形式的选择、干燥装置流程及操作条件的确定。确定设计方案时应遵循如下原则：满足生产工艺的要求，要有一定的适应性，保证产品质量能达到规定的要求，且质量稳定。装置系统能在一定程度上适应不同季节空气湿度、原料含湿量、颗粒粒度的变化；经济上的合理性，使得设备费与操作费总费用降低；安全生产，注意保护劳动环境，防止粉尘污染。

干燥机主体设计包括工艺计算、设备尺寸设计。各种结构形式的流化床干燥机的设计步骤和方法基本相同。

干燥机的设计依据是物料衡算、热量衡算、速率关系和平衡关系四个基本方程。设计的基本原则是物料在干燥机内的停留时间必须等于或稍大于所需的干燥时间。

干燥机操作条件的确定与许多因素（如干燥机的形式、物料的特性及干燥过程的工艺要求等）有关，并且各种操作条件之间又是相互关联的，应予以综合考虑。有利于强化干燥过程的最佳操作条件，通常由试验测定。干燥操作条件的选择原则如下。

1）干燥介质的选择

干燥介质的选择，决定于干燥过程的工艺及可利用的热源，基本的热源有热气体、液态或气态的燃料以及电能。

此外，干燥介质的选择还应考虑其经济性及来源。在对流干燥中，干燥介质可采用空气、惰性气体、烟道气和过热蒸汽。热空气是最廉价易得的热源，但对某些易氧化的物料或从物料中蒸发出的气体易燃、易爆时，则需采用惰性气体作为干燥介质。由于烟道气温度高，故可强化干燥过程，缩短干燥时间，适用于高温干燥，但是被干燥的物料需要满足耐污染且不与烟气中的 SO_2 和 CO_2 等气体发生作用的要求。

2）流动方式的选择

气体和物料在干燥机中的流动方式一般可分为并流、逆流和错流。并流方式中，物料的移动方向与介质流动方向相同。物料一进入干燥机就与高温、低湿的热气体接触，传热、传质推动力都较大，干燥速率也较大。但沿着干燥机内物料的移动方向，干燥推动力下降，干燥速率降低。由于并流时前期干燥速率较大，而后期干燥速率较小，难以获得含水量很低的产品，因此，适用于当物料含水量较高时允许进行快速干燥而不产生龟裂或焦化，或干燥后期不耐高温即干燥产品易变色、氧化或分解的情况。

逆流方式中，物料移动方向和介质流动方向相反，整个干燥过程中的干燥推动力变化不大，适用于在物料含水量高时不允许采用快速干燥，或在干燥后期物料可耐高温，或要求干燥产品的含水量很低的情况。若气体初始温度相同，并流时物料的出口温度比逆流时低，被物料带走的热量就少，就干燥经济性而论，并流优于逆流。

错流方式中，干燥介质与物料间运动方向相互垂直。各个位置上的物料都与高温、低湿的介质相接触，因此干燥推动力比较大，而且该方式中还可采用较高的气体流速，所以干燥速率很高，适用于物料无论在高或低的含水量时都可以进行快速干燥且可耐高温或因阻力大或干燥机构造的要求不适宜采用并流或逆流操作的情况。

3）干燥介质进入干燥机时的温度

提高干燥介质进入干燥机的温度，可提高传热、传质的推动力，因此，在避免物料发生变色、分解等理化变化的前提下，干燥介质的进口温度可尽可能高一些。对于同一种物料，允许的介质进口温度随干燥机形式不同而异。

4）物料离开干燥机时的温度

物料离开干燥机时的温度，即物料出口温度 θ_2，与物料在干燥机内经历的过程有关，主要取决于物料的临界含水量值 X_c 及干燥第二阶段的传质系数。若物料出口含水量高于临界含水量值 X_c，则物料出口温度 θ_2 等于与它相接触的气体湿球温度；若物料出口含水量低于临界含水量值 X_c，则值越低，物料出口温度 θ_2 也越低；传质系数越高，θ_2 越低。目前，还没有计算 θ_2 的理论公式。有时按物料允许的最高温度估计：

$$\theta_2 = \theta_{\max} - (5 \sim 10) \tag{6-15}$$

式中：θ_2——物料离开干燥机时的温度（℃）；

  $\theta_{\max}$——物料允许的最高温度（℃）。

若 $X^* < 0.05\,\text{kg/kg}$ 绝干料时，对于悬浮或薄层物料可按下式计算物料出口温度：

$$\frac{t_2 - \theta_2}{t_2 - t_{w2}} = \frac{r_{tw2} - (X_2 - X^*) - c_s(t_2 - t_{w2})\left(\dfrac{X_2 - X^*}{X_c - X^*}\right)^{\frac{r_{tw2}(X_c - X^*)}{c_s(t_2 - t_{w2})}}}{r_{tw2}(X_c - X^*) - c_s(t_2 - t_{w2})} \tag{6-16}$$

式中：t_{w2}——空气在出口状态下的湿球温度（℃）；

  r_{tw2}——在 t_{w2} 温度下水的汽化热（kJ/kg）；

  $X_c - X^*$——临界点处物料的自由水分（kg/kg 绝干料）；

  $X_2 - X^*$——物料离开干燥机时的自由水分（kg/kg 绝干料）。

利用式（6-16）求物料出口温度时需要试差。

必须指出，上述各操作参数互相间是有联系的，不能任意确定。通常物料进出、口的含水量 X_1、X_2 及进口温度 θ_1 是由工艺条件规定的，空气进口温度 H_1 由大气状态决定，若物料的出口温度 θ_2 确定后，剩下的绝干空气流量 L，空气进出干燥机的温度 t_1、t_2 和出口温度 H_2（或相对湿度）这四个变量只能规定两个，其余两个由物料衡算及热量衡算确定，至于选择哪两个为自变量需视具体情况而定。在计算过程中，可以调整有关的变量，满足前述各种要求。

6.3.7　桨叶干燥机技术

桨叶干燥系统具备能耗低、安全可靠、灵活兼容度高、设备占地与投资省以及运行维护费用低等诸多优点，具体有以下方面。

桨叶干燥机的热效率高可达 90%，但能耗仅为气流干燥及旋转闪蒸干燥等热风型干燥机的 30%；桨叶干燥机在应用中灵活度高。实践证明，对于我国物化特性变化较大的市政污泥，桨叶干燥机依然具有高适应性；另外对于运行过程中频繁变化的复杂工况（黏度、含固率等）以及运行过程中出现的一些故障，桨叶干燥机也具有很高的兼容度；设备占地小，投资省；与其他污泥干燥工艺相比，桨叶干燥工艺附属设施设备少，系统布置集约化程度高，故占地面积小，有利于节省系统总投资；由于桨叶干燥工艺系统设计的集约化程度高，因此其尾气处理也很简单，进而节省了尾气处理费用。另外，桨叶干燥机部件生产容易，有些已经普及，维护费用可以接受与控制。

1. 溢流堰板的设置

物料在干燥机内从加料口向出料口的移动呈活塞流形式，要使物料获得足够的干燥时间，并且换热表面得到充分利用，必须使物料充满干燥机，即物料盖过桨叶的上缘。在干燥机启动运行时，预先设置溢流堰板的高度，待物料干燥从排出口排出后，对干燥后的物料进行确认，根据设计要求，对溢流堰板的高度也就是物料的停留时间进行调节，以达到工艺要求。

2. 加热轴类型

设备的加热介质既可以用蒸汽，也可用导热油或热水，但加热轴的结构会随着热载体相态的不同而不同。由于蒸汽具有释放潜热的特点，因此用蒸汽作为加热介质的热轴管径小，结构会相对简单；用热水或导热油作为加热介质的加热轴结构则比较复杂，因轴内热载体达到一定的流速和流量，轴径就要变大，旋转接头及密封的难度就越大。因此，通常采用蒸汽作为热载体。

另外，加热轴具有桨叶支撑、热流体输送、传热换热等多项功能，此外，还需克服物料的黏滞力搅拌，并输送物料，而这些都会造成物料与加热轴间的磨损。在设计时，既要保证其工艺需求，还要保证其力学性能。

3. 干燥时间

空心桨叶干燥机的物料停留时间可通过调节加料速率、转速、溢流堰板高度而设定在几十分钟到几小时之间的任意值。调节溢流堰是改变干燥机内污泥滞留量的主要方式。

4. 磨损

空心桨叶干燥机属于典型的传导接触型换热，而污泥中又含有磨蚀性颗粒，金属与磨蚀性颗粒进行反复、长期接触，对于空心桨叶干燥机，金属磨蚀是可以预见的。因此，要对易磨损的桨叶轴进行金属表面强化处理，常采用的方法有碳化钨热喷涂处理等，同时还要控制物料干化程度，尽可能减少污泥的过度干燥。

5. 换热系数

空心桨叶干燥机桨叶轴换热面与物料的径向混合充分，物料与换热面的接触频率较高，停留时间长，从而得到了较好的换热效果，综合换热系数可达到 80 ~ 300 W／（m² · K）。在污泥干化应用方面，换热系数会因污泥的特性和对干化产品工业含水率要求的不同而不同。

6．传热面积

热轴上的桨叶和主轴是主要加热面，换热面积占总换热面积的 70% 以上。在国内污泥干化领域，目前最大装机换热面积约 200 m²，蒸发能力为 3000 kg/h。

7．蒸发速率

传导型干燥机的蒸发能力一般以每平方米每小时的蒸发量来衡量，在理论上可达 $10 \sim 60 \, kg/(m^2 \cdot h)$。而在污泥干化实践中，根据世界上主要空心桨叶制造商的产品和业绩情况，空心桨叶干燥机的蒸发能力设计值一般在 $6 \sim 24 \, kg/(m^2 \cdot h)$，而处于 $14 \sim 18 \, kg/(m^2 \cdot h)$ 范围内的最多。

8．产品出口温度

污泥在干燥机内停留时间长，污泥在离开干燥机时的出口温度较高，一般为 $80 \sim 100℃$。由于物料温度高，产品在筛分以及输送（包括返混）过程中，需要考虑温度的因素。

9．桨叶顶端刮板

桨叶顶端刮板都是有公差间隙的，而污泥在一定含固率下又具有黏性，因此污泥在这些间隙之间可能造成粘壁。污泥在热表面上的任何黏结都将导致换热效率的降低，这就需要在桨叶顶端处设置刮板，以对黏结的污泥进行机械刮削，从而避免污泥垢层的加厚。

10．处理高含水率、高流动性脱水污泥时的操作条件

在处理高含水率、高流动性脱水污泥时，湿污泥进料须在干燥机已有一定量干"床料"的条件下才能进行，这样才能避免湿泥进去就流向出口侧不能充分干燥的问题。因此，典型的做法是，在干燥系统启动时，先加一定量的污泥之后，停止供泥，在之前加入的污泥干燥后，再连续供给污泥。

11．烟气循环控制

空心桨叶干燥机的传热和蒸发是靠热壁实现的，属于典型的传导型。由于干燥过程产生的水蒸气需要及时离开干燥机，且污泥干化产生恶臭，为防止臭气溢出而污染环境，需要采用抽取微负压的方式来实现。干燥机内抽出烟气经过洗涤塔去除所含水分后，返回干燥机内，控制干燥机的烟气进出量，使之达到负压，虽然从干燥机和回路的缝隙中（湿泥入口、干泥出口、溢流堰密封等）进入回路，但不会影响干燥机干燥性能。

6.3.8 污泥水热干化技术

水热干化技术是一种污泥处理领域的新型技术。利用水热干化技术能够破碎污泥中的细胞质，从而解决污泥难脱水的技术难题，同时还可以提高脱水泥饼的热值，水热干化还能够改善污泥厌氧消化性能，从而达到灭菌、分解有机物、降低污泥中有害物含量的目的。与其他技术相比，水热干化技术是一种低能耗、脱水效果好、环保的污泥干化处理技术，是国内污泥干化技术领域的重要发展方向，同时也是我国环保部门 2007 年推荐使用的污泥处理新技术。

水热处理后，污泥的物理结构发生了改变，由原来的多孔隙棉絮状结构变为排列整齐的海绵状结构，大幅改善污泥脱水性能，有利于水分的脱除。除改善脱水性能之外，水热反应还有灭菌除臭的效果，为反应生成物的资源化创造了条件。

北京京城环保股份有限公司自主研发了适合我国污泥处理处置的污泥水热干化系统，革新

污泥干化传统工艺，降低污泥干化耗能，使得干化处理后的污泥可作为 RDF 燃料进行再利用。

污泥水热干化工艺路线包含：蒸汽热解反应釜、板框压榨脱水、干燥段尾气处理系统、除臭系统和供热系统；处理后的污泥可以制作成 RDF 燃料或者直接送至流化床焚烧炉进行焚烧，或者进行填埋。

污泥泵将脱水污泥从污泥储仓输送至蒸汽热解反应釜中，与温度为 190℃的饱和蒸汽发生热解反应，热解时间为 30 min，2 h 内破坏污泥持水结构，改善污泥脱水性能，同时，还实现了污泥的杀菌消毒和除臭。反应蒸汽由 RDF 焚烧炉制取。

经水热反应的湿污泥通过机械脱水机脱水，污泥含水率可降至 40% 以下。由于经过水热干化处理，污泥已通过杀菌、除臭处理。再经机械脱水的处理后，污泥的脱水效果明显。经带式输送机输送至风干仓进行风干。污泥风干后的含水率可根据工程需要进行调节。风干后的污泥可以做填埋覆土、制作燃料棒以及直接送至流化床焚烧。

反应釜排出的乏蒸汽主要为水蒸气和还有少量的挥发性气体，直接排放对环境有一定污染，必须经过进一步的处理。故将反应釜排出的乏蒸汽先通过换热，再经过除臭处理后排放。

经机械脱水后的脱出液，由于经过水热反应处理后的污泥的持水结构发生改变，所以黏度降低，脱水性能获得改善。同时，大分子有机物被水解，降低了生物处理的难度。考虑可以通过高效厌氧对脱出液进行厌氧消化，利用 UASB 整套工艺进行处理，COD 去除率达 60%～80%。生物质能可以以沼气的形式被高效回收利用。再经过好氧处理后达标排放。

蒸汽热解反应釜的供气系统采用 RDF 锅炉，风干后的污泥，经 RDF 给料螺旋输送机输送至 RDF 锅炉进行焚烧；由水泵送至 RDF 锅炉的水制备的蒸汽由蒸汽管道输送至蒸汽热解反应釜中与污泥进行反应，达到资源的循环利用。RDF 锅炉中设有沼气喷枪，在 UASB 处理工艺过程中产生的沼气可以经喷枪喷入锅炉内进行焚烧利用，同时，锅炉设有天然气预留，供起炉时使用。污泥焚烧后，灰渣经炉底的落渣口收集，再进行填埋。

污泥水热干化工艺的控制参数有反应温度、反应压力、反应时间、反应泥质四项。

1）反应温度：水热干化反应系统中，反应温度对污泥的调质解调过程有决定性的影响，作为热源，蒸汽的工艺参数对水热干化反应起到了至关重要的作用。蒸汽的用途，一方面提供污泥干化的热源，保证反应温度；另一方面对干化后乏蒸汽的出口设备进行吹扫，以防止设备堵塞而造来反应容器压力骤升。工程应用上，一般反应温度在 170～220℃范围内取值，根据现场的变化而进行联动调整。

2）反应压力：污泥在反应设备中进行调质解调的过程中，为了保证反应的稳定及均匀性，需要保证反应容器维持稳定的压力和温度，一般工程运用上水热反应压力为 2.0～3.0 MPa。

3）反应时间：一般在工程运用上，设定污泥在水热反应设备中的停留时间为 0.5～1 h，以充分进行调质解调。

4）反应泥质：由于污泥成分的复杂性，不同地区的污泥泥质差异巨大，成分各异，在进行处理前需要做污泥的泥质分析工作，以确保系统的稳定以及后续烟气排放的处理。一般工程运用上，接收的来自污水处理厂的污泥含水量为 80%～84%，我国污泥普遍含砂量较高。

能源资源的短缺与价格不断上涨对污泥的处理处置形成刚性约束。尽管水热处理的反应温度高于蒸发干燥的温度，但由于水热干化通过采用蒸汽热解技术打破了污泥持水结构，所以污泥中水分自然蒸发速度加快，可通过自然蒸发使水分降至 20% 以下，改善了污泥的脱水性能，使得原来只能通过热力蒸发方式脱除的水分，其中超过 60% 的水分可以借助机械分离方式以液态形式脱除，从而可以用低能耗的机械脱水取代高能耗的热干化过程，使水分蒸发量较直接热干化法大幅减少，因此，水热干化工艺的总体能耗要远低于蒸发干燥工艺，进而大幅降低了污泥脱水能耗和污泥处理成本，这一点是水热干化技术实现系统节能的核心。从运行成本看，普通热力干化直接运行成本为 250 ～ 300 元 /t，而水热干化仅为 100 ～ 120 元 /t。

同时，污泥干化过程中必须减少对资源消耗的要求，而且不能为了污泥整体的减量消耗大量的能源，反而提高了二氧化碳的排放。在传统热力干化中，每蒸发 1 t 水需消耗 1 t 热值 5000 kcal 的原煤，约排放 2 t 温室气体。而水热干化是依靠污泥自身热量达到热平衡，避免了添加辅助燃料，减少了温室气体排放。

可见，水热干化污泥处理技术的经济适宜性较高。

6.3.9 薄层干化技术

薄层干化技术是干燥机利用薄膜的原理，在真空条件或在惰性气体中，通过干燥机中的旋转刮刀，将湿物质以薄膜形式分布于接触面，形成几毫米厚度的薄膜层，同时，使湿物质沿轴向前运动，完成湿物质干燥的过程。

薄层干化技术应用很广泛，在高真空条件或惰性气体条件下，从黏性物质（如污泥）的干燥到颗粒物的干燥。薄膜干燥机可以通过控制物料的停留时间以便适用于更多的物料，例如聚合物、颜料、金属氧化物和纤维素等。

涡轮薄层工艺是目前世界上唯一结合热传导和热对流两种热交换方式于一体，并且实现两种方式并重的干燥技术，可以获得最佳热能利用效率，是目前热能消耗最低的工业方案之一。蒸发每升水分仅需 680 ～ 720 kcal 的热量（含干化系统内的热损耗，不含热源系统转换的损耗）。而且还具有极高的换热比表面积，涡轮转子高速旋转产生的强烈涡流使湿物料得到均匀的搅拌，湿物料干燥是通过每个颗粒不断地与热壁短暂接触的过程中完成的，薄层使得湿物料的换热均匀、频繁，每个湿物料颗粒均获得极高的换热比表面积。通过对出口温度的控制，可完美实现对整个干燥过程的精确控制，干燥时间极短，湿物料颗粒的换热极为强烈和高效。同时，涡轮薄层工艺又避免了反复加热冷却的热损失，在绝大多数工艺应用中，由于避免了返混对大量干物料产品的反复加热冷却、采用了极少的工艺气体量、利用热传导和热对流结合的换热方式，高速完成整个干燥过程，而不造成系统内热介质的大量无谓热损失，因此，在整体性能上，较其他系统更为节能。

由于是热传导和热对流两种主要换热形式结合并重的工艺，热干化过程中采用 230 ～ 260℃ 的工艺气体，较一般的热对流系统减少 1/2 ～ 2/3。气体量低，意味着洗涤热损失减少。其工业可靠性高、回报快，且方案灵活性好，带来低成本。

涡轮薄层工艺是针对湿物料处理而开发的一套完整的专利技术。工艺的核心——涡轮薄层反应器，是一种已经广泛应用于化工、制药、食品和环保四大领域的成熟的工业设备，在全球的装机量数以百计。无论设备材质的选择，还是设备的加工精度，在所有干燥设备中均属上乘。短流程工艺，无干物料返混，可以任意调节处理干燥的深度（即所需的产品含固率），以节省能源，并大大提高设备的处理能力，从而降低单位运行成本特别是经营成本。

由于安全性较好，工艺中无需氮气，也无需采取额外的安全保护措施等，节约设备投资和运行成本。而且涡轮薄层工艺可以实现模块化扩展，并分期投资。VOMM 高效涡轮薄层干燥技术（以下简称 VOMM）的处理规模配置极为灵活，具有模块化系统扩展的特点，对于处理量最大的市政湿物料来说，以最大单线每日 100 ～ 130 t（根据进料和产品的最终取值范围变化）的规模为基础，可以覆盖全部湿物料领域的处理规模需求，并随时保持对特殊湿物料处理量身定制的可能性。从管理和可靠性角度看，模块化多线方案更适合湿物料的处理概念。

除此之外，设备投资成本相对较低，且设备材质高档，使用寿命长，其配套设施少，要求也较低，维护成本也低。VOMM 工艺路线极为简洁，一次性完成灭菌、干燥、造粒，无需干物料返混，因此节省了很大的物料混合、输送、储存、筛分、粉碎、冷却过程，提高了整体投资效率；干燥气量小，由此降低了风机和输送线路的投资；总体设备投资相对较低；客户可以根据项目处理对象的具体情况，要求采用适当的钢材来制造设备。

由于某些湿物料具有酸、碱腐蚀性，设备的使用中，任何死角都有可能造成腐蚀。涡轮薄层工艺实现了设备的极端紧凑性，因此，同等商务条件下，在材料的选择上具有较大的灵活性；设备置于地面，具有极为便利的维护条件，预设的滑轨使得主轴可以非常方便地滑出进行维护清理；设备内物料量少、停留时间短、工艺条件均匀恒定，这些都有益于设备寿命的延长。

VOMM 工艺的设备占地较少，厂房、地面、辅助设施、现场制作和安装的工作量相比其他工艺来说，要求相对简单，由此可节约土地、厂房投资，缩短建设期。设备安装在一般的工业厂房地面，除干燥机需要简单的承重地基外，仅个别设备有一定高度，因此厂房的建设存在进一步简化的可能性。VOMM 工艺能耗较同类湿物料干化方案低，由此，可减少热能和制冷设施的基础建设投资。设备材质好，部件的稳定性高，故障时间少，总体效率高，检修容易，维护费用相对较低。由此，总体上可降低人员成本支出。

涡轮薄层干化工艺因其低廉的运行成本更适合国内需求。而且，可以采用各种廉价能源或废热，形成有竞争力的解决方案，并能有效解决燃煤利用中的高效脱硫问题。

截至目前，已经在欧洲装机超过 90 台，全部在生产运行中，尚未有过安全事故记录。主要安装在法国、西班牙和意大利，市场占有量均在 50% 以上。随着涡轮薄层污泥干化技术的发展，在污泥处置方面，国内也逐渐开始引进和应用该项技术，如中石化天津污泥干化项目、北京水泥厂污泥干化项目和重庆市唐家沱污泥处理项目等。

6.3.10　污泥低温真空干化技术

污泥低温真空干化技术是热水干化 - 全干化的典型代表，已经在嘉定某污水处理厂得到成功应用。其工作原理如下：

经调质后的污泥由泵送入脱水干化系统，同时在线投加絮凝剂，利用泵压使滤液通过过滤介质排出，完成固液分离。在入料初期，滤布上的滤饼层较薄，过滤阻力小，因此入料量很大。随着过滤的进行，滤饼逐渐增厚，滤饼的空隙率则相对减小，导致过滤阻力增加，入料量随之减少，当物料充满滤室时，进料过滤期结束。

在密实成饼阶段，通过隔膜板内的高压水产生压榨力，破坏了物料颗粒间形成的"拱桥"，使滤饼压密，将残留在颗粒空隙间的滤液挤出；滤饼中的毛细水则利用压缩空气强气流吹扫进行穿流置换，使滤饼中的毛细水进一步排出。

低温真空脱水干化成套技术增加了真空干化功能，即在隔膜压榨结束后，向加热板和隔膜板中通入热水，加热腔室中的滤饼，同时开启真空泵抽真空，使腔室内部形成负压，降低水的沸点。滤饼中的水分随之沸腾汽化，被真空泵抽出的气水混合物经过冷凝器气水分离后，液态水定期排放，尾气经净化处理后排放。

污泥经进料过滤、隔膜压滤以及真空热干化等过程处理后，滤饼中的水分已得到充分的脱除，经过上述各阶段的脱水干化，污泥的含水率可降至 30% 以下，基本达到了污泥减量化和无害化的要求。

低温真空脱水干化成套设备主要由污泥调质系统、机体系统、液压系统、进料系统、压滤系统、加热系统、真空系统、卸料系统、空压系统、除臭系统、电控系统等组成。与传统的板框隔膜压滤系统（投加石灰、铁盐）不同，该系统采用了不同的调理剂（投加 PAM、PAC），并增加了加热循环系统、真空系统等。

1. 污泥调质系统

将污水处理厂含水率为 95% ～ 98% 的污泥输送至污泥调质池。自动配药装置根据污泥性质配制不同浓度的药剂，在污泥调质池内，对污泥进行调质、调理，待满足进料要求后，通过进料系统送入主体处理设备。

2. 加热循环系统

包括常压燃气热水锅炉、热水泵、管道、阀组件等。在压滤结束后，通过热水泵将 90℃ 热水注入滤板，使其加热面迅速升温，进而加热滤饼，为后续的真空干化提供热源。

3. 真空系统

包括真空泵、冷凝阀组、管道等。真空泵用于抽取密闭腔室中的气水混合物，使腔室内形成一定的真空度，进而将水的沸点降低。从腔室中抽出的气水混合物经冷凝后排放。

在真空泵形成的负压环境下，主机滤板腔室内污泥中的水沸点降低，并被汽化排除，经真空管道进入列管式冷凝器。

该部分负压蒸汽在冷凝器内冷凝，气水混合液进入缓冲罐内进行分离，产生的冷凝水进入集夜罐内储存，达到液位后排放。

不凝气体自缓冲罐进入真空泵，送除臭设备处理后达标排放。

冷凝器内的冷却液取自冷却水池，经冷却水循环泵送至冷凝器，经冷凝器换热后的冷却水，回流至冷却水池上部设置的凉水塔，经凉水塔的冷却风扇将热量带到空气中，冷却水则回流至冷却水池。

处理成本约 153 元 /t（污泥含水率为 80%）。经实际运行 2 年检验，低温真空脱水干化成套技术占地面积小、自动化程度高、处理成本低、易与后续污泥处置相结合，可实现污泥资源化利用，为污水处理厂升级改造提供一定的参考。

6.3.11 污泥焚烧技术

目前，焚烧工艺被世界各国认为是污泥处理中的最佳实用技术之一，在欧美国家和日本等广泛采用，该工艺已经日渐成熟，它处理速度快，减量化程度高。世界各国的环境条件均对废弃物处理所花费的时间和所占的空间提出了更为严格的要求，因而，污泥焚烧技术已逐步成为污泥处理的主流技术，越来越受到世界各国的青睐。我国在废物焚烧的研究方面起步较晚，特别是在污水处理厂剩余污泥焚烧这一领域更是缺乏系统的研究，因此，对污泥处理中焚烧这一技术的研究就显得日益重要。

污泥焚烧技术展现出独特的优点，可破坏全部有机质，杀死一切病原体，并最大限度地减少污泥体积。同时，污泥焚烧本身就是直接利用污泥有机热值的方式，利用自身热值对自身进行处理，体现了能源循环利用和可持续发展理念。鉴于污泥焚烧处理减量化和无害化的优点，其有可能成为污泥处理的主流工艺。

污泥焚烧反应原理显示，在 800℃ 以上的燃烧温度，二噁英的分解速度远远大于其生成速度。这样，二噁英残留在尾气中的浓度一般不会很高，净产生浓度不经处理即可低于 $0.1\,ng-TEQ/m^3$ 欧盟排放标准。再者，剩余污泥中的 Cl 含量仅有 0.06%，致使 S/Cl 比高达 20，可以有效抑制 90% 以上二噁英生成。

重金属在 850℃ 焚烧温度下，仅可能会有含量很低的 Hg、Cd、Pb 进入尾气，适当处理后，尾气中的重金属含量可以达到排放标准。污泥焚烧过程也会产生一定含量 NO_x，但其平均产生量（$471.6\,mg/m^3$）低于国家排放标准（$500\,mg/m^3$）。即使参考较为严格的欧盟排放标准（$200\,mg/m^3$），若采用成熟应用技术，可达标排放。

二噁英等尾气污染物在经过严格控制的焚烧过程中产生浓度可控，再加上成熟的控制与处理技术，不必过度担心这些尾气污染物的泄漏以及对人体健康的威胁。

如污泥进行单独焚烧，则应经预处理，以使焚烧所需的辅助燃料尽量少，甚至无须添加。考虑到燃料的价格，应通过干化预处理措施，充分提升进炉污泥的热值，以使污泥实现自持焚烧，而无须辅助燃料，通常，这是基于污泥含固率大于 45% 的情况。因此，污水处理厂污泥需脱水至含固率 20%～35%，并采用干化以进一步降低含水率，而后进行单独焚烧。

脱水阶段使用无机药剂可取得较好的脱水效果，但会减少污泥中的挥发分，并增加需处理干基量，且当存在金属盐时，可能产生结焦现象。此外，三氯化铁等氯化物在温度提高时，会加速腐蚀金属部件，并导致烟气排放问题。相反，采用 PAM 聚合物作絮凝剂而非石灰与三氯化铁，有助于焚烧进行。

脱水污泥中水分的进一步去除可通过热干化实现。当可供有热媒（蒸汽或约 250℃ 的导热油）时，间接干化较为有效，因干化废气不凝性气体的产生量较低。热干化与焚烧相结合的优势在于，可控制合适的污泥含固率，以实现自持焚烧，同时，产生最小的烟气量，设置污泥干化的污泥焚烧系统具有较好的性价比。大多数情况下，污泥干化装置与焚烧装置就近布置。通常干化系统采用半干化，但在 40%～50% 污泥含水率的污泥黏滞区，在某些类型干化机及后续的设备中，会产生严重的输送问题，并非所有类型的干化机均能安全可靠地在该污泥黏滞区运行。通常采用间接干化，冷凝水回到污水处理厂处理，不凝气则进入焚烧炉处理。干化所需要的热能来自污泥焚烧产生的烟气热量转换。干化热媒包括蒸汽或导热油等。干化污泥时，尤其是在全干化污泥时，必须特别注意防爆问题。

原则上，污泥单独焚烧适用于脱水污泥、半干化污泥或全干化污泥。脱水污泥可在多膛炉中良好焚烧；半干化污泥最好在流化床焚烧炉中焚烧；全干化污泥通常在电厂或水泥厂焚烧，有时也用于单独焚烧厂中，也可以全干化污泥与脱水污泥混合用，以提高脱水污泥的热值。

全干化污泥作为一种燃料，其性质与褐煤接近，因此，其存在类似的安全风险，故需充分了解其危险特性以确保安全处理。由于可能的沼气释放，需特别注意湿污泥、脱水污泥或半干污泥的储存安全。如有沼气释放，则需设置通风系统，确保这些区域的安全交换，以防形成爆炸性混合气体，并需测定甲烷气和硫化氢浓度，如观察到浓度增加，则需采取合适的安全措施（如增加空气交换等）。在进入储存仓之前，需用气体便携仪测定气体浓度，以可靠排除对运行人员的安全风险。对于全干化污泥，为对其在储存仓中的可能闷燃进行早期预警，应安装温度及一氧化碳测定仪。如其浓度超过安全限值，则需采用氮气惰性化。

焚烧是高温下的氧化反应。氧与 C、H、S 结合产生能量，生成焚烧产物，即 CO_2、H_2O 及 SO_2。有机氮优先转化为氮气，但一定量的有机氮（2%～7%）也能进一步氧化为 NO。空气中的氮气也能转化为氮氧化物 NO_x，该现象在温度超过 1100℃ 时开始明显，并随温度的进一步提高而加剧。

污泥焚烧反应需要过量空气，以确保反应快速完成。所需的过量空气量与停留时间、温度及湍流度相关，即通常所说的焚烧 3"T"。通常，湍流使污泥与氧的接触更多，湍流度的提高可减少过量空气量。但因过量空气会降低焚烧温度，故应最大限度地减少过量空气，尤其是需辅助燃料以维持焚烧时。该影响可通过预热入炉空气而加以改善。如入炉过量空气不足或缺乏其中 3"T"因素时，污泥焚烧会生成烟及不完全焚烧产物而使焚烧运行出现问题。

维持足够的焚烧室温及供风是污泥充分焚烧的基本条件，最低 850℃ 是强制性的。若氧化不充分，则烟气中会含有 CO 及颗粒物碳；焚烧灰中主要含有 SiO_2、Al_2O_3、Fe_2O_3、CaO 及 P_2O_5，如燃烧不充分，则灰中会另含未燃尽碳。为此，要求烟气停留时间在 2 s 以上，温度高于 850℃。

应用最广泛的污泥焚烧炉是流化床焚烧炉，分为鼓泡床及循环流化床。循环流化床一般不用于城镇污水污泥的焚烧，其优势仅在于 50 MW 以上的大型热电厂或高热值燃料。

流化床的优势是，其具有较高的湍流度，相对较少的过量空气量；由于有效的焚烧温度控制，故 NO_x 的产生量较少；因无移动部件，故可靠性较强，砂床储热量较大，对冲击负荷的适应性较强，适用于不同含水率的进泥（如脱水污泥、半干污泥、全干污泥）；使用石灰石及白云石等添加剂可去除酸性化合物。流化床的劣势是，灰及砂的外携，及低熔点盐分存在情况下可能形成玻璃体块。

热回收系统包括：余热锅炉、用于空气预热及烟气再热的换热器。由于烟气的特性，烟道换热器的设计需特别注意结垢问题。锅炉蒸汽量主要取决于烟气量，一般为 3～8 kg/kg 干泥。蒸汽用途取决于当地条件及其规模，主要有以下几种：

（1）传统汽轮机发电，通常用在大型厂中，使用高压（3～10 MPa）及高温（350～500℃）的蒸汽。

（2）污泥间接加热干化装置，如盘式干化机、桨叶式干化机或薄层干化机等，蒸汽压力为 0.6～2.0 MPa，温度为 160～230℃。

（3）入炉空气的预热。

（4）烟气再热，防止产生白烟，确保排出烟气的充分扩散。

（5）区域供暖或工业应用。

1．烟气净化系统

烟气净化系统分为两大类：固体颗粒物分离装置、气态污染物去除装置。

1）固体颗粒物的去除

固体颗粒物分离装置主要包括旋风除尘器、静电除尘器及布袋除尘器。取决于颗粒物尺寸，通常能去除颗粒物至浓度 $5\,mg/Nm^3$。旋风除尘器对于 $15\,\mu m$ 以下颗粒物的去除作用可以忽略，因而其通常与其他装置联合使用。静电除尘器对于微小粒径的颗粒物（数微米级）是有效的，但如颗粒物电阻高，则其不能受电。粒径小于 $1\,\mu m$ 的颗粒物可由布袋除尘器去除，但需要控制布袋除尘器的烟气进入温度，以防损坏滤布。

2）气态污染物的去除

气态污染物去除装置主要分为三类：干法、半干法与湿法。干法装置中，干式化学药剂（通常是消石灰或碳酸氢钠）导入烟道系统或反应塔中，气态污染物通过吸附和化学反应而被去除，化学药剂及反应产物通过颗粒分离装置去除。半干法装置中，石灰浆喷入反应器中，烟气显热使石灰浆中的水分全部蒸发，因而无废水产生。污染物的去除机理同干法。干法与半干法中，应注意控制物料分布及反应产物与过量药剂的循环，以最大限度地减少化学药剂耗量，可降低至化学反应需量的 $1.5 \sim 2.0$ 倍。

湿法装置中，存在于水中的酸性化合物会形成大量的酸，从而产生腐蚀问题。化学药剂的消耗量一般比化学反应需求量高 10%。

采用活性炭吸附，可去除一定的微量有机污染物及汞。物理吸附的优势在于，该反应是可逆的，通过降低吸附物的气相压力，或提高温度可解吸所吸附的污染物，而其化学成分保持不变。因为不经济，如今在焚烧厂一般不进行再生。近年来，发展有新的处理工艺，活性焦／活性炭与石灰一起或分别投加，可减少活性焦或活性炭可能自燃的问题。

污泥焚烧的固体残渣通常分为炉渣与飞灰。炉渣可通过机械、气力方式（即干法）或水力方式（即湿法）从焚烧炉中外排。飞灰应合理储存、输送，以防散逸。另外，应将飞灰与炉渣分开储存，以利于日后回收有用元素（P、K 及金属）。

废水中含有氯化物、亚硫酸盐、硫酸盐、磷酸盐、颗粒物及痕量元素。由于该废水通常不含可生物降解的有机物质，故应采用物理化学工艺，如中和处理、痕量元素的沉淀处理等。

2．烟气污染物

烟气中的污染物主要有颗粒物、CO、SO_2、HCl、NO_x、有毒有机化合物及痕量元素。

1）颗粒物

受污泥性质及其进料速度、焚烧炉类型、操作湿度及湍流度的影响，污泥焚烧产生的颗粒物变化很大，可采用湿法或干法系统予以去除。

2）SO_2 及 HCl

在焚烧炉床中，直接投加石灰石，可以去除部分 SO_2 及少部分 HCl。可采用湿式洗涤系统吸收酸性烟气，通常投加碱液，以增强 SO_2 的去除效率，使 SO_2 降低到 $15\,mg/Nm^3$，HCl 降低到 $7.5\,mg/Nm^3$。

3）CO 及 NOₓ

如温度及氧含量过低、烟气停留时间或湍流度不足，则会产生一定量的 CO。

污泥焚烧产生的氮氧化物主要取决于温度、空气分布、污泥中的氮含量等。主要由 NO 及少量 NO_2 组成，NO_2 虽然量较少，但其毒性更强。NO_x 的成因机理包括：①热力型，氮气在高温条件下发生氧化反应，在温度达到 1200～1300℃时尤其显著；②燃料型，在有机氮化合物的氧化反应中，燃料型 NO_x 的形成不可预防，且主要取决于污泥中所含氮的数量及其化学结合类型。

热力型 NO_x 的形成与温度密切相关。温度对 NO_x 生成的影响与对 CO 生成的影响相左，即较高的焚烧温度可降低 CO 的生成，但会增加 NO_x 的生成。

氧含量的影响存在类似的相关性。由于氧化反应改善的结果，大量的过量空气即较高的氧含量会降低 CO 的排放，但同时会导致更多的 NO_x 的排放。该相关性对于焚烧控制十分重要。污泥焚烧通常采用分层供风，减少一次风量，虽然 CO 生成量增加，但会显著减少热力型 NO_x 的生成；在焚烧炉上部，提供二次风可使 CO 的浓度降低至限值以下。氧量控制有助于减少 NO_x 的生成，通常情况下，要求比供氧所需更多的二次风以形成较大的湍流度。此外，烟气再循环可降低氧量及峰值温度，从而减少 NO_x 的形成。

然而，即使采用以上焚烧控制，仍不能完全防止热力型 NO_x 的形成。鉴于燃料型 NO_x 的形成，以上控制不足以使 NO_x 排放浓度满足相关标准。因此，需采取去除 NO_x 的二级措施。在污泥焚烧厂中应用最为广泛的是选择性非催化还原法，通常投加氨水或尿素，在 850～1050℃ 的温度下，氨或尿素与 NO_x 反应，生成氨气。该反应的效率取决于反应物药剂的剂量、注入点及反应药剂与烟气气流的混合情况。

污泥焚烧中，脱硝通常不会采用选择性催化还原法。SCR 通常使用钒基催化剂，一般应用于燃煤电厂或垃圾焚烧厂。SCR 的反应机理同 SNCR，但其要求的反应温度（150～300℃）比 SNCR 低。烟气需在前处理（除尘、洗涤）之后加热到该温度，在催化剂的作用下，烟气和 NH_3 充分混合后进行 SCR。应考虑到，由于烟气中存在 SO_2，硫酸铵会在催化剂上生成，使催化剂有中毒趋势。因此，前处理中去除 SO_2 非常重要。

4）有机化合物

有机化合物可通过燃尽而减少，其他方案是，将有机物吸附到吸附剂上，如活性炭、活性焦、硅胶等。

5）一般痕量元素

重金属通常与颗粒物相关，其排放取决于其挥发性、焚烧温度及其他化学种类的存在（如氯，其易形成挥发性化合物）。除温度以外，其他因素对痕量元素的挥发性也有影响，尤其是氯的存在能提高其挥发性。

6）汞及其化合物

汞是最易挥发的金属，与低挥发性重金属相比，除尘机湿式洗涤的简单组合不足以有效去除汞，其原因在于高挥发性的汞从污泥中转移到烟气中，当温度大于 700℃ 时，以单质汞形式存在，几乎不吸附于飞灰上且其水溶性低，因此，如不另行采取措施，无法在通常的烟气净化工艺中充分去除。

7) 二噁英及呋喃

二噁英及呋喃是持久性有机污染物，污泥焚烧中的成因如下：①污泥中所含的多氯代二噁英（简称 PCDD）或多氯代苯并呋喃（简称 PCDF）；②源于污泥或由焚烧所致氯化前驱物（如氯酚、氯苯）而成的 PCDD/PCDF；③在低温区（如余热锅炉、电除尘器）未燃有机化合物与氯的合成反应。

前两种成因仅当焚烧不充分时才较重要。类似于 CO 排放控制，可通过足够高的焚烧温度（> 850℃）、足够的供风量及充分的停留时间进行控制。因此，污泥焚烧中，应抑制其关键形成途径，即氯与有机化合物的合成反应，其可由飞灰中金属化合物催化并发生在 200 ~ 350℃ 的低温区域（如在余热锅炉及电除尘器中）。在温度大于 850℃ 的焚烧室中，污泥所含氯化物形成 HCl，一旦烟气在锅炉中冷却，部分 HCl 会根据迪肯反应转变成 Cl_2。虽然在低温（< 500℃）下该反应是动力学抑制的，但其可由金属化合物（如 $CuCl_2$）催化驱动。反应中生成的 Cl_2 有利于未燃尽有机化合物的氯化反应，并致生成 PCDD/PCDF。二噁英及呋喃排放的一个重要因素是 S/Cl 比，污泥 S/Cl 比一般为 7 ~ 10。根据 $SO_2+Cl_2+2H_2O{=}{=}H_2SO_4+2HCl$，较高的 S/Cl 比会抑制 PCDD/PCDF 的合成反应。因此，考虑到污泥中较高的 S/Cl 比，污泥焚烧中二噁英及呋喃的排放浓度通常非常低。

金属会在细颗粒物上富集，因此，细颗粒物易有较高的金属浓度。由于该富集效应，灰渣中的重金属含量通常有利于入炉污泥，其毒性取决于存在形式。炉渣主要含有不溶性硅酸盐、磷酸盐、硫酸盐及难溶性金属氧化物。

根据焚烧炉类型、灰渣质量不同，炉渣既可填埋，也可作建材、水泥制品的填充剂及添加剂，具体处置方式将影响污泥焚烧成本。

考虑到一定类型的灰渣可能含有大量的磷及其他有价值的营养物及微量营养素，考虑回收，宜将其同其他废物区分。污泥灰因其较高的含磷浓度、有机物的完全焚毁及其较小的体积而非常适合于磷的回收。污泥独立焚烧中，磷及不挥发性重金属富集，污泥灰含有大约 100% 的污水处理所去除的磷量，含有 10% ~ 18% 的高浓度含磷量。

污泥灰如今部分回收用于沥青或水泥行业，或者作为回填的填充料，而最大的比例仍是填埋。在污泥独立焚烧中，灰渣处置成本占了总成本的很大比例。

选择合理有效的污泥焚烧方法，应兼顾环境生态效益与处理成本、经济效益之间的均衡。一种适合本地具体情况的污泥处置方法应该是环境卫生、社会及经济均被接受的有效方法。

我国目前推荐的污泥焚烧最佳可行技术为"干化 + 焚烧"，其中干化工艺以利用烟气预热的间接式转盘干燥工艺为最佳，常规污水污泥焚烧的炉型以循环流化床炉为佳，重金属含量较多且超标的污水污泥焚烧的炉型以多膛炉为佳。

污泥焚烧关键技术设备设施包括干燥器、干污泥储存仓、焚烧炉、烟气处理系统、烟气再循环系统、废水收集处理系统、灰渣及飞灰收集处理系统等，同时包括污泥干化预处理和污泥焚烧余热利用等设施。其中"预除尘 + 酸性气体去除技术 + 末端除尘技术 +SCR 系统"是焚烧烟气处理最佳可行性技术之一。

焚烧炉作为污泥焚烧的核心设备，其类型包括多膛式焚烧炉、流化床焚烧炉、回转窑焚烧炉、炉排式焚烧炉、电加热红外焚烧炉、熔融焚烧炉和旋风焚烧炉等多种。常用来焚烧污泥的炉型有多膛式焚烧炉、流化床焚烧炉、回转窑焚烧炉，尽管其他炉型也在使用，但所占市场份额不大。

6.3.12 污泥处置焚烧设备

污泥的干化和焚烧系统及配套设备包括：干化、焚烧设备主机，湿污泥的储存和投加装置，鼓风系统，燃烧气体热量利用及回收装置，辅助热源（重油、沼气、天然气等），自动控制系统，烟气灰尘净化系统［分为干式除尘（旋风除尘器、布袋除尘器等）和湿式除尘（洗涤器、喷射器等）］。

1. 流化床焚烧炉

流化床焚烧炉包括能量回收的热交换系统和废气处理系统。焚烧炉采用流化工艺，借助上向空气流，将尺寸分级为 0.5～2 mm 的惰性物质保持在悬浮状态。流化床的优势在于，能够保证助燃气体在水平截面上的均匀分布、砂层的良好混合、污泥和燃烧气体的最佳接触，流化床技术非常适用于污泥焚烧，它可以保证污泥的良好分布，固气充分接触和温度均衡。它可以保证在较低过剩燃烧气体状态下的完全燃烧和炉内自然热平衡。

污泥焚烧装置自下而上包括风室、带喷嘴的拱顶、砂床、燃烧室以及炉顶和烟气管。风室类似于一个加压室，可以在流化床的整个水平面上分布燃烧气体。由耐热砖建造的拱顶用于隔开风室和流化床。砂层在静止状态下高为 1 m，流化态时为 1.5 m。流化床上部设有栅渣投加装置，污泥投加温度为 720℃的砂床。

烟气从耐热炉顶和废气管道进入空气换热器。通过换热器可以实现以下功能：燃烧空气的预热，回收热量供预干化部分使用。这部分包括两个部件：一个是烟气／流化空气换热器，为助燃气体提供预热；另一个是冷却器，即烟气／热媒流体换热器，用于冷却废气，回收热量。

烟气处理需要考虑的污染物包括灰分、酸性气体以及重金属。通常包括以下步骤：干式静电除尘器去除固体状态的灰粉和重金属。袋式除尘器去除粉尘和由于投加化学药剂产生的副产物。烟气处理后的排放限值充分满足并严格于 EEC 2000 年 12 月 4 日颁布的废弃物燃烧 2000/76/EC 指标。处理后的烟气通过工业用风机排出，保持焚烧炉内零压力，使换热器和烟气处理的压力总是低于大气压，以防止灰尘和气体泄漏，保持焚烧厂的清洁环境。

一般情况下，吨污泥处理成本 250 元（含水率 80%计），吨湿污泥电耗 45 kW.h，焚烧热量回收率 70%。

1）污泥输送和辅助燃料添加方式的选择

一般而言，欲选择污泥输送和辅助燃料添加方式，首先应确定系统需要的给料量、污泥成分、污泥含固率、干基污泥中的可燃量、污泥燃值及污泥中的一些化学物质（如石灰）含量等。一般输送污泥的方式有带式、泵送式、螺旋式以及提升式，其中带式输送机械结构简单可靠，通常可倾斜至 18°。而若要从中选择合适的输送方式，其主要的选择依据是：输送装置尺寸、安装位置、运行成本及维修难易程度等。

许多情况下，湿污泥是通过一定的泵送装置来进行输送和给料的，通常采用的有柱塞泵、挤压泵、膜泵、离心泵等，泵送可实现稳定的给料速率，减少污染排放，有利于焚烧炉的稳定运行；系统易于布置，对周围布置条件要求低；可充分降低污泥臭味对环境的影响。不足的是，泵送污泥的压力损失较大。对于泵送污泥，其所需的起始压力为：

$$\Delta P = \frac{4LT_0}{d_0} \tag{6-17}$$

式中：L——输送长度（m）；

　　　T_0——起始剪切力（10^{-5}Pa）；

　　　d_0——管道直径（m）。

在采用泵送方式时，起始剪切力可随着污泥在输送管道内静止停留时间的增长而增加。

比较而言，刮板式输送机械输送污泥更为适宜，这种方式有调节松紧的装置，但需考虑污泥的触变特性，即污泥在受到一定剪切力时其表面黏性力可急剧下降，使原来硬的污泥变为液状的污泥。污泥的水平输送通常使用螺旋输送机械，输送距离应不超过 6 m，以防止机械磨损，方便机械的检修和维护。

给料量的范围主要取决于焚烧炉处理的最小负荷和最大负荷。

辅助燃料的添加可以有多种不同的方案，大多数的装置采用将污泥和辅助燃料煤或油分别给入床内的方法。这样可避免床内的燃烧不均匀，有利于污泥的燃烧和锅炉的安全运行。

2）主要设计原则

（1）污泥流化床内径的确定

所选流化床的内径取决于焚烧炉进料污泥中所含的水分量，假设预热空气进入焚烧炉的温度为 540℃，带空气预热的焚烧炉单位床面积每小时蒸发的水量为 215 kg/（$m^2 \cdot h$），而不带空气预热时则为 171215 kg/（$m^2 \cdot h$）。由此可得流化床内径与进料污泥中水分总量的关系，见表 6-23。

假设焚烧炉湿污泥的含水率为 78%，进料速率为 5448 kg/h，则由表 6-23 可知，如果选择用带空气预热的流化床焚烧炉，则流化床的内径为 5.18 m，如果选用不带空气预热的流化床焚烧炉，则流化床的内径应为 5.79 m。

流化床内径与进料污泥中水分总量的关系　　　　　　　　　　表 6-23

流化床内径（m）	污泥中水分总量（kg）	
	有预热空气	无预热空气
2.74	1270	1016
3.05	1574	1256
3.35	1905	1520
3.66	2245	1787
3.96	2631	2096
4.27	3062	2427
4.57	3515	2790
4.88	3974	3175
5.18	4491	3583
5.49	5053	3946

流化床内径（m）	污泥中水分总量（kg）	
	有预热空气	无预热空气
5.79	5602	4423
6.1	6169	4899
6.4	6849	5398
6.71	7507	5942
7.01	8210	6486
7.32	8936	7031
7.62	9707	7620

注：假设预热空气进入焚烧炉的温度为540℃。

（2）污泥流化床静止床高的确定

典型的污泥流化床焚烧炉膨胀床高与静止床高之比一般介于1.5～2.0，而静止床高可为1.2～1.5m。污泥流化床焚烧处理能力与污泥水分之间的关系可表示为：

$$Q=4.9\times10^{2.7-0.0222M} \tag{6-18}$$

式中：Q——污泥处理量 [kg/（h·m²）]；

M——污泥水分含量（%）。

焚烧速率为

$$I_V=2.71\times10^{5.947-0.0096M} \tag{6-19}$$

当污泥水分介于70%～75%时，Q为53～69kg/（h·m²），I_V为（1.81～2.04）×10⁶kJ/（h·m²）。

流化床的热负荷为（167～251）万kJ/（h·m²）（以炉床断面为基准）。若床层高度为1m，焚烧炉容积热强度高达（167～251）万kJ/（h·m²）。因此，即使污泥进料量有所变动，炉内流化温度的波动幅度也不大。

（3）床料粒度的选择

根据污泥流化床混合试验结果，物料的颗粒粒度和密度对物料在床内分布情况的影响最大。在流化床内，污泥一般为大粒度、低密度的物料，需选用小颗粒、高密度物料作为基本床料，此时，床内颗粒的分布将主要受密度的影响。污泥流化床焚烧炉采用石英砂作为床料时，对粒径的选择取决于其临界流化风速。为了达到较低的流化风速，选取的床料平均粒径在0.5～1.5mm。

（4）污泥流化床防止床料凝结的措施

如何防止床料的凝结，避免其对正常流化的影响，是流化床焚烧污泥的关键技术之一。污泥特别是城市污泥和一些工业污泥，本身带有一定量的低灰熔点的物质，如铁、钠、钾、磷、氯和硫等成分，这些物质的存在极易导致灰高温熔结成团，如磷和铁可进行反应$PO_4^{-3}+Fe^{3+}$——$FePO_4$，并产生凝结现象。一种简单有效的方法是，在流化床内添加钙基物质，通

过 $3 Ca^{2+}+2 FePO_4$——$Ca_3 (PO_4)_2+2 Fe^{3+}$ 反应，来克服 $FePO_4$ 的影响。

另外，碱金属氯化物可与床料发生以下反应：

$$3 SiO_2+2 NaCl+H_2O——Na_2O \cdot 3 SiO_2+2 HCl$$

$$3 SiO_2+2 KCl+H_2O——K_2O \cdot 3 SiO_2+2 HCl$$

反应生成物的熔点可低至 635℃，从而影响灰熔点。

添加一定量钙基物质可使得上述反应生成物进一步发生以下反应：

$$Na_2O \cdot 3 SiO_2+3 CaO+3 SiO_2——Na_2O \cdot 3 CaO \cdot 6 SiO_2$$

$$Na_2O \cdot 3 SiO_2+2 CaO——Na_2O \cdot 2 CaO \cdot 3 SiO_2$$

生成高灰熔点的共晶体，防止碱金属氯化物对流化的影响。

将高岭土应用于流化床中也可有效防止床料玻璃化和凝结恶化。高岭土在流化床中可以发生以下脱水反应：

$$Al_2O_3 \cdot 2 SiO_2 \cdot 2 H_2O——Al_2O_3 \cdot 2 SiO_2+2 H_2O$$

$$Al_2O_3 \cdot 2 SiO_2+2 NaCl+H_2O——Na_2O \cdot Al_2O_3 \cdot 2 SiO_2+2 HCl$$

而共晶体 $Na_2O \cdot Al_2O_3 \cdot 2 SiO_2$ 的熔点高达 1526℃。高岭土与碱金属的比例一般为 3.3:1（对 K 而言）和 5.6:1（对 Na 而言），以避免 Al_2O_3 和 SiO_2 过量。

考虑到污泥以挥发分为主，为防止流化恶化现象的产生，还可通过其他方式来控制，如低燃烧温度和异重流化方式。

2. 多膛炉

多膛焚烧炉是一个垂直的圆柱形耐火衬里钢制设备，内部炉膛由许多水平的耐火材料构成，自上而下布置有一系列水平的绝热炉膛，逐层叠加。多膛焚烧炉内从焚烧炉底部到顶部有一个可旋转的中心轴，一般含有 4～14 个炉膛，每个炉膛上都有搅拌装置——搅拌臂。搅拌臂上有一定数量的齿，通常齿长为 100 mm 左右，通过转动中心轴搅拌臂可以耙动污泥，使之以螺旋形轨道通过炉，炉膛内污泥厚度通常保持在 120 mm 左右。辅助燃料的燃烧器也位于炉膛上。

多膛焚烧炉的工作过程是，污泥由上而下逐层下落，从整体焚烧过程来看，可将多膛炉分为三个部分。上部为干燥区，绝大部分污泥的水分从中蒸发。顶部两层起污泥干燥作用，温度为 425～760℃，污泥在此处进行干燥，含水率降至 40% 以下；中部几层为污泥焚烧区，温度可达 760～925℃，该层又可分成中部挥发分气体及部分固态物燃烧区和下中部固定碳烧区域；多膛炉最下部几层为缓慢冷却区，温度为 260～350℃，主要作用是冷却并预热空气。

与烟煤相比，污泥挥发分的析出是在颗粒温度很低时开始的。对污泥以及多段锻造炉不同区域灰、气体的温度测量显示，当污泥由一个锻造炉流到另一个锻造炉时，加热很缓慢，直到第 5 个锻造炉温度才到 100℃。此后，锻造炉内颗粒温度有一个快速增加的过程，这是烘干的结束，也可能是污泥颗粒周围挥发分的释放和燃烧的开始，这表明挥发分的析出过程是在这个温度左右开始的。而且，烘干结束的温度与挥发分析出开始的温度之间有明显的间隔。

根据经验，燃烧值为 17380 k/kg 的污泥，当含水量与有机物之比为 3.5:1 时，可以自持燃烧，否则，多膛炉应采用煤气、天然气、消化池气、丙烷气或重油等辅助燃料支持燃烧。多膛焚烧炉所需辅助燃料量与污泥自身热值和水分有关，当污泥水分较高时，所需辅助燃料量是相当大的。

多膛炉是用于城镇污水处理厂污泥的最普遍的炉型，一般由一组床板和一组刮泥装置组成，炉子以逆流方式运行,因此热效率很高,气体出口温度约为400℃,上部干燥后的湿污泥超过70℃,因为气体出口用另外的燃烧器二次燃烧,所以一般没有必要脱臭。

上部的污泥干燥很慢(可使污泥的含水率降至50%～60%),然后落入燃烧床上,污泥在燃烧床上的温度为760～870℃,污泥在氧化气氛中完全燃烧。燃烧后的灰尘落入充水的熄灭水箱,单用湿式洗涤就可以使含尘量降至200 mg/m³。

多膛焚烧炉各层炉膛都有同轴的旋转齿,一般上层和下层的炉设有四个齿耙,中间层炉膛设两个齿耙。经过脱水的泥饼从顶部炉膛的外侧进入炉内,依靠齿翻动向中心运动并通过中心的孔进入下层,而进入下层的污泥向外侧运动并通过该层外侧的孔进入再下面的一层,如此反复,从而使得污泥呈螺旋形路线自上而下运动。铸铁轴内设套管,空气由轴心下端鼓入外套管,一方面使轴冷却,另一方面空气被预热,经过预热的部分或全部空气从上部回流至内套管进入最底层炉腔,再作为燃烧空气向上与污泥逆向运动焚烧污泥。

多膛焚烧炉在高浓度过量空气(75%～100%)的工作条件下,能产生更多的热能。但多膛炉通常需要配置后燃区。正常工况下,150%～200%的空气过剩系数需要送入多膛炉中以保证充分燃烧的要求,如无充足的氧供应,则会产生不完全燃烧现象,排出大量的CO、煤烟和烃类化合物,但是过量的空气不仅会导致能量损失,而且会带出大量飞灰,给后续的除尘设备增加负担。

多膛焚烧炉的处理规模多为5～1250 t/d,可将污泥含水率从65%～75%降至约0,污泥体积降到10%左右。多膛焚烧炉的污泥处理能力与其有效炉膛面积有关,特别是处理城镇污水污泥时。焚烧炉有效炉膛面积为整个焚烧炉面积减去中间空腔体、臂及齿的面积。一般多膛炉焚烧处理20%含水率的污泥时,焚烧速率为34～58 kg/(m³·h)。典型多膛炉设计参数见表6-24。

典型多膛炉设计参数 表6-24

参数	焚烧速度		
	低	中	高
多膛炉焚烧速率(干污泥)[kg/(m²·h)]	7.2	9.8	16.2
空气过剩系数(%)	20	50	80
冷却空气排出温度(℃)	95	150	195
排渣温度(℃)	38	160	400
排烟温度(℃)	360	445	740
污泥特性			
热值(挥发分)(kJ/kg)	22191	23238	32491
挥发分含量(干污泥)(%)	43.4	54.2	71.8
总能量输入(污泥加辅助燃料)			
约25%含固率(湿污泥)(kJ/kg)	3391	4606	5673
约48%含固率(湿污泥)(kJ/kg)	6678	7243	8047

3．回转窑焚烧炉

回转窑焚烧炉是水泥、矿山等工业上最普遍采用的一种装置。目前，也用于污泥的干化和焚烧，也可单独作污泥烘干用。每小时可处理含水率 75%～80% 的污泥 1～12 t。卧式滚筒烘干机通常是逆流操作，圆筒装置与水平成很小的角度，采用的燃烧温度为 900～1000℃，污泥的气体出口温度为 300℃，大部分灰尘在下部被回收，飞灰由气体出口的旋风除尘器回收，气体在离开旋风除尘器时被洗涤。

若要进行焚烧炉的热工计算，需要考虑废弃物的种类和其本身的热值和水分，故较为复杂。这里介绍一般的工程计算。

1）辅助燃料量的计算

污泥发热量低，需要添加辅助燃料才能使污泥烧尽，而其他类废弃物着火后均能稳定燃烧燃尽，不需要外加辅助燃料，即辅助燃料量为：

$$B = \frac{[14p \times 4.18 - (1 - \frac{p}{100})Q_1]W_1}{Q_{DW}} \quad (\text{kg/h}) \qquad (6-20)$$

式中：p——污泥含水率（%）；

$\quad Q_1$——干固体污泥燃烧发热量（kJ/kg）；

$\quad W_1$——需焚烧的污泥量（kg/h）；

$\quad Q_{DW}$——辅助燃料的发热量（kJ/kg）。

2）焚烧所需的空气量计算

焚烧所需的空气量包括废弃物燃烧的空气耗量（L_k）和辅助燃料燃烧的空气耗量（L_f）两个部分。其中，废弃物焚烧每小时所需空气消耗量（L_k）经验公式：

$$L_k = \alpha \frac{1.01}{4180}\left[Q_1W_1(1 - \frac{p}{100}) + Q_2W_2 + Q_3W_3 + 0.5\right] \quad (\text{m}^3/\text{h}) \qquad (6-21)$$

式中：$\quad \alpha$——焚烧废弃物所需的空气消耗系数，一般取 1.5～2.2；

$\quad Q_1$，Q_2，Q_3——各类焚烧物的单位热值（kJ/kg）；

$\quad W_1$，W_2，W_3——每小时处理各类焚烧物的重量（kg/h）；

$\quad 1.01$，0.5——经验系数；

$\quad 4180$——折算系数。

3）燃烧后的总产气量计算

燃烧以后的总产气量等于各类废弃物焚烧后的产气量及污泥中水分蒸发量之和。各类废弃物焚烧后的产气量（V_f）为：

$$V_f = 1.1L_k \quad (\text{m}^3/\text{h}) \qquad (6-22)$$

污泥中水分蒸发量（V_q）为：

$$V_q = 1.25pW_1/100 \quad (\text{m}^3/\text{h}) \qquad (6-23)$$

即燃烧后的总产气量为：

$$V_n = V_f + V_q = 1.1L_k + 1.25pW_1/100 \quad (\text{m}^3/\text{h}) \qquad (6-24)$$

4）回转窑焚烧炉尺寸的计算

回转窑焚烧炉包括干燥带和燃烧带。干燥带所需容积（V_a）为：

$$V_a = 0.09W_1 p/1000 \quad (\text{m}^3) \tag{6-25}$$

燃烧带所需容积（V_b）为：

$$V_b = \frac{Q_1 W_1 (1-\frac{p}{100}) + Q_2 W_2 + Q_3 W_3}{3.5 \times 10^5 \times 4.18} \quad (\text{m}^3) \tag{6-26}$$

回转容焚烧炉的总容积（V）为：

$$V = V_a + V_b \tag{6-27}$$

按回转窑焚烧炉的直径与长度之比为 1：（5 ~ 12）进行设计，应视工业废弃物焚烧难易来确定取值大小。

6.3.13 污泥焚烧污染控制

1. 飞灰控制技术

在通过洗涤系统前，不同类型的焚烧炉所排放的烟气中颗粒物浓度不一样，流化床焚烧炉最高，多膛焚烧炉烟气颗粒物浓度是可变的，但是一般低于流化床焚烧炉。颗粒物的去除按照去除机理有湿法（洗涤器，表6-25）和干法（静电除尘器、袋式除尘器、旋风除尘器），可去除至标准状态 10 mg/m³。

主要湿式除尘装置的性能和操作范围 表 6-25

装置名称	气体流速	液气比（L/m³）	压力损失（Pa）	分割直径（m）
喷淋塔	0.1 ~ 2 m/s	2 ~ 3	100 ~ 500	3.0
填料塔	0.5 ~ 1 m/s	2 ~ 3	1000 ~ 2500	1
旋风洗涤器	15 ~ 45 m/s	0.5 ~ 1.5	1200 ~ 1500	1
转筒洗涤器	300 ~ 750 r/min	0.7 ~ 2	500 ~ 1500	0.2
冲击式洗涤器	10 ~ 20 m/s	10 ~ 50	0 ~ 150	0.2
文丘里洗涤器	60 ~ 90 m/s	0.3 ~ 1.5	3000 ~ 800	0.1

注：分割直径是指分级效率为50%时颗粒的直径，它是除尘装置除尘效率的简明表示，除尘装置的分割直径越小，装置的除尘性能越好。

袋式除尘器最大的优点就是除尘效率高，其广泛用于污泥焚烧烟气处理系统中，滤袋上的残留物质充当额外的滤料，常作为烟气净化系统的末端设备，用于粉尘、重金属、二噁英等去除率要求较高的情况。

袋式除尘器可去除的颗粒物粒径范围非常宽，可清除粒径 0.1 μm 以上的尘粒，除尘效率达到 99%，粉尘排放浓度可达到 10 mg/m³ 以下，气流压力损失为 980 ~ 1960 Pa，直径通常为 16 ～ 20 cm，长约 10 m，常用试剂为石灰和活性炭等。袋式除尘器还兼有一定的重金属、二噁英、和 NO_x 的去除能力，对重金属的去除效率在 80% 以上。如果注入活性炭，金属 Hg 的去除效率通常可超过 95%。如将其与石灰或碳酸氢钠等碱性试剂一起注入，二噁英排放可降到 $0.1\,ng/m^3$ 以下的水平。采用褐煤焦炭作为催化过滤袋吸附剂，二噁英去除效率达到 99.9%。采用活性炭时，需与其他试剂相混合（如将 90% 的石灰和 10% 的活性炭混合）。采用催化反应袋吸附剂时，温度范围为 180 ～ 260℃。

2．灰渣的利用

根据焚烧温度的不同，焚烧炉排出的底灰可分为两种：一种是由 1000℃ 以下焚烧炉排出的残渣，称为普通焚烧残渣，一般可以回收铁、玻璃等物质之后作建筑材料；另一种是由 1500℃ 高温焚烧炉排出的熔融状态的残渣，星块粒状，称为烧结残渣，由于玻璃化作用，而具有高密度、高强度、重金属浸出量少等特点，可用作建筑材料、混凝土骨料、筑路基材等。

1）利用焚烧灰渣制造轻骨料

美国富兰克林研究所（费城）试验工厂用焚烧炉残渣作波特兰水泥混凝土和沥青混凝土的骨料，生产成本为每吨 4 ～ 5 美元，用于铺设试验公路的沥青路面，效果良好。用焚烧灰渣生产混凝土砌块，也是可行的。

美国和加拿大利用废玻璃在铺设沥青混合路面时作骨料，这种复合料通常被称为玻璃费尔特，它在美国和加拿大铺设的大量试验跑道中显示出良好的性能。

轻骨料的生产，首先要进行技术可行性研究，以确定生产的最佳方案。研究包括研磨焚烧物、骨料配方研究（即选定黏土的加入量）、烧结试验和混凝土试验。黏土的加入，不但便于加工成球，还能增加烧制陶粒的强度。

日本东京工业试验所对焚烧残渣作轻骨料进行了成功的研究，产品表现出良好的性能，研究结果表明，建筑混凝土的轻骨料完全可以用焚烧残渣作主要原料。

2）利用焚烧灰渣制作墙砖和地砖

日本东京工业试验所在利用焚烧残渣制作墙砖和地砖方面进行了大量的研究。结果表明，烧制出的墙砖和地砖，性能完全符合日本国家标准 JSA 5209 的要求。地砖和外墙砖一般是由硅石、长石、蜡石、瓷石及黏土作原料制成的。用垃圾焚烧残渣代替这些原料中的一部分，尽管质量有所下降，却可以使成本大大降低。

试验表明，可以用焚烧残渣和硅石黏土的 1：1 配比物烧制成砖。烧制方法是：将配比物装入瓷制球模，湿粉全部通过 200 目网筛，经过一次脱水和干燥，加水 8% ～ 10%，用油压机压挤成型，干燥后用电炉焙 24 h，保温 2 h。烧成温度为 1000℃，烧成后所得产品为褐色。我国贵阳、西安等地利用 80% ～ 85% 的垃圾灰，配上其他原料，制出了符合国家标准的硅酸蒸养垃圾砖。其工艺仅比普通蒸养砖多一道垃圾筛选工序，在价格上略高于普通蒸养砖。但这些地区对建筑砖的需求量大于供应量，因此，在硅酸蒸养垃圾砖价格略高的情况下，还是能够销售出去的。

3．重金属的控制技术

1）去除机理

焚烧厂排放尾气中所含的重金属量与污泥组成、性质、重金属存在形式、焚烧炉的操作及空气污染控制方式密切相关。去除尾气中重金属污染物的机理有：

（1）重金属降温达到饱和，凝结成粒状物后被除尘设备收集而得以去除。

（2）饱和温度较低的重金属元素虽然无法完全凝结，但飞灰表面的催化作用会使重金属形成饱和温度较高且较易凝结的氧化物或氯化物，从而被除尘设备收集而得以去除。

（3）仍以气态物存在的重金属物质，因吸附于飞灰或喷入的活性炭粉末上而被除尘设备收集而得以去除。

（4）部分重金属的氯化物为水溶性，即使无法依靠上述的凝结及吸附作用来去除，也可以利用其溶于水的特性，由湿式洗涤塔的洗涤液自尾气中吸收下来而得以去除。

2）控制技术

国内外对于由于焚烧引起的重金属污染的控制技术，可分为焚烧前控制、焚烧中控制以及焚烧后控制三个方面。

（1）焚烧前控制

焚烧前控制最主要的方法就是从来源上减少，即在重金属进入市政污水排放系统前就减少，污泥中重金属主要来源于工业用水、城市生活用水、地表运动、排水设施等。如由英国环境署所统计的数据表明，严格控制行业排污系统的标准，促使各行业控制商业排水，减少排放废水的量，同时改进制造工业的用水工艺，从而使得排放到下水道中的重金属含量减少，1982—1992 年，污泥中的锌、铜、镍、镉、铅、铬的含量降低了 26% ~ 64%。对于来源于工业生产过程中的污泥，可通过工艺改造来降低污泥中重金属含量，如在 Norddeutsche Affinerie 公司，欧洲最大的铜冶炼厂，通过投资改进工艺，灰尘和铁颗粒降低了 58%，Pb 和 SO_2 的排放分别减少 80% 和 87%。

（2）焚烧中控制——重金属的捕获技术

根据挥发－冷凝机理，金属在离开炉膛后将经历冷凝过程，当温度低于重金属露点温度时，金属会发生同类核化（形成重金属颗粒）或异相吸附（富集在飞灰颗粒上），其颗粒的大小取决于到达露点温度后的滞留时间。一般情形下，颗粒直径很小，尤其是对于金属的同类核化（< 1 μm）。常规的颗粒捕获设备对主要的微量元素如 Sb、Be、Cd、Cr、Co、Pb、Mn 等能有效捕集，且捕集率超过 95%。而对于大部分富集在微小颗粒中或者以气体形式出现的 Hg、As、Se 等元素，捕集效率则很低。这些富集了有毒金属的微小颗粒将被排到大气中而污染大气环境，或最终被人类吸入体内而损害人体健康。

当金属碰到其他灰颗粒（典型的为吸附剂）时，两者相互作用，形成了有利于被捕集的金属化合物或络合物，从而避免了成核过程。

目前焚烧系统重金属排放的控制是使用传统的除灰装置，如文丘里除尘器、静电除尘器以及湿式电离除尘器。大部分固体废弃物和污泥焚烧电厂用静电除尘设备来控制飞灰排放，除尘效率一般需在 99% 以上，才能保证焚烧的飞灰达到排放控制要求。某些情况下，在除尘设备前安装旋风分离器分离粗颗粒，以减少粗颗粒对余热锅炉、换热器、风机等设备的磨损。静电除尘器和洗涤设备的联合使用可以使烟气中的粉尘排放完全达标。因此，控制气态重金属排放的措施是强化除尘器的除尘效率。

（3）焚烧后控制——灰处理技术

基于上述讨论，控制烟气中重金属排放的技术已逐渐转向怎样有效地将飞灰除去。在越来越严厉的颗粒物排放浓度标准限定下，重金属的问题正由空气污染问题转变成含重金属灰污染的处理。

由于污泥焚烧中的灰分含有高浓度的重金属，必须以特殊的填埋法进行填埋堆放。由于重金属可溶解和过滤，污染周围环境水体，故重金属溶解是非常危险的。在欧洲目前有三种填埋法，它们分别针对惰性废弃物、无危险的废弃物和危险的废弃物，具体填埋方式依据填埋废弃物中重金属的浓度而定。固体废弃物焚烧炉（MSW 炉）流化床焚烧试验表明，底层灰分是惰性的，旋风分离器灰分是无危害的，袋式过滤器中的灰分是有危害性的，它们的重金属浓度也依次增加。

由于重金属的溶解和过滤会污染周围环境，而污泥的高温焚烧可以解决重金属的渗流问题，高温条件下形成的灰分是一种熔融状态，其中的重金属受到约束，渗滤性能将下降，从而可以在建筑行业进行再利用。在这方面日本走在前列。采用技术包括熔融物和熔渣的分离，灰分的粒化，重新回炉生成空隙以形成轻质混凝料，通过加压焙烧制造建筑用砖，也可以通过与石灰石在 1450℃ 下退火生产陶瓷玻璃。

利用固体废弃物焚烧炉混合焚烧固体废弃物与污泥，不会使灰分质量变差，因为固体废弃物中的重金属浓度与污泥相当甚至更高。或者利用污泥制砖时，重金属被固定在砖块中而不会渗滤，而在混合烧结过程中来源于污泥中的重金属被粒子吸收并经静电除尘器分离后返回炉窑。

4．二噁英的控制技术

由于焚烧在 600℃ 以上进行，二噁英类物质被完全破坏，因此，控制二噁英和呋喃排放的主要途径是避免它们在烟气中重新生成。

活性炭对 Hg 和 PCDD/PCDF 有很高的吸附效率。烟气到达喷雾干燥器－袋式除尘器 ESP 的组合工艺以前，向烟气中投加活性炭，二噁英将被吸附在活性炭上，再用袋式除尘器或 ESP 将其从气流中过滤出来。加入活性炭可使烟气中 POPs 的去除效率提高到 75%，这种技术也被称为"废气抛光"。

符合烟气净化要求的活性炭每吨价格 6000 元以上。每年正常的活性炭投加成本占整个烟气净化系统运行成本的二分之一。

6.3.14　堆肥的操作原理

1．物料平衡计算

物料平衡计算用以跟踪堆肥各个阶段的质量及体积变化。污泥固体与木片混合，堆置在一层木片之上以均布空气，用未经筛分的成肥覆盖，堆肥完成以后筛分，大粒径的则回用作调理剂。等于覆盖层体积的那一部分则搁置在一边备用无须筛分。通过筛分可以回收 65% 体积的调理剂，因此，仍然需要补充新的调理剂。在实际应用中，回收率还受到水分含量、堆肥的黏度、调理剂中细小颗粒的比例、过筛负荷的影响，因此，回收率一般可以达到 50%～80%。

2．微生物

堆肥过程主要由三类微生物参与，即细菌、放线菌、真菌。细菌承担主要有机物部分的分解，最初，在中温条件下（低于 40℃），细菌代谢分解碳水化合物、糖、蛋白质。在高温条件下（高于 40℃），细菌分解蛋白质、脂类、半纤维素部分。另外，细菌也承担了大部分的产热过程。

放线菌的作用目前尚不明了（它们是土壤中的常见微生物），Waksman 和 Cordon 指出，它们能够破解半纤维素，但对纤维素不起作用。放线菌能够代谢许多有机化合物，如糖、淀粉、木质素、蛋白质、有机酸、多肽。

真菌可在中温及高温条件下生存，Chang 指出中温真菌代谢纤维素和其他复杂的碳源，它们的活动类似于放线菌。由于多数的真菌和放线菌是严格好氧菌，它们通常发现于堆肥的外表面。

堆肥过程中的微生物活动可分为三个基本阶段：中温阶段，堆肥温度从室温到 40℃；高温阶段，温度 40～70℃；冷却阶段，伴随着微生物活性的降低及堆肥过程的完成。高温期间的最佳温度为 55℃ 及 60℃，此时 VSS 分解速率最高。

3．能量平衡

在有机碳转化为二氧化碳和水蒸气的过程中产生热量，热量的排除通过曝气和翻堆引起的蒸发冷却而完成，通过堆表面散失，如果散热速率超过产热速率，工艺温度将不会升高，Haug 通过下述关系式详细探讨了能量平衡：

$$W = \frac{\text{水分蒸发量}}{\text{挥发性固体分解量}} \qquad (6-28)$$

如果 W 低于 8～10，用于加热和蒸发的能量将充足；如果 W 超过 10，混合物将会处于冷湿状态。

6.3.15 堆肥的工艺控制参数

1．含水率

水分是微生物生存环境十分重要的条件之一，因此，堆肥物料必须保持一定的含水率。通常含水率高，其微生物的活性增大，便于进行有机物的分解；但若含水率过高，其透气性便会显著降低，又会使堆肥化中的好氧反应转化为厌氧性状态下的厌氧反应。污水处理厂的污泥经过污泥处理工艺后，其污泥状态又因污泥处理过程的不同而异，研究者通过试验得出，高效堆肥需要的水分含量为 50%～60%。

脱水后的污泥，其含水率在 65%～85%，大多在 75% 左右。而且脱水过程中，微生物的活动并未停止。但在污泥加热脱水的过程中，其含水率可达 45% 以下，其好氧性发酵有时不能充分进行，含水率过低，微生物活动能力降低。因此，从微生物学考虑，好氧性发酵需要调整适宜的含水率。

污泥含水率的调整方法，根据堆肥化的方法、污泥脱水时使用絮凝剂的种类等情况而选定。如采用投加絮凝剂脱水的时候，可向污泥原料中添加稻壳、植物屑等粗大有机物，以调整混合原料含水率达 60%～70%；对于污泥脱水过程中添加石灰的情况，可采用自然干燥及与有机堆肥混合，调整其含水率在 50%～65% 状态，或利用太阳能加热蒸发方式，调整含水率。

2．C/N

C/N 是微生物体细胞维持与增殖的主要因素，微生物体内（细菌）的 C/N 为 5～10，通常平均为 5～6。C 含量增大，微生物的增殖会因 N 不足而受到制约，从而减缓有机物的分解。通常 C/N 较低时，堆肥化较易实施，而当原料中 C/N 低于 5 以下，又会导致堆肥化难以实施。

因此，C/N 的大小，直接影响有机物的分解速度。

　　污水处理厂污泥的有机物组成，一般包含蛋白质、油脂、纤维素等成分，同时，又因污水的种类、有无消化处理、污泥处理工艺情况的不同而异，不同污水处理厂生污泥有机物含量分析见表 6-26、表 6-27。与混合污泥相比，消化污泥有机物含水率要低，碳水化合物、脂质的含水率也偏低，污泥中 C/N 在 6～8，微生物的构成基本相同，作为发酵条件的营养成分（C/N），能够满足微生物的活动。而对于污水处理中的污泥，有时 C/N 处于 10～26 的程度，要过分增大 C/N 则是非常困难的，在 C/N 较小的状态下，堆肥化作业过程中，则产生部分 NH_3 排入空气，有时会给周边环境带来污染。

生污泥有机物含量（%）　　　　　　　　　　表 6-26

处理厂	污泥种类	有机物 VS	TC	TN	总碳水化合物	总脂肪	总蛋白质
A	初沉污泥	84.6	42.1	4.2	49.2	7	11.9
	剩余污泥	85	48.2	9.8	13.2	26.9	27.5
B	初沉污泥	61.8	34	5.2	6.9	12.2	26.3
	剩余污泥	69.2	33.4	6.7	6	12.1	26.3
C	初沉污泥	67.6	36.8	4.7	19.5	8.1	26.3
	剩余污泥	77.9	41.7	8.6	9	20.3	27.5
平均	初沉污泥	71.3	37.6	4.7	25.2	9.1	21.5
	剩余污泥	77.4	41.1	8.4	9.4	19.8	27.1

消化污泥有机物含量（%）　　　　　　　　　　表 6-27

处理厂	污泥种类	有机物 VS	总碳水化合物	总脂肪	总蛋白质
A	初沉污泥	59.1	7.6	9.8	20
	剩余污泥	68.8	6.8	14.4	31.9
B	初沉污泥	51.3	7	8.3	21.3
	剩余污泥	54.7	7.5	7.3	24.4
C	初沉污泥	53.7	7.9	8.3	20
	剩余污泥	64.7	6.9	12.4	28.1
平均	初沉污泥	54.7	7.5	8.8	20.4
	剩余污泥	62.7	7.1	11.4	28.1

　　理想的 C/N 为 25～35，如果 C/N 低于 25，过量的氮将会以氨态释放，导致营养物质的损失以及氨臭的释放；如果大于 35，有机物料分解速率将会很慢，即使进入后处理阶段分解活动仍会继续进行。剩余污泥典型的 C/N 为 5～20，因此，使用调理剂提供足够的碳源，提

供足够的能量，平衡 C/N。

因为一些碳源相对氮而言，利用速率十分缓慢，因此，定量化计算 C/N 相当复杂。如果使用木片，仅仅其表面薄层可作为碳源利用，锯屑相对而言利用速率更快。对于城市生活垃圾堆肥化的过程，其原料的 C/N 通常较高，伴随着发酵进程的不断推进，其 C/N 会降得较低。因此，可以利用 C/N，作为肥料化的成熟指标之一，而对于以污水处理厂污泥为原料的堆肥化作业，因其自身 C/N 较低，所以，该情况下，C/N 通常不作为操作指标。

添加剂如果不进行筛分去除，会在堆肥结束后继续分解，因此，会延长后处理时间。C/N 过高，也会有同样的影响。

3. pH 值

投加聚合物脱水的污泥，其 pH 值在 6 ~ 7，呈弱酸性，对堆肥发酵不会构成障碍。对于利用投加石灰脱水的污泥，脱水时添加 $FeCl_3$ 为 7% ~ 15%，消石灰为 30% ~ 50%，其 pH 值达到 11 ~ 12，呈强碱性，在这种状态下，要进行好氧性发酵显然不可能，可采用返送投加成品有机堆肥，以降低 pH 值，并根据发酵槽的种类、原料污泥发酵中的情况进行混合，该状态下，不必设置前调整用的中和装置。发酵中产生的 CO_2 则与 Ca(OH)$_2$ 发生化学反应，pH 值会迅速下降，因此，对停留时间没有影响。热调理后的污泥 pH 值 5 ~ 6。

4. 透气性

对好氧性微生物而言，空气的供给是不可缺少的，其发酵槽中的氧含量不应低于 10%，过量地供给空气，会影响槽内原料的温度升高。空气的供给量根据发酵槽内的氧含量及产生的 CO_2 浓度情况，进行适度调节控制。

当脱水污泥直接投入发酵槽内时，由于污泥自重的压缩，将使槽内堆积物之间的间隙显著减少，失去良好的透气性能。这种情况下，会使好氧性微生物因缺氧而死灭，厌氧性微生物则活跃起来，厌氧发酵将导致恶臭的发生。为了改善原料的透气性，可采取以下两种方式。

1）添加辅助原料。向堆肥料中添加木屑、秸秆、稻壳等粗大有机物，以改善其透气性能，或采取通过返送投加已发酵好的成品肥料进行混合，可取得同样的效果。

对于以城市垃圾与污水处理厂污泥混合为原料的堆肥发酵槽，改善 C/N、调整含水率、改善透气性等具有重要意义。在欧美等国，已有许多运行良好的实例。

2）调整粒度与返送混合。污水处理厂的脱水污泥，有的呈黏土状，在发酵过程中，应进行搅碎、返送、混合，可以起到增加原料间隙、改善透气性能的作用。

5. 接种菌种

将发酵完好的部分有机肥料进行返送，并与原料污泥混合，这与活性污泥法中返送剩余污泥所起的作用相似。

但对于连续式发酵槽，在进入正常运转状态后，再添加菌种，便没有太大实际效果。对于多段式发酵槽，在运转开始时，添加菌种，则有利于促进发酵的进行。

6. 发酵时间

对于腐烂、发酵分解的有机物，通常在前发酵阶段即可分解、稳定，称为一次发酵，即前发酵。对于纤维等分解性较差的有机物，一般要在第二阶段发酵分解，又称为二次发酵，即后发酵。虽然一次发酵与二次发酵的准确界面不易明确划分，然而，一次发酵终结后，即使不中断送气，也会因其进行厌氧发酵而产生恶臭气味。一次发酵的时间应在 5～14 d，随发酵的原料状况、发酵方法的不同而异。其发酵时间的确定，有必要通过先期的试验来进行，一般小型试验槽与大型发酵装置相比，其堆肥化时间偏短。

二次发酵的时间，则按堆肥的用途要求来确定。通常在要求较细化施肥的情况下，其二次发酵时间定在 20 d 以上为宜。在美国一般要求好氧堆肥 21 d，无曝气的后处理阶段为 30 d，后处理一般为静置储存。纽约州规定最小总处理时间为 50 d。

堆肥工艺没有固定的终点，因为在认为堆肥已经稳定时，有机物的分解还在继续。一种测试稳定性的方法是，测试二氧化碳产生速率的呼吸速率法。当呼吸速率为 3 $mgCO_2$/（g 有机物·d），便认为无臭气和生物毒性。

另外可以测试好氧速率，Jimenez 和 Garcia（1989）报道，堆肥好氧速率为 0.96 mgO_2/（gC·d）时，可认为已稳定化，相当于 1.4 $mgCO_2$/（gC·d）。

7. 温度

在有机废弃物高温堆肥过程中，水分、温度、pH 值、C/N 等许多因素均影响堆肥进程和最终产品的质量，在诸多因素中，温度是堆肥过程的核心参数。堆体要经历升温过程、高温持续过程和降温过程。国内外学者对于堆肥温度的研究主要集中于以下几个方面：堆肥升温过程的特点及堆肥所能达到的最高温度；堆体热量散失过程与温度的关系；控制过程与温度的关系；温度与微生物的生长繁殖及种群演替的关系。

由于高温分解较中温分解速度快，并且高温堆肥又可将虫卵、病原菌、寄生虫、孢子等杀灭，故有机废弃物资源化处理中一般多采用高温堆肥。

通常需要采用通气调整堆肥温度和有机物分解速率之间的平衡。堆肥初期 3～7 d，通气的主要目的是满足供氧，使生化反应顺利进行，以达到提高堆层温度的目的。当堆肥温度升到峰值以后，通气的目的以控制温度为主。威立（Wiley）和斯皮兰妮（Spillane）认为，如果缺少温度调节措施，堆体温度会很快升至 70～80℃，这将严重影响微生物的生长繁殖，因此，必须通过加大通气，通过蒸发水分带走热量，使堆温下降。研究结果表明，在强制通风静态垛堆肥系统中，鼓风使得堆体中心和表面的温度差异极大。

不仅微生物的代谢活动具有高度的温度依赖性，而且温度极大地影响微生物的群体动力学，即组成、密度。堆肥物料内部温升是初始温度、代谢热产生、热转化的函数，最小温度水平对于有效的堆肥过程十分重要，而且对高速率的分解活动十分重要，当堆肥物料温度降低到低于 20℃时，会显著减慢甚至于终止堆肥进程，超过 60℃时，微生物活性降低，因为超过了微生物的最佳温度范围。温度超过 82℃时，微生物群落活性受到严重阻止。以最大的分解速率为基础，最佳堆肥温度为 55～60℃。一些研究者发现，产生高质量的产品无须如此高的温度，一些研究显示，低温可能会允许更多的微生物活动。

8. 调理剂

堆肥中使用调理剂为物料提供空隙、自由空气和足够的湿度以维持生物活性，一般含固率 35%～50%，由于调理剂的添加，堆肥固体一般大于或等于脱水固体。

好氧静态堆肥工艺以及一些反应器工艺均需要足够的空隙率以便于通过低压鼓风曝气，此时就需要添加调理剂。部分常用调理剂的特性见表 6-28。

堆肥原料特性 表 6—28

物料	含水率(%)	有机质含量(%)	体积质量(kg/m³)	物料	含水率(%)	有机质含量(%)	体积质量(kg/m³)
木片	20.91	91.26	224.76	麦壳	6.19	75.98	52.5
稻壳	8.36	85	102.5	回流堆肥	38.15	52.49	483.34
玉米芯	8.75	96.01	105.83				

调理剂的作用是增加堆肥的含固率，增加碳源以调整 C/N 及能量平衡。当堆肥处于堆置状态时能够维持足够的空隙率。

条垛式堆肥及部分反应器工艺一般来说不需要很大的空隙率，但同样需要调整含固率和补充碳源。这时也可称为"改良剂"。改良剂经常使用锯屑和回用熟堆肥。

9. 曝气

曝气可以去除热量和水分，并为微生物的生命活动提供氧气。当强制曝气系统的流量增加时，堆肥温度将会下降，水分挥发速率提高。搅动也能够释放热量和水分，而且还可以增加空隙率。当曝气不充分时，堆肥温度会超过 70℃，这将会极大地抑制微生物活性。最佳的分解速率温度为 40 ~ 50℃，在堆肥的特定时期，为了杀灭病原菌，温度宜超过 55℃。Higgins 等（1982）报道，曝气速率 34 m³/（mg·h）可以满足干燥要求，并能够提供杀灭病原菌的温度，在堆肥初期，需要较高的曝气量，以防止堆肥升温过高。

在微生物活性的高峰期，将温度维持在 60℃ 所需要的曝气速率为 300 m³/（mg·h），当系统过大时，这一曝气量无疑不切实际。实际应用中的曝气量一般为 90 ~ 160 m³/（mg·h），这一曝气范围适用于在堆肥的整个过程中控制温度，并能够提供足够的水分去除能力。在接近工艺结束时，已不再需要灭活病原菌，因此，可以增加曝气量以促进干燥。

在好氧静态堆肥工艺中，堆肥下部的布气系统可如下设计：

空气管或渠间距 1.2 ~ 2.4 m，木片的基础层对布气相当重要，在容器内时，可以安装固定管路，并铺上砂砾。

鼓风机可进行自动控制：根据温控仪返回的信号控制鼓风机的启闭，以维持适宜的温度。当鼓风机停止时，氧气将会被逐渐耗尽。Murray 和 Thompson（1986）报道，在不曝气的情况下，12 ~ 15 min 以后，氧气将被耗尽。因此，鼓风机的停运时间不宜超过这一范围。

强制曝气系统可以负压抽吸或者鼓风模式进行操作。负压抽吸模式可令堆肥中心区域升温迅速，因此更适用于寒冷条件下的操作。在负压抽吸模式下，废气更易于排除，并集中进行臭气处理。鼓风模式可以加速水分挥发，从而促进干燥，而且可以有效地防止在空气管路中积累冷凝水。

6.3.16 堆肥的工艺设计要点

1. 膨胀剂的储存和装卸

膨胀剂储备供给能力通常为 15 ~ 30 d 的用量。若选用锯末作为膨胀剂的机械堆肥系统，应配套有完全卸料、气动传输和封闭的储存设施。并备有一个卸料斗，自 15 ~ 75 m³ 活动底板的卡车里卸下进料，同时备有升降式吊装运输机，用以将锯末传送至分离筛。经过筛分处理去除大的碎片后，物料由气动传送带传至封闭的筒仓中储存，该筒仓设有旋转出料装置，用以向混合设备中投加物料。传送系统的能力为 4535 ～ 36000 kg/h，取决于传送锯末的设备形式。

为了尽可能减少粉尘的传播和保护设备不受湿冷季节的影响，卸料和传送设施一般安装于封闭区域中。鉴于产生的粉尘会引起爆炸，在设计任何封闭结构的设备房时，须执行相应的防爆标准要求。

2．搅拌

脱水泥饼与膨胀剂的最初混合非常重要。为了确保堆肥物料均匀性及良好的充氧特性，通常要考虑机械搅拌系统。脱水泥饼与膨胀剂的快速混合，可以使储存设施最小化，并降低臭味的强度。与单独的脱水泥饼相比，污泥与膨胀剂的混合物更容易堆放和运输。

机械搅拌系统适宜初期混合搅拌。连续混料器含破碎系统，配有进泥箱，可以投加污泥及膨胀剂。间歇式混料器通过一个前端式装料机进泥，并完成填充、混合及排放的全过程。间歇式混料器安装于拖车或卡车底盘之上，用来同时完成在脱水系统传输污泥及搅拌的功能。若采用前端式装料机进行初期混合，则混合的间歇期不得超过 20 min。

较好的混合效果应该是，膨胀剂颗粒完全地被污泥包裹且不含有球状污泥颗粒。静态堆肥和长堆堆肥系统的再搅拌通常需要堆肥机械或配有前端装料机的螺旋搅拌机来完成，堆肥机械配有带特殊设计耙齿的转鼓。长堆堆体可通过前端装料机和螺旋搅拌机来混合，混合和储存污泥区域通常会散发臭味，为有效地控制臭味的产生及人员安全，一般需要合并。堆肥机械一般用于长堆堆体最初的成形堆放。

3．回流

由于堆肥过程进行每小时至少 12 次的通风换气去除湿气冷凝水和堆场径流，堆肥过程通常会产生回流液。回流液中含有高浓度的有机物、养分和其他物质等，设计应考虑到这些回流液的处理要求。

4．曝气和排气系统

对于好氧静态堆肥系统，通常每个堆体或连续堆料的每一个部分采用独立的鼓风机，将空气吸入或排出堆体。使用单独的鼓风机曝气可以使操作人员控制每一个循环周期的充氧，使堆体充分进行分解和干燥。曝气管道可以采用易处理的排水管或固定式沟槽系统。

通风曝气可采用两种不同的工作模式，即经过堆体向下负压抽吸和正向通风曝气两种模式。负压抽吸曝气有助于堆体迅速加热及排放臭气的收集及处理。正向通风曝气则有助于去除湿气。许多堆肥系统开始时采用负压抽吸曝气方式运行，经过 1 ～ 2 周的堆肥后，再切换到正向通风曝气方式。

好氧静态堆肥通常其堆体内部压降在 125 ～ 300 mmH$_2$O。大多数的损失是空气传输系统造成而不是堆肥混合物自身造成的。理想的布气系统，一方面能够以最小的压降均匀布气且达到排除冷凝湿气的功效；另一方面使供气的压降达到最小并且能够使系统冷凝的湿气排出。这一点对于负压抽吸曝气方式尤为重要。空气供给系统应合理计算，使大多数损失发生于堆体及供气系统之间接触界面上。

由于正向通风曝气与负压抽吸曝气可以交替运行，设计可以考虑系统采用可切换的供气方式。另外，鼓风机时间控制器设定的循环周期不能超过 15 min，主要是为了防止出现厌氧的条件。负压抽吸曝气时排出空气的温度一般为 30 ～ 50℃，含饱和水蒸气且带有臭味，由于空气自堆体向外流动，排放气体冷却，释放的冷凝水有可能向管沟中渗漏出来造成腐蚀。因此，应采用耐腐蚀的排气导管，可采用不锈钢、PVC 或玻璃钢材质。

用于好氧静态堆肥中的鼓风机一般为离心式风机，输送静压力一般为 125 ～ 300 mmH$_2$O。由于压降较大，以锯末作为膨胀剂的仓式堆肥系统可采用高压离心式风机或变容式风机。

5．筛分

除锯末外的膨胀剂可能经筛网回收并回用，一般可节约 50% ～ 80% 新加膨胀剂的投资。筛分处理应使堆肥产品均匀、美观，增强市场接受度和竞争力。配有清洁刷的振荡筛网及旋转格栅经常使用，振荡筛网可以将物料筛分成两种以上的粒径，旋转格栅则针对较高湿度的物料使用。

6.3.17　土地利用的用途

污泥肥料的用途很广，可作为农田、果园、菜园、畜牧场、苗圃、绿地、庭院绿化等的种植肥料。

污泥农田施用适用于各种物态的污泥肥料。农田主要依靠农肥、绿肥、植物根茎和收获物残渣来维护土壤的腐殖质运输。如果采用污泥肥料施用，则可以给作物供应更充足的养料，其效果已经从种植蔬菜和各种农作物的实践中得到证实。

污泥施用于果园、菜园和苗圃时，应尽量以干燥污泥或堆肥化污泥形态应用；施用于放牧草场时，应采用液态浓缩污泥地下注入的方式施用。

绿地主要靠植物残留物来进行有机物质的自然供输，但是也需要追加有机肥料，绿地适合施用污水处理厂污泥加工的细颗粒新鲜堆肥、成品堆肥或专用堆肥。污泥绿地利用的形式是在新建城市绿地时，利用适宜形态的城市污泥代替绿地营建时的基土（通常需从城市外购买）。其中主要的适宜对象是脱水后的水体疏浚淤泥和排水沟道清捞污泥及与适量泥土混合的脱水污水处理厂污泥。这种污泥土地利用形式的特点是单位面积用量较大，对脱水疏浚污泥和沟道污泥的用量（以湿泥计）可以达到 4500 t/hm²，对污水处理厂脱水污泥（以湿泥计）可达 1000 ～ 2000 t/hm²。土地利用时应关注以下事项：污泥层上另需覆盖约 0.3 m 厚的耕土，以保证植被生长的短期稳定性；需考虑污泥中污染物质对浅层地下水水质的可能影响；能在绿地兴建时一次性应用。

6.3.18　污泥建材利用技术

污泥建材利用是污泥资源化利用的一种，其内容包含了利用污泥及其焚烧物制砖块、水泥、陶粒、玻璃、生化纤维板等。目前，污泥的建材利用已经被看作一种可持续发展的污泥处置方式，在日本和欧美等国都有许多成功实例。污泥建材利用最终产物是在各种类型建筑工程中使用的材料制品，无须依赖土地作为其最终消纳的载体，同时，它还可替代一部分用于制造建筑材料的原料，因此具有资源保护的意义。

在德国、日本等国，污泥处理的主要工艺为焚烧，污泥焚烧灰作为建筑的材料或附加材料技术路径是首选。经过长期的研究与技术积累，技术上已经走向成熟，并已开始应用于生产实际。

世界上，日本对污泥建材利用最重视、最积极。1991 年至今，已有八家城市污水处理厂先后引进了污泥焚烧灰制砖技术，并已经建造了一座 11 万 t/a 的生态水泥厂。另外，日本还不断投入大量资金对利用污泥进行玻璃化、熔融化以及制造纤维板等技术进行研究和开发。

欧洲和北美对污泥的建材利用技术也相当重视。德国 1995 年就对 16 个污泥焚烧工程的污泥灰进行制作建材的可行性分析研究，2003 年的数据显示，德国已有 10% 的污泥用于建造业。

在西班牙和加拿大，利用特定型号的水泥或再加入一定量的粉煤灰对湿污泥直接固化、制成型材。该技术已经获得权威机构的认可，并在一些环保公司进行推广。

美国在利用污泥制造"生物砖"、水泥、瓦片等方面进行了大量的研究，并专门成立了一些公司，将此作为污泥处置的一种"先进技术"加以推广。

嘉兴、广州等地也有一些污泥干化到一定程度后运往砖厂或陶瓷厂作为添加料的应用。广州华穗轻质陶粒制品厂已有利用污泥制轻质陶粒的工程实例。

上海市在废弃物建材利用方面进行了许多的研究，1997—1998 年，同济大学与江苏省陶瓷研究所一起进行了许多的小试和中试研究，建材产品为陶粒和烧结多孔砖。1999 年，上海新型建材研究开发中心对利用水泥窑处理污水污泥的技术进行了研究开发，对污泥掺入水泥后其物理形态的变化、重金属元素的消减情况、恶臭的消减情况、水泥烧成的影响等进行了一系列的研究，取得了一定的成果。

6.3.19　建议

剩余污泥是污水处理的副产物，长期以来在我国被看作一种企业的负担。目前，我国的剩余污泥年产量约为 6132 万 t（80% 含水率）。建议尽快制定污泥土地利用的相关技术规范和技术指南，建立完善的环境生态风险评价体系和多部门相协调的管理体系，构建包含投资融资机制、税收政策、价格补贴机制在内的污泥土地利用产业经济保障体系，以推动污泥土地利用产业快速发展。

第7章

7 工程案例

7.1 江苏省沿江城镇污水处理规划

7.1.1 项目背景

江苏沿江地区包括南京、镇江、常州、扬州、泰州、南通6个省辖市和句容、扬中、丹阳、江阴、张家港、常熟、太仓、仪征、江都、泰兴、靖江、如皋、通州、海门、启东15个县（市），面积2.46万 km²。

为落实科学发展观，适应沿江开发战略，保护和利用长江水资源和岸线资源，统筹城乡污水处理，经江苏省政府同意，2004年8月，江苏省建设厅组织开展规划编制工作。

编制和实施《江苏省沿江城镇污水处理规划》，是沿江开发的重要组成部分，是保护和利用长江的重要举措。沿江开发是江苏实现"两个率先"的重要战略，将带动江苏经济发展和产业结构调整；沿江开发同时要解决水污染治理问题，实现长江水资源和岸线资源可持续利用。

《江苏省沿江城镇污水处理规划》涵盖沿江地区城市、开发区、小城镇污水处理内容，重点解决污水处理模式、工程规模、设施布局、尾水回用和污泥出路等问题。

7.1.2 规划目标和规划原则

1．规划目标

1）保护和开发并重，保障沿江地区科学发展。

2）优化沿江城镇污水处理设施和尾水排放口布局，保护和利用好长江水资源，实现沿江地区可持续发展。

3）2010年城市污水集中处理率达60%，乡镇污水集中处理率达40%；2020年城市污水集中处理率达75%，乡镇污水集中处理率达50%。

2．规划原则

1）城镇污水以集中和相对集中处理为主，分散处理为辅。

2）合理预测污水量，污水处理工程规模实事求是，适度超前。

3）厂网并举，管网先行。

4）合理布局污水处理厂尾水排放口，确保长江水源地供水安全。

5）污泥处理处置坚持"无害化、稳定化、减量化、资源化"的原则。

6）树立循环经济理念，积极开展尾水资源化利用工作。

7.1.3 规划任务及规划内容

1．规划任务

根据沿江21个市、县（市）城市总体规划和排水专项规划，划分各地区污水处理系统，规划污水处理厂近期（2010年）、远期（2020年）处理规模、污水处理工艺、尾水出路、污泥处理处置等重要问题。

2．规划内容

1）污水处理厂建设规模。至2010年底，沿江地区共建成污水处理厂175座，总规模666.6万 m³/d（含建成和在建）；至2020年底，沿江地区共建成污水处理厂196座，总规模1196.1万 m³/d（含建成和在建）。具体见表7-1、表7-2、图7-1和图7-2。

沿江地区污水处理厂建设数量一览表（座）　　　　　　　　表7-1

地区	2010年						2020年					
	Ⅰ类	Ⅱ类	Ⅲ类	Ⅳ类	Ⅴ类	其他	Ⅰ类	Ⅱ类	Ⅲ类	Ⅳ类	Ⅴ类	其他
南京	1	2	2	4	9	1	1	4	7	5	2	—
镇江	—	—	1	3	11	8	—	1	2	4	14	—
常州	—	1	1	2	7	—	1	—	3	2	5	—
无锡	—	—	1	3	29	2	—	—	2	2	29	2
苏州	—	—	1	6	22	8	—	1	2	8	24	2
扬州	—	—	3	2	6	—	—	1	5	1	4	1
泰州	—	—	—	2	11	—	—	—	2	5	12	—
南通	—	—	2	5	19	—	—	2	6	5	28	1
合计	1	3	11	27	114	19	2	9	29	32	118	6

注：Ⅰ类：50万～100万 m³/d，Ⅱ类：20万～50万 m³/d，Ⅲ类：10万～20万 m³/d，Ⅳ类：5万～10万 m³/d，Ⅴ类：1万～5万 m³/d；

沿江地区污水处理厂总规模一览表（万 m³/d）　　　　　　　表7-2

地区	2010年						2020年					
	Ⅰ类	Ⅱ类	Ⅲ类	Ⅳ类	Ⅴ类	其他	Ⅰ类	Ⅱ类	Ⅲ类	Ⅳ类	Ⅴ类	其他
南京	64	50	20	23	29.5	0.5	64	105	101	37	5	—
镇江	—	—	10	16	21	4.3	—	20	22	30.5	28	—

续表

地区	2010 年						2020 年					
	Ⅰ类	Ⅱ类	Ⅲ类	Ⅳ类	Ⅴ类	其他	Ⅰ类	Ⅱ类	Ⅲ类	Ⅳ类	Ⅴ类	其他
常州	—	20	15	13	14.5	—	50	—	35	13	15.5	—
无锡	—	—	10	16	39.8	1	—	—	20	11	47.3	1
苏州	—	—	10	40	47.8	3.7	—	20	27	57.5	70.3	0.7
扬州	—	—	43	13	11.5	—	—	30	66.5	5	15	1
泰州	—	—	—	14	28	—	—	—	22	36	33.5	—
南通	—	—	23	27	38	—	—	45	69.5	38	54	0.8
合计	64	70	131	162	231.1	9.5	114	220	363	228	268.6	3.5

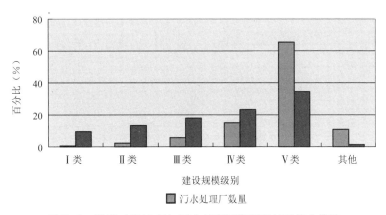

图 7-1 近期（2010 年）污水处理厂类别及处理能力统计

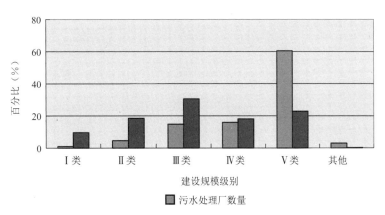

图 7-2 远期（2020 年）污水处理厂类别及处理量统计

以上图表表明：

（1）建设规模在 1 万～5 万 m³/d 的小型污水处理厂数量占近远期污水处理厂总数的大半，处理能力占处理总规模 20% 左右。处理规模在 1 万 m³/d 的超小型污水处理厂正逐渐消失。

（2）Ⅱ类、Ⅲ类、Ⅳ类级别污水处理厂在处理能力上占污水处理厂规划建设的主导地位。此类别的污水处理厂远期建设在数量和处理规模上同近期规划相比均有不同程度的增长。

（3）处理规模在 50 万～ 100 万 m^3/d 的大型污水处理厂数量不多，主要集中在南京、常州等地。

2）尾水出路及排放布局

（1）尾水出路

达标尾水出路方案要根据区域居民生活、城镇与产业发展的环境质量控制要求，结合水系功能和水环境容量进行优化设计。

我国水资源紧缺，国家大力主张以节流为主的水资源政策，并大力推进城镇污水资源化，建设节水型社会。达标尾水可采用三级处理、资源化利用、生态净化、排江、排海等方式。尾水可通过深度处理与再生水利用，按行政分区就地消化。回用水可用于农田灌溉、园林绿化用水、工业企业循环利用等。尾水余量部分根据各市、县、区内河水环境容量和水环境功能区达标要求，选取适当的尾水受纳水体，并利用江滩、河滩、沙洲、湿地等自然生态系统对尾水进行生态净化后再排入长江。

在本次沿江城镇污水处理规划中，近期污水处理厂尾水经三级处理后可作为污水处理厂内污泥脱水设备冲洗用水、厂内绿化、浇洒道路等。远期可作为工业用水、生活杂用水和景观河道用水等。同时规划建议加强尾水利用的研究和开发，制定相关的产业扶持政策。

（2）尾水排放布局

根据《江苏省长江水污染防治条例》的要求，尾水排放口的布置以不影响取水口安全为原则，尽量将其布置在饮用水水源保护区、保留区、缓冲区以外的区域。具体排放口位置待工程实施时，应通过环境影响评价专题论证并报批。

3）污泥处理与处置

（1）污泥无害化、稳定化、减量化、资源化

污泥处理处置的目的是使污泥无害化、稳定化、减量化及资源化。城市污水处理厂，应不断完善其污泥处理工艺，选择性能良好的装置和机械，提高污泥的含固率，使后续的污泥处置和综合利用顺利进行。

污泥无害化、稳定化主要方法有厌氧消化、好氧消化和堆肥等生物稳定法及投加石灰的化学稳定法。

污泥减容即脱去污泥中的水分，降低污泥含水率，主要方法有浓缩法、自然干化法和机械脱水法、焚烧法。

常用的污泥资源化利用途径有堆肥、制造建筑材料等。

根据江苏省环保厅所确定的污泥资源化处置的目标，2006 年底全省各市要制定出适合本地区特点的水处理污泥治理规划，并建设一批资源化处置示范工程；到 2007 年，实现所有水处理污泥初步正常化管理，杜绝污泥的倾倒和随意填埋；到 2008 年，基本实现城市水处理污泥规范化处置；到 2010 年，实现全省水处理污泥规范化处置，使污泥处置充分体现出资源化利用的特色。

（2）沿江城镇污泥处理处置规划

南京市：至 2010 年，南京市各城市污水处理厂每日产生的污泥（干泥）总量约为 260 t，

以脱水后污泥含水率 80% 计，其总体积约为 1300 m³，至 2020 年，每日干泥总量和脱水污泥体积将分别达到 510 t 和 2550 m³。

规划近期建设两座市政污泥处置场。一座选址在江宁区凤凰山已废弃的铁矿，日处理 1040 m³ 干污泥，集中处置污水处理厂污泥、市政管道和沟渠污泥。一座选址在江心洲，处理规模 320 m³/d（75% 含水率）。

镇江市：正积极探索采用新技术，与高校合作研究污泥处理处置关键技术及示范工程等有关课题。通过课题研究，提出并投入应用高效、合理、经济的污泥处理处置成套技术，减少污泥的外运和填埋工作量，产生肥效高的有机农肥，变废为宝，最终实现污泥的稳定化、无害化、减量化、资源化。处理后的污泥用于焚烧发电、填埋场的每日覆土，道路两旁的绿化用土、草坪养护，焚烧后的灰分用于生产建材等。

常州市：该阶段正与热电厂合作进行脱水污泥焚烧试验，该研究项目已经进入试生产阶段。
2005～2010 年污水处理厂污泥全部就近进入热电厂循环流化床焚烧炉焚烧。2011～2020 年，根据预测的污泥量（含水率 80%），污泥采用集中处理方式，在江边污水处理厂和武南污水处理厂内集中建两座污泥集约化处理厂，规模分别为 1000 m³/d、500 m³/d。经污泥处理厂处理的污泥基本达到了减量化、稳定化。处理后的污泥可以采用填埋或制造建材，完全达到了无害化和资源化利用。

无锡市：该阶段，兼顾环境生态效益、经济效益以及适合江阴具体情况的处理方式，推荐采用污泥的干化焚烧等减量化技术。建议污泥集中处理厂设置在城西污水处理厂。干化焚烧后的灰渣可作为建筑材料等综合利用。政府对污泥处置应采取一定的干预措施，制定对污泥资源化企业及产品使用的优惠政策，促进污泥处置的产业化。

苏州市：当处理污泥量少时，可考虑集中或分散处理两种方式。即当处理厂之间距离较近或交通便利，易于运输时，可采用在其中某处理厂内合建污泥处理设施，各厂将剩余污泥、浓缩污泥或脱水污泥通过管道输送、罐车或卡车运送等方式，将其集中处理、处置；当不具备上述条件时，可单独设置污泥处理设施，采用移动式污泥处理车更为经济，将剩余污泥车载处理系统脱水后直接运至处置地点，进行堆肥、填埋、还田或焚烧等。

扬州市：根据扬州的该阶段垃圾填埋场条件及经济实力，近期污泥采用脱水后（含水率降低到低于 85%）进行卫生填埋；远期污泥经机械脱水减量稳定后进行焚烧，焚烧后灰渣进行安全填埋。

泰州市：主城区污水处理厂污泥部分可经脱水堆肥后用作农用肥料，主要以卫生填埋为主；泰兴市污泥处置采用集约化方式，近远期结合，分期、分步实施，近期填埋为主，远期综合利用和焚烧为主。

南通市：针对该阶段南通地区污泥处置利用实际情况，既着眼现状又考虑未来，规划建议：首先对南通地区各污水处理厂的污泥情况进行全面综合分析，积累第一手资料，为污泥处理方案的选择提供技术参数；进一步研究论证污泥综合利用的处理方案，如焚烧产物利用和农田林地利用。南通于 2006～2010 年间实施污泥焚烧工程。在污泥处置利用未落实之前，在垃圾填埋场设计单独污泥填埋池，采取市场化运作，保证污水处理厂正常运行。

7.1.4 近期工作计划和投资估算

1. 近期工作计划

2003 年底，沿江地区共建成城市污水处理厂 57 座，总处理规模 209.2 万 m³/d；2003～2005 年底，新增污水处理设施能力 74.5 万 m³/d，2005 年底形成总处理规模 283.7 万 m³/d；2006～2010 年沿江城镇污水处理工程建设规模 391.1 万 m³/d，其中 2010 年底前新增能力 336.1 万 m³/d；2010 年江苏沿江城镇污水处理厂共 175 座，污水处理总规模 666.6 万 m³/d，形成总能力 613.8 万 m³/d；2011～2020 年沿江城镇污水处理工程建设规模 528.0 万 m³/d，预计 2020 年底前新增能力 420.4 万 m³/d（考虑到污水处理工程建设周期长，期间建成投产项目按 80% 计）；2020 年江苏沿江城镇污水处理厂共 196 座，污水处理总规模 1196.1 万 m³/d，形成总能力 1088.5 万 m³/d。

近期 2006～2010 年建设工程实施情况见表 7-3。

2006～2010 年建设工程实施一览表（万 m³/d）　　　　　　表 7-3

地区	2003 年规模	2005 年规模	污水处理厂建设规模 2006～2010 年
南京	76.5	86.5	102.5
镇江	20.5	25.5	26
常州	24	36.5	31
无锡	7.3	32.3	34.5
苏州	26.4	36.9	65.6
扬州	22.5	29	38.5
泰州	10	10	32
南通	22	27	61
合计	209.2	283.7	391.1

2. 投资估算

沿江地区污水处理设施规划近期工程造价按处理每立方米污水 3500～4000 元估算；远期工程造价按处理每立方米污水 3000～3500 元估算（表 7-4）。估算费用含厂内工程和厂外主干管工程。2006～2010 年总投资 142.8 亿元，2011～2020 年总投资 174 亿元。

沿江 21 市、县（市）污水处理厂建设投资一览表　　　　　表 7-4

地区	市县	2003 年规模	2005 年规模	污水处理厂建设规模（万 m³/d）		投资金额（亿元）	
				2006～2010 年	2011～2020 年	2006～2010 年	2011～2020 年
南京	市区	76.5	86.5	102.5	125	35.88	42.50
	小计	76.5	86.5	102.5	125	35.88	42.50

地区	市县	2003 年规模	2005 年规模	污水处理厂建设规模（万 m³/d）		投资金额（亿元）	
				2006～2010 年	2011～2020 年	2006～2010 年	2011～2020 年
镇江	市区	15.5	16.5	11.5	19.7	4.03	6.30
	句容	–	2.5	5.5	9	2.15	2.88
	扬中	1	2.5	2.5	5.5	0.95	1.76
	丹阳	4	4	6.5	13.5	2.72	3.30
小计		20.5	25.5	26	47.7	9.85	14.24
常州	市区	24	36.5	31	51	11.78	17.34
小计		24	36.5	31	51	11.78	17.34
无锡	江阴	7.3	32.3	34.5	12.5	12.42	4.25
小计		7.3	32.3	34.5	12.5	12.42	4.25
苏州	张家港	11.0	11.0	16.6	12	6.14	3.84
	常熟	11.4	21.9	15.1	38	5.44	12.54
	太仓	4	4	34	24	13.10	7.68
小计		26.4	36.9	65.7	74	24.68	24.06
扬州	市区	12.5	12.5	20.5	19	7.18	6.08
	仪征	10	12.5	6	15	3.10	4.88
	江都	–	4	12	16	4.40	5.20
小计		22.5	29	38.5	50	14.68	16.16
泰州	市区	4.5	4.5	14.5	19	4.93	6.08
	泰兴	3.5	3.5	9.5	18	3.42	6.12
	靖江	2	2	8	12.5	3.00	4.08
小计		10	10	32	49.5	11.35	16.28
南通	市区	15.5	18	17.5	42.5	6.13	14.11
	如皋	2	4	16	26	5.84	8.45
	通州	1.5	1.5	9.5	15	3.50	4.90
	海门	3	3	6	19	2.31	6.18
	启东	–	0.5	12	16.8	4.38	5.54
小计		22	27	61	119.3	22.16	39.18
合计		209.2	283.7	391.2	529.0	142.8	174.01

7.1.5 规划保障措施

江苏沿江城镇污水处理工程面广量大，投资额大，任务艰巨。为确保在规划时段达到规划目标，提出以下规划保障措施：

1）实施重点工程项目管理。为加快本规划的实施，建议沿江地区各级政府将污水处理工程列入重点建设项目，对城市污水处理厂、污水收集系统等工程项目制定相关政策扶持。

2）科学实施工程建设计划。避免污水处理厂一次建成规模过大、长期达不到设计负荷等问题，防止资金沉淀。

3）加大公共财政投入力度。省、市政府应当每年安排一定的财政专项资金用于沿江城镇污水处理工程的建设补助，引导规划实施，积极争取国债资金支持。

4）完善污水处理收费制度。由行政事业性向经营性转变，逐步推行按质收费制度。

5）充分发挥市场机制作用。按照"谁投资、谁受益"的原则，多元化、多渠道筹措建设资金，广泛吸纳包括外资和社会资本在内的各种资金，以合资、参股、控股以及 BOT 等多种形式，参与城镇污水处理设施的建设。

6）加强企业内部管理。各级建设部门要不断完善管理体制，推进特许经营制度，加快建设步伐，提高生产效率，降低成本费用，提高服务质量。

7）加强组织领导。各级政府及其有关主管部门要认真研究解决本规划实施中遇到的困难和问题，采取有效措施，加快污水处理规划实施进度。同时，规划实施过程中要加强政府监管力度。

8）鼓励科技进步。加强对污水处理新工艺的研究，加强尾水回用和污泥资源化利用的政策性研究，提高污水处理系统的建设和管理水平。

7.1.6 规划特点与新技术应用

1）城市污水处理工程的建设，应积极采用经过鉴定并经实践证明是行之有效的新技术、新工艺、新材料和新设备。对于需要引进的先进技术和关键设备，应以提高项目综合效益、推进技术进步为原则，在符合国情和经过充分技术经济论证的基础上确定。

2）充分利用沿江地区的资源优势，开展尾水回用试点工程。

3）苏南地区部分城市可积极与科研机构探索污泥综合利用课题，与热电等企业合作开展污泥处理示范项目的建设。

4）加强节水意识和保护长江水环境的宣传，提高城市基础设施建设和水资源保护的公众参与性，共同创建节约型社会。

7.1.7 实际执行情况及效益分析

1）污水处理工程的建设将进一步改善水质，促进沿江 21 市、县（市）旅游业发展，提高居民的健康与生活质量，降低医疗费用，减少疾病暴发或流行病的潜在危险。

2）城市水体水质的改善，将有利于提高城市综合水平，扩大内需，带动相关行业的发展。

3）2006～2010 年，沿江 21 市、县（市）新增污水处理设施规模 336.2 万 m^3/d，每年可削减排入水体的污染物量为：BOD_5 削减 18.2 万 t，COD_{Cr} 削减 30.1 万 t，SS 削减 22.9 万 t，

NH_3–N 削减 43.3 万 t，TP 削减 0.3 万 t 以上。

4）2011～2020 年，沿江 21 市、县（市）新增污水处理设施规模约 420.4 万 m^3/d，每年可削减排入水体的污染物量为：BOD_5 削减 26.6 万 t，COD_{Cr} 削减 43.7 万 t，SS 削减 31.5 万 t，NH_3–N 削减 63.7 万 t，TP 削减 0.5 万 t 以上。

5）污水经处理达标排放后，不再污染水体，河流成网，江河变活变清，形成沿江城市独特的风景特色。人们生活在这样的城市环境中，心情舒畅，工作愉快，精神面貌焕然一新，大大提高了生产力。另外，也提高了城市卫生水平，提高了城市的知名度，为引进外资建设创造了较好的外部条件。

7.2 扬州北山污水处理厂

7.2.1 项目背景

扬州北山污水处理厂总规模 16 万 m^3/d，一期规模 8 万 m^3/d，是扬州市市区三座污水处理厂之一，承担扬州市北部地区生活污水和部分工业废水的收集处理。一期工程总投资约 6.6 亿元，其中工程直接费约 3.5 亿元。

出水水质标准执行《太湖地区城镇污水处理厂及重点工业行业主要水污染物排放限值》DB 32/1072—2018 中"一、二级保护区内城镇污水处理厂污染物排放限值"（地表水准Ⅳ类），太湖地方标准未规定的污染物排放限值，仍按《城镇污水处理厂污染物排放标准》的一级 A 标准执行。建成之后将成为江苏省执行排放标准最严格的城镇污水处理厂。

尾水经过 9.5 km 长槐泗河进一步自然净化后最终进入作为扬州市备用水源地的邵伯湖水域。该工程的建设对于控制污水直排槐泗河，遏制邵伯湖水质恶化趋势，保护长江下流水质起到重要作用。反之，由于尾水最终受纳水体对水质变化敏感，要求污水处理厂出水水质稳定达标。

7.2.2 污水处理工艺与主要构筑物

1. 污水处理工艺流程

扬州北山污水处理厂收水来源 90% 为生活污水，工业废水量约占总水量的 10%，主要工业门类以机械加工、汽车配件、印染、食品加工等为主。重点排污企业包括一座城市静脉产业园，其排放经过处理达到纳管标准的渗滤液。经过实测水质、与现状同类型污水处理厂类比等方式，确定该厂的进、出水水质见表 7-5。

北山污水处理厂一期工程设计进、出水水质一览表（mg/L）　表 7-5

项目	COD_{Cr}	BOD_5	SS	NH_3–N	TN	TP
进水	400	150	200	35	45	5
出水	≤ 40	≤ 10	≤ 10	≤ 3（5）	≤ 10（12）	≤ 0.3

该厂达标排放的主要难点在于，出水 TN 的稳定达标以及对工业废水中的难降解 COD 的

去除。对于前者，设计采用多模式 A/A/O 工艺和深床滤池工艺加以解决。首先在保证生化池水力停留时间（18 h）足够的前提下，将其分成预缺氧区、厌氧区、缺氧区（第一段）、好氧区、缺氧／好氧过渡区、好氧区、出水脱气区七部分，根据进、出水水质变化情况，可以灵活分配进入预缺氧区、厌氧区和缺氧区（第一段）的原水，并可通过调节缺氧／好氧过渡区的 DO 浓度，使生化池在多点进水改良型 A/A/O 和两级 A/O 两种模式下运行。对水质的变化具有较高的适应性，在绝大多数情况下，确保 TN 浓度在生化池出水时即达标。后续的深床滤池作为把关工艺段，进一步降低 TN 浓度。在脱氮压力不大的季节，也可作为仅去除 SS 的滤池使用，以降低碳源的消耗量。对于工业废水总的难降解 COD，在严控管网水质的前提下，经过试验验证，选择在常规工艺段中增加了粉末活性炭吸附池，用于应急投加。并在厂区平面布置和高程布置中预留了臭氧接触氧化、活性炭滤池、芬顿等处理单元，以应对后期进水水质恶化的风险。全厂工艺流程如图 7-3 所示。

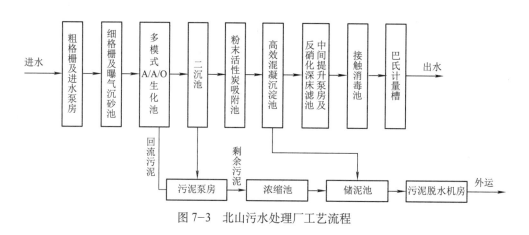

图 7-3　北山污水处理厂工艺流程

该厂的预处理采用了曝气沉砂池加前后两道细格栅的方式，前面的细格栅采用常规网板格栅，格栅间距 5 mm。后面增加一道内进流精细格栅，格栅间距 2 mm，可以进一步去除大颗粒杂质和毛发等易缠绕、附着的物质，延长深床滤池的过滤周期，降低反冲洗水用量。

深度处理采用了粉末活性炭吸附池＋高效混凝沉淀池＋深床滤池的组合，应对水质变化的能力更强，运行工况多样化，且切换灵活。

2．污水处理主要构筑物

1）细格栅及曝气沉砂池

设计参数：有效水深 2.80 m；设计水力停留时间 10 min；水平流速 0.06 m/s；曝气量 0.20 m³ 空气／（m³ 污水）；

主要设备：网板格栅，内进流格栅等。

2）多模式 A/A/O 生化池

设计参数：有效水深 6.5 m；计算水温 12℃；设计总泥龄 18 d；混合液污泥浓度 $X=4000$ mg/L；污泥负荷 $\theta_s=0.087$ kgBOD$_5$／（kgMLSS·d）；总水力停留时间 18.45 h，其中，预缺氧区 1.05 h、厌氧区 2.05 h、缺氧区 5.00 h、Ⅰ段好氧区 4.95 h、好氧／缺氧过渡区 2.8 h、Ⅱ段好氧区 2.1 h、消氧区 0.5 h。污泥内回流比 100%～300%，外回流比 50%～100%；气水

比 6.5 : 1。

主要设备:潜水搅拌器、潜水推流器、穿墙回流泵、全流程生物培养箱、电动菱形调节蝶阀等。

3）粉末活性炭吸附池

设计参数：水力停留时间 10 min。

主要设备：管式静态混合器、搅拌器。

4）高效混凝沉淀池

设计参数：混合时间 1.43 ~ 1.88 min；絮凝时间 11.83 ~ 15.55 min；澄清区平均负荷 6.61 m³/（m²·h）。

主要设备：混合搅拌器、絮凝搅拌器、导流筒、污泥螺杆泵、斜板冲洗系统等。

5）深床滤池

设计参数：分为 8 格。滤池滤速为 5.73 m/h，强制滤速为 6.55 m/h，过滤周期为 24 h。反冲方式：第一阶段气冲洗，气冲强度 92 m³/（m²·h），历时 2 min；第二阶段气水联合冲洗，气冲强度 90 m³/（m²·h），水冲强度 15 m³/（m²·h），历时 10 min；第三阶段水冲洗，水冲强度 15 m³/（m³·h），历时 5 min。

主要设备：滤砖配水配气系统、罗茨风机、潜水泵等。

3. 污泥处理主要构筑物

1）污泥浓缩池

设计参数：污泥干固量 14067 kgDS/d；污泥固体负荷 43.9 kgDS/（m²·d）；浓缩前含水率 99.5%；浓缩后含水率 97.5%；池边水深 4.0 m；浓缩时间 15.8 h。

2）污泥脱水机房

设计参数：近期污泥处理量 14.1 tDS/d 考虑；近期采用 3 套离心脱水机，2 用 1 备，工作时间每日 8 h。进泥含水率 97.5%，脱泥后含水率 80%。

主要设备：离心脱水机、污泥料仓、冲洗水泵、加药系统等。

7.2.3　污水处理构筑物结构设计与施工

污水处理厂结构的特点是以构筑物为主、建筑物为辅的建筑群，污水处理工艺流程一般包括如下建、构筑物：主要构筑物包括粗格栅及进水泵房、细格栅及曝气沉砂池、改良 A/A/O 生化池、二沉池、高效混凝沉淀池、中间提升泵房、反硝化深床滤池、接触消毒池、巴氏计量槽、污泥泵房、污泥浓缩池、污泥浓缩泵池；主要建筑物包括加药间机修仓库、分变电所及出水仪表间、鼓风机房及变电所、污泥脱水车间；另外还有生活办公建筑，包括综合楼、门卫值班室等。

单体设计主要内容包括抗浮计算、地基承载力计算、地基沉降计算和主体结构内力计算及裂缝计算，其中抗浮计算、地基承载力计算、地基沉降计算主要取决于地质条件以及建、构筑物与场地的相对关系，主体结构内力计算及裂缝计算主要取决于结构本身布置及荷载大小分布情况，在已知外部条件下，通过计算确定建、构筑物主体结构构件尺寸和布置。结构设计总的原则是，在满足国家基本建设有关方针、政策，按照现行的有关规范、规定及标准要求前提下，力争做到工程技术先进、结构方案合理、安全可靠、经济适用。

1. 生化池结构设计简介

污水处理厂处理构筑物主要采用钢筋混凝土水池结构，以改良 A/A/O 生化池为例，平面尺寸为 102.9 m×98.43 m，水池净空深 7.7 m，埋深 4.4 m，根据水池平面尺寸和规范要求，平面两个方向均需设置变形缝，根据水池特点，沿对称位置设置双墙，墙间缝宽 30 mm，对称方向另设两道后浇带，沿垂直对称方向设置两道变形缝，通过变形缝和后浇带设置减小温度应力。

生化池埋深 4.4 m，抗浮水位为设计地面标高，抗浮计算不满足要求，采用抗拔管桩进行抗浮，同时管桩兼做抗压桩。

根据生化池结构特点，池壁按照悬臂结构计算，池壁壁厚采用渐变截面，顶部 400 mm，底部 700 mm；底板采用变截面，中间底板截面厚 500 mm，周边截面厚 900 mm，配筋按照裂缝不大于 0.2 mm 控制。

2. 钢筋混凝土水池分类

钢筋混凝土水池根据结构形式分为圆形水池、矩形水池，单格水池、多格水池；根据埋置深度分为地上式、地下式、半地上式；根据池体高度和宽度（或直径）的关系分为浅池、深池等。

3. 钢筋混凝土水池结构设计规定

各种结构类别、形式的水池均应进行强度计算。根据荷载条件、工程地质条件和水地质条件，决定是否验算结构稳定性。钢筋混凝土水池应进行抗裂度或裂缝宽度验算。在荷载作用下，构件截面为轴心受拉或小偏心受拉的受力状态时，应进行抗裂度验算，在使用阶段荷载作用下，构件截面为受弯、大偏心受压或大偏心受拉的受力状态时，应进行裂缝宽度的验算。应力混凝土水池尚应进行抗裂度验算。

4. 钢筋混凝土水池各种荷载

1）水压

这里指池内水压，是水池的主要荷载之一。水池内的水压力应按设计水位的静水压力计算。对污水处理的水池，水的重力密度可取 $10 \sim 10.8 kN/m^3$。对机械表面曝气池内的设计水位，应计入水面波动的影响，可按池壁顶计算。结构耐久性计算采用的水位不宜高于设计水位 $0.3 \sim 0.5 m$。对于干弦高度较大的水池需辅以偶然情况下承载能力校核。

2）土压力

池外有填土的水池，土对池壁的侧压力通常用朗肯理论计算主动压力，但土的侧压力变化因素很多，如回填土的密实度、粘结力、内摩擦角等。实践证明，用朗肯理论计算土压力偏于安全。

3）地下水压力

地下水压力分为构筑物侧壁上的水压力和地下水对结构作用的托浮力。

构筑物侧壁上的水压力，应按静水压力计算。水压力标准值的相应设计水位，应根据勘察部门和水文部门提供的数据采用：可能出现的最高和最低水位，对地表水位宜按 1% 频率统计分析确定；对地下水位应综合考虑近期内变化及构筑物设计基准期内可能的发展趋势确定。

地下水对结构作用的托浮力是威胁构筑物安全的一种主要荷载，设计时应予以重视。目前抗浮治理措施主要有：排水限压法、泄水降压法、隔水控压法、压重抗浮法、结构抗浮法、锚固抗浮法等。构筑物抗浮治理方案宜根据抗浮稳定状态、抗浮设计等级和抗浮概念设计并结合治理要求、对周边环境的影响、施工条件等因素进行技术经济比较后确定。

4）温、湿度荷载

由于环境的影响，造成结构物产生温度或湿度的变化，从而引起结构物体积变化，当这种体积变化受到约束时，就会产生应力。通常将温度差及湿度差称之为温、湿度荷载。

池壁中的季节温、湿差对结构的内力影响是一个较复杂的问题。水池的温度、湿度变化作用应按现行《给水排水工程构筑物结构设计规范》GB50010、《给水排水工程钢筋混凝土水池结构设计规程》CECS138 相关规定计算。对按规范要求设置伸缩缝的地下构筑物或设有保温措施的构筑物，一般可不计算温度、湿度变化作用。对超过规范要求长度的水池，应对后浇带、引发缝、双池壁、预应力等技术措施进行综合比选后，确定最优的结构设计方案。

5．钢筋混凝土水池荷载组合

水池的荷载组合可归纳为以下几种：

1）水压 + 自重：这是水池结构设计的基本组合。

2）水压 + 自重 + 温差：综合温差、湿差和水压的共同作用，当壁面冬季温差的绝对值大于夏季壁面湿差（化为等效温差）的绝对值时，这是最不利组合。

3）土压 + 自重：这是指池外有覆土的水池，当有地下水时还应包括地下水压，这种组合是水池荷载的基本组合之一，当水池建成后运营前以及水池放空期间均属此种荷载组合情况。

根据上述几种情况，可归纳为如下两类：①无覆土的水池，池壁的荷载应取上述三种组合的最不利情况求得内力；②有覆土的水池，可不考虑其他两种组合。

6．钢筋混凝土水池截面设计的关键性问题

1）关于裂缝问题的探讨

混凝土裂缝从大的方面可分为受力裂缝和变形裂缝两种，受力裂缝可通过结构计算控制，变形裂缝往往是工程中混凝土结构裂缝控制的难点。引起混凝土结构变形裂缝的原因主要包括温度或湿度的变化、收缩、膨胀、不均匀沉降等。其特征是结构要求变形，当受到约束和限制时产生内应力，应力超过一定数值后产生裂缝，裂缝出现后变形得到满足，内应力松弛。这种裂缝宽度大、内应力小，对荷载的影响小，但对耐久性损害大。

温度变形和收缩变形是引起混凝土变形裂缝的主要原因，混凝土的收缩包括塑性收缩、干燥收缩、碳化收缩。塑性收缩在混凝土硬化前，时间较短，碳化收缩在后期，对混凝土影响最大、时间最长的就是干燥收缩，即干缩裂缝。干燥收缩主要是混凝土在硬化后较长时间产生的水分蒸发引起的。

为控制构筑物受力裂缝和变形裂缝，设计中应对后浇带、引发缝、双池壁、预应力等技术措施进行综合比选后，确定最优的结构设计方案。施工中应切实加强养护及合理选用材料以减少混凝土的收缩。在材料的选用上应优选水化热低、收缩率低和抗裂性高的矿渣硅酸盐水泥。为减少混凝土的收缩，混凝土中应掺入膨胀纤维抗裂防水剂。

2）构造配筋

水池池壁的构造配筋，宜按矩形和圆形水池加以区分。对于地面式矩形水池池壁，因对湿差和温差的影响甚为敏感，为避免产生贯穿性裂缝，池壁水平向的最小构造配筋率以每侧不小0.15% 为宜。对于无顶盖的水池往往在池壁顶部先开裂，宜在顶部每侧放置不小于 6 根的加大的水平向钢筋。对于圆形水池池壁的环向最小构造配筋率，其外侧的最小构造配筋率不宜小于

0.35%，内侧不宜小于 0.15%；对于外池有覆土的水池池壁，其内、外侧宜对称配置，但全截面总配筋率不宜小于 0.3%。水池底板最小构造配筋率，对于无顶盖的敞口水池，其底板上层钢筋的最小构造配筋率不宜小于 0.15%，其下层配筋率及有顶盖的水池底板配筋率不小于 0.15%。

3）经济配筋率

对于矩形水池，若为上端自由、下端固定的竖向截面池壁，其最大配筋率在 0.8% 左右尚属经济；其他矩形水池的池壁，某一界面的最大配筋率可达到 1.0% 左右亦属经济范围。

4）设计中的构造措施

良好的构造措施是保证结构安全、适用、稳定的条件，所以必须予以足够的认识。水池实际上是空间结构，其自身的约束和外界条件的约束影响都十分复杂，因此对于温、湿度应力的计算还偏于近似范畴，在设计计算过程中，除根据具体条件进行应力计算外，还必须采用一系列综合性构造措施。

7．结构设计主要技术措施

1）结构抗震措施

所有构（建）筑物单体均按抗震设防标准及抗震等级进行结构选型与布置、结构计算（含地震力组合）和构造处理措施，采用符合抗震要求的防震缝布置及构造措施。

污水管道尽量采用埋地式钢管和钢筋混凝土管，钢管接头为焊接，钢筋混凝土管接头为承插式橡胶圈柔性接口，钢筋混凝土箱涵接头为中置式条形橡胶止水带和聚乙烯泡沫填缝聚硫密封膏嵌缝，钢管与构筑物接口采用柔性连接。

合理选择结构形式，并采取相应的构造措施。圆形、地下式或半地下式结构的抗震性能较好，整体刚度较矩形结构良好。矩形水池在角隅处易遭震害，尤其对于一些敞口的水处理构筑物。若水池过大，每隔一定的间距也要设一伸缩缝。储液池宜采用现浇钢筋混凝土结构，房屋建筑宜采用现浇钢筋混凝土框架结构，楼面板、屋面板宜采用现浇钢筋混凝土梁板结构，对厂区各单体结构深厚的软土地基的处理，分别采用钢筋混凝土整板基础、柱下条形基础、墙下条形基础。

选用良好的建筑材料。在经济能力范围内尽可能选取抗震性能良好的钢、钢筋混凝土或预应力钢筋混凝土材料来建造水池。对位于高烈度地区的构筑物，不宜采用强度低、延性和抗裂抗渗性差的砌体结构。

应注重结构的整体性。震害实例表明，容量大、整体性差的水池容易遭受震害。对于装配式结构，尤须加强顶盖与池壁主体间的连接。

在水池与水管连接处适当设置伸缩接口或加设可伸缩套管，减少水池与管道连接处的破坏。

对于体型巨大的水池，宜将其分成多个单元，以防止在地震中整个结构发生功能失效。各水池单元间应尽量设置连通超越管道，必要时可以跨越某破损单元而直接到下一单元。

2）控制构（建）筑物沉降主要措施

结合对于市政场站和管道地基处理的设计与工程实践，在本工程中，采取四方面措施，控制构（建）筑物的最大沉降、倾斜及沉降差等变形。

（1）建筑措施

在满足使用、工艺流程、机械设备的运转以及有关的管道结构和管道接口构造要求的前提下，构（建）筑物体型应力求简单。控制构（建）筑物长高比及合理布置墙体。设置沉降缝。

控制相邻构（建）筑物基础间的净距。构（建）筑物与设备之间应留有足够的净空。当构（建）筑物有管道穿过时，应预留足够尺寸的孔洞，或采用柔性的管道接头等。

（2）地基及基础处理措施

采用柱下条形基础、整板基础共同作用基础，减小或调整基底附加压力。

（3）上部结构措施

减轻构（建）筑物的自重，包括选用轻型结构、减轻墙体自重、减少基础和回填土的重量等。设置圈梁，圈梁应设置在外墙、内纵墙和主要内横墙上，并宜在平面内连成封闭系统。

（4）施工组织实施措施

在软弱地基上进行工程建设，合理安排施工程序，注意某些施工方法，也能收到减少或调整部分不均匀沉降的效果。具体方法是：当相邻构（建）筑物之间轻（低）重（高）悬殊时，一般应按照先重后轻的程序进行施工；有时还需要在重构（建）筑物竣工之后间歇一段时期，再建造轻的邻近建筑物。在已建成的轻型建筑物周围，不宜堆放大量的建筑材料或土方等重物，以免地面堆载引起构（建）筑物产生附加沉降。在构（建）筑物基坑开挖中，进行井点降水时，应密切注意对邻近构（建）筑物可能产生的不良影响。

3）结构抗渗措施

（1）储液池及需抗渗的地下建筑物采用抗渗混凝土。

（2）控制结构构件在正常使用极限状态下的裂缝宽度。

（3）预埋管、预埋螺栓设置止水环。

（4）与液体接触的钢筋混凝土表面用防水泥砂浆或防水涂层处理。

（5）施工中不设置竖向施工缝，水平施工缝按抗渗要求处理。

（6）对超长现浇钢筋混凝土构（建）筑物不宜设置伸缩缝时，应设置后浇带，并在后浇带混凝土中掺加外加剂或其他类似材料补偿收缩混凝土，外加剂种类和掺入量根据试验确定。

（7）设置缝中设氯丁橡胶止水带，嵌缝密封料采用双组分聚硫密封膏。

4）结构防腐蚀措施

按防腐蚀要求进行结构布置和构造处理。

（1）厂区地下水土腐蚀性为微腐蚀，构筑物无须特殊防腐措施。

（2）钢制品均采用聚氨酯涂层防腐。钢制品包括钢管、钢桁架、钢构架、钢梯、吊车钢轨道、钢制工作桥等。

（3）各构（建）筑物的混凝土强度等级均为 C30，抗渗等级 S8。

（4）除加药间、机修仓库及分变电所、鼓风机房及变电所、污泥脱水机房、进出水仪表间、综合楼和门卫室以及各构筑物上部框架结构外，其他构（建）筑物最大裂缝宽度允许值不得大于 0.20 mm。

（5）所有构（建）筑物基础底板当有垫层时，受力钢筋的混凝土保护层最小厚度不得小于 35 mm。加药间、机修仓库及分变电所、鼓风机房及变电所、污泥脱水机房、进出水仪表间、综合楼、食堂和门卫室以及构筑物上部框架结构的梁、板、柱受力钢筋的混凝土保护层最小厚度分别为 25 mm、20 mm 和 25 mm。其余构筑物的梁、壁（板）、柱受力钢筋的混凝土保护层最小厚度分别为 35 mm、30 mm 和 35 mm。

（6）构（建）筑物所需混凝土添加剂均应采用具有防渗、抗裂、低碱、微膨胀功能的混凝土添加剂。

（7）构（建）筑物的门窗均应采用塑钢门窗，门窗配件采用不锈钢或工程塑料。进出车辆的大门采用不锈钢材料制作。

5）伸缩缝、沉降缝、防震缝的设置

大型矩形构筑物的长度、宽度较大时，应设置适应温度变化作用的伸缩缝或者加强带。伸缩缝一般间距 20～30 m，缝宽 30 mm，缝内设橡胶止水带连接，聚乙烯闭孔泡沫板填缝，双组分聚硫密封膏密封。加强带一般间距 20～30 m，带宽 2 m，加强带混凝土施工时加入混凝土添加微膨胀剂并满足《混凝土膨胀剂》GB/T 23439—2017 标准要求，水池施工完成 14 d 后方可进行加强带施工。

6）裂缝控制措施

除设置伸缩缝和后浇带措施外，构筑物结构配筋上尽量采用"小直径、密间距"的配筋形式，充分发挥钢筋混凝土的抗裂性能。混凝土养护应严格按照规范要求，混凝土入模温度不宜大于 30℃ 且不低于 5℃；混凝土最大绝热温升不宜大于 50℃；混凝土结构构件表面以内 40～80 mm 位置处的温度与混凝土结构构件内部的温度差值不宜大于 25℃，且与混凝土结构构件表面温度的差值不宜大于 25℃；混凝土降温速率不宜大于 2.0℃/d。

混凝土浇筑后应及时（12 h 内）进行保湿养护，保湿养护可采用洒水、覆盖、喷涂养护剂等方式。终凝后养护时间不应少于 14 d。洒水养护宜在混凝土裸露表面覆盖麻袋或草帘后进行，也可采用直接洒水或蓄水等养护方式；洒水养护应保证混凝土处于湿润状态；当日最低温度低于 5℃ 时，不应采用洒水养护。覆盖养护塑料薄膜应紧贴混凝土裸露表面，塑料薄膜内应保持有凝结水。混凝土强度未达 1.2 N/mm² 以前，严禁任何人在上面行走、安装模板支架，更不得做破坏性操作。

8．结构设计施工总结

针对扬州市北山污水处理厂一期工程项目特点，设计施工经验总结如下：

1）对于超长水池，首要问题是如何减小温度应力，避免池体产生较大裂缝，发生漏水或者更为严重的事故。目前，除采用预应力结构外，主要措施有以下三个方面：

（1）合理布置变形缝和后浇带能够有效减小池体的长度，从而减小温度应力，且从造价上来讲更为经济，为较为合理的方案措施。

（2）添加膨胀剂等外加剂对于混凝土收缩控制能起到一定效果，能够在一定范围内增加水池不设缝长度的限值。

（3）施工上应严格按照规范要求对混凝土结构进行养护。

2）抗浮是深埋大跨度水池常见的问题，抗浮措施的选择应综合考虑地质、水位、池体结构布置等方面，以因地制宜和经济合理为原则选择方案。如本项目中构筑物的抗浮设计从以下几点考虑：

（1）埋深较大、体型较小的构筑物，如粗格栅及进水泵房等，埋深较大，考虑通过增加自重和底板外挑长度来满足抗浮计算的要求。

（2）部分构筑物因结构埋藏较浅仅靠结构自重或局部配重即可满足抗浮要求，如中间提升泵房及反硝化深床滤池等。

（3）部分单体通过自重和外挑底板均难以满足抗浮要求，拟采用抗拔桩满足抗浮要求，如生化池、二沉池和接触消毒池等。

3）基础设计问题是结构设计中的最重要问题之一，本项目中场地情况较为特殊，拟建厂区范围起伏较大，最大高差达到 10 m，根据工艺要求，厂区设计地面比现状地面最低处高出将近 8 m，因此，基础方案需考虑厂区高程因素，最终确定方案如下：

（1）好土层埋深较小，建构筑物以原状好土层为持力层或经少量换填后达到好土层，根据地勘资料以②层、③层或④层粉质黏土作为基础持力层。未到持力层采用 1 : 1 级配砂石换填。

（2）好土层埋深较大，换填深度较大或构筑物埋深较大需采取抗拔措施，采用管桩或作为承压和抗拔桩。

7.2.4　污泥处理处置

扬州北山污水处理厂的污泥处置方式为送至统筹全市区污水处理厂污泥处置的污泥干化厂。要求处理后污泥含水率不大于 80%。考虑该厂脱水污泥含水率要求不高，拟采用常规工艺处理。浓缩工艺在污泥浓缩机和污泥浓缩池之间做选择。

由于目前污泥浓缩机或浓缩脱水机在应用中或多或少存在浓缩效果不佳、机械故障率较高的情况。而通过调研相邻采用浓缩池工艺的污水处理厂后发现，在正常设计停留时间下，尤其是储泥斗中的积泥能够得到及时排出的浓缩池中，没有发现明显的上清液 TP 浓度上升的现象，且污泥浓缩效果稳定有效。因此，选择污泥浓缩池作为污泥浓缩工艺。

脱水工艺选择离心脱水机，主要考虑其工作环境较整洁、臭气容易收集处理、对周边环境影响较小的优点。

为减少污泥在厌氧环境下停留时间过长而导致的上清液 TP 返溶的风险，取消储泥池，代之以污泥螺杆泵直接从浓缩池储泥斗吸泥再泵送至离心脱水机。

7.2.5　工程设计特点与新技术应用

1. 设计体现对不同水质目标的兼容性以及对未来变化的适应性

近年来随着我国对水环境质量的日益重视，要求和反对污水处理厂在一级 A 排放标准基础上进一步提标的争论日渐增多，尚无定论。在这种情况下，本次设计被要求既不能盲目提高出水标准，造成过高的投资和运行费用，又要为未来的发展和进一步提标的可能性预留足够的空间。为此，本设计做了如下几点尝试：

1）立足一级 A 标准硬达标设计主体工艺流程。选择近年来在实际应用中被证明行之有效、管理方便的"改良 A/A/O+ 高效沉淀池"工艺作为污水处理的核心。在其基础上根据进水特点和不同的出水要求补充其他工艺段。

2）针对扬州市污水中含砂量较多的情况，选用除砂效果较好的曝气沉砂池工艺，并将停留时间设定为 10 min，较长的停留时间有助于细小的砂粒从污水中脱除，而这种粒径的砂粒恰恰占比最大。

3）针对生化池 TN 去除率受温度影响较大的特点，将深床滤池的功能定位为一般情况下仅过滤，冬季低温时采用过滤＋辅助脱氮两种模式，确保生化池出水 TN 任何时刻均能达到一级 A 标准，非低温时可以达到江苏省太湖标准。

4）针对收水范围内工业废水中难降解 COD 浓度变化大的问题，采用粉末活性炭吸附池作为出水 COD 把关工艺，根据需要灵活运用。除了吸附 COD 以外，粉末活性炭作为助凝剂也提高了后续高效沉淀池去除 SS 的效率，保障了深床滤池的正常运行。

5）在平面布置上，预留进一步提标所需的包括臭氧氧化工艺在内的高级氧化工艺、活性炭滤池工艺等所需用地。在高程上巧妙设计中间提升泵房的设置位置，预留了高效沉淀池之后和深床滤池之后两处增加工艺点。

2．设计体现生产运营对控制的精准性要求，在确保出水达标的前提下，降低能耗和药耗

1）采用精确曝气系统控制风机风量，进而降低风机能耗。精确曝气系统与独特的多模式 A/A/O 生化池系统联用，通过生化池内各功能区内的溶氧仪和氧化还原电位仪实时感知池内氧浓度，不仅为调节空气管道的开关度和风机风量大小提供依据，也为切换 A/A/O 池运行模式提供依据。

2）采用精确加药系统提高加药效果，控制加药量。精确加药系统包括在关键点位设置的 SS、TN、TP、COD 在线监测仪表，精确投加泵系统，在线后稀释系统以及终端投加系统。例如，在二沉池出水口设置了 TP 在线监测仪，通过其获得的二沉池出水 TP 浓度，计算得到高效沉淀池应投加的除磷药剂计量，既要确保出水 TP 达标，又不能使其浓度过低成为抑制深床滤池生物膜生长的限制因素。在生化池缺氧段投加碳源时，选用混合效果好的扩散器；在无法设置搅拌器的场合选用管道混合器投加药剂。每个投加点位均由相对应的加药泵单独投加。

3．设计体现了污水处理环境效益与经济效益之和最大化的目标

1）污水处理厂的选址对于工程的环保投资影响巨大。本工程从选址之初就坚持靠近收集范围中心而又远离发展核心区的原则，这样可以避免因较高的环保要求而将污水处理厂强行埋入地下，避免无谓增加工程造价和运行费用。

2）污水处理厂处理污水所消耗的能耗、药耗以及向大气中排放温室气体的量与出水标准直接相关。因此，从整体环境效益出发，污水处理厂设计应兼顾水环境保护和大气环境保护。本厂设计了多种运行模式，以满足不同的出水水质要求，各模式间切换灵活，以达到用最小环境代价完成污水处理任务的目的。

3）选用全流程除臭方式替代生化池全池加盖除臭方式，在厂界处恶臭达标的条件下，全流程除臭方式的造价和运行费用更为低廉，几乎不消耗能耗，且减少了钢筋、混凝土用量，碳足迹更短。

7.3 淮安市主城区污水处理及再生利用设施建设工程

7.3.1 项目背景

淮安市主城区污水处理及再生利用工程扩建规模为 5.0 万 m³/d，污泥高干脱水处理规模为 200 t/d（以 80% 含水率计），投资 12658 万元。

本工程采用"曝气生物滤池＋双沉淀池＋深度处理"作为污水处理和再生利用的主体工艺，采用"调理＋压榨"作为污泥高干脱水工艺。竣工以来的运行数据表明，出水水质完全达到现行《城镇污水处理厂污染物排放标准》的一级 A 标准、《城市污水再生利用　景观环境用水水质》GB/T 18921—2002 标准和《城市污水再生利用　城市杂用水水质》GB/T 18920—2016 标准。

处理后污泥含水率稳定在 50% 以下，所用工艺具有工程投资省、占地面积小、运行费用低、自动化程度高、设备性能好、管理方便等优点。

7.3.2　污水处理工艺与主要构筑物

1. 污水及再生水处理工艺流程

本工程采用"曝气生物滤池＋双沉淀池＋深度处理"作为污水处理和再生利用的主体工艺（图 7-4）。

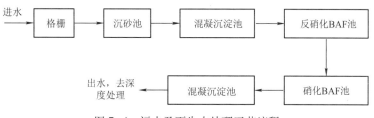

图 7-4　污水及再生水处理工艺流程

污水处理厂平面布置紧凑，根据工艺流程将处理构筑物划分为数个组合单元，分别为预沉池＋中间提升泵房＋曝气生物滤池组合、加氯间＋回用水泵房＋接触池组合、污泥处理单元组合，功能区划分明。单元内采用渠道连接，无须管路及阀门井，有效节省了占地。

结合构筑物水位情况进一步优化高程设计，将预沉池与提升泵房合建，沉后水通过轴流泵直接提升至曝气生物滤池进水口，泵出口不设置阀门，采用渠道配水，在提高配水均匀性的同时减少了水头损失，降低提升泵扬程。

以曝气生物滤池为核心的污水处理工艺较传统 A/A/O 工艺流程更短，处理效率更高，投资和占地面积均降低 30% 以上。利用前置 DN 型滤池和 CN 型滤池即能分别达到脱氮和去除有机物的效果，且进水碳源得到充分利用。运行控制自动化程度高，根据水质变化，能迅速调整运行工况，对问题的分析诊断快速准确。

2. 污水及再生水处理主要构筑物

1）高效混凝沉淀池。高效混凝沉淀池设 1 座，分 2 格，单格规模 2.5 万 m³/d，单座平面尺寸 18 m×26 m，单格包括混凝池、絮凝池和沉淀池三部分，表面负荷为 8.0 m³/（m²·h），有效水深 4.0 m，混凝区停留时间 15.5 min。斜管沉淀池平面尺寸 13.5 m×13.5 m，倾斜角度 60°，斜管高 1.0 m，斜管管径 80 mm。每组斜管沉淀池内设刮泥机 1 台。

高效混凝沉淀池有如下特点：

（1）由快速混合搅拌和慢速混凝搅拌多个反应池联合作用形成均质絮凝体和高密度矾花，絮凝效果好。

（2）沉淀效果好；

（3）占地面积小，节省土建投资，抗冲击负荷能力强。

2）曝气生物滤池。本次生物处理主单元采用曝气生物滤池，由反硝化（DN）生物滤池和硝化（N）生物滤池组成。

反硝化生物滤池 8 格，单格反硝化滤池尺寸：7.5 m×12.0 m×7.5 m，采用球形轻质多孔生物滤料，池体下部粒径 $\phi 6 \sim 9$ mm，上部粒径 $\phi 4 \sim 6$ mm，水力负荷 7.0 m³/（m²·h），采用布置密度为 56 个/m² 的专用滤头布水系统，单堰出水，快速降水位 + 气水联合反冲洗，回流比 110%～140%。

硝化生物滤池 16 格，单格硝化滤池尺寸：7.5 m×12.0 m×7.5 m，采用粒径 $\phi 3 \sim 5$ mm 球形轻质多孔生物滤料，水力负荷 3.5 m³/（m²·h），采用布置密度为 49 个/m² 的专用滤头布水系统，单堰出水，快速降水位 + 气水联合反冲洗，气水比 3.2:1。

本次使用的新型生物滤料，其表面开口孔隙内生长有微生物膜，污水由下向上或由上向下流经表面长满生物膜的滤料时，污水中的有机物及氮得到降解。同时滤料层有效截留污水中的 SS 和老化脱落的生物膜并进行固液分离。定期利用处理后的出水对滤池进行反冲洗，促进滤料表面老化生物膜的脱落，排除被截留的 SS 和老化脱落生物膜，使高活性的新鲜生物膜与污水直接接触，提高了降解速率和效率，使出水稳定达标。

本次曝气生物滤池管廊设计采用了综合管廊设计理念，在保证通风采光良好的同时，管道敷设错落有致，易于巡检；管廊内设置了事故污水排放系统保证事故污水的及时排出；管廊噪声控制系统，管廊内正常交流无障碍，避免了以往管廊不能久待的弊病。

3）"洗涤 + 生物滤床"除臭设施。设 2 套除臭设施，除臭量分别为 20000 m³/h、30000 m³/h，收集进水泵房、沉砂池、混凝沉淀池、中间提升泵房、反硝化滤池等的臭气，以上需除臭的单体构筑物均加盖或封闭处理，每小时换气次数不少于 6 次。

除臭量为 20000 m³/h 的除臭设施包含预选池一座，平面尺寸 1.7 m×8.0 m×2.1 m，生物滤池一座，平面尺寸 8.3 m×8.0 m×2.1 m。壳体材料 FRP，采用 2 台离心风机，2 台循环水泵。除臭量为 30000 m³/h 的除臭设施包含预选池一座，平面尺寸 2.0 m×11.5 m×2.1 m，生物滤池一座，平面尺寸 16 m×11.5 m×2.1 m。壳体材料 PP 或 FRP，采用 2 台离心风机，2 台循环水泵。

4）滤布滤池。再生水处理采用滤布滤池，设 1 座，分 3 组，内设转盘共 3 套。每组滤池内安装 24 个滤布盘，单盘直径 2.0 m，平均滤速约 8.0 m/h。采用聚酯材料，过滤效果好。设备集成度高，不需要设置单独的反冲洗泵房，占地面积小，管理方便。反冲洗耗水量低，水头损失小，仅为 0.6～0.8 m，节省能耗。

采用二氧化氯消毒，消毒池上方建设加氯间，充分利用空间。

回用水泵房与消毒池为一整体，厂区空间利用效率高。

3. 污泥处理主要构筑物

本工程采用"调理 + 压榨"污泥处理工艺，该工艺由污泥调理和压榨两部分组成。以污泥调质加板框压滤机为核心的高干脱水工艺具有脱水污泥含固率高，添加调理药剂、絮凝药剂少，污泥减量化效果好，人员劳动强度低，工作环境良好，投资和运行费用低等特点，在本项目成功应用后，已在全国范围内迅速推广，成为污水处理厂污泥处理的主流工艺。

7.3.3 污水及再生水处理构筑物结构设计与施工

1. 主要构筑物结构设计

本工程主要核心处理构筑物包括改良型曝气生物滤池生化池，属于大型构筑物，前期为了节省投资及防止地基沉降，采用了双层板基础，经过 3 年的运行及对相关的构筑物进行沉降及相关监测，无沉降及裂、渗等现象发生。

本工程主要建筑物为工业厂房，框架结构，拟采用柱下条形基础；混凝土水池，拟采用筏板基础。

根据工程地质勘察资料，曝气生物滤池开挖较深，需采用钻孔灌注桩基础加内支撑支护。曝气生物滤池与高效沉淀池位于鱼塘内，基础采用了双层板结构，代替打桩，大大缩短了施工周期并且降低了基础处理费用。在储水钢筋混凝土构筑物中，设计添加高效外加剂，实现了减水增强、抗渗、抗腐蚀、补偿混凝土的温度压力等效果。

2. 施工的主要技术措施

变电所、加氯间等框架结构基础采用十字交叉梁为基础，采用大开挖施工。

高效混凝沉淀池为地下式钢筋混凝土无盖矩形水池，基础采用双层板基础，采用大开挖施工，自重抗浮。

曝气生物滤池为半地下式钢筋混凝土局部有盖矩形水池，池外壁尺寸为 74.06 m×57.85 m，水平向设置一道温度缝，竖直向设置了两道温度缝。水平缝以东基础采用双层板基础，池顶外围设置走道板连接，曝气生物滤池与高效混凝沉淀池有走道板相连，为钢筋混凝土梁板结构，曝气生物滤池基础采用整板基础，采用大开挖施工，自重抗浮。

滤布滤池为半地下式钢筋混凝土局部有盖矩形水池，采用整板基础，采用大开挖施工，自重抗浮。

再生水回用泵房为地下式钢筋混凝土局部有盖矩形水池，采用整板基础，采用大开挖施工，自重抗浮。

7.3.4 污泥处理处置

本工程污泥高干脱水工程建设规模为 200 t/d（以 80% 含水率计）。污泥处理采用"调理（化学）＋压榨"处理工艺（图 7-5）。

该系统污泥来源分为两部分：四季青污水处理厂浓缩脱水后的污泥（含水率 80%）通过车载运输至淮安市第二污水处理厂内进入污泥池内，经稀释和搅拌通过泵输送到污泥沉淀池内；淮安市第二污水处理厂的剩余污泥（含水率 98% 左右）通过泵输送至储泥池，然后重力自流至沉淀池。

污泥经沉淀池浓缩后，将污泥浓度控制在 95% 左右，然后重力自流至污泥调理罐。同时，按量投加调理药剂至调理罐，并进行混合搅拌，再采用污泥高压隔膜压滤机对调理后的污泥进行高干脱水。

新建污泥脱水间一座，含污泥调理罐、污泥泵房、污泥压榨车间、加药间、储药间、配套设施及储泥斗，平面尺寸 36.5 m×36.8 m，高 14.5 m。

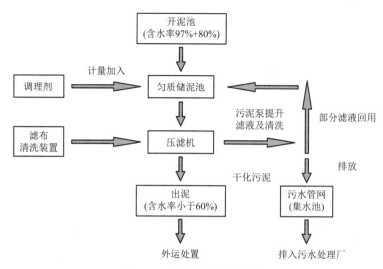

图 7-5　污泥处理工艺流程

采用 4 台污泥高压隔膜压滤机对调理后的污泥进行高干脱水。每日工作时间 15 ~ 18 h，进泥含固率 3%，出泥含固率 40% ~ 45%，加药量 15% ~ 20%（以干泥量计），单台隔膜压滤机参数：过滤面积 400 m²，滤室数量 104，滤室容积 7.06 m³。充分混匀后利用进泥泵把污泥输入压榨机进行压榨，压榨后的污泥外运进行填埋或其他综合处置，压榨出水排入污水处理厂进行处理。

7.3.5　工程设计特点与新技术应用

1. 改良型曝气生物滤池技术

在国内首次采用以改良型曝气生物滤池为主要生化处理工艺，以预沉池和除磷沉淀池为主要物化处理工艺，将以城市生活污水为主体的混合污水处理至一级 A 及景观用水和城市杂用水标准。

改良型曝气生物滤池技术集优化 DN、CN 型滤池工作顺序、新型高效多孔滤料、整浇式滤板、新型三面出水稳流栅板、新型防堵塞滤头、滤料间氮气驱除技术于一体，解决了传统曝气生物滤池药剂消耗量大，易堵塞，长期使用后配水不均匀，污染物去除效率下降明显等缺点，单位体积处理污水效率比常规曝气生物滤池提高 4 ~ 6 倍。

另外，改良型曝气生物滤池内部还采取了其他多项改进技术，增进了管廊自然采光、通风效果，加强隔音降噪措施，使工作环境获得较大改善。

2. 智能化学除磷技术

智能化学除磷技术是通过对进出水 TP 浓度和混凝剂投加的历史数据进行分析计算，得出 TP 去除效率与药剂投加量的耦合关系，以前馈数据作为引导，以后馈数据作为修正，制定药剂最优化投加策略，并根据进水量和浓度实时调整，以达到出水 TP 控制指标。在本工程中，将该技术应用于前端除磷沉淀池和后端高效沉淀池的混凝剂投加控制，有效解决了除磷沉淀池出水 TP、SS 波动大影响曝气生物滤池运行的问题，充分发挥系统生物除磷功能，降低混凝剂投加量，减少化学污泥产生量，使出水 TP 达标率得到充分保证。

3．先进的噪声控制技术

污水处理厂是处理水污染的场所，但是在处理的过程中会产生一定的噪声。对此，采用了先进的噪声控制技术，首先根据声源（包括设备及其连接管道）的振动频谱采取相应的降噪措施；其次针对机房内混响噪声采取吸音措施，多管齐下，取得了卓越的降噪效果。

4．新型高效多孔滤料

采用新型无机陶瓷材料制成的球形轻质多孔滤料集过滤、生物吸附和生物氧化为一体，比表面积是常规滤料的 4～6 倍，更易于挂膜。滤料形状规则，运行中对气泡的切割效果好，使充氧效率提高，也解决了普通滤料运行一段时间后表面不均匀及处理效率下降的问题。

5．内进流式网孔超细格栅、新型隔膜板框压滤机

本工程采用的内进流式网孔超细格栅，采用 UHMW 超高分子聚乙烯穿孔板材作为过水断面，穿孔为 1 mm 的直圆柱形孔洞，栅板平行于水流方向安装，这种进水方式的所有污水从格栅中间进入并从两侧排出，垃圾无法溢流到格栅后方，有效地确保了纤维类及小颗粒杂质不进入后续的曝气生物滤池，提高了生物滤池的处理能力。

新型隔膜板框压滤机装配有泥浆螺旋分配器、凸起粒子滤板、锥形滤布等新配件，利用间隔"递增式"施压脱水工艺，经污泥脱水专用化学调理添加剂调质后，突破了污泥的"粘胶相区"，将平均含水率为 92% 的混合污泥一次性脱水至 50% 以下。所耗药剂仅为其他类似板框压滤机的一半，污泥减量化效果明显。

6．"节能、节水、节材、节地"以及"海绵城市"设计

设计过程始终贯彻"节能、节水、节材、节地"以及"海绵城市"的设计理念，主要效果如下：

1）本项目占地面积仅为同类型项目的 60%，大大低于《城市排水工程项目建设标准》和《江苏省建设用地指标》的规定。

2）主要能耗指标国内领先，全厂吨水运行电耗 0.352 kW·h（含污泥深度脱水及再生水处理）；去除每 kgBOD$_5$ 能耗为 2.1 kW·h；建筑节能达 50% 以上。

3）通过道路浇洒、车辆冲洗、景观绿化、河道补水、厂内回用、消防等多种方式，实现了再生水回用率 100%。

4）采用智能加药系统，沉淀池混凝药剂投加量减少 10%～30%；污泥脱水调质用化学药剂减少约 20%，脱水效率高于相关标准要求 20%，脱水后污泥含水率稳定在 50% 以下。

5）厂区建设贯彻海绵城市理念，应用于绿化及道路建设，通过雨水调蓄池、下凹式绿地、透水路面等，实现了径流控制率 70% 以上。

6）充分考虑减少对周边环境的影响，设置了生物除臭系统，将产生臭气的单体加盖密封，通过管道引至除臭设施处理达标后排放；并在管廊中设置了消音降噪系统，实测管廊内噪声小于 60 dB，保障了工作人员的身心健康。

7）控制采用开放的分布式系统，先进的在线分析仪表和电视监控系统，及时准确地反馈工艺参数，提高了运行管理的自动化水平。

8）在国内首次将在线除氮反馈系统、智能化学除磷系统应用于曝气生物滤池＋双沉淀池系统中，达到了保留碳源、精确除磷、降低药耗、污泥减量的效果。

9）在江苏省内首次应用城市生活污水处理厂污泥集中处理处置概念，将区域内其他污水

处理厂脱水至 80% 的污泥与本厂剩余污泥进行混合后，利用板框压滤机进行高干脱水，污泥脱水效果良好，电耗药耗低于同类污水处理厂平均水平。

10）厂区设计按照 LID 设计理念，配套建设雨水调蓄池、透水地面等海绵体设施，实现工程建设后的径流产生量不大于建设前的标准。

7.3.6 实际运行情况及效益分析

本工程主要的大型设备包括初沉池的机械搅拌设备、回流泵，中间提升泵房的膜格栅、中间提升泵，曝气生物滤池内的鼓风机、反冲洗水泵，滤布滤池的水泵及相关的加药设备等，本工程采购设备均为国际一线设备，运行状况均较好，运行中大型设备运行故障率为 0，小型设备运行基本无问题。

设计中设计功率与实际运行功率进行了充分考虑，设计方便与运营，后期运营中建立了"区块化、系统化、高效化、责任化"四化运行管理机制，保证了相关电气、仪表设备运行良好。

在设计中在曝气生物滤池管廊空间有限的情况下，采用 Z 形梁设计，巧妙地运用了廊道空间，保证了廊道吊装的便利性和美观性，为后期运行提供了方便。

作为全国为数不多的改良型曝气生物滤池生化池，采用最新研制的栅板，不仅对水流无阻力，同时在填料损失方面全国领先，年填料损失率控制在 1% 内；采用新型长柄滤头，暂无发现堵塞现象。

作为淮安市域运营的厂区中首个采用海绵城市的设计，控制了面源污染的同时也改变了污水处理厂在市民心目中的形象，是淮安市污水治理重点教育基地。

7.4 台州路桥污水处理厂提标及中水回用工程

7.4.1 项目背景

台州路桥污水处理厂总规模 9 万 m^3/d，分两期建设，一期规模 4 万 m^3/d，于 2000 年通水，二期规模 5 万 m^3/d，于 2008 年投产，提标改造前出水达到一级 B 标准。一期工程生化工艺为奥贝尔氧化沟，二期工程生化工艺为微孔曝气氧化沟。

提标及中水回用工程目标是将该厂总规模 9 万 m^3/d 提标至一级 A 标准，将其中 2 万 m^3/d 规模出水进一步提升至城镇污水再生利用标准。该厂于 2014 年 12 月完成设计并开工建设，2016 年 9 月竣工投入使用。

7.4.2 污水处理工艺与主要构筑物

1. 污水处理工艺流程

通过对该污水处理厂近年来进水水质统计分析，以涵盖率 95% 作为设计进水水质，以一级 A 排放标准作为提标工程出水设计标准，以再生水利用的工业用水水质、城市杂用水水质、景观环境用水水质三者中各项指标的最严格限值作为中水回用工程出水设计标准，具体数值见表 7-6。

台州路桥污水处理厂提标及中水回用工程设计进、出水水质一览表（mg/L）　　表 7-6

项目	COD$_{Cr}$	BOD$_5$	SS	NH$_3$-N	TN	TP
进水	350	180	220	30	40	4
原出水	≤ 60	≤ 20	≤ 20	≤ 8 (15)	≤ 20	≤ 1
提标出水	≤ 50	≤ 10	≤ 10	≤ 5 (8)	≤ 15	≤ 0.5
中水	≤ 40	≤ 6	≤ 5	≤ 5 (8)	≤ 15	≤ 0.5

　　根据污水处理厂进水水质及出水水质的要求，路桥污水处理厂提标改造及中水回用工程的工艺流程（图 7-6）包括生化段改造，增强生化系统去除有机物及脱氮除磷效果；新增深度处理段，进一步去除 SS 和 TP；新增中水回用工程，并增加了除臭设施。

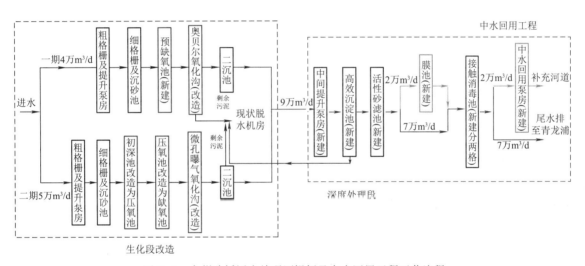

图 7-6　台州路桥污水处理厂提标及中水回用工程工艺流程

2．污水处理主要构筑物

1）生化段改造

　　生化池改造的总体思路是划分出独立可控的厌氧区、缺氧区和好氧区，保证各区足够的停留时间和污泥浓度，按照 A/A/O 工艺的运行模式改造污泥回流和混合液回流系统，提高生化段的脱氮除磷能力。由于一、二期工艺不一样，因此采取了不同的改造方案。

　　对于一期工程，新建 1 座水力停留时间为 0.5 h 的预缺氧池，置于生化段最前端，用于将回流污泥中的硝态氮转化成 NH$_3$-N，防止硝态氮对厌氧环境的破坏，消除对厌氧释磷的影响，提高了除磷效率。增加氧化沟内混合液回流，回流比为 150% ~ 300%，将污泥回流点由氧化沟进水渠迁移至预缺氧池，将奥贝尔氧化沟的曝气方式由机械曝气改为底部鼓风曝气。

　　对于二期工程，将原设计初沉池改为厌氧池，将现状厌氧池和氧化沟的一部分改为缺氧池，同样增加氧化沟内的混合液回流，回流比同一期氧化沟改造。

2）活性砂滤池

设计参数：共 70 套，总过滤面积为 420 m²，砂床高度为 2.0 m；压缩空气压力为 0.75 MPa；平均流量时过滤速度为 7 m/h。

3）超滤膜池

设计参数：规模 2 万 m³/d，分 4 格；采用浸没式中空纤维膜，设计膜通量为 30 L/（m²·h）；设计过滤周期为 30 ~ 45 min；汽水反冲洗时间为 1 ~ 2 min；反冲洗水强度为 80 L/（m²·h）；反冲洗曝气强度为 5 m³/（m²·h）。

3．污泥处理主要构筑物

该厂提标工程沿用既有污泥处理设施。

7.4.3　污水处理构筑物结构设计与施工

1．污水处理构筑物结构设计

针对场地内厚度达 10 m 的淤泥层，采用桩径 700 mm、长 50 m 的钻孔灌注桩进行地基处理，达到了沉降稳定的效果。

建筑物室内采用架空板设计，设备基础、电缆沟及集水沟等均坐落在架空板之上，较好地控制了不均匀沉降带来的问题。

高效沉淀池为避免大体积混凝土浇捣产生温度裂缝，影响耐久性，纵向设置后浇加强带一道。

2．钢筋混凝土水池设计

预缺氧池尺寸为 21.0 m×8.0 m×5.50 m，基础底板底标高为 1.100 m（绝对标高），基础底板厚 600 mm。

提升泵房尺寸为 5.4 m×10.92 m×6.25 m，基础底板底标高为 0.500 m（绝对标高），基础底板厚 500 mm。

高效沉淀池尺寸为 25.1 m×16.55 m×7.3 m，纵向设置后浇加强带一道，基础底板底标高为 1.650 m（绝对标高），基础底板厚 750 mm。

活性砂滤池尺寸为 21.0 m×8.0 m×5.50 m，基础底板底标高为 1.400 m（绝对标高），基础底板厚 600 mm。

接触消毒池尺寸为 32.7 m×15.42 m×6.15 m，基础底板底标高为 0.600 m（绝对标高），基础底板厚 500 mm。

膜池尺寸为 31.9 m×4.76 m×5 m，基础底板底标高为 1.900 m（绝对标高），基础底板厚 500 mm。

回用水泵房尺寸为 11.2 m×6.1 m×3.25 m+11.8 m×6.7 m×5.7 m，基础底板底标高为 3.000 m（绝对标高），基础底板厚 500 mm。

地基处理采用 ϕ700 钻孔灌注桩地基处理。

3．施工的主要技术措施

构（建）筑物的地基处理方法见表 7-7。

构（建）筑物的地基处理方法　　　　　　　　　　表 7-7

编号	（建）构筑物名称	桩顶标高（m）	桩底标高（m）	桩长（m）	根数（根）	单桩抗压承载力特征值（kN）
1	预缺氧池	1.150	−50.400	51.5	18	1500
2	提升泵房	0.300 0.500	−49.700 −49.450	50 50	7 6	1500
3	高效沉淀池	1.700 1.700	−48.300 −48.300	50 50	41 35	1600 1400
4	活性砂滤池	1.400 2.800 0.600	−48.600 −27.200 −49.400	50 30 50	68 6 8	1400 680 1400
5	接触消毒池	0.700	−49.300	50	47	1500
6	加药加氯间及配电间	2.150	−32.85	35	32	850
7	膜池及设备间	1.650 0.950	−52.350 −52.050	54 53	45 23	1300 1300
8	回用水泵房	3.050	−46.950	50	14	1400

4．生化池设计施工总结

此部分均为改造工程，施工时应注意以下几点：

1）施工前应对现有混凝土结构进行评价，确认其实际强度及耐久性满足原设计要求方可开始施工。

2）由于现场还处于运营状态，施工前应协调好各方面因素，避免影响运营带来的损失。

3）拆除现有结构部分混凝土构件时不得野蛮施工损害保留构件，凿平面水泥砂浆抹平。

4）新旧混凝土结合时，新旧结合面须凿毛、冲洗、润湿并刷一道厚 10 mmM15 丙乳砂浆，与新浇混凝土连续施工，应保持接触面粗糙。

5）应选择具有加固工程经验及必要资质的施工单位进行施工。应事先做好施工组织设计方可施工。

6)植筋采用专业 A 级植筋胶,植筋胶应选用耐水下使用的产品。施工及锚固长度应符合《混凝土结构加固设计规范》GB 50367—2013 的相关要求。

7.4.4　污泥处理处置结构设计与施工

以现状一期和二期的地基基础设计为依据，基础设计采用预压 1 m 和深层搅拌桩复核地基，这两种地基处理方式各建（构）筑物均有不同程度的不均匀沉降。地勘报告的内容显示，淤泥层最厚超过 10 m，考虑到临近建（构）筑物的影响，基础设计采用了钻孔灌注桩桩基础。钢筋混凝土水池考虑局部和整体抗浮，建筑物采用框架结构，抗震设防烈度为Ⅵ度，设计地震分组为第一组，设计基本地震加速度值为 0.05g，按Ⅶ度采取抗震措施。设防类别为重点防类，抗震等级为三级。

7.4.5　工程设计特点与新技术应用

1）厂区总图布置合理，建设期对现有流程影响最小；高程设计流畅合理，节省水头。本工程利用现有厂区东侧的空地，在既有的二沉池后顺接深度处理和中水回用构筑物，平面布置合理有序，最大限度地减少对既有构筑物和管线的影响。通过合理规划管道走向、建设时序和构筑物布局，使改造期间总停水时间小于 72 h，基本不影响厂区正常生产，大大减小环保排放压力。高程设计流畅合理，节省水头。充分利用原厂高程，在新、旧流程之间用中间提升泵房连接，合理控制深度处理构筑物埋深。

2）污水处理工艺先进适用，模块化程度高，推广应用性强。污水处理工艺根据污水处理厂现状进水及二级处理出水水质情况，对比与一级 A 标准、中水回用标准的差距，准确确定 TN、TP、SS、大肠杆菌为主要去除对象，有针对性地设计处理工艺：通过调整既有处理构筑物的功能，增加缺氧区停留时间；优化管道连接、阀门切换调度；新增污泥内、外回流路线等手段，提高既有生化处理工艺段的脱氮性能。通过高效沉淀池、活性砂滤池等新增构筑物进一步去除 SS、TP。利用二氧化氯接触消毒工艺对大肠杆菌等细菌的长效抑制作用，控制出水细菌群落总数。中水回用段的浸没式超滤工艺可以高效截流水中各种杂质，确保出水水质远优于中水回用标准。污水处理工艺选用靶向明确，相互干扰小，模块化程度高。

3）考虑增加过滤工艺所产生的反冲洗水处理问题。污水处理厂提标改造中增加过滤工艺是较为常用的深度处理改造工艺。滤池反冲洗水一般含有较多污染物质，须妥善处理。活性砂过滤器所产生的冲洗水量为过滤水量的 3% ～ 5%，而浸没式超滤工艺在这方面的数值是 5% ～ 8%。对于改造项目而言，这部分反冲洗水的汇入对既有工艺流程产生了水量和水质两方面的冲击负荷，需要仔细考虑。本工程设计了两条冲洗水回用线路：一是全流程处理，将反冲洗水引至进水泵房吸水井；二是半流程处理，将反冲洗水引至二沉池进水端。根据反冲洗水水质和污水处理厂整体负荷情况，灵活选择反冲洗水处理路径，并计算相关池体、管道的过流能力和水头损失，以确定反冲洗废水池调蓄容积和排水泵的流量。

4）工艺设计方面采用多种新技术、新材料、新设备，进一步提高污水处理厂出水达标率，降低损耗。

（1）浸没式超滤技术

浸没式超滤为开放式系统，过流通道宽，对预处理的要求低，对高悬浮物高有机物的进水有很强的抗污堵能力，对进水水质不稳定的进水也有很强的抗冲击负荷能力。浸没式超滤是在较低的负压状态下运行，利用虹吸或泵抽吸方式将水由外向内进行负压抽滤，实现低跨膜压差、适度膜通量平稳运行的直流式全量过滤，这使得其整体能耗成本低于压力式膜过滤，一般为 $0.03 ～ 0.06\,kW \cdot h/m^3$。浸没式超滤膜安装在土建或金属钢池中，直接浸入需要处理的水中，结构紧凑，只需要少量的连接件及阀门连接到抽吸泵，因此系统占地面积小，工程造价低，管理运行简单方便。

（2）加强型生物土壤滤池除臭技术

加强型生物土壤滤池利用土壤中生存的微生物在臭气通过土壤时将其成分氧化分解。当臭气接触含有大量微生物的透气活性土壤层时，将被微生物完全氧化并转化为二氧化碳、水及微生物细胞生物质，从而达到除臭目的。加强型生物土壤滤池能够高效处理各种浓度、各种成分的恶臭气体，土壤滤池表面种植草坪与厂区绿化结合，以美化厂区环境。

（3）改性 PVDF 超滤膜

超滤膜采用改性 PVDF 材质，相对于其他膜材料为耐生物降解，耐酸、碱，抗污染能力、抗氧化能力最突出的膜材质，可以经受苛刻的氧化清洗条件，清洗最大余氯可达 5000 mg/L，使每次清洗都能很好地恢复到初始水平，延长超滤膜的寿命，pH 值耐受范围宽，可以达到 2～11（清洗时 2～12）；膜表面经过亲水改性，膜孔成型好、孔径小（膜公称孔径 0.03 μm）、孔隙率高、水通量大、水量衰减小。在运行中 PVDF 纤维强度好，可采用反向冲洗和气洗工艺，反洗更彻底，膜性能恢复更好，反洗用水量相应降低，同时大大延长了组件的化学清洗周期。膜丝强度最高，抗拉强度达到 20 N/m^2，年断丝率小于万分之二。

（4）加强型生物土壤滤池所用绿色环保型填料

加强型生物土壤滤池采用绿色环保型滤料，无二次污染，滤料含有的营养物质保证使用过程无须另外补充营养物质，降低了运行成本和系统复杂性，滤料含有的营养物质保证系统停运几个月后重新启动仍能正常运转，不需要重新培养菌群，污染物去除率高，对平均浓度 10^{-5}～10^{-4} 的 H_2S 去除率达 99% 以上，同时实现了臭气浓度的整体控制，包括硫醇、硫醚等，去除率达 95% 以上。

（5）连续流砂过滤器。连续流砂过滤器是一种集混凝、澄清、过滤为一体的高效过滤器，它不需停机反冲洗；采用单级滤料，无须级配，没有水力分布不均和初滤液等问题；不需要反冲洗水泵及其停机切换用电动、气动阀门；无须单设混凝、澄清池，无须混凝、澄清用机械设备。因此，占地面积更紧凑，运行费用更经济。

7.4.6　实际运行情况及效益分析

工艺设备选型主要采用节能型、技术可靠的产品，一般设备选用国内成熟可靠的一流产品或中外合资产品，部分关键设备拟选用进口产品。进口设备范围为膜池所有气动阀门、膜、加药装置、反洗泵、反洗风机；潜水泵、潜水搅拌器、污泥回流泵、絮凝剂制备装置等设备采用国内知名品牌或者合资设备。

"节能、节水、节材、节地"的设计理念贯彻始终，效果显著。各专业设计始终贯彻"节能、节水、节材、节地"的设计理念，主要效果如下：

1）本工程占地面积仅为同类型项目的 50%，大大低于《城市排水工程项目建设标准》的规定。

2）主要能耗指标国内领先，全厂吨水运行电耗 0.33 kW·h；去除每 kgBOD$_5$ 能耗为 2.08 kW·h。

3）建筑节能达 50% 以上。

4）沉淀池混凝药剂投加量减少 10%～30%，加氯量减少 15% 左右。

7.5　南通市污水处理中心提标改造工程

7.5.1　项目背景

南通市污水处理中心总规模 25 万 m^3/d，分三期建设，预处理和污泥处理工艺略有不同，生化段均为南京市政院独创的五沟式氧化沟工艺。提标改造工程的目标是将该厂出水标准由一级 B 标准提升为一级 A 标准。该工程于 2012 年 11 月完成设计并开工建设，2013 年 9 月竣工投入使用。

7.5.2 污水处理工艺与主要构筑物

1．污水处理工艺流程

该厂原有处理工艺的核心是五沟式氧化沟，该工艺是南京市政院于 21 世纪初在总结三沟式氧化沟和序批式反应器原理及特点的基础上，创新设计的一种新工艺，具有运行稳定、脱氮效果好的优点。但由于最外侧两条沟道作为沉淀池使用时，常常出现出水带泥的现象，影响出水 SS 达标。因此，在提标工程中，需重点解决上述问题，将 SS 定为一级 A 标准出水控制性指标。由于该厂用地受限，无法安置常规尺寸的高效沉淀池，因此，选用表面负荷最高可达 $30\,\mathrm{m^3/(m^2 \cdot h)}$ 的加砂高速沉淀池以及占地最小的滤布滤池作为提标主工艺。该厂的工艺流程如图 7-7 所示。

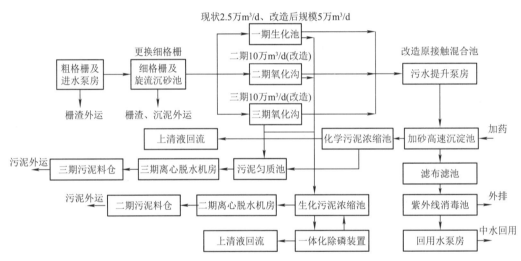

图 7-7　南通市污水处理中心提标改造工程工艺流程

2．污水处理主要构筑物

1）五沟式氧化沟改造

采用计算流体力学（CFD）技术，模拟氧化沟各运行工况下的流场，找到其出水带泥的原因：当边沟作为沉淀区时，边沟相当于平流式沉淀池，原设计侧沟进水不均匀，导致出水带泥严重。改造方案将边沟与侧沟的连通孔洞封堵，通过外部管道沟通两个沟渠，达到均匀布水的目的，出水带泥现象予以缓解；当边沟作为反应区时，出水阀关闭，出水堰中有污泥混入，导致下一个排水初期有出水带泥现象。改造方案是在出水堰处增加空气堰，当非排水阶段，开启空气堰，使出水堰处水位低于出水三角堰，解决了排水初期带泥的问题。

2）加砂高速沉淀池

加砂高速沉淀池的主要反应段有混凝池、投加池、熟化池、沉淀池。

（1）混凝池

污水经过沉淀池出水进入加砂高速沉淀池的混凝池，污水中的浊度物质是带有负电荷的自然微粒，这些微粒间互相排斥从而形成了高度稳定状态。通过投加 PAC 混凝剂，可使这些微粒脱稳，同时混凝剂与污水中的磷酸盐反应，以降低污水中的 TP 污染物。混凝剂投加到混凝池中，快速搅拌可以保证药剂快速和完全扩散。

（2）投加池

粒径为 100 ~ 150 μm 的微砂投加到投加池中，微砂循环和补充可以增加凝聚的概率，确保絮状物的密度，以增加絮体形成和沉淀的速度。另外，当冬季低温运行而导致絮凝困难时，投加微砂可以显著增大反应表面积而得到良好的处理效果。在投加池中水的高速搅拌以达到充分混合的效果。

（3）熟化池（絮凝池）

熟化阶段的作用是形成大的絮凝体。本工艺得益于微砂的加速絮凝，在相同的沉淀性能情况下，其速度梯度相当于传统絮凝工艺的 10 倍。由于颗粒间碰撞概率的增加引发的高絮凝动力效用，在搅拌时间有限和絮凝池体积有限的情况下，仍能达到良好的絮凝效果。

熟化池中的水被慢速搅拌以防止絮体破碎，同时在熟化池宽度方向上设置浮渣槽，在正常运行状态下，浮渣槽淹没在水下，当有浮渣聚集时，阀门打开，排除表层浮渣。

（4）沉淀池

沉淀效果的提高是基于微砂加速沉淀和斜管的逆向流系统。经过絮凝后，污水进入沉淀池的斜管底部，然后上向流至集水区。在斜管上沉淀的絮体在重力作用下向下滑动，较高的径向流速和斜管 60° 倾斜安装可以形成一个连续自刮过程。在斜管上没有絮体的积累。

由于上游良好的混凝和絮凝的优化设计，来自熟化池的絮体致密而易于沉淀。大部分絮体在进入斜管之前就在下部污泥区沉淀并浓缩在沉淀池底部，因此斜管不易堵塞（传统的斜管沉淀池的污泥容易沉淀在斜管上），不需要经常清洗。

加砂高速沉淀池的核心在于，除了向水中加入传统的混凝剂和絮凝剂之外，还要加入粒径只有 100 ~ 150 μm 的微砂，不仅利用巨大的比表面积作为絮凝核体吸附悬浮物形成絮状体，还提升了絮状体的沉降性能。在砂水分离阶段，微砂较高的密度和刚性可以保证较好的分离效果，同时降低因破碎造成的流失率。投加之后的微砂随水流经过熟化池后来到沉淀池，带刮板的旋转刮泥机把微砂和污泥的混合物刮到沉淀池的中心坑中。

浓缩的污泥被循环泵连续抽取以防止堵塞，循环流量根据进水量进行联动控制。带微砂的沉淀絮体被循环泵送入水力旋流器中，在离心力的作用下，将微砂颗粒与污泥进行分离，微砂从下层流出，直接再次投加到投加池中；污泥从水力旋流器上层溢出，然后通过重力排放到厂区进水泵房（絮体中含有过量投加的混合剂 PAC，污泥回流至进水泵房，可以和污水中的磷发生化学反应，从而降低污水中 TP 的浓度，节约系统加药量），污泥排放浓度由进水 SS、TP 和回流率确定，可以根据实际需要调节控制排泥含固率为 0.5% ~ 2%。

微砂的粒度系数和水力旋流器的选择性能保证了微砂的分离和循环，减少新鲜微砂的投加量。水力旋流器溢流损失的微砂量最多不超过 2 g/m³，可以定期补充损失的微砂。

3）滤布滤池

本工程采用的滤布为纤维编织毛绒滤布，过滤精度 ≤ 10 μm，有效过滤深度大于 3 mm。滤布滤池分为 5 组，每组转盘盘数为 20 片，转盘型号 φ3000，转盘单片有效过滤面积为

12.9 m²，过滤速度为 8 m/h。

4）一体化除磷装置

二期浓缩池污泥停留时间过长，在浓缩过程中，由于厌氧导致聚磷菌体内磷的释放。为避免污泥重力浓缩池磷的释放所产生的含高浓度磷的上清液对生化段的影响，增设浓缩池化学除磷设施。

通过投加化学药剂 PAC，生成磷酸铝沉淀，沉淀化学污泥进入污泥匀质池，随浓缩污泥离心脱水，上清液回至厂区进水泵房。

一体化除磷设施主要设备为污水提升泵、快速搅拌池、慢速搅拌器及沉淀池刮泥机，总功率为 10 kW。

5）除臭系统

本厂除臭方式分为两种：对粗格栅及进水泵房、细格栅及旋流沉砂池、二期污泥浓缩池、二期脱水机房、三期脱水机房、三期污泥匀质池、深度处理浓缩池等单体，采用玻璃钢面板配不锈钢骨架加以密封，收集的臭气通过玻璃钢管道输送至 2 座除臭生物滤池进行处理，臭气在生物滤池填料内的停留时间为 14.1 s；对开敞面积较大不易加盖的氧化沟，采用喷洒植物提取液的方式进行除臭处理，共设置 8 套控制器，1588 套雾化装置，交错雾化。

3．污泥处理主要构筑物

深度处理加砂高速沉淀池化学污泥经过提升泵提升至污泥浓缩池，浓缩后污泥重力流入三期污泥匀质池。

深度处理污泥量为 12 tSS/d，污泥浓缩池固体通量为 40 kgSS/（m²·d）。浓缩池直径 20 m，总池深 6.9 m，池边有效水深 4.5 m。

7.5.3 污水处理构筑物结构设计与施工

1．新建单体

1）加砂高速沉淀池

加砂高速沉淀池为地面式矩形水池，总规模为 25 万 m³/d，平面尺寸 47.2 m×45.4 m，沉淀池池体部分净高 8.78 m，地下部分 4.12 m，地上部分 4.66 m，为现浇钢筋混凝土结构。沿加砂高速沉淀池池体纵向、横向设置后浇带，后浇带宽度 800 mm。设计底板厚 500～700 mm，壁板厚 400～600 mm，自重抗浮。加砂高速沉淀池基础采用砂石桩复核地基基础。沉淀池用大开挖施工，施工时须采取适当的支护措施，并配合井点降水措施。

2）滤布滤池及紫外线消毒渠

滤布滤池和紫外线消毒渠合建，为地面式矩形水池，总规模为 25 万 m³/d，平面尺寸 30.00 m×33.80 m，水池最大池深 5.98 m，为现浇钢筋混凝土结构。沿滤布滤池及紫外线消毒渠池体纵向设置后浇带，后浇带宽度 800 mm。设计底板厚 350 mm，壁板厚 300 mm，自重抗浮。滤布滤池和紫外线消毒池基础采用砂石桩复核地基基础，如局部持力层土质较差可采用砂石垫层换填，采用大开挖施工。

3）中水回用泵房

中水回用泵房土建规模为 4000 m³/h。中水回用泵房下部平面尺寸 8.35 m×11.60 m×

5.40 m（深），为现浇钢筋混凝土板式结构。设计底板厚 450 mm，壁板厚 350 mm，底板飞边 450 mm，自重抗浮。采用天然地基，大开挖施工，施工时须采取适当的支护措施，并配合井点降水措施。

4）深度处理浓缩池

浓缩池为无盖半地下式圆形钢筋混凝土水池一座，土建规模为 25 万 m³/d，池内直径为 20.00 m，壁板厚度 350 mm，池体净高度为 5.3 m，底板厚度为 500 mm，底板飞边 650 mm，自重抗浮。采用天然地基，采用大开挖施工。

5）加药间

加药间为一层现浇钢筋混凝土框架结构，平面尺寸为 20.0 m×12.0 m，基础为柱下条形基础，最大跨度 6.0 m，柱距一般为 5.0 m，柱截面最大 400 mm×600 mm。

6）变配电室及操作间

变配电室及操作间为一层现浇钢筋混凝土框架结构，平面尺寸为 24.0 m×10.0 m，基础为柱下条形基础，最大跨度 6.0 m，柱距一般为 6.0 m，柱截面最大 400 mm×400 mm。

7）出水仪表间

出水仪表间为一层现浇钢筋混凝土框架结构，平面尺寸为 10.0 m×6.0 m，基础为柱下条形基础，最大跨度 6.0 m，柱距一般为 6.0 m，柱截面最大 400 mm×400 mm。

8）门卫室

门卫室为一层砌体结构，平面尺寸为 4.8 m×3.0 m，基础为墙下条形基础。

2. 改造单体

1）进水泵房、安防系统、化验室、热泵管线系统、雨水系统改造结构不需改动。

2）旋流沉砂池更换细格栅设备，三期污泥脱水机房增设污泥泵起吊设备，加氯混合井改造为污水提升泵房，需拆除原水池中间壁板；二期氧化沟改造需封堵壁板孔洞及壁板开洞，封堵壁板孔洞采用钢筋混凝土结构，壁板开孔需进行孔洞植筋加固；三期氧化沟改造需壁板开洞，壁板开洞需进行孔洞植筋加固。

3. 给水排水工程结构设计创新点

1）本工程根据岩土工程勘察报告，基础下② -2、③ -1 及④ -2 层为中等液化土，应进行地基处理消除液化沉陷。本工程通过桩型比选，其中砂石桩具有桩身耗材低，单桩造价低，综合经济效益好，市场成熟，施工资源丰富，是本地区最为常用的地基处理手段等优点，因此本工程推荐采用砂石桩处理液化土层，经过处理后地基土液化指数减小，取得了较好的消除液化效果。

2）加砂高速沉淀池底板几何尺寸为 47.2 m(长)×45.4 m(宽)，池壁几何尺寸为 46.3 m(长)×44.4 m（宽），沉淀池池体部分净高 8.78 m，地下部分 4.12 m，地上部分 4.66 m。为使构筑物适应温度变化，根据《给水排水工程构筑物结构设计规范》GB 50069—2016 6.2.1 条规定：大型矩形构筑物应设置适应温度变化作用的伸缩缝，伸缩缝间距对于现浇钢筋混凝土矩形构筑物根据条件不同取 15 ~ 30 m。然而根据以往经验，大型水池设置伸缩缝存在一些问题：

①伸缩缝内的橡胶止水带耐久性难以达到设计使用年限，且无法更换；②缩缝破坏了结构整体性；③胶止水带处固定止水带的钢筋较密，施工时混凝土振捣有一定困难，底板中橡胶止

水带下部更是难以振捣，极易引起蜂窝，造成池体渗漏。

因此，如果能够不设或者少设橡胶止水带伸缩缝能够有效地避免上述问题。

加砂高速沉淀池采用超长不设缝水池设计，采用有限元整体计算与规范简化计算相结合，考虑中面温差和壁面温差对水池结构的影响，并模拟水池二格有水一格无水、一格有水二格无水的荷载工况。通过有限元整体分析计算，根据计算结果加强壁板水平向钢筋，同时通过增设后浇带等手段实现了超长不设缝水池设计，取得了良好的效果。

该工程施工过程中，各技术环节均全面考虑，各项技术措施使用得当，该工程实施过程顺利，目前运行稳定，水池结构各项指标均满足规范要求，加砂高速沉淀池结构设计安全可靠，经济适用。

7.5.4　污泥处理处置

本工程将氧化沟剩余污泥与深度处理段剩余污泥分开处理。前者利用二期污泥处理工段的浓缩池加脱水机房进行处理，新增了用于处理浓缩池上清液的一体化除磷装置；后者利用三期污泥处理工段的离心脱水机，新增一座污泥匀质池，将加砂高速沉淀池剩余污泥和滤布滤池截留的污泥混合后直接脱水。

分开处理后，充分发挥污泥浓缩、脱水设施对不同性质污泥处理的特点，提高了效率，利于后续污泥处置工作的开展。

7.5.5　工程设计特点与新技术应用

1. 总图布置分区明确，紧凑省地；高程设计流畅合理，节省水头

污水处理厂平面布置紧凑，功能区划分明：采用加砂高速沉淀池较传统沉淀池效率提高20倍；利用管道容积进行接触消毒，替代传统接触消毒池，大大节省占地。高程设计结合现有构筑物水位情况，利用原有消毒池，将其改造为中间提升泵房，经一次提升后即可满足全厂改造高程、尾水排放和中水回用的要求；同时充分利用现有管道的过流能力，经平差计算确定新建管道管径、长度，达到不同管径不同长度管道配水均匀的效果，既节约投资又节省水头。

2. 污水处理、除臭工艺先进适用，模块化程度高，推广应用性强

污水处理工艺根据污水处理厂现状进水及二级处理出水水质情况，对比与一级A标准的差距，准确定TN、TP、SS为主要去除对象，有针对性地设计处理工艺：通过对五沟式氧化沟的升级改造，提高其对TN的去除效果，降低其出水SS浓度；通过加砂高速沉淀池和转盘滤池去除TP和SS。工艺选用靶向明确，相互干扰小，模块化程度高。根据不同臭气产生场合，因地制宜地选用两种除臭工艺，达到了技术经济最优化，可为类似污水处理厂新建、改扩建工程借鉴。

3. 工艺设计方面采用多种新技术、新材料、新设备，进一步提高污水处理厂出水达标率，降低损耗

1）加砂高速沉淀池技术

加砂高速沉淀池技术是一种集混凝、投加、熟化、沉淀、微砂循环、砂水分离、污泥排放于一体的高速高效沉淀系统。其原理是通过投加微砂增强絮凝作用，提高沉淀效率。设计沉淀

速度可以达到传统沉淀池的 20 倍，极大地提高了沉淀效率。同时其微砂循环的设计可以有效克服进水水质波动对沉淀效果的影响，提高系统运行稳定性。

2）液氯管道接触消毒技术

该技术根据管道反应器的原理，通过水射器的搅拌作用将氯气与待处理水在短时间内混合均匀，继而在管道内按推流式反应器规律杀灭细菌群落。由于管道内相对较小的横断面，消毒剂的浓度差异可以降至最低，有效克服传统接触消毒池杀菌效果不均匀的缺点，进而使液氯投加量显著降低，节省运营成本。

3）污水源热泵技术

本工程利用污水处理厂尾水常年流量稳定、温度适宜的特点，采用污水源热泵技术向周边小区提供冷热源。据测算，设备投资、年运行费用、年运行成本三个方面分别为地下水热源系统的 84.1%、85.0%、72.5%，为燃气空冷空调系统的 77.1%、35.0%、46.2%，经济效益显著。

4）CFD 模拟氧化沟流场技术

针对原有五沟式氧化沟出水带泥的问题，采用 CFD 技术，模拟氧化沟各运行工况下的流场，找到其出水带泥的原因，并对各种改进方案做模拟验证，协助选择最优方案。改造实践证明模拟流场与实际状态高度吻合，改造后彻底解决氧化沟出水带泥问题。

5）新型空气密封罩

首次将空气密封罩置于氧化沟沉淀池出水槽上部，在好氧阶段，开启空气密封罩，避免泥水进入出水槽，沉淀阶段，将空气罩与大气相通，为出水集水创造条件。

6）一体化除磷设备

一体化除磷设备用于去除浓缩池上清液中的磷，以减少上清液回流时给生化系统带来的冲击负荷，提高系统除磷效率，减少除磷药剂投加量，该一体化设备由污水提升泵、快速搅拌池、慢速搅拌器及沉淀池刮泥机组成，占地小，集成化程度高，运行维护方便。

7）斜板自动反冲洗系统

深度处理段沉淀池在运行过程中，化学污泥会黏附于斜板上，为了保持斜板的功能效果，需要定期对斜板进行反冲洗，将黏附于斜板的化学污泥去除，保持斜板的清洁。斜板自动反冲洗系统包括反冲洗空压机、压缩空气储罐以及反冲洗穿孔管等。

8）微砂真空输送系统

通过真空作用，将位于低位的微砂从砂袋中输送至沉淀池投加池顶部的微砂储罐中，从而节约了运行人员搬运微砂袋的劳动量，节约了运行中的人力成本消耗。微砂真空输送系统主要由空压机、真空泵、过滤装置、料仓、空气反冲洗系统、振动器、吸料口、放料阀及气动控制单元组成，系统通过法兰与沉淀池顶部的微砂储罐连接，整套系统由压缩空气驱动。

7.5.6　实际运行情况及效益分析

该工程于 2013 年 9 月竣工投产以来，出水水质连续稳定达到工程目标一级 A 排放标准，大部分时间段达到地表水准 Ⅳ 类标准。混凝剂投加量略高于普通高效沉淀池。为避免对后续滤布滤池产生堵塞影响，实际生产中基本不投加助凝剂 PAM。微砂流失率控制在 $1\ g/m^3$ 污水，仅为设计值的一半，显著降低运行成本。

7.6 海门第二污水处理厂

7.6.1 项目背景

海门市第二污水处理厂位于沿江高等级公路与青龙河交汇处,总规模 16 万 m^3/d,一期工程规模 4 万 m^3/d,二期工程 4.0 万 m^3/d,二期工程扩建的同时对一期工程进行了提标改造,一期工程总投资为 26108.8 万元,二期扩建工程及一期提标改造工程总投资为 26079.6 万元。其中均包含管网建设工程。

污水处理工艺为改进型 MSBR 工艺,深度处理工艺采用微絮凝过滤工艺。出水水质标准执行《城镇污水处理厂污染物排放标准》一级 A 标准,尾水排放至距厂区 2 km 的青龙港船闸西 200 m 处。污泥经机械浓缩脱水后送至海门市热电厂焚烧处置。

该污水处理厂平面布置合理,统一规划、分期实施,注重近远期布置相结合。

7.6.2 污水处理工艺与主要构筑物

海门第二污水处理厂设计总规模 16 万 m^3/d,其中一期已按总规模 16 万 m^3/d 总体布置,并按 4 万 m^3/d 实施,二期工程包括二期扩建工程 4 万 m^3/d 和一期提标规模 4 万 m^3/d。污水处理采用改进型 MSBR 生物除磷脱氮 + 滤布滤池深度处理工艺。污泥处理采用机械浓缩 + 带式脱水机脱水工艺。

1. 污水处理工艺流程

考虑高程的衔接,在紫外线消毒渠后,设置尾水提升,并满足尾水长距离输送余氯的要求(图 7-8)。

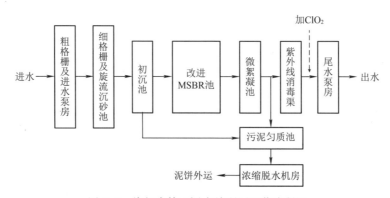

图 7-8 海门市第二污水处理厂工艺流程图

2. 污水处理主要构筑物

进水泵房和粗格栅间合建,土建规模按 16 万 m^3/d 一次建成,设备分期安装,采用圆形钢筋混凝土结构,内设潜污泵,一期、二期工程分别按 4 万 m^3/d 安装。

细格栅间及沉砂池合建,近期建设 8 万 m^3/d 1 座,设备一期、二期工程分别按 4 万 m^3/d 安装,远期再增一座。

周边进水周边出水初沉池一期 2 座、二期 2 座,单池尺寸:$\phi 27\,m \times 3.6\,m$(池边有效水深),

设计表面水力负荷：$q_{max}=1.9\,\text{m}^3/(\text{m}^2 \cdot \text{h})$。

改进型 MSBR 池一期工程设 2 座，二期工程设 1 座。一期工程单座设计规模 2 万 m^3/d，二期工程单座设计规模 4 万 m^3/d，每座 MSBR 系统由 7 个单元组成，分设在反应池两侧的是 SBR 池，起着好氧氧化、缺氧反硝化、预沉淀和沉淀作用，内设管式微孔曝气器及潜水搅拌器，并在出水处设有浮渣收集管及空气堰。

在 SBR 池池壁上，设有混合液回流泵，将混合液回流至污泥重力浓缩池，重力浓缩池前端设有配水槽，混合液经浓缩后的活性污泥由底部进入缺氧池，上清液（富含硝酸盐）则通过溢流堰及集水槽进入主曝气池，在缺氧池 2 中，不但回流污泥中 DO 在本单元中被消耗，而且污泥中硝酸盐也被微生物的自身氧化所消耗，缺氧池 2 内设潜水搅拌器 1 台；缺氧池 2 和厌氧池壁板上设有 2 台污泥回流泵，原污水进入厌氧池后，与从缺氧池 2 回流来的污泥在此进行充分混合，释放回流污泥中的磷酸盐，厌氧池内设潜水搅拌器 1 台；厌氧池的出水经过缺氧池 1 进入主曝气池，主曝气池设在反应池的一端，内设管式微孔曝气器，其作用是氧化有机物并对污水进行充分的硝化，让聚磷菌在本单元中过量吸磷；缺氧池 1 设在厌氧池和主曝气池之间，通过 2 台混合液回流泵回流主曝气池的混合液至缺氧池 1 进行生物除氮，为防止污泥沉底，缺氧池 1 内设潜水搅拌器 1 台。

如果不让混合液进入缺氧池 1，则此时缺氧池 1 充当了厌氧池的作用，可用于强化除磷。

深度处理包括二期工程 4.0 万 m^3/d 和一期提标规模 4.0 万 m^3/d。

采用微絮凝过滤工艺，同时与提升泵房合建。微絮凝段絮凝时间 18 min，分为两格，每格分为三段，每段搅拌功率分别为 1.1 kW、0.3 kW 和 0.038 kW。

过滤单元采用滤布滤池工艺，共 6 单元，每单元滤盘数量 12 台，总滤盘数量 72 台，总过滤面积 360 m^2。

3. 污泥处理主要构筑物

浓缩脱水一体机房一期工程按照 8.0 万 m^3/d 一次建成，一期安装设备规模 4.0 万 m^3/d；二期增加 4.0 万 m^3/d 设备。由控制室、药库、脱水间及泥棚组成，框架结构，平面尺寸 31.0 m×12.2 m。设置污泥切碎机、污泥进料泵、加药泵、絮凝剂投配系统、螺旋输渣机等。

脱水机参数：$Q=45\,\text{m}^3/\text{h}$，$N_{主}=45\,\text{kW}$，$N_{辅}=7.5\,\text{kW}$，3 台。每天工作 10 h，干泥饼由带式输送机送至泥棚，由自卸卡车直接外运至电厂焚烧处置。

7.6.3 污水处理构筑物结构设计与施工

1. 主要构筑物结构设计

污水处理厂厂内主要构（建）筑物包括污水提升泵房、格栅间及旋流沉砂池、初沉池、MSBR 池、紫外线消毒渠、鼓风机房及变电所、储泥池、尾水泵房、脱水机房、综合管理用房、门卫室等。

场内构筑物均采用钢筋混凝土防渗结构，除进水泵房较深拟采用沉井施工外，其余构筑物均采用大开挖施工。因土层砂性较重，需重视降水问题，避免流砂发生。

场内建筑物均采用钢筋混凝土框架结构。

2. 改进型 MSBR 池结构设计

MSBR 池：平面尺寸为 58.3 m×41.5 m，深 9.3 m，外壁板为变截面，厚 400～700 mm，底板厚 8，为钢筋混凝土设缝水池结构，本期土建规模每座为 2 万 m^3/d，共两座。

根据《给水排水工程构筑物结构设计规范》相关条文要求，沿 MSBR 池池体横向设置伸缩缝。伸缩缝缝宽 30 mm，外壁、底板、中隔墙的缝间设橡胶止水带。本单体设 2 道横向伸缩缝，最大伸缩缝间距约 21.1 m，基本满足规范要求，纵向宽度 41.5 m，为提高水池整体性，充分发挥两侧覆土的抗浮作用，在纵向不设沉降缝，施工中设置一道后浇带来减少施工期混凝土内应力，同时，采用在混凝土中掺入具有微膨胀作用的外加剂、聚丙烯纤维，及适当加强壁板纵向构造配筋等方法，避免钢筋混凝土外壁由于混凝土干缩及温度变化产生竖向裂缝。采用降水支护开挖施工，采用自重抗浮。

7.6.4　污泥处理处置

采用生物脱氮除磷工艺的污水处理厂产生的污泥一般均采用直接浓缩脱水，运行稳定，采用机械处理浓缩对控制 P 的二次污染非常有效。因此，本工程采用机械浓缩脱水，干泥饼由带式输送机送至泥棚，由自卸卡车直接外运至距离污水处理厂约 4 km 的鑫源电厂进行焚烧处置。

7.6.5　工程设计特点与新技术应用

1. 工程设计特点

1）改进型 MSBR 池运行模式

本工程采用了改进型 MSBR 池，每座改进型 MSBR 系统由 7 个单元组成，浓缩池、缺氧池 1、缺氧池 2、厌氧池、主曝气池始终处于连续运行状态，SBR 池 1 和 SBR 池 2 交替运行，一个运行周期为 4 h，改进型 MSBR 池各单元运行状态见表 7-8。

改进型 MSBR 池各单元运行状态　　　　　　　　　　　　　　　　表 7-8

时段	SBR 池 1	浓缩池	缺氧池 1	厌氧池	缺氧池 2	主曝气池	SBR 池 2
1	搅拌	浓缩	搅拌	搅拌	搅拌	曝气	沉淀出水
2	曝气	浓缩	搅拌	搅拌	搅拌	曝气	沉淀出水
3	预沉	浓缩	搅拌	搅拌	搅拌	曝气	沉淀出水
4	沉淀出水	浓缩	搅拌	搅拌	搅拌	曝气	搅拌
5	沉淀出水	浓缩	搅拌	搅拌	搅拌	曝气	曝气
6	沉淀出水	浓缩	搅拌	搅拌	搅拌	曝气	预沉

其中各时段的持续时间为：时段 1 和时段 4 为 40 min；时段 2 和时段 5 为 50 min；时段 3 和时段 6 为 30 min。

2）曝气方式

目前，普遍使用各种类型的微孔曝气器，如盘式或管式。微孔曝气器具有高供氧效率（一般为 20% 左右）和扩散混合能力，动力效率高，即使在水质水量变化较大、曝气量偏低时，混合液也能充分混合。但易堵塞，维护困难，使用寿命较短，一般为 3 年。盘式曝气器安装密度相对较高，为 2 个 /m²，因此曝气均匀。管式曝气器是近来发展较快的新技术设备，抗堵塞，使用寿命较长，为 5 年，曝气量大，其安装密度低，为 0.3 ～ 0.5 m/m²，价格稍高于盘式曝气器。

考虑到本工程生化反应池 SBR 池静止沉淀易导致盘式曝气器堵塞，维修更换曝气器难度大，故本方案选择使用寿命长、不易堵塞的管式微孔曝气器。

2. 主要科技创新与应用内容

本工程采用除臭工艺，除臭位置设于细格栅间及旋流沉砂池。除臭系统配置专业设备一套，耗液量 169 mL/h 和 8 个雾化喷点交错相向喷洒。将植物提取液通过专业雾化装置安装在臭气发生源周围，让雾化的植物提取液分解空间内的异味分子，使不断散发的臭味分子在没有扩散到周围之前予以消除，从而消除异味，改善环境质量。同时，根据臭气的浓度可随时调节控制器的操作参数，达到最佳除臭效果。

7.6.6 实际运行情况及效益分析

海门市作为国家环保模范城市，对当地水环境和生态平衡非常重视。海门市第二污水处理系统一期、二期工程（污水收集管网系统、污水处理厂）于 2011 年建成运行，运行后大大改善了海门市城市环境，本工程建设将产生明显的环境效益、社会效益和一定的经济效益。

7.7 常熟市城北污水处理厂工程

7.7.1 项目背景

常熟市城北污水处理厂在 1998 年建成一期工程 3.0 万 m³/d 处理规模，2003 年续建二期工程 3 万 m³/d。2005 年三期工程 3 万 m³/d 处理规模建成并运行。三期工程投资 9787.35 万元。

常熟市城北污水处理厂一期工程采用改进型三槽式氧化沟工艺，均能达到一级排放标准。改进型三槽式氧化沟工艺突出的优点是：

1）既能高效去除有机污染物，又能高效去除氮磷营养盐。由于改革了排泥地点，并按八阶段脱氮除磷运行方式运行，除磷率始终保持在 85% 以上。

2）中外合作的关键设备按设定程序自控运行，操作管理十分方便。

3）耐冲击负荷，并能将臭味减轻至最低。

4）检修量小且检修十分方便。

5）二期工程中采用分配井与三槽式氧化沟合建的改进形式，既节约了用地，又节约了水头损失。

基于上述诸多优点，该新工艺深受全厂上下一致好评。为符合常熟市城北污水处理厂工艺选择的整体要求，方便与已建的一期、二期工程统一管理运行，在三期扩建工程中，主工艺继续沿用该工艺。尾水均执行一级 B 标准，尾水出流就近排入常浒河。污泥经脱水减容后与城市垃圾卫生填埋。

7.7.2 污水处理工艺与主要构筑物

1. 污水处理工艺流程

三期工程采用改良型三槽式氧化沟作为主体工艺，具体流程如图 7-9 所示。

2. 污水处理主要构筑物

常熟市城北污水处理厂的厂址，由城市总体规划、城区排水专业规划及一期工程的建设所确定，三期工程位于一期工程的北侧，二期工程的东南侧，污水处理厂平面布置紧凑，功能分明，布置有序，保证了工艺运行顺畅。

一期占地的东南部集中布置了生活区和管理区，并与生产构筑物保持相当距离。生活与生产附属用房均一次建设。

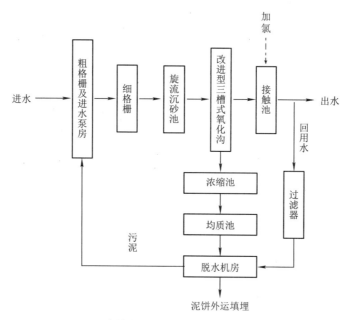

图 7-9 常熟市城北污水处理厂工程工艺流程

二期工程的粗格栅、中格栅、进水泵房、加氯间及接触消毒池已经考虑了三期、四期的建设规模，三期扩建工程只需添加相应的设备。

改进型三槽式氧化沟增加一组，处理能力 3 万 m^3/d。厂区道路路宽：主干道 6 m，车行道 4.5 m，门前道 3.0 m，结构形式为混凝土路面，道路按建构筑物的功能及消防要求分隔。厂内除建、构筑物和道路占地外，其余面积均考虑绿化与园林景观。

一期工程采用的平流式沉砂池除砂效果不佳，细小的砂粒容易进入氧化沟，发生沟中淤积现象。二期工程和三期工程改为采用旋流沉砂池，旋流沉砂池中水气组合产生螺旋状环流，在重力作用下沉入池底的砂水混合物，由气泵提升，至砂水分离器实现分离，分离效果甚好。

二期、三期外排水经自动清洗过滤器处理后，回用于两座脱水机房，作脱水机滤布冲洗之用。尾水实现回用，既节约大量自来水，又可减少外排水量。

3. 污泥处理主要构筑物

常熟市城北污水处理厂三期工程采用 2 座浓缩池交替使用，1 座均质池调理污泥，经脱水机房脱水后的泥饼外运。

浓缩池单座规模 3 万 m^3/d，直径 10 m，池深 4.6 m，进泥含水率 99.6%，水力停留时间 6 h。均质池单座规模 6 万 m^3/d，直径 10 m，池深 4 m，内设水下搅拌器一套。

7.7.3　污水处理构筑物结构设计与施工

1．主要构筑物结构设计

本工程主要建（构）筑物可采用天然地基，如遇沟塘，采用砂石换填。主要单体采用预制钢筋混凝土锤击桩进行处理。

旋流沉砂池采用现浇钢筋混凝土池体结构，设立柱，改进型氧化沟采用现浇钢筋混凝土池体结构，须设置伸缩缝。

污泥浓缩池和均质池采用现浇钢筋混凝土圆形水池，脱水机房采用现浇框架结构。

污水构筑物内壁采用环氧树脂系列类化学涂料防腐，外壁地面以下采用非焦油型聚氨酯涂膜。钢制件采用涂层防腐。

2．改进型三槽式氧化沟结构设计及施工方法

改进型三槽式氧化沟为半地下式现浇钢筋混凝土结构，考虑自重和钢筋混凝土桩抗浮。

氧化沟横向长 118 m，设计 5 道伸缩缝；纵向长 66 m，设一道伸缩缝，一道加强带。伸缩缝缝宽 30 mm，外壁、底板内设橡胶止水带。伸缩缝填料为闭孔型聚乙烯泡沫塑料板，伸缩缝密封材料采用聚硫密封膏。

7.7.4　污泥处理处置

常熟市城北污水处理厂二期工程采用的氧化沟污泥已趋于好氧稳定，可直接采用污泥重力浓缩再机械浓缩脱水，脱水后的泥饼运至郊区南湖生活垃圾卫生填埋场进行卫生填埋处置。

三期工程的干污泥产量为 5400 kg/d，脱水后污泥量约为 27 t/d（含水率 80%）。提升泵房、粗格栅、沉砂池细格栅拦截的栅渣，每天外运量约 2.88 t（含水率 80%）。旋流沉砂池吸砂量约 3.375 t（含水率 60%），总计每天处置干污泥 33.255 t。

7.7.5　工程设计特点与新技术应用

1．设计特征与新技术应用

1）旋流沉砂池

2003 年旋流沉砂池是一种新型的除砂池型，不仅除砂效率高，而且环境效果更好。

2）计算机控制系统

污水处理厂计算机控制系统可以和城市污水处理的区域控制中心联网，及时传送污水处理厂的生产运行状况，接受控制中心的调度管理命令，成为常熟市城市污水监控网络的一个组成部分。该污水处理厂采用在线式智能化自动分析仪表和工业电视监视系统，既保证了工艺参数检测的可靠性，又提高了全厂运行管理的自动化水平，运行维护人员减少，费用降低，技术经济指标进一步提高。

3）新材料应用

污水处理工程的防腐非常重要，该工程采用新型防腐蚀材料和防腐涂料。外露锈件：除锈后刷无毒环氧防腐涂料两遍。构筑物栏杆全部采用不锈钢。污泥管道采用碳钢管道，除锈后作加强防腐。

2. 主要科技创新与应用内容

该工程主要的科技创新与应用是将改进型三槽式氧化沟原"六阶段生物脱氮运行方式"改为"八阶段生物脱氮运行方式"。改进之处主要有：

1）将普通氧化沟的进水端池边拉平，用池体上两个三角形池子代替原先分设的分配井直接配水，既节约占地面积，有利于平面布置，又减少了水头损失。

2）排泥点由原来的中沟改设在两个边沟，边沟会在进水时出现缺氧－厌氧状态，中沟也会在进水时处于缺氧状态，因此，对难降解有机物的去除效果提高，按程序，排泥被安排在两个边沟的端部轮流进行，既符合生物脱氮除磷的机理，也强化了除磷率，使三沟式氧化沟每沟中 MLSS 处于均匀，并将运行方式从单纯脱氮运行方式改为脱氮除磷运行方式，使改进后的工艺适合生物脱氮除磷要求，使除磷率可达到 85% 以上。

7.7.6 实际运行情况及效益分析

常熟市城北污水处理厂三期扩建工程（污水收集管网系统、污水处理厂）于 2006 年建成运行，运行后极大地改善了城市水环境，对治理污染、保护当地流域水质和生态平衡具有十分重要的作用，同时对改善苏州市的投资环境，实现苏州市经济社会可持续发展具有积极的推进作用。

7.8 张家港市第二污水处理厂工程

7.8.1 项目背景

张家港市第二污水处理厂于 2002 年建成一期工程 3.0 万 m³/d 处理规模，工程投资12219.44 万元。

7.8.2 污水处理工艺与主要构筑物

1. 污水处理工艺流程

张家港市第二污水处理厂一期工程采用厌氧－双沟式氧化沟处理工艺。该工艺设有前置厌氧段，并在双沟式氧化沟中实现缺氧与好氧的理想运行组合。该处理工艺具有先进高效、调节灵活、出水水质好的特点。尾水执行《污水综合排放标准》GB 8978—1996 中二级标准，其中 NH_3-N 按一级标准的 ≤ 15 mg/L 考虑。TN 指标执行《江苏省太湖流域总氮排放标准》（苏环〔1998〕245 号）中的二级标准执行。尾水出流排入东横河。

张家港市城区水环境质量评价采用《地表水环境质量标准》GB 3838—2002 的 Ⅳ 类水体标准。污泥经浓缩脱水处理后与城市垃圾卫生填埋。其工艺流程如图 7-10 所示。

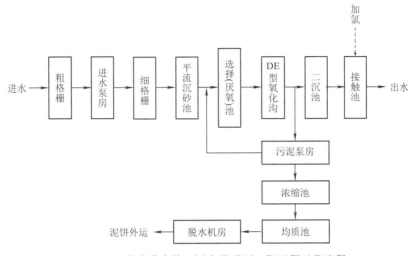

图 7-10　张家港市第二污水处理厂一期工程工艺流程

2. 污水处理主要构筑物

张家港市第二污水处理厂一期工程厂址位于城区西二环路与暨阳西路交会处的东北侧，总占地 93.6 亩，一次征用，分期建设。

厂区地坪进行了土方平衡，设计地坪标高为 5.0 m，总平面布置有序，处理构筑物流程顺畅，功能分明。东南部上风向布置生活管理区，并与生产构筑物保持相当距离，污水污泥处理区则布置在北侧与西北侧下风向。

本工程采用厌氧选择器（厌氧）- 双沟式氧化沟处理新工艺。该工艺设有前置厌氧段，并在双沟式氧化沟中实现缺氧与好氧的理想运行组合。选择（厌氧）池与氧化沟合建，中间所夹的等腰直角三角形为氧化沟的配水井。

DE 型双沟式氧化沟污泥负荷为 0.084 kgBOD$_5$/（kgMLSS·d），停留时间 10.45 h，污泥龄 17 d。一期工程设 DE 型双沟式氧化沟 1 座，钢筋混凝土结构，44 m×99 m，深 4 m，有效水深 3.5 m。

一期共安装直径 1 m、长 9 m 的转刷曝气机 16 台，其中 8 台单速，8 台双速。每个单沟中两侧各设 4 个转刷（其中 2 台双速，2 台单速）。转刷高速运行时供氧量为 72 kgO$_2$/h。

厂区雨水集中后就近排入泗港河，污水接入进水泵房一并处理。厂区道路路宽：主干道 7 m，车行道 4.5 m，门前道 3.0 m。结构形式为混凝土路面，道路按建构筑物的功能及消防要求分隔。厂内绿化面积不小于总面积的 30%。

3. 污泥处理主要构筑物

张家港市第二污水处理厂一期工程利用 1 座 10 m×4 m 污泥泵房，将二沉池底部污泥一部分回流至选择区，一部分送至均质池，而后进入后续浓缩脱水处理系统。

均质池直径 6 m，有效水深 3 m。用以确保池内剩余污泥浓度均匀，再泵送至浓缩脱水机房做进一步处理。2 座污泥浓缩池，一期建一座，直径 12 m，有效水深 4 m。

脱水机房安装 2 组带式压滤机组，二期再设一组。土建一次建成，框架结构，尺寸 30 m×13.5 m，泥棚尺寸 6 m×13.5 m。

7.8.3　污水处理构筑物结构设计与施工

1. 结构设计简介

结构设计包括管网收集系统、中途提升泵站和污水处理建（构）筑物等设计。

2. 钢筋混凝土水池设计

平流沉砂池平面尺寸 32.3 m×9.15 m，现浇钢筋混凝土板结构，下部用柱架空，独立基础，进水与沉砂部分设缝分开，混凝土中须掺入抗裂膨胀外加剂。

氧化沟尺寸 110.2 m×44.5 m×5.7 m，为钢筋混凝土板结构，横向设三道橡胶止水带伸缩缝，纵向设后浇带一道，以控制干缩裂缝。混凝土中掺入抗裂膨胀外加剂。氧化沟自重抗浮。

二沉池直径 36.8 m，壁板采用无黏结预应力混凝土结构。壁板沿周边布置 4 个锚固肋，其下部与底板铰接连接，底板考虑自重抗浮，须掺入具有微膨胀及缓凝作用的外加剂。接触池平面尺寸 32.7 m×8.8 m×9.92 m，为现浇钢筋混凝土板结构，自重抗浮，混凝土中须掺加抗裂防渗外加剂。

3. 施工的主要技术措施

管网收集系统埋深 1.5～6 m，主要管材为钢筋混凝土管和各种自应力、预应力混凝土管。小于 800 mm 的管材均为承插接口，基础设砂垫层，大于 800 mm 的管材采用平接口，钢筋混凝土基础，对于局部暗浜及淤泥部位采用换填或调整管材（换用钢管）等方法处理。东横河以北部分埋深较大的管线采用顶管法施工。

1# 中途提升泵站采用钢筋混凝土板结构，内设闭合框架。施工拟采用大开挖施工方案，人工降水，上部为现浇框架结构。

2# 提升泵站为钢筋混凝土板结构，平面为异性，采用沉井法施工，水下封底。上部结构为现浇框架结构。

污水处理厂进水泵房和污泥泵房都采用大开挖施工方法，进水泵房下部地基受泵房开挖扰动部分换填 C10 素混凝土，以控制其变形。施工时保证先深后浅的顺序。

7.8.4　污泥处理处置

一期工程干污泥量为 5250 kg，当设计回流比 $R=50\%$ 时，二沉池底流浓度为 11.7 g/L，剩余污泥体积为 448.5 m³/d，安装 2 组 DY2000-N 型带式压滤机组。

浓缩脱水过程中残液排放进水泵房集水井，泥饼外运至汪家庄垃圾卫生填埋场，做卫生填埋处置。

泥饼由螺旋输送机不断送至污泥棚中的汽车，及时运走，也可稍作暂时堆放后再组织运力运走。

7.8.5　工程设计特点与新技术应用

1. 设计特征与新技术应用

1）厌氧选择（厌氧）池

设置选择（厌氧）池的主要目的是通过选择器的作用，抑制丝状菌的生长，改善污泥沉降性能，防止污泥膨胀。污泥膨胀的直接原因是丝状菌的过量繁殖。在高底物浓度的情况下，菌胶团与丝状菌都以较大速率降解底物和增殖，但由于菌胶团细菌的比增殖速率较大，其增殖量也很大，从而占优势。本项目设计的选择池中基质浓度较高，相应的絮体负荷也较高，而氧化沟中的基质浓度较低，絮体负荷也较低，这样的分布更有利于絮体的形成菌的生长而不利于丝状菌的生长。设置选择厌氧池的另一个目的是回流污泥可在厌氧区中快速吸取进水中的溶解性有机物，并使聚磷菌在厌氧的环境下因受到抑制而释放出磷，从而为氧化沟中过量吸磷，并通过排放富磷污泥来除磷创造良好的环境条件。

2）DE 型双沟式氧化沟

污水处理以活性污泥法为主，且要有脱氮除磷的效果。本工艺是在传统 A/A/O 工艺原理基础上开发的 DE 型双沟式氧化沟新工艺。DE 型双沟式氧化沟系统的运行方式与 T 型氧化沟有些类似，不同的是二沉池与氧化沟分建，并有独立的污泥回流系统。该系统可以高效去除 BOD_5、COD_{Cr}、SS，并可实现生物脱氮。前端选择池可实现生物除磷。因此该处理工艺具有先进高效、调节灵活、出水水质好的特点，是较为理想的处理工艺。

2. 主要科技创新与应用内容

由于该氧化沟设计污泥龄较长，池中硝化作用进行得比较充分，污水中 NH_3–N 基本上可以完全氧化成硝酸氮。为了进一步脱氮，就要使反硝化作用得以进行，其主要条件是维持缺氧条件和有机物碳源，使反硝化菌繁殖。DE 型双沟式氧化沟生物脱氮工艺就是该原理。

整个运行过程一般分为四个阶段。每循环一个全过程需 4～8 h。DE 型氧化沟的特点是运行十分灵活，其运行周期与运行方式可随不同的进水水质和出水水质要求而改变。在周期定为 4 h 的情况下，各阶段的运行情况如图 7-11 所示。

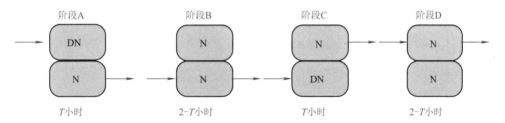

图 7-11 DE 型双沟式氧化沟生物脱氮工艺简图

7.8.6 实际运行情况及效益分析

该污水处理厂一期工程建成后，每年削减排入水体的 BOD_5 2040 t，COD_{Cr} 2940 t，SS 2800 t，NH_3–N 192 t，TP 26 t，大大提高了水体环境质量，改善水体水质。

污水处理厂的经济效益主要体现在保障市民身心健康，减少医药费支出及减少误工带来的损失；据有关资料，每天排放 1 t 污水，一年可造成 400 元经济损失。本污水处理厂一期工程建成后，每年将避免经济损失 1400 万元。

污水处理厂的建成，改善了城市投资环境，人民生活质量提高所带来的劳动生产力提高等是经济效益难以量化的。

7.9 江宁科学园区污水处理厂四期工程

7.9.1 项目背景

南京市江宁区科学园污水处理厂四期工程(EPC项目),建设规模12万 m^3/d,工程投资6.09亿元。

本工程采用"预处理 + 强化生物脱氮除磷工艺二级处理 + 深度处理"作为污水处理和再生利用的主体工艺,出水水质执行地表准Ⅳ类水标准,保障出水稳定达标排放。

所用工艺具有技术成熟、稳定可靠、运行费用低、自动化程度高、设备性能好、管理方便等优点。

7.9.2 污水处理工艺与主要构筑物

1. 污水处理工艺流程

科学园污水处理厂三、四期工程位于一个厂区,共用进水泵房、排放口尾水等。四期工程污水处理工艺路线采用"粗格栅及进水泵房 + 细格栅及曝气沉砂池 + 改良 A/A/O 池 + 二沉池 + 中间提升泵房 + 高密度沉淀池 + 反硝化深床滤池 + 次氯酸钠消毒"工艺,出水水质执行地表准Ⅳ类水标准,尾水排放至方山渠,汇入秦淮河。其工艺流程如图 7-12 所示。

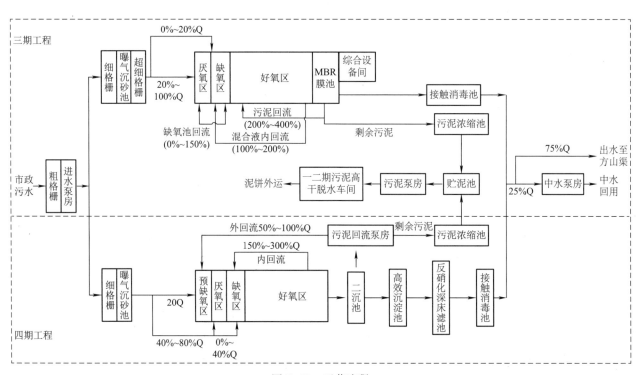

图 7-12 工艺流程

2. 总平面布置

科学园污水处理厂三、四期工程共用 15 hm^2 用地,用地呈三角形 (图 7-13、图 7-14),三期工程已占用厂区西南角、东南角和东北角地块,并预留了四期用地,本次四期工程总图布置主要集中在厂区中央。预处理段（事故池、细格栅及曝气沉砂池）位于厂区西南角，生化处理段（改良 A/A/O 池、二沉池、配水井及污泥回流泵房）及深度处理段（中间提升泵房、高密度沉淀池、反硝化深床滤池）位于厂区中部，污泥区（污泥浓缩池）位于厂区北侧。

图 7-13　厂区效果图（白天）　　　　　图 7-14　厂区效果图（夜景）

3．高程布置

厂区高程布置应与三期工程衔接，地面高程设定与三期工程一致，为吴淞高程 12.50 m。根据工艺流程，三、四期工程共用粗格栅及进水泵房、尾水排放口，同时，四期还共用三期工程的部分土建，如三期细格栅曝气沉砂池中的 1 格（4 万 m^3/d）、三期接触消毒池中的 1 格（4 万 m^3/d），因此，三期细格栅曝气沉砂池出水液位（14.80 m）与三期接触消毒池进水液位（14.80 m）是本次四期工程高程布置的控制性因素，四期新建细格栅及曝气沉砂池、改良 A/A/O 池、二沉池、高密度沉淀池、反硝化深床滤池、消毒接触池等高程布置应充分考虑与进水泵房以及重力流尾水排放管的衔接。

四期工程高程布置如下：细格栅及曝气沉砂池出水液位 14.80 m；细格栅及曝气沉砂池—改良 A/A/O 池管路水损 0.70 m；改良 A/A/O 池内部水损 0.50 m；改良 A/A/O 池—配水井管路水损 0.60 m；配水井—二沉池管路水损 0.10 m；二沉池内部水损 0.35 m；二沉池—配水井管路水损 0.05 m；配水井—中间提升泵房管路水损 0.40 m；高密度沉淀池内部水损 0.35 m；高密度沉淀池—反硝化深床滤池管路水损 0.40 m；反硝化深床滤池内部水损 2.80 m；反硝化深床滤池—接触消毒池管路水损 0.40 m；接触消毒池进水液位 14.80 m。

4．污水处理主要构筑物

污水处理主要构筑物包括：粗格栅及进水泵房、细格栅及曝气沉砂池、改良 A/A/O 池、二沉池、中间提升泵房、高密度沉淀池、反硝化深床滤池、接触消毒池。

1）改良 A/A/O 池共设计 2 座，每座处理规模为 6 万 m^3/d，总规模 12 万 m^3/d，土建、设备一次建成。改良型 A/A/O 生化池由预缺氧区、厌氧池、缺氧池、好氧池四部分构成，采用多点进水的方式，进一步合理分配进水碳源，提高 TN、TP 的去除率。一小部分进水（20%）进入预缺氧段，一部分进水（40%～80%）进入厌氧段，一部分进水（0～40%）进入缺氧段，污泥在厌氧段进行释磷反应后，依次进入缺氧区、好氧区。好氧区混合液回流至缺氧区，二沉池排泥回流至预缺氧区。具体工艺流程如图 7-15 所示。

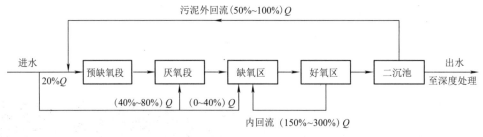

图7-15 改良型A/A/O生化池工艺流程

好氧区与缺氧区的隔墙上设置穿墙式内回流泵，将好氧区的混合液回流至缺氧区。缺氧区内设置推进搅拌器，使进水与回流混合液搅拌均匀并进入好氧区。预缺氧区、厌氧区、缺氧区内设置潜水推进搅拌器，好氧区内设置曝气器，进行充氧曝气。

2）高密度沉淀池

高密度沉淀池主要用于化学除磷，投加药剂，混凝沉淀。二沉池出水进入机械混合、絮凝池内进行混合、絮凝，絮凝后的污水进入沉淀池进行固液分离。

共设计2座，每座处理规模为6万 m^3/d，总规模12万 m^3/d，土建、设备一次建成。由混合池、絮凝池、沉淀池组成（图7-16、图7-17），混合时间 $1.33 \sim 1.73\,min$，絮凝时间 $9.23 \sim 11.66\,min$，斜管沉淀区表面负荷 $9.77 \sim 12.80\,m^3/\,(m^2 \cdot h)$。

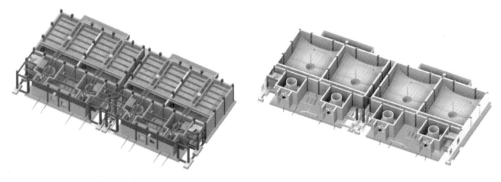

图7-16 高密度沉淀池上部平面图　　　　图7-17 高密度沉淀池下部平面图

3）反硝化深床滤池

反硝化深床滤池是集物理过滤、反硝化生物脱氮功能于一体的深度处理工艺，反硝化微生物生长在滤料的表面，在兼性-缺氧条件下将污水中的硝态氮转化成气态氮。反硝化深床滤池持续进水，进水管设置有 $24\,h$ 在线监测仪表，实时监测来水的水量和水质，出水在线设置仪表实时监测水质。碳源可在前端工艺出口投加，通过管道水力混合或者管道混合器进行混合，也可在混合池投加，通过机械方式混合。

共设计1座，总规模12万 m/d，分12格，单格尺寸 $22.7\,m \times 3.56\,m \times 6.0\,m$（有效水深 $4.9\,m$），平均滤速 $5.16\,m/h$，峰值滤速 $6.71\,m/h$，强制滤速 $5.63\,m/h$，脱氮负荷 $0.31\,kgNO_3{-}N/\,(m^3 \cdot d)$。

7.9.3　污水处理构筑物结构设计与施工

1. 主要构筑物结构设计

事故池共一座，为钢筋混凝土水池结构，全地下结构，水池的整体平面尺寸为 64.9 m×37.7 m，水池深 4.8 m，采用桩基基础，基础持力层为⑤层强风化砂岩。

细格栅及曝气沉砂池为钢筋混凝土水池结构。平面尺寸约为 53.35 m×10.7 m，深约 5.0 m，底板埋深 1.3 m。采用桩基基础，基础持力层为⑤层强风化砂岩。

改良 A/A/O 池为钢筋混凝土水池结构，共 2 座。单座平面尺寸约为 114.8 m×77.3 m，深约 7.0 m，底板埋深 5.0 m。长边设置两道变形缝。顶板覆土 1.2 m。采用桩基基础，基础持力层为⑤层强风化砂岩。根据《混凝土结构设计规范》和《给水排水工程构筑物结构设计规范》，现浇钢筋混凝土矩形构筑物的伸缩缝最大间距不大于 30 m，考虑到本构筑物长宽方向均超出规范需设置伸缩缝的最大长度，如若两个方向都设置伸缩缝，长边方向设置两道，短边方向设置一道，水池结构划分为六部分，对于结构整体受力和防渗漏都较为不利。经过对比分析，本水池采用短边方向设置双墙形式，将原单座水池划分为两部分，每部分平面尺寸为 114.8 m×38.5 m，长边方向设置两道变形缝，可有效地减小变形缝对水池影响。

配水井及污泥回流泵房为圆形钢筋混凝土水池结构。平面尺寸为 D20.6 m，深约 5.35 m，局部深 8.15 m，底板埋深 4.45 m。采用桩基基础，基础持力层为⑤层强风化砂岩。

二沉池为圆形预应力钢筋混凝土水池结构。平面尺寸为 D42.7 m，深约 5.7 m，底板埋深 4.7 m。采用桩基基础，基础持力层为⑤层强风化砂岩。

中间提升泵房下部为钢筋混凝土水池结构。平面尺寸约为 18.2 m×17.7 m，深约 5.0 m，底板埋深 5.3 m。上部为 3×3 跨钢筋混凝土框架结构，跨距 8.9 m×6.8 m。采用桩基基础，基础持力层为⑤层强风化砂岩。

高密度沉淀池为钢筋混凝土水池结构，共 2 座。平面尺寸约为 27.5 m×26.2 m，深约 7.69 m，底板埋深 1.34 m。采用桩基基础，基础持力层为⑤层强风化砂岩。

反硝化深床滤池下部为钢筋混凝土水池结构。平面尺寸约为 66.13 m×35.3 m，深约 5.0 m，底板埋深 1.45 m。长边设置两道变形缝。上部为框架结构，跨距 6.5 m×7.1 m。采用桩基基础，基础持力层为⑤层强风化砂岩。

接触消毒池为钢筋混凝土水池结构。平面尺寸约为 27.0 m×26.7 m，深约 5.2 m，底板埋深 2.75 m。采用桩基基础，基础持力层为⑤层强风化砂岩。

鼓风机房及变配电间为框架结构，平面尺寸约为 54.5 m×12 m，上部分缝分成两部分，鼓风机房平面尺寸约为 30 m×12 m，配电间平面尺寸约为 24 m×12 m，跨度分别为 7.5 m 和 6.0 m，层高约 6 m。采用桩基基础，基础持力层为⑤层强风化砂岩。

加氯加药间及配电间为框架结构，平面尺寸约为 65.5 m×15 m，上部分缝分成三部分，加氯间平面尺寸为 19.5 m×15 m，加药间平面尺寸为 21 m×15 m，配电间平面尺寸为 24 m×15 m，跨度分别为 6.5 m、6.5 m 和 /8.0 m，层高约 6 m。采用桩基基础，基础持力层为⑤层强风化砂岩。

污泥浓缩池为圆形钢筋混凝土水池结构。平面尺寸为 D16.8 m，深约 4.5 m，底板埋深 1.3 m。采用桩基基础，基础持力层为⑤层强风化砂岩。

土壤除臭为砌体结构。沿平面尺寸 14 m×10 m 周边设置 1 m 高砖砌体墙，底部为条基，基础埋深 1.3 m。采用砂石换填基础。

污泥催化间为框架结构，平面尺寸约为 24 m×12 m，跨度为 7.5 m，层高约 6 m。采用桩基基础，基础持力层为⑤层强风化砂岩。

污泥改性设备间为框架结构，平面尺寸约为 16 m×6 m，跨度为 4.0 m，层高约 6 m。采用桩基基础，基础持力层为⑤层强风化砂岩。

2．施工的主要技术措施

1）基坑开挖中支挡结构及边坡的稳定

所有基坑开挖过程中，应按基坑支护结构设计要求的工况进行施工；没有支挡结构的基坑，应按设计要求设置边坡，确保基坑施工的安全。在施工前结合现场实际情况详细论证考虑，以满足施工需求。特别应当注意基坑施工弃土的堆放位置，避免因堆土不当，地面堆载过大，造成基坑支护结构变位过大和开挖边坡坍塌等不利情况的发生。

2）基坑开挖中的排水降水措施

基坑开挖中如降水不当，必将对周围现有建筑物、地面道路及地下各种管线造成不良影响，应当按照基坑排水降水设计要求做好基坑上部地面四周的排水（如设置截水沟）及基坑内的排降水（如井点降水为主结合机泵排水）工作，确保基坑施工场地的作业及结构施工中的抗浮。建（构）筑基坑降水过程中应始终保持地下水位位于基坑下不小于 0.5 m，管线施工应位于坑底下不小于 0.3 m。

3）基坑开挖过程中地表沉陷的预测

应切实做好基坑和边坡保护措施，做好基坑开挖过程中的信息反馈预测工作，防止因基坑开挖后，土体或支护结构的变位导致基坑地表的沉陷，而引起已建地下管线的变位甚至破坏等现象的发生。

7.9.4 污泥处理处置

科学园污水处理厂一、二、三、四期共用污泥处理设施，现状规模 350 t/d（含水率以 80% 计），采用板框压滤机深度脱水，脱水后污泥含水率低于 60%，泥饼外运至中联水泥厂制造建材。

本次四期工程建成后，科学园污水处理厂总规模达 24 万 m³/d，污泥产量约 240 t/d（含水率以 80% 计）。待污泥处理设施齐全后，足以满足科学园污水处理厂污泥处理的需求，因此，本次四期工程只新建污泥浓缩池，不再新建污泥脱水设施，污泥直接输送至一、二期进行处理。

生化池的剩余污泥经过泵提升后进入污泥浓缩池。浓缩池采用重力浓缩法，内设搅拌机械做缓慢搅拌，在浓缩池中，固体颗粒借重力下降，水分从泥中挤出，浓缩污泥从池底排出，至污泥脱水间进行脱水处理，上清液从池面堰口外溢流出。主要设计参数如下：

设计规模：12.0 万 m³/d；数量：3 座；尺寸：直径 16 m；有效水深：4.0 m；干泥量：26.1 tDS/d；湿污泥量：3056 m³/d；含水率：99.15%；浓缩后污泥含水率：97.5%（97%～98%）；浓缩后湿污泥量：1045 m³/d；固体通量：43.3kg/（m²·d）[30～60 kg/（m²·d）]；浓缩时间：15.6 h（≥12 h）。

7.9.5　工程设计特点与新技术应用

1．工程设计特点

1）生化池顶部全覆盖设计

生化池池顶全封闭设计，顶部覆盖 1 m 厚土，种植绿化，在生化池顶部打造景观效果，美化环境（图 7-18）。

图 7-18　生化池顶部效果图

2）采用预制顶板设计

事故池、生化池顶部采用预制顶板设计，大大减少了模板制作工序，节省工期一个月。

2．新技术应用

工程中运用了污泥电催化、超溶解氧、精确曝气等新技术，在增加污泥活性、强化污染物去除率、提高系统抗冲击性能、污泥减量、节能降耗等方面取得重大突破。利用 BIM 技术参与工程设计、施工、管理全过程，构建智慧水务，为污水处理厂后期运行管理提供可靠平台。

1）污泥电催化技术

工程中运用了污泥电催化新技术，活化能发生装置产生含有多项自由基的活性气体，催化活性污泥，培养优势菌群。在增加污泥活性、强化污染物去除率、提高系统抗冲击性能等方面取得重大突破。

污泥回流管路上增加污泥催化与生物倍增设施，经催化后的优势活性污泥进入好氧池，倍增后的污泥进入厌氧池，进一步提高系统生化处理效率。另建设活化能发生机房为催化反应提供活化气。外回流污泥处理简要流程如图 7-19 所示。

2）超溶解氧技术

工程中运用了超溶解氧新技术，纯氧以分子形式溶解到水中，产生 400 mg/L 超高浓度的液体，并且可以做到无气泡传输和长时间存留。改善污泥特性，提高脱水性能，降低污泥产量。

本工程将超溶解氧技术运用于剩余污泥，向浓缩池进泥管中投加超溶解氧液体，充分混合，使浓缩池中污泥处于好氧状态，改善浓缩污泥活性，提高脱水性能。

（1）提升浓缩池 DO，抑制丝状菌膨胀。

（2）抑制厌氧释磷，避免上清液回流对水处理系统产生冲击。

（3）污泥在超溶氧状态下完成部分好氧消化，降低 TSS 和固体物质。

（4）提升污泥沉降性能，在后续脱水阶段可降低加药量并缩短脱水时间。

（5）消除沉淀池因溶氧不足造成的恶臭。

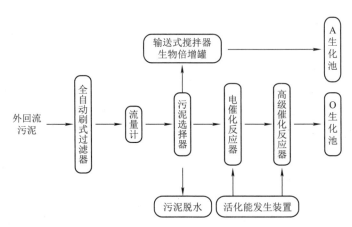

图 7-19　外回流污泥处理工艺流程

3）智慧水厂建设

在该污水处理厂建设了十大智慧运行管理系统：智能驾驶舱、可视化生产管理、智能运维、安全管理、工艺仿真模拟、精确曝气、精确加药、智能预警、智能移动端 APP、三维仿真展示平台。

智能驾驶舱系统包括：生产经营指标、设备运维 KPI、关键工艺参数、辅助智能看板。反映污水处理厂生产运营维护情况的信息；给设备运维管理人员提供各类汇总统计分析数据；对污水处理厂运营的技改、安全、资产、成本等进行统计汇总和展示。

可视化生产管理包括：工艺实时监控、管线数据监测与分析、视频监控管理、异常报警、数据填报、运营报表、环境实时监控等。

智能运维系统包括：运营分析、巡检管理、运维资金管理、人员监督考核、设备 KPI 评价体系等。

安全管理包括：隐患管理、应急演练任务、危险作业实时监控、教育培训、危险源及危险区域入侵报警、特种设备及人员管理、安全事故管理、电子围栏及门禁系统等。

工艺仿真模拟基于国际水协 ASM2 d 模型和反应器动力学的工艺仿真，可以为污水处理厂实现：预测不同进水和运行条件下的运行效果，检验不同运行方案的优劣，找到运行效果不理想或能耗偏高的原因，检验应对策略。搭建离线数学模型、水质指标全程模拟监控、出水水质超前预测、预案模拟以及方案入库。

工程中运用了精确曝气新技术，根据工艺特点及运行情况，实时定量分配与控制相应曝气控制区的曝气量，满足系统对 DO 的需求。通过对曝气进行合理控制，可以大大降低污水处理厂能耗，节能达 10% ～ 30% 以上。

智能预警系统目的：进水水质的重大异常变化将会对系统微生物的活性产生严重影响。通过测定微生物的活性变化，结合进水水质在线监测数据，实时监控及时发现水质异常，为运行人员调控运行赢得时间和空间，避免生化系统受到严重冲击。

智能预警系统预警功能：在异常水质进入提升泵房的第一时间发出预警信号。安全保障功能：在发出预警信号的同时，可实现第一时间自动调控进水水量，避免受到水质异常冲击，对处理系统实施有效保护。

三维仿真展示平台利用 BIM 及全景展示等技术，将厂区内部的构筑物、机电设备、水处理设备、视频监控等设备信息整合到平台上，借助三维模型浏览实现水厂工艺的可视化展示，创造出更多用户体验，通过与自控系统紧密结合，保障水厂安全、高效、可靠生产。

4）BIM 技术

通过 BIM 技术在项目全过程中的运用，显著提高了设计质量，同时，信息化的管理手段使得施工管理更为精细化。

设计阶段，通过 BIM 模型的可视化、数字化，对前期方案需要考虑的因素进行分析，以确定更加合适的方案，提前解决了在厂区管线错、漏、碰、缺等问题，提高了设计质量与专业协同效率。

施工阶段，建立以 BIM 应用为载体的项目信息化管理，提前发现设计及施工中可能遇到的问题，提升项目生产效率，提高工程质量，优化工期，降低施工组织成本。

附 录

江苏省城镇排水管网排查评估技术导则（节选）

前言

为贯彻落实《住房和城乡建设部 生态环境部 发展改革委关于印发城镇污水处理提质增效三年行动方案（2019—2021年）的通知》（建城〔2019〕52号）要求，科学推进城镇污水处理提质增效工作，提高城镇排水管网排查评估工作质量，江苏省住房和城乡建设厅组织编制《江苏省城镇排水管网排查评估技术导则》。

本导则在现行的国家、地方、行业相关法规标准基础上，结合江苏实际，提出了"四位一体"排查方法，系统梳理了管网排查的技术路径和工作流程，详细阐述了排水口、排水管网和排水户的调查方法，对水质检测的指标选取和取样要求做了详尽说明，并提出了排水管网的评估方法。

本导则共分9章，主要技术内容是：总则、术语、技术路线、管网测绘、管网调查、管网检测、管网评估、成果验收、质量控制。

本导则由南京市市政设计研究院有限责任公司负责起草，江苏省城镇污水处理行业主管部门给予了大量意见和建议，国内城镇排水管网领域众多知名专家参与文稿讨论与审阅，在此一并表示感谢！

编者

2020年7月

目　录

1 总则

1.1 编制目的

为科学推进城镇污水处理提质增效工作，指导城镇排水管网排查和评估，特制定本导则。

1.2 适用范围

本导则适用于江苏省行政区域内城镇排水管网（含排水户、排水口）的排查和评估工作。

1.3 基本原则

（1）问题导向，突出重点。

城镇排水管网排查应以解决城镇污水收集处理系统存在的"高水位低浓度、高负荷低效益"问题为导向，以"挤外水、治混接、收污水、减溢流"为重点。

（2）系统实施，科学分区。

以城镇污水处理服务范围为单元，系统开展排查和评估工作；城镇排水管网排查应科学划分排查区块，做一片成一片。

（3）保证质量，安全作业。

城镇排水管网排查应落实质量安全监管责任，按照测绘、调查、检测和评估"四位一体"的排查方法开展工作。应强化过程管理，加强质量管控，确保排查数据和结论真实有效；应规范排查作业，保障人身安全。

2　术语

1．排水设施

排水工程中的管道、构筑物和设备等的统称，具体包括收集和输送污、废水、雨水的排水管网及其附属设施、预处理设施、污水泵站、雨水泵站等。

2．排水管网

汇集和排放污水、废水和雨水的管渠及其附属设施所组成的系统。

3．排水口

向水体排放或溢流污水、雨水、合流污水的排水设施。

4．直排口

有污水直排水体的雨水管道排水口、污水管道排水口和晴天截流管道溢流排水口。

5．排水户

排放污水的单位、居住小区或个人等。

6．排水户排水管网

排水户内部用于收集和排放污水、废水和雨水的管渠及其附属设施所组成的系统。

7．市政排水管网

指位于市政道路下用于收集、输送和排放污水和雨水的管渠及其附属设施所组成的系统。

8．节点井

排水户排水管网与市政排水管网连接处上游（排水户侧）的第一座检查井。节点井设置应满足对排水户排水行为的监管要求。

9．雨污混接

污水错误接入雨水管道或雨水错误接入污水管道。

10．混接点

污水错误接入雨水管道或雨水错误接入污水管道的接入处，通常指雨水管道与污水管道或合流制管道的连接处。

11．"四位一体"排查方法

对排水管网开展测绘、调查、检测和评估工作的排查方法。

通过测绘，查清排水管网的基本情况；通过调查，查清排水管网存在的污水直排、雨污混接、溢流污染、地表水倒灌、外水入渗等问题以及排水户接管情况；通过检测，查清管道及检查井结构性缺陷和功能性缺陷；通过评估，梳理排水管网系统存在的问题，形成问题整改项目清单，为后续整改工作提供依据。

12．"小散乱"排水户

主要是指城镇农贸市场、小餐饮、小食品经营及加工单位、夜排档、理发（美容）店、洗浴场所、洗车场、洗衣店、小诊所、小旅店、小歌舞厅等排水户。

13．结构性缺陷

管道及检查井结构本体遭受损伤，影响强度、刚度和使用寿命的缺陷。

14．功能性缺陷

导致管道及检查井过水断面发生变化，影响畅通性能，但不影响强度、刚度和使用寿命的缺陷。

15．管道潜望镜检测

采用管道潜望镜在检查井内对管道进行检测的方法，简称 QV 检测。通常用于雨污混接、结构性缺陷和功能性缺陷的检测。该方法简便快捷，可对检查井附近管道内存在的缺陷类型、等级和数量进行检测。

16．电视检测

采用闭路电视进行管道检测的方法，简称 CCTV 检测。通常用于雨污混接、结构性缺陷和功能性缺陷的检测。该方法准确可靠，可对管道内存在的缺陷类型、等级、数量和具体位置进行精准检测。

17．声呐检测

采用声波探测技术对管道内水面以下的状况进行检测的方法。通常用于功能性缺陷的检测。该方法简便快捷，可在水中对管道内存在的功能性缺陷等级、数量和具体位置进行检测。

3 技术路线

3.1 基本要求

通过"四位一体"的排查方法，查清排水口、排水管网和排水户的基本情况以及存在的缺陷和问题，并评估排水管网系统运行状况，为污水处理提质增效工作提供依据。

3.1.1 排查对象

排查对象应包括排水口、排水管网和排水户。排水户包括居民小区、施工工地、公共建筑、单位庭院、工业企业、"小散乱"排水户、垃圾中转站和公共厕所等。

3.1.2 排查内容

（1）排水口

排水口类型、标高、尺寸、排水来源和水质，河道水位、排水口出流形式（自由出流或淹没出流），以及地表水倒灌和溢流污染等情况。

（2）排水管网

排水管网的基本情况，包括管道位置、走向、管径、标高、材质、建设年代及权属单位等；检查井的坐标、规格、结构类型等；泵站的位置、规模；设施运行状况、在线水质水量监测等。

查清管道水位、水量水质、雨污混接、外水入渗等情况，以及截流设施的控制方式、运行状况，泵站的运行状况，管道及检查井的结构性缺陷和功能性缺陷。

（3）排水户

根据排水户的不同类型，确定排查内容，包括排水户排水许可证办理情况、排水体制、水量水质、排水户接管情况，预处理设施的设置及运行状况和接管情况等。

3.2 技术路线

城镇排水管网排查评估应遵循图 3-1 所示技术路线。

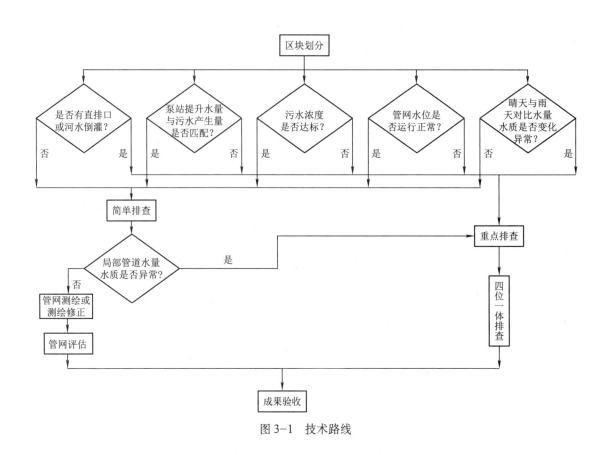

图 3-1　技术路线

3.3　工作流程

包括资料收集、现场踏勘、区块划分、类别确定、方案编写、管网排查、成果验收七个步骤。

3.3.1　资料收集

资料收集应包括以下内容：

（1）相关规划资料

排水工程规划（含文本和图册）、城市建成区用地现状图、1:2000 以下地形图等。

（2）相关管网现状资料

现状排水管网图或排水管网 GIS 系统信息、排水管网竣工资料（含施工工艺和地勘资料）、截流设施分布情况、近一年内的管网检测资料，污水管网及泵站在线监测数据，污水处理厂服务范围和近三年运行数据（含水量和水质资料），排水管网维护管养情况，区域用水量（含公共供水设施供水量和自备用水量）等。

（3）相关河道及排口资料

现状水系图、河道水位、调度及引补水情况，黑臭水体分布及整治情况，排水口信息，河道水质监测数据，河道覆盖情况等。

（4）排水户现状资料

排水户清单及接管信息、排水许可证发放情况等。

3.3.2 现场踏勘

现场踏勘应包括以下内容：

（1）查看区域的地形、地貌、交通、环境和排水设施分布情况，为区块划分提供依据。

（2）查看排水管道的水位、流向和淤积等情况。

（3）查看入河排水口的分布。

（4）检测泵站水量、水质。

（5）开展公众调查，了解排水管网存在的漫溢等问题。

3.3.3 区块划分

基于收集的资料和现场踏勘的成果，以城镇污水处理系统为单元，根据市政污水主干管网走向、提升泵站服务范围进行区块划分。为便于项目组织，区块划分还应统筹考虑主要市政道路、河湖边界、山体和行政区划等因素。

3.3.4 类别确定

依据排查区块内入河排水口、泵站抽排污水量、管网水位和水质及运行情况分类梳理，将排查区块分为重点排查区块和简单排查区块两类，以提高排查工作的绩效。

对存在下列情况之一的区块可列为重点排查区块，进行优先排查：

（1）晴天有污水直排的排水口所对应的区块。

（2）存在倒灌现象的排水口所对应的区块。

（3）泵站提升水量与实际污水产生量不匹配的区块。

（4）水质浓度明显异常的泵站或主管道所对应的区块。

（5）管网运行水位异常的区块。

（6）雨天与晴天对比，水量水质发生异常变化的泵站或主管道所对应的区块。

对不存在以上情况的区块可列为简单排查区块，进行简单排查，主要工作为测绘或测绘修正，以及排水管网系统评估分析。

3.3.5 方案编写

排查方案应包括以下内容：

（1）概述，含编制依据、原则、范围和主要内容等。

（2）现状分析，含城市概况、供排水现状、水环境现状等资料分析，现场踏勘成果分析等。

（3）排查方案，含区块划分、类别确定、排查内容和方法，即查即改的实施流程等。

（4）工作计划，含工作进度计划、人员及设备配置等。

（5）经费估算，含管网排查经费、即查即改经费和验收复核检测经费等。

（6）保障措施，含质量保障、进度保障、安全保障、环境保护和交通组织等。

（7）拟提交的成果资料，含测绘成果、调查成果、检测报告及评估报告等。

3.3.6 管网排查

应按照测绘、调查、检测和评估"四位一体"的方法开展。对排查过程中发现的管道雨污混接、渗漏、堵塞等问题，检查井渗漏及井盖缺失、破损、错盖和无防坠落设施等问题，具备即查即改条件的按照即查即改流程实施。

（1）测绘

通过测绘，查清排水管网的基本情况。

按照《城市地下管线探测技术规程》CJJ 61—2017 和《江苏省城市地下管线探测技术规程》DGJ32/TJ 186—2015 等要求，对排查范围内排水管网进行测绘。对已有测绘成果的，根据需要进行必要的修测。数据格式应与当地 GIS 系统保持一致，当日测绘资料应及时形成 CAD 成果并录入排水管网 GIS 系统。

（2）调查

通过调查，查清排水管网存在的污水直排、雨污混接、溢流污染、地表水倒灌、外水入渗等问题以及排水户接管情况。

综合运用人工调查、仪器探查、水质检测、泵站运行配合、河道水位调控、封堵调排等方法对排水口、管网进行调查。在调查时发现与测绘成果不符的信息，应及时告知相关人员进行修正。调查资料应及时形成成果。

（3）检测

通过检测，查清管道及检查井结构性缺陷和功能性缺陷。

按照《城镇排水管道检测与评估技术规程》CJJ 181—2012 的要求，使用电视检测、管道潜望镜和声呐等多种检测设备，对排水管道及检查井的结构性缺陷和功能性缺陷进行检测。检测资料应包括视频资料和检测报告。视频资料应在现场检测完成后两日内提交；检测报告含工程概况、检测方法、影像资料、检测成果（含缺陷评价）等内容，应在现场检测完成后及时编写提交。

（4）评估

通过评估，梳理排水管网系统存在的问题，形成问题整改项目清单，为后续整改工作提供依据。

测绘、调查、检测工作完成后应及时开展评估工作，编制评估报告书。

3.3.7 成果验收

排查工作完成后，项目建设单位应组织对排查成果进行验收。

4 管网测绘

4.1 一般规定

（1）对排查区域内无现状排水管网基本信息资料或资料不完整的，应进行排水管网测绘；对排查区域内现状排水管网基本信息资料有偏差的，应进行测绘并修正。

（2）按照《城市地下管线探测技术规程》和《江苏省城市地下管线探测技术规程》等技术要求开展测绘工作。

（3）测绘数据应采用 CGCS 2000 国家大地坐标系和 1985 国家高程基准。采用其他平面坐标和高程基准时，应与 CGCS 2000 国家大地坐标系和 1985 国家高程基准建立换算关系。

4.2 测绘要求

排水口的测绘应包括：排水口类型、位置、标高、尺寸和水流情况等。

排水管网的测绘应包括：管道属性（雨水、污水或合流），平面位置、走向、连接关系，管径、材质，地面高程、管内底高程、管道水位，检查井坐标、井底高程，泵站平面位置、规模等。初步判断雨污混接情况，并在管网图上标明混接点位置。

5 管网调查

5.1 一般规定

（1）按照优先"挤外水"的要求，对排水口倒灌、拦河截流、箱涵截流、过河管道、河底敷设管道、沿河敷设管道等进行优先重点调查。

（2）遵循"问题导向，重点突出"的原则，对重点排查区块的管网，应同步调查雨污水管道，查清雨污混接情况，并查明检查井的破损、渗漏情况等。

（3）应对排水户开展调查，查明接管位置和水量水质特征等。

（4）按照"查一片，成一片"的原则，同步对居民小区和单位庭院等排水户内部排水管网开展调查。

5.2 调查要点

调查要点详见图5-1。

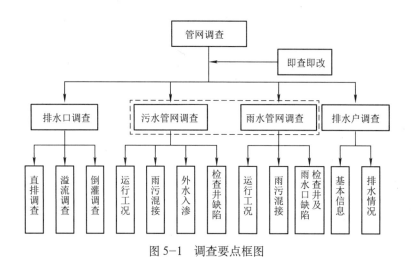

图5-1 调查要点框图

5.3 排水口调查

调查时应详细记录排水口信息，留存照片和视频资料，并按要求填写排水口调查表。排水口分类可参照《城市黑臭水体整治——排水口、管道及检查井治理技术指南》。

5.3.1 直排调查

（1）应通过降低水体水位或排空水体等方法，充分暴露所有排水口后进行调查，复核并完善原有排水口信息。

（2）对晴天有水排出的排水口以及设有临时封堵设施的排水口，应从排水口开始，由下游到上游进行溯源。

根据调查结果，填写排水口调查表。

5.3.2 溢流调查

对设有截流设施的排水口，应进行溢流调查。

（1）应对截流设施（含截流泵站、截流井等构筑物和鸭嘴阀、拍门、闸门等设备）进行调查，包括截流方式，构筑物尺寸，设备类型、数量、完好程度、运行情况等。

（2）晴天溢流调查同直排调查。

（3）雨天溢流调查应根据实际情况开展,应准确记录降雨量、溢流程度等情况(附视频资料)。

根据调查结果，填写排水口调查表。

5.3.3 倒灌调查

（1）对设有截流设施的排水口，应进行水体倒灌调查。应摸清截流堰堰顶标高和河道常水位，可通过降低截流管网水位，形成水位差现场验证倒灌情况。调查时应准确记录河湖及截流管网水位。

（2）对分流制区域的雨水排水口，应进行水体倒灌调查。应抬高河道水位，降低污水管网水位，可借助示踪剂等方法判定河水倒灌情况。调查应在晴天进行。

根据调查结果，填写排水口调查表。

5.4 管网调查

5.4.1 污水管网调查

应同步调查管道运行状况、雨污混接状况、外水入渗、检查井缺陷情况等。

（1）运行状况

对管道进行水位及淤积情况调查；对泵站规模、前池水位、开停机情况、水质水量特征及在线监测情况进行调查。水位调查应结合上下游泵站开启情况，考虑时间因素和位置因素，并进行相关信息记录。淤积深度调查应在低水位时进行，检查井内可用测杆测定，管道内应使用管道潜望镜、声呐等设备调查。

（2）雨污混接状况

雨污混接通常出现在检查井处，应结合运行状况调查同步进行。

应通过人工目视、必要时配合管道潜望镜、闭路电视等设备进行调查，可通过降低管道水位，对接入管道判断其属性。若为雨水管道接入的则判定为混接点，并填写混接点调查表和管道混接统计表。对具备即查即改条件的问题按照即查即改流程实施。

对于初步判断排水户内部排水管网雨污混接时，可先用气囊封堵排水户污水管节点井，向污水管道注水至管顶以上，并在一定时间内保持水位不变，在排水户雨水节点井处观察水流状态的变化，如发现明显水流变化，则判定排水户内部排水管网存在雨污混接。为准确找到混接点，可沿排水户雨水节点井向上游进行查找，打开井盖后通过目视或设备辅助确定具体位置。

（3）外水入渗

应优先对过河管道、河底敷设管道、沿河敷设管道进行外水入渗调查。

在用水低峰期封堵上下游检查井，尽可能抽空封堵段，现场观测管道内水位变化，以此判断管道入渗程度。如发现入渗异常，则抽干管段内水后，用电视检测设备或人工观察入渗点位。

（4）检查井缺陷

调查时应通过人工目视、管道潜望镜等设备进行调查，应调查检查井井盖缺失、破损、错盖、埋没，无防坠落设施，井室（含井底）破损渗漏情况，井壁与管道连接情况等。对具备即查即改条件的问题按照即查即改流程实施。

在工业企业、医院等排水户的节点井处，如发现水量水质异常的，应及时上报。

5.4.2 雨水管网调查

应同步调查管道运行状况、雨污混接状况和检查井及雨水口缺陷情况等。

（1）运行状况

对管道进行晴天水位、水流及淤积情况调查。检查井内淤积深度调查可用测杆测定，管道内淤积深度应使用管道潜望镜、声呐等设备调查。

（2）雨污混接状况

雨污混接通常出现在检查井处，应结合运行状况调查同步进行。

雨污混接应通过人工目视、必要时配合管道潜望镜、闭路电视等设备进行调查。对接入管道判断其属性。若为污水管道或合流管道接入的则判定为混接点，并填写混接点调查表和管道混接统计表。对具备即查即改条件的问题按照即查即改流程实施。

（3）检查井及雨水口缺陷

检查井缺陷调查同污水管网检查井缺陷调查。

雨水口调查时应通过人工目视进行调查，应调查雨水箅子缺失、破损、堵塞等情况。对具备即查即改条件的问题按照即查即改流程实施。

5.5 排水户调查

应根据排水户的不同类型，确定相应的调查内容。排水户内部管网调查方法参照"5.4 管网调查"。

5.5.1 居民小区

（1）基本信息，包括小区名称、建设年代、户数、人口、日均用水量等。

（2）排水情况，包括排水体制、内部管网分布情况、化粪池设置及运行情况、节点井数量、位置和水质特征。

（3）建筑雨水立管分布情况及雨污混接情况，包括顶楼自建阳光房的生活污水、阳台洗衣污水、厨卫污水、地下（半地下）车库污水接管情况等。

（4）沿街商铺业态、排水许可证办理、隔油池或沉淀池等污水预处理设施设置及运行情况。

（5）对内部管网进行调查。

根据调查结果，填写排水户调查表。

5.5.2　施工工地

（1）基本信息，包括工地名称、施工降水排水量、生活用水量等。

（2）排水情况，包括排水许可证办理情况、施工降水排水及生活污水接管情况、沉淀池等预处理设施设置及运行情况、节点井数量、位置和水质特征。

根据调查结果，填写排水户调查表。

5.5.3　公共建筑

（1）基本信息，包括名称、建设年代、日均用水量等。

（2）排水情况，包括排水许可证办理、排水体制、化粪池的设置及运行情况、隔油池或沉淀池等污水预处理设施设置及运行情况、节点井数量、位置和水质特征。

（3）对内部管网进行调查。

根据调查结果，填写排水户调查表。

5.5.4　单位庭院

（1）基本信息，包括名称、建设年代、日均用水量等。

（2）排水情况，包括排水许可证办理、排水体制、内部管网分布情况、化粪池的设置及运行情况、隔油池等预处理设施的设置及运行情况、节点井数量、位置和水质特征。

（3）对内部管网进行调查。

根据调查结果，填写排水户调查表。

5.5.5　工业企业

（1）基本信息，包括名称、建设年代、加工产品的类型及产量、工业用水量、生活用水量等。

（2）排水情况，包括排水许可证办理情况、内部管网建设情况、排水体制、预处理设施的运行情况、节点井数量、位置、排水时间规律和水质特征污染因子。

（3）对内部管网进行调查。

根据调查结果，填写排水户调查表。

5.5.6　"小散乱"排水户

（1）基本信息，包括名称、经营类型、日均用水量等。

（2）排水情况，包括排水许可证办理情况、排水体制、预处理设施的设置及运行情况、污水接管情况、节点井数量、位置和水质特征。

根据调查结果，填写排水户调查表。

5.5.7 垃圾中转站

（1）基本信息，包括名称、垃圾渗滤液产生量、日均用水量等。

（2）排水情况，包括排水许可证办理情况、排水体制、垃圾渗滤液收集设施设置情况、预处理设施设置及运行情况、接管情况、节点井数量、位置和水质特征。

根据调查结果，填写排水户调查表。

5.5.8 公共厕所

（1）基本信息，包括名称、日均用水量等。

（2）排水情况，包括排水许可证办理情况、排水体制、化粪池设置及运行情况、接管情况、节点井数量、位置和水质特征。

根据调查结果，填写排水户调查表。

5.6 水质水量测定

通过排水管网系统中 NH_3-N、磷酸盐、COD、pH 值、电导率和氯离子等水质指标和水量的测定，可对河水倒灌、地下水入渗、雨污混接等问题进行初步判断。

5.6.1 检测指标

根据不同的调查目的，可按照表 5-1 所列的指标排序，选择相应的检测指标。对于疑似洗涤废水的调查，检测指标可选用表面活性剂（LAS）。水质检测可采用便携式检测仪。

检测指标 表 5-1

指标排序	检测指标	调查目的					
		污水直排	地表水倒灌	雨污混接	地下水入渗	自来水入渗	工业废水超标排放
1	NH_3-N	✓	✓	✓	✓	✓	✓
2	磷酸盐		✓		✓	✓	
3	COD	✓	✓	✓	✓		✓
4	pH 值	✓					✓
5	电导率 σ	✓	✓	✓	✓		
6	氯离子 Cl^-					✓	

5.6.2 水质检测要求

（1）排查区块的类别确定时，水质检测的布点宜设在泵站前池或区块内主干管末端。对重点区块排查时，为提高排查工作的针对性，可通过水质检测进一步缩小排查范围，水质检测的布点可设在主次干管连接井上游的第一个检查井，以及节点井和截流井等处。

（2）取样时应避免死水区，尽可能取无表面悬浮物的流动水样，确保水样的有效性。如管道高水位运行，可进行不同深度的分层取样，并做好相应记录。

（3）水质检测取样时间和频次应根据检测目的进行确定。

判定河水倒灌和地下水入渗时，应选在连续 3 个晴天后的用水低峰期并降低污水管道水位后取样检测。

判定雨污混接（雨水混接至污水管道）时，应避免初期雨水对采样水质的影响。建议在雨天降雨形成径流 30 min 后在污水检查井取样检测。

判定工业废水超标排放时，应在查清工业废水排水规律后，在节点井处进行采样检测。

（4）对于间歇性排水的排水口或节点井，有条件的可安装在线检测设备，掌握水质特征。

（5）对于不同排水户水质检测合理选择采样时间。居住小区宜在早晚用水高峰期取样，其他排水户根据排水规律确定取样时间。

（6）水质检测采样频次根据检测目的和采样点位合理确定。

（7）水质检测还需满足《污水监测技术规范》HJ 91.1—2019 和《城镇污水水质标准检验方法》CJ/T 51—2018 的要求，保障水质检测质量。

5.6.3　流量测定

当对管网排查工作绩效进行定量评估和管网外水入渗排查时应进行流量测定。流量测定的点位和时间应根据工作目的合理确定。

流量测定方法包括容器法、浮标法和流量计法，现场测量时，根据实际情况选用合适的方法进行测定（表 5-2）。

流量测定方法一览表　　　　　表 5-2

方法	适用条件	具体工作
容器法	检查井混接流量测定、管道入渗（外渗）流量测定	通过测定单位时间容器内水的体积计算流量
浮标法	非满流管道流量的测定	通过测定单位时间浮标的流动距离计算流量
流量计法	满流和非满流管道的流量测量	通过流量计测定流量

6 管网检测

6.1 一般规定

管网检测主要是查明管道结构性缺陷和功能性缺陷。应以仪器检测为主要方法,包括电视检测、声呐检测和潜望镜检测等。检测应严格按照《城镇排水管道检测与评估技术规程》的要求执行。

根据管网调查结果,优先对入渗严重的过河管道、河底敷设管道、沿河敷设管道,以及管龄长、沿程水位变化异常的管道进行检测。

重点对存在以下情况的管道进行结构性缺陷和功能性缺陷检测:
(1) 近两年出现过污水漫溢或地面下沉的排水管道。
(2) 轨道交通、人防设施或其他大型建筑工地周边排水管道。
(3) 城市主干道路、商业中心、城市地标或其他重要地段排水管道。
(4) 管龄超过 30 年的排水管道。
(5) 波纹管、玻璃钢夹砂管等排水管道。
(6) 埋设于淤泥土、淤泥质土和粉砂等地质条件较差土层的排水管道。

6.2 检测要求

(1) 检测时通常先进行管道清疏,保证设备的正常运行。
(2) 检测方法应根据现场情况和检测设备的适应性进行选择,当一种检测方法不能全面反映管道状况时,可采用多种方法联合检测。
(3) 在检测过程中发现缺陷时,应将设备在完全能够解析缺陷的位置至少停止 10 s,确保所拍摄的图像清晰完整。录像资料不应产生画面暂停、间断记录、画面剪接的现象。
(4) 检测影像拍摄时,应按照顺序连续拍摄地面参照物、信息牌(注明道路名称、管段起止检查井编号、检测日期等)、检查井盖(必须包括井盖铰接处)、检查井室及支管接入情况等。
(5) 管道检测影像记录应真实、准确、连续、完整,录像画面上方应含有"任务名称、起始井及终止井编号、管径、管道材质、检测时间"等内容,检测成果图中应标明管道性质、缺陷类别及位置和排水流向等信息,宜采用中文显示。并填写管道缺陷问题统计表。
(6) 通过常规方法难以判定管道渗漏情况时,宜在雨后地下水位较高时进行进一步检测。
对于平面位置较近的雨污水管道,还可采用人工模拟方法提高地下水位进行进一步检测:用气囊等封堵雨污水管道,抽干污水管道,向雨水管道注水至管顶以上,并在一定时间内保持水位不变。观察雨污水管道内水位变化情况,若发现明显水位变化,则判定为管道或检查井渗漏,通过目视或电视检测确定具体渗漏位置。
(7) 管道检测时的现场作业应符合行业标准《城镇排水管道维护安全技术规程》CJJ 6—2009 和《城镇排水管渠与泵站运行、维护及安全技术规程》CJJ/T 68—2016 的有关规定;现场使用的检测设备,其安全性能应符合国家标准《爆炸性气体环境用电气设备》GB 3836—2000 的有关规定。

7　管网评估

7.1　一般规定

（1）在现场测绘、调查和检测工作完成后及时开展管网评估工作，一般应在 1 ~ 2 个月内完成。

（2）管网评估工作原则上以城镇污水收集处理系统为单元，对于收集系统范围较大的，宜以区块为单元分别评估后进行汇总分析。

（3）应对排水口溢流、倒灌，管网运行状况，雨污混接情况，外水入渗，排水户接管情况和管网结构性缺陷及功能性缺陷等内容进行重点评估。

7.2　评估要点和方法

7.2.1　排水口评估

（1）对排水口进行全面梳理，分析每个水体排水口的数量、位置、类别、水量水质等，并结合溯源情况，分析排水来源和存在的问题。

（2）对城镇污水收集处理系统范围内的排水口进行分析，针对存在的问题，提出改造建议，形成问题整改项目清单。

7.2.2　管网评估

（1）对管网基本情况进行分析，包括管网密度、管道材质、建设年代、连接情况（含断头管、倒坡、大小管连接）等，评估存在的问题。

（2）对管网水位、淤积深度和泵站的运行状况进行分析，评估存在的问题。

（3）参照《城市黑臭水体整治——排水口、管道及检查井治理技术指南》，结合管网水质检测，对管网雨污混接情况进行评估，分析混接点的数量、位置、类型和程度。

（4）参照《城镇排水管道检测与评估技术规程》的要求对管道结构性缺陷和功能性缺陷进行评估，分析缺陷管道的分布情况、占比、缺陷类别和等级，并列出缺陷清单。按照"挤外水"优先的原则，加强对过河管道、河底敷设管道、沿河敷设管道等的渗漏评估，分析入渗的位置、入渗量和渗漏等级。

（5）参照《城市黑臭水体整治——排水口、管道及检查井治理技术指南》对检查井和雨水口缺陷进行评估，分析缺陷检查井和雨水口的分布情况、占比、缺陷类别和等级，并列出缺陷清单。

7.2.3　排水户评估

（1）对排水户类型进行归纳整理，分析排水户的分布情况、排水许可证的办理情况和接管情况，包括接管率、超标排放等，并形成问题清单。

（2）对排水户的化粪池、隔油池或沉淀池等预处理设施的设置及运行管理情况进行评估，分析存在的问题。

（3）对排水户内部管网进行评估，参见"7.2.2 管网评估"。

7.2.4 系统评估

（1）以城镇污水收集处理系统为单元，绘制排水体制分布图，并分析排水体制的合理性和存在的问题；绘制简单排查和重点排查区块范围图，统计不同排查类别的面积和占比。

（2）由排水户——市政管网——污水处理厂逐级分析城镇污水收集处理系统中污水浓度的变化情况，结合管网调查和检测，分析存在的问题，划出存在问题的区域。

（3）针对系统中存在的问题，按照"轻重缓急"的原则，提出整改项目清单和实施计划建议。

（4）根据排查成果，提出管网建设改造和运营管理的合理化建议。

7.3 评估报告书

以城镇污水收集处理系统为单元分别编制评估报告书，论述现状资料和排查成果，并汇总编制评估报告书。

最终形成的评估报告包括下列内容：

（1）项目概况：含项目背景、项目范围、排查目的、排查内容、排查成果等。

（2）区域概况：含城市概况、污水收集系统概况、水环境现状等。

（3）排查情况：含排查范围和要求、技术路径及工作标准、排查对象、区块划分情况、排查类别、设备和人员投入情况、"四位一体"排查工作完成情况和质量评价等。

（4）排查评估：含排水口评估、管网评估、排水户评估和系统评估。

（5）问题清单及整改建议。

（6）附图及附表：

A 现状排水管网分布图；

B 排水体制分布图；

C 存在问题的区域图；

D 排水处理设施现状布局图；

E 排水管网雨污混接、混接点位置图及影像资料；

F 管道混接统计表；

G 排水户普查信息统计表；

H 管网缺陷问题统计表；

I 检查井缺陷问题统计表。

其中，混接点分布图标注时，需满足如下要求：

（1）可利用已有的排水系统 GIS 绘制雨污混接点分布图；数字地形图作为混接点分布图的底图时，底图图形元素的颜色全部设定为浅灰色。

（2）图形要素包含：道路名称、泵站、管道、管网材质、管径、标高、流向、混接点编号、混接点位置与标注等。

（3）混接点分布图的图层、图例与符号详见表 7-1。

混接图层、图例及符号 表 7-1

符号名称	图例	线型	颜色／索引号	CAD 层名	CAD 块名	说明
雨水管		实线	青色（4）	DJCYS_LINE		按管道中心绘示，标注管径
污水管		实线	棕色（16）	DJCWS_LINE		按管道中心绘示，标注管径
合流管		实线	褐色（30）	DJCHL_LINE		按管道中心绘示，标注管径
已检测雨水管		虚线	青色（4）	YJCYS_LINE		按管道中心绘示，标注管径
已检测污水管		虚线	棕色（16）	YJCWS_LINE		按管道中心绘示，标注管径
已检测合流管		虚线	褐色（30）	YJCHL_LINE		按管道中心绘示，标注管径
检查井			黑色（7）	JCJ_CODE	JCJ	方向正北
雨水口			黑色（7）	YS_CODE	YS-YB	方向正北
混接点			红色（1）	HJ_CODE	HJD	方向正北
指北针		实线	黑色（7）	ZBZ	ZBZ	方向正北

雨污混接点分布图应包含系统范围，泵站位置，管道管径、流向、交叉点、变径点，混接点。混接点分布图示例如图7-1所示。

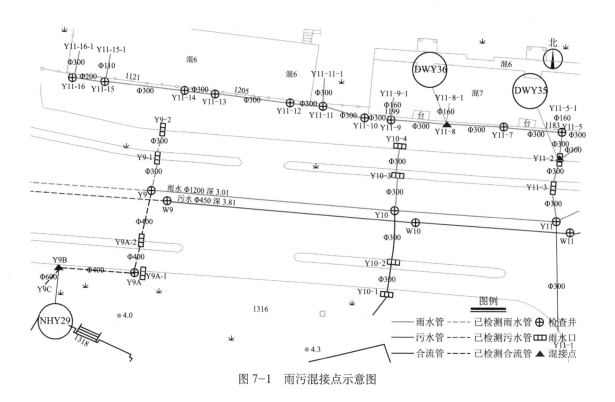

图7-1　雨污混接点示意图

8 成果验收

8.1 一般规定

（1）"四位一体"排查工作完成后，应由建设单位组织成果验收。

（2）应按照档案管理规定，对资料进行分类整理并保存。

（3）验收前，建设单位应委托第三方或自行对管网测绘和管网检测成果进行复核验证，复核验证量按照排查工作量的一定比例抽取确定。

8.2 成果验收

8.2.1 资料清单

提交验收的资料应包括下列内容：

（1）依据文件：立项批文、招标投标资料、任务书或合同书，排查方案。

（2）排查原始数据资料：测绘成果、调查成果、水质检测报告、视频检测报告、照片、即查即改的相关工程资料等，有条件的应提供"一井一档""一口一档""一路一档"等资料。

（3）排查方案重大变更申请及批准材料。

（4）评估报告书。

8.2.2 资料要求

（1）提交的资料真实齐全。

（2）原始记录真实齐全。

（3）评估报告内容齐全，能准确反映实际状况；评估结论正确，建议合理可行。

9 质量控制

9.1 一般规定

（1）项目组织应以建设单位作为主体，组织具备相关资质及相应能力的单位开展工作。

（2）检测设备应按照相关规定进行校验，保证检测数据可靠。

9.2 项目组织

设计单位、测绘单位、水质检测单位、管网检测单位作为实施单位应联合开展具体排查工作。监理单位、第三方审计单位、第三方复核检测单位同步参与本项工作。具体分工如下：

建设单位：负责管网排查项目全过程管理，提供必要的基础资料，安排专人协调解决管网排查过程中相关问题，组织开展验收工作。

实施单位：负责资料收集、现场踏勘，编写排查方案；按照排查方案开展管网测绘、现场调查、水质检测和管网检测工作，并按相关要求负责即查即改工作；编制管网排查评估报告并按要求提供相关验收资料。

监理单位：对现场开展的工作按照国家相关规定进行全过程跟踪监理及相关服务。

第三方审计单位：按照国家相关规定对项目开展审计。

第三方复核检测单位：对测绘单位和检测单位提交的排查成果按相关要求开展现场复核检测工作，对排查成果的质量进行评价。

9.3 质量控制要求

所有参与单位应各司其职，保质保量推进工作。

9.3.1 规范操作

排查与检测现场作业应符合《城镇排水管道检测与评估技术规程》《城镇排水管道维护安全技术规程》《城镇排水管渠与泵站运行、维护及安全技术规程》等有关规定；水质检测按相关要求规范操作。

9.3.2 安全生产

（1）参与管网排查的相关单位应认真履行安全生产职责。

（2）从事排水管道检测的单位应具备安全生产许可证和国家法律法规等规定的其他资质证书；有限空间、潜水等特种作业人员应当取得特种作业资格证书，严格执行相关安全规定。

（3）依法依规建立现场安全管理员制度，确保现场工作和施工人员按照操作规程规范操作、安全保障措施落实到位。

（4）在开展管网排查现场作业时，应采取交通安全防护措施，按要求设置防护栏和安全警示标志等。

（5）现场使用的检测设备，其安全性能应符合《爆炸性气体环境用电气设备》的有关规定。

（6）应制定和落实应急救援和抢险预案。

9.3.3　多级检查

排查必须认真做好现场记录，不得随意涂改。现场作业严格执行作业组自检、互检、质检员专检的"三级检查"制度。

建设单位应委托第三方或自行对测绘和管道检测结果开展复核验证，复核验证量不少于管道总长度的 5%，验证点应均匀分布在区块内。复核验证工作尽可能结合排查工作及时开展，每次复核验证均应填写复核验证记录表，作为评估报告中质量评价的依据。

参考文献

[1] 王阿华. 城镇污水处理厂提标改造的若干问题探讨 [J]. 中国给水排水，2010，26（2）：19-22.

[2] 张辰. 基于海绵城市建设理念的排水工程设计 [J]. 华东给水排水，2019，122（4）：1-5.

[3] 郑兴灿，等. 城市污水处理技术决策与典型案例 [M]. 北京：中国建筑工业出版社，2001.

[4] 孙力平，等. 污水处理新工艺与设计计算实例 [M]. 北京：科学出版社，2001.

[5] 郝晓地，叶嘉州，李季，等. 污水热能利用现状与潜在用途[J]. 中国给水排水，2019，35(18)：15-22.

[6] 佟举钢，冯江，郭婷. 昆明市合流污水调蓄池效能评估指标体系的构建[J]. 中国给水排水，2019，35（8）：34-38.

[7] 章璋，朱易春，王佳琪，等. 超声波辐照污泥比例对短程硝化的影响 [J]. 中国给水排水，2019，35（9）：28-35.

[8] 施汉昌，邱勇. 污水生物处理的数学模型与应用 [M]. 北京：中国建筑工业出版社，2014.

[9] 魏忠庆，胡志荣，上官海东，等. 基于数学模拟的污水处理厂设计：方法与案例 [J]. 中国给水排水，2019，35（10）：21-26.

[10] 刘向荣，简德武，简爽. 高排放标准下城镇污水处理厂的提标改造探讨：方法与案例 [J]. 中国给水排水，2019，35（20）：19-25.

[11] 张华伟，瞿露. 山地城市半地下污水处理厂建设与竖向空间综合利用案例 [J]. 中国给水排水，2019，35（20）：42-46.

[12] 孙慧，王佳伟，吕竹明，等. 北京某大型城市污水处理厂节能降耗途径和效果分析 [J]. 中国给水排水，2019，35（16）：31-34.

[13] 王朝朝，冀颖，闫立娜等. 厌氧氨氧化颗粒污泥 UASB 反应器的快速启动 [J]. 中国给水排水，2019，35（11）：15-20.

[14] 胡田力，邱叶林，程树辉. 基于 CASS+MBBR 工艺的污水处理控制策略[J]. 中国给水排水，

2019，35（10）：92-96.

[15] 张发根，李淑更，李捷，等.模块化活性污泥工艺模拟系统的构建及应用[J].中国给水排水，2019，35（9）：83-90.

[16] 张惠华.污水处理厂利用次氯酸钠消毒实验研究［J］.广东化工，2012，39（12）：118-119.

[17] 濮晨熹.城市污水处理厂消毒技术应用研究［D］.广州：广州大学，2012.

[18] 沈明玉，吴莉娜，李志，等.厌氧氨氧化在废水处理中的研究及应用进展[J].中国给水排水，2019，35（6）：16-21.

[19] 王佳伟，高永青，孙丽欣，等.中试SBR内好氧颗粒污泥培养和微生物群落变化［J］.中国给水排水，2019，35（7）：1-7.

[20] 胡洪营，吴乾元，黄晶晶，等.再生水水质安全评价与保障原理［M］.北京：科学出版社，2011.

[21] 菀宏英，谷水，张昱，等.再生水集中和分散处理与供水模式的历史进程［J］.给水排水，2017，43（8）：131-136.

[22] 胡洪营，石磊，许春华，等.区域水资源循环利用模式:概念结构特征［J］.环境科学研究，2015，28（6），839-847.

[23] 魏俊，赵梦飞，刘伟荣，等.我国尾水型人工湿地发展现状[J].中国给水排水，2019，35（2），29-33.

[24] 孔令为，邵卫伟，梅荣武，等.浙江省城镇污水处理厂尾水人工湿地深度提标研究［J］.中国给水排水，2019，35（2），39-43.

[25] 卢睿卿，杨光，宫微，等.新加坡新生水工艺对我国生产高品质回用水的启示［J］.中国给水排水，2019，35（14），36-40.

[26] Song X, Ding Y, Wang Y, et al.Comparative study of nitrogen removal and bio-film clogging for three filter media packing stratergies in vertical flow constructed wetlands [J].Ecol Eng, 2015, 74:1-7.

[27] 王首都.集约化低温真空干化技术在嘉定某污水处理厂的应用［J］.中国给水排水，2019，35（22），91-95.

[28] 王宝贞，王琳.水污染治理新技术［M］.北京：科学出版社，2004.

[29] 稽斌，康佩颖，卫婷，等.寒冷气候下人工湿地中氮素的去除与强化［J］.中国给水排水，2019，35（16），35-40.

[30] 郝晓地，陈奇，李季等.污泥焚烧无需顾虑尾气污染物［J］.中国给水排水，2019，35（10），8-14.

[31] 郝晓地，陈奇，李季，等.污泥干化焚烧乃污泥处理／处置终极方式［J］.中国给水排水，2019，35（4），35-42.

[32] 胡维杰，周友飞.城镇污水处理厂污泥单独焚烧工艺机理研究［J］.中国给水排水，2019，35（10），15-20.

[33] 王磊.我国重点流域城市污水处理厂污泥产率调研［J］.华东给水排水，2019，122（4），

27-31.

[34] 王阿华,杨小丽,叶峰. 南方地区污水处理厂低温生物脱氮对策研究 [J]. 中国给水排水, 2009, 35 (10), 28-33.

[35] 张彦. 基于物联网的分布式污水处理厂智能化集中监控的探索 [J]. 中国给水排水, 2019, 35 (22): 21-23.

[36] 李激,王燕,熊宏松,等. 新冠肺炎疫情期间城镇污水处理厂消毒设施运行调研与优化策略 [J]. 中国给水排水, 2020, 36 (4): 21-23.

[37] 马最良,吕悦. 地源热泵系统设计与应用 [M]. 北京:机械工业出版社, 2014.

[38] 高祯,宋嘉美,潘彩萍. 人工湿地在深圳坪山河综合整治工程中的应用[J]. 中国给水排水, 2020, 36 (2): 65-68.

[39] 李亚新. 活性污泥法理论与技术 [M]. 北京:中国建筑工业出版社, 2007.

[40] 张大群. 污水处理机械设备设计与应用 [M]. 北京:化学工业出版社, 2007.

[41] 赵玉鑫,刘颖杰. 城市污泥处理技术及工程实例 [M]. 北京:化学工业出版社, 2018.

[42] 尹军,张居奎,刘志生. 城镇污水资源综合利用 [M]. 北京:化学工业出版社, 2018.

[43] 蒋自力,金宜英,张辉. 污泥处理处置与资源综合利用技术 城镇污水资源综合利用 [M]. 北京:化学工业出版社, 2019.

[44] 刘伟岩,等. 中国供水排水协会智慧水务专业委员会成立会议资料, 2019.